어떤 세상에서도 살아가야 할

_____에게

이 책을 선물로 드립니다.

설겆이를 하고 밥을 하고
길을 걷고 차를 마시는.
그런 우리의 갈등이
함께 기쁘고 행복하면 좋겠습니다

2021. 함께 기쁘고 행복한 달.

저등 두손모음

답 = f(질문)

$S = \frac{k}{} \ln W$

김 상 욱

유 현 준

지구라는 우주정거장속
최고의 우주비행사들!

2021. 3. 심채경 드림.

"언제나 누구에게나
자기 몫이 있는 경제"
이원재

답은 늘 현장에 매달려 있다.

의심과 질문은
명랑사회로 가는 지름길!

이정모

사람과 사람의 작은 만남이
모든 변화의 시작입니다.

2021. 3.

김창남

질문이 답이 되는 순간

질문이
답이 되는
순간

김제동과 7인 지음

나무의마음

머리말

어떤 세상에서라도 살아가야 할
우리 모두에게

어떻게들 지내고 계십니까?

잘 지내시는지 찾아뵙고 안부를 묻고 싶었습니다. 혹시 저만 찾아가면 문 안 열어주실 것 같아서 강 건너 꽤 괜찮은, 아니 좀 많이 멋진 일곱 분과 함께 여러분이 계신 곳의 문을 두드립니다. 한 명 섭외하기도 쉽지 않은데, 무려 일곱 명이나! 제가 꽤 괜찮은 사회자라는 얘기죠. (웃음) 저는 이분들을 만날 때마다 세상을 보는 또다른 관점이 생긴 것 같아 엄청 좋았거든요. 여러분도 분명히 그러실 거예요.

과연 우리가 다시 괜찮아질 수 있을까요?

지난해 우리 삶 한가운데 복병처럼 나타나 우리의 평범한 일상을 휩쓸어버린 위기 앞에서 "어떻게 살아야 좋을까?" "다시 괜찮아질까?" 불안하고 답답했습니다. 모두들 같은 마음이실 거라 생각해요. 그래서 각 분야 전문가를 한 분 한 분 만나 해답의 실마리라도 들어보고 싶었습니다. 어떤 세상에서도 우리는 살아가야 하니까요. 그때 나눈 이런저런 이야기의 기록이 바로 이 책 『질문이 답이 되는 순간』입니다.

사실 이 책은 코로나 이후 완전히 달라질 세상, 이미 많이 달라진 세상을 살아가야 할 우리 모두에게 일곱 분의 전문가와 저 김제동이 전하는 안부 편지라고도 할 수 있어요. 이 막막한 시기에 여러분 모두 괜찮은지 안부를 묻고, 이 어려움을 헤쳐나갈 삶의 무기로서 일곱 분의 전문가들이 기꺼이 공유해준 지식과 정보, 그리고 무엇보다 세상을 바라보는 좀 더 건강한 시선을 함께 나누고 싶었습니다. 본질을 알게 되면 모순이 보이고, 모순이 보이면 비로소 함께 길을 만들어갈 수도 있으니까요.

눈에 보이거나 보이지 않더라도 우리에게 영향을 미치는 것들, 좀 어려운 말로 하면 '미시세계와 거시세계 그리고 그 경계부'에서 바라본 우리의 모습이 어떨지 여러분도 궁금하시죠? 당장 답을 구할 수는 없더라도 이번 기회에 같이 확인해보면서 서로 위로하고, 격려도 하고…, 그러면서 작은 약속과 길을 만들어내고 싶었어요.

그러기 위해 가장 먼저 물리학자 김상욱 쌤과 함께 양자물리의 세계와 인간 세계의 법칙이 어떤지 들여다보았고, 건축가 유현준 쌤과는 우리가 살아갈 공간과 도시의 설계도를 그려보았습니다. 천문학자 심채경 쌤은 달나라와 우주 탐사 프로젝트를 안내해주었고, 경제전문가 이원재 쌤은 인생의 적자구간을 메울 방법과 일자리의 미래에 대해 얘기해주었습니다. 뇌과학자 정재승 쌤과는 우리 뇌와 의사결정의 비밀, 그리고 사랑의 대차대조표까지 살펴봤고요. 과학 커뮤니케이터 이정모 쌤과는 공룡의 멸종이 우리 인류에게 남긴 메시지를 확인했습니다. 마지막으로 대중문화평론가 김창남 쌤과 이야기 나눈 대중문화의 힘과 고(故) 신영복 선생님의 성찰적 인간관계론까지 살뜰히 담았습니다.

요즘은 정말 정답이 없는 시대잖아요. 만약 여러분이 어떻게 살아야 할지 막막해서 이리로 갈까 저리로 갈까 헤매고 있다면, 혼자만 그런 게 아니라 "모두가 그렇게 흔들리며 답을 찾고 있어"라고 말해주고 싶었습니다. 길을 헤매는 이들에게 "이 길이 정답이야!"가 아니라 "나도 헤매는 중인데, 같이 한번 길을 찾아볼까?" 이런 말을 건네고 싶었어요. 이 일곱 전문가와의 만남이 저에게는 그런 위안이자 격려였고, 함께 성장할 수 있는 시간이었습니다. 전에는 몰랐던 새로운 시각으로 세상을 볼 수 있다는 것 자체가 소중한 기회잖아요. 이 책을 읽는 시간이 여러분에게도 분명히 그럴 거라고 생각합니다.

저는 이분들과 만나면서 "당신이 살아야 나도 산다"라는 게 이 세상이 이루어진 방식이라는 것을 다시금 확인한 것 같아요. 표현은 조금씩 다르지만 일곱 분 모두 지금 우리에게 필요한 건 구분과 경계가 아니라 관계임을 이야기했거든요. 그래서 '생각했던 것만큼 우리가 완전히 다른 존재는 아니구나.' '모두 연관되어 있겠구나.' 그런 생각이 들면서 동지애 같은 걸 느꼈던 것 같아요. 힘들고 어려울수록 풍요로울 때는 몰랐던 것들이 보이잖아요.

요근래 제가 뜨개질을 합니다. '김제동과 어깨동무'에서 목도리를 만들어 의료진에게 전달하려고 뜨개질 함께하실 분들 신청을 받았는데, 저는 사실 요즘처럼 힘들 때에 이게 가능할까 싶었거든요. (제가 원래 좀 비관적이에요.^^;) 하지만 하루 이틀 사이에 800명 정도가 신청해주셨고, 아이부터 어른까지 손수 뜨개질해서 보내주신 목도리가 1,830개나 됐어요.

보이는 건 목도리 하나지만 거기에 파동으로 겹쳐 있는 여러 가지 것들을 생각하면 세상 사람 모두가 연관되어 있다고 할 수 있죠. (물리학자 상욱 쌤하고 이야기한 티 나죠?^^ 여러분도 상욱 쌤의 글 읽으면 자꾸 이런 단어를 쓰고 싶어질 거예요.) 뜨개질하는 분도 있지만, 그 뜨개실을 만든 분, 뜨개바늘을 만든 분, 이것들을 전국 각지로 운반해주시는 분들이 있으실 거잖아요. 석유를 시추했던 분들도 있을 거고. 그러고보면 그 목도리 하나에 온 세상 사람들의 노고가 다 들어 있는 것 같아서 더 마음이 좋았어요.

신영복 선생님이 "세상의 모든 불행은 그 총량만큼의 기쁨이나 행복이 필요한 게 아니라 한 뼘 햇볕만큼의 기쁨이면 된다"라고 하셨거든요. (이건 창남 쌤과의 이야기에 나와요. ^^;) 이 목도리 하나하나가 저에게는 그랬어요. 엄청난 불행이나 패배감 같은 것들이 우리를 짓누를 때 모든 사람이 조그맣게라도 선한 빛을 내고 있다는 걸 알

질문이 답이 되는 순간

려주기만 해도 이 책은 제 역할을 다하는 게 아닐까 그런 생각이 듭니다.
(제가 좀 큰 것 같죠? 제 키 말고, 제 생각이요. 이게 다 일곱 쌤 덕분이에요.)

　제가 일곱 명의 다정한 전문가와 만나면서 받은 위로, 그리고 세상의
다른 면을 보면서 느낀 삶의 혁명과도 같은 기쁨이 오롯이 여러분에게
전해지면 좋겠습니다. 저만 만나기 아까운 이 일곱 분을 여러분의 방으
로, 찻집 탁자로, 공원 벤치로, 버스와 지하철 바로 옆자리로, 혼자 잠들기
어려운 밤 침대맡으로 모셔다드려요. 펼치면 툭 나오는 '책요정'처럼 생
생하게 함께 이야기해봐요. 이 책이 여러분과 일곱 분을 잇는, 그리고 세
상의 모든 존재와 이어주는 작지만 튼튼한 다리가 되었으면 좋겠습니다.
분명 좋은 만남이 될 거라고 믿어요.

2021년, 처음으로 땅을 밀어올리는 새로운 싹처럼
김제동 두손모음

차례

네 번째 만남 × 경제전문가 이원재 대표
인생의 적자구간,
어떻게 메워야 할까?

285

일곱 번째 만남 × 대중문화평론가 김창남 교수
이토록 복잡하고 개인화된 다매체 사회에서
과연 나다움이란 뭘까?

561

첫 번째 만남
×
물리학자
김상욱 교수

사랑의 물리학,
세상은 왜 이런 모습으로 존재할까?

나는 무엇으로 이루어졌을까?

어디서 와서 어디로 가는 것일까?

왜 세상은 이런 모습으로 움직일까?

누구나 어떤 이유로든 이런 생각을 해본 적 있을 것이다.

특히나 요즘처럼 시절이 하 수상할 땐 더 그렇고.

그래서 만나 물어보기로 했다. "세상 모든 것은 있는 모양 그대로 옳다."

이런 말로 내 마음을 '쿵' 하고 두드리며 새로운 시각을 열어준 사람,

무려 양자역학을 이야기하는, 내겐 좀 어려운 김상욱 쌤.

혹시 '과포자'에 '수포자'인 나한테 너무 어렵지 않을까 겁도 나지만,

에잇, 몰라! '모르면 물어보면 되지' 하는 마음으로 간다.

상욱 쌤은 모른다고 야단치지 않을 테니까.

심지어 라면 잘 끓이는 법을 알려준 다정한 물리학자니까.

여러분, 라면 먹고 갈래요?

• • •

이론물리학자가
라면을 끓이면 생기는 일

제동 얼마 전에 상욱 쌤이 SNS에 쓴 글이 화제였잖아요.

상욱 어떤 글이었죠?

제동 제목이 '라면의 새 역사를 열다'였는데, 라면 마니아들 사이에 논쟁이 뜨겁던데요.

상욱 아, 그런 일이 있었죠. (웃음)

제동 마치 탕수육 '부먹' 대 '찍먹' 논쟁처럼 라면을 '찬물에 넣고 끓여' 대 '물부터 끓이고 넣어' 논쟁을 상욱 쌤이 불러일으키신 것 같아요. (웃음) 혹시 직접 연구하고 글 쓰신 거예요?

상욱 아, 거창하게 연구라고 하기엔 그렇고요. (웃음) 우리가 라면을 끓일 때, 가장 중요한 이슈가 면발이잖아요. 면을 얼마나 삶아야 하는지, 스프를 미리 넣어서 끓는점을 높여야 하는지, 계란을 넣는 타이밍은 언제인지 등등, 라면에 대한 이 모든 논쟁은 오직 최고의 면발을 얻기 위한 것이라고 할 수 있잖아요.

제동 그렇죠. 탱탱한 면발이 라면의 생명이죠.

상욱 제가 어느 날 우연히 물리학자 박인규 교수님으로부터 "이런 논의는 다 부질없는 것이며, 그냥 처음부터 면을 찬물에 넣고 가열을 하면 된다"라는 충격적인 이야기를 들었어요. 순간 헬골란트 섬에서 양자역학의 핵심 원리를 깨달은 하이젠베르크(Heisenberg)처럼 머릿속에 불꽃이 튀었어요.

제동 라면 끓이는 얘기를 듣다가 갑자기 양자역학이 떠올랐다고요? (웃음)

상욱 제동 씨는 안 궁금해요? (웃음) 이런 말을 들으면 호기심이 생기잖아요. 그래서 찬물에 라면과 스프를 넣고 가열하기 시작했어요. 물이 끓기 시작할 때 계란을 투하했고, 30초 후 자른 대파를 넣고 10초 후 불을 껐죠. 결과는 완벽한 면발이었어요!

제동 그럼, 이때 이론물리학자 상욱 쌤은 어떤 결론을 맺게 되나요? (웃음)

상욱 "물이 끓기 시작할 때 면을 넣은 경우와 비교하여, 라면을 끓이는 데 들어가는 시간을 거의 절반 이하로 줄일 수 있다. 따라서 에너지도 그만큼 절약된다. 사실 라면은 스프가 있기 때문에, 무언가 우려내기 위해 장시간 끓일 필요가 없는 음식이다. 물이 끓는 순간 요리가 끝난 것이다. 면발을 풀리게 하는 것은 고온의 물인 것 같다. 저온에서 시작하면 상당시간 면이 붇지 않는 듯하다." 이런 결론을 낼 수 있죠.

'라면 패러다임의 대전환'

- 서론: 라면에 대한 모든 논쟁은 오직 최고의 면발을 얻기 위한 것이었다.

- 동기: 동료 물리학자에게 "그냥 처음부터 면을 찬물과 함께 넣고 가열을 시작하면 된다"라는 충격적인 이야기를 들었다.

- 실험: 찬물에 라면과 스프를 넣고 물을 가열하기 시작했다. 물이 끓기 시작할 때 계란을 투하했고, 30초 후 자른 대파를 넣고 10초 후 불을 껐다. 결과는 완벽한 면발이었다.

- 결론: 라면 끓이는 시간을 절반 이하로 줄였고, 에너지도 그만큼 절약된다.

제동 라면 맛있게 끓이는 방법을 연구해준 물리학자는 상욱 쌤이 처음이지 않을까 싶은데요. 그래서 고맙기도 하고요. 제가 상욱 쌤 글에 댓글도 남겼는데. "아, 처음으로 쌤의 연구를 완벽히 이해했다." (웃음)

상욱 (웃음) 물론 후속 연구가 필요하죠. 라면 1개로 수행한 실험이니까 2개 이상일 때에도 이런 방법이 유효한지, 화력에 따라 결과가 어떻게 바뀌는지 등에 대해서요. 제가 그 글을 올린 다음에 방송사와 유튜브 채널에서도 연락이 오고 그랬어요. 그런데 제대로 실험을 하려면 우선 면발의 쫄깃한 정도를 정량화할 수 있는 물리량을 찾고, 그것을 신뢰성 있게 측정할 방법부터 확보해야 해요. 앞서 다른 사람들이 수행했던 실험도 검토하고, 철저한 변인 통제가 가능하도록 실험 계획을 수립해야죠.

제동 진짜 제대로 실험을 해볼 생각은 없으세요? (웃음) 사람들은 언제나 이런 일상적인 것들에 관심이 가거든요. 물론 저도 그렇고요.

상욱 실제로 저한테 여러 차례 인터뷰와 실험 섭외가 왔어요. 하지만 저는 그냥 호기심으로 해본 것일 뿐 심각하게 실험할 생각까지는 없어요. 아이디어 자체도 제 독창적인 생각이 아니니까 다른 사람이 실험해도 무방할 듯하고요. 관심 있으신 다른 분들이 실험해주시면 기쁜 마음으로 볼 텐데 말이죠. 몇몇 언론사에서 이 이슈에 대해 라면 회사의 개발자들과 인터뷰를 했더라고요.

　제 방법은 화력의 세기에 따라 끓이는 시간이 달라질 수 있어 표준화가 힘들지만, 라면 회사에서 제시하는 방법은 물의 끓는점 100도를 기준으로 시간을 재기 때문에 어떤 화력을 쓰더라도 같은 결과를 얻을 수 있다는 답변을 했더라고요. 저도 전적으로 동의합니다. 역시 전문가다운 정확한 대답이라고 생각해요. 사실 저는 그냥 유머로 올려본 글인데 사람들의 지나친 관심을 받아 좀 어리둥절한 느낌이에요.

제동 상욱 쌤 글이 퍼지면서 온라인 커뮤니티에는 "그동안 라면을 잘못 끓였다"라는 글이 쏟아지고 있다고 해요. 또 라면 회사에 문의가 빗발친대요. (웃음) 어쨌든 저는 상욱 쌤의 이런 연구가 「네이처」에 실려야 한다고 생각해요. 우리 실생활에 큰 도움이 되잖아요. 오늘 저도 집에 가서 알려주신 대로 찬물에 끓여봐야겠어요.

존재와 끌림

제동 상욱 쌤은 라면 끓일 때조차도 물리 법칙을 생각하지만 사람들이 보통 물리학에 관심을 가지긴 좀 힘들잖아요. 쌤은 지구하고 달이 끌어당기듯이 물리학에 끌렸나요? 지구하고 달이 끌어당기는 건 확실한 거죠?

상욱 모든 질량을 가진 물체는 서로 끌어당기죠.

제동 우리 둘도 질량을 가지고 있으니까 느끼든 느끼지 않든 끌어당기고 있는 거죠?

상욱 네. 그런데 그걸 느끼기에는 지구가 너무 무겁고 끌어당기는 힘이
세니까 다른 끌림은 감지하기가 힘들어요.

제동 '저 사람은 어떻게 지금의 모습이 됐을까'를 생각해보면, 내 입장에서는
이해가 안 되지만 그 사람에겐 가장 절실하고 재밌었겠죠? 어쨌든 뭔가 끌
어당기니까 선택한 거잖아요.

상욱 제가 양자역학을 처음 선택한 게 고등학교 2학년 땐데, 그때
제 마음이 딱 그랬어요. 『양자역학의 세계』란 책이 있었거든요.
지금도 그 책을 가지고 있는데, 무척 허름해요. 수십 번 읽었거든
요. 제가 생각해도 신기해요. '내가 이 책을 보면서 인생을 정했다
니.' 이런 생각이 들 정도예요. 근데 그때는 정말 재밌었거든요.

제동 뭐가 그렇게 재밌었어요?

상욱 양자 중첩에 관한 이야기인데, 이런 예시가 나와요. 야구장에서 투
수가 던진 공을 타자가 받아쳤어요. 이때 공이 중첩상태로 날아가거든
요. 공이 1루수와 2루수의 글러브를 동시에 지나쳤다고 하는데, 이때 과
연 타자는 1루를 돌아 2루까지 뛰어야 하느냐는 내용이에요. '이게 무슨
말이지?' 읽으면서 이해는 안 되는데 책에서 다루는 주제와 그림들이 신
비로웠어요. 또 독일의 이론물리학자 하이젠베르크가 나와서 전자를 보
면서 춤추는 그런 그림들이 머리에 오래 남아서 '이걸 선택해야겠다'고
생각했어요. 그때는 이게 물리학인지도 몰랐어요. 원자가 나오니까 화학
인 줄 알았거든요. (웃음)

제동 아, 바보였구나! (웃음) 그런데 저는 원자가 나와도 화학인 줄 몰랐을 거

예요.

상욱 그래서 양자역학 문제가 나올 때마다 화학선생님을 찾아가 물어보았는데, 선생님이 별로 안 좋아하시더라고요. (웃음)

제동 선생님도 잘 모르셔서….

상욱 제가 질문하러 가면 좀 불편해하신 것 같아요. 제가 눈치도 없이 자꾸 가니까 나중에는 "이거 화학 아니고 물리니까 물리선생님한테 가서 물어봐" 하시더라고요. 그때 알았어요. '내가 질문하는 게 물리구나!' 그래서 고등학교 2학년 때 물리학과로 진로를 정했죠.

제동 물리에 끌린 거네요. 그런데 '끌림'이란 표현도 물리학 용어인가요?

상욱 당연히 아니죠. 일상용어예요. 일상의 용어와 물리의 용어에 대해 간단히 짚고 넘어가는 게 좋겠네요. 물리 현상은 인간과 무관하게 태초부터 존재해왔을 거예요. 하지만 물리학은 인간이 만든 거죠. 물리학의 시작을 고대 그리스로 할지 아니면 근대로 할지에 따라 달라지겠지만, 어쨌든 인간의 언어는 그보다 훨씬 전에 만들어졌을 거예요. 인간의 언어는 철저하게 인간의 생존, 그러니까 서로 협력하고, 더 잘 먹고, 그다음에 이성을 유혹하기 위한 거였어요. 그래서 물리를 기술하는 데 있어 인간의 언어는 허점이 많아요. 원래 우주를 기술하려고 만들어지지 않은 것을 가지고 설명하려다보니 처음에는 별문제 없는 것처럼 보였으나 우주를 알면 알수록 언어의 한계를 느끼게 되는 거죠.

제동 흔히 말로 설명할 수 없다는 그건가요? (웃음)

상욱 그렇죠. 말로 하면 잘못 이해하게 되는 경우가 많아요. 실제로 제가 연구하는 양자역학 분야는 거의 말로 설명이 잘 안돼요.

제동 쌤은 그 말로 안 되는 걸 연구하고 있는 건가요? (웃음)

상욱 네. 말로 안 돼서 수학으로 하죠.

인간의 언어와 물리학의 언어

상욱 물리학의 티핑포인트(Tipping Point), 즉 큰 변화를 맞은 결정적 순간을 꼽으라면 바로 뉴턴의 등장이죠. 뉴턴의 등장을 물리학의 시작점으로 보는 사람들이 많은데, 그 이유는 뉴턴이 자

질문이 답이 되는 순간

연현상을 수학으로 기술했기 때문이에요. 정확히는 수학의 언어로 설명한 거예요. 그전까지는 세상의 모든 원리를 일상 언어로 설명했죠. "모든 물체는 멈추려는 어떤 특성이 있다." 그런데 보다시피 표현이 대단히 모호하잖아요. "가장 자연스러운 운동은 정지상태다." 이때 '자연스럽다'라는 게 뭘까요? 과학적으로 정의가 잘 안 돼요. 정지라는 표현도 도대체 정지가 무슨 의미인지 해석이 분분할 수 있거든요. 우리가 지금 정지해 있나요?

제동 정지해 있다고 볼 수는 없겠죠. 어쨌든 우리는 계속 움직이거나 숨을 쉬니까요. 그런데 저한테 뭐 좀 안 물어보면 좋겠어요. 수업 시간 같잖아요.

(웃음)

상욱 (웃음) 그러면 숨을 안 쉬는 돌덩이는 정지해 있나요? 제 앞에 놓인

이 펜은 지금 정지해 있을까요?

제동 또 물어보는 거예요? (웃음) 보기에는 정지해 있는 것 같은데요.

상욱 지구가 돌잖아요. 이 펜은 돌고 있는 지구 위에 멈춰 있으니까 같이 도는 거죠.

제동 아, 지구가 자전과 공전을 하니까.

상욱 그렇죠. '끌림'이라는 표현이 과학적인 언어 같지만, '이성에 끌린다'라고 일상적으로 표현하는 것이 우리에게 더 와닿잖아요. 그런데 달이 지구를 사랑하나요? 아니거든요. 일상의 언어는 여러 가지 의미로 사용되기 때문에 우리에게 시적 감수성을 주니까 과학이 아름다워 보이는 효과가 있지만, 냉정하게 지구와 달의 운동을 기술하기에 적합한 단어인지는 생각해봐야 해요. 그러다보니 우리가 세상의 원리, 특히 물리학을 일상의 언어로 표현할 때 많은 오해가 생기곤 하거든요.

제동 그러면 모든 사물은 정지해 있다고 얘기할 수 없는 거네요?

질문이 답이 되는 순간

상욱 몇 가지 단서를 달면 가능하죠. 정지한 것처럼 보이는 세상의 모든 물체는 진동하고 있어요. 현미경으로 보면 모든 물체는 떨고 있거든요. 완벽한 정지는 할 수 없죠. 그러나 무엇을 기준으로 보느냐에 따라 정지해 있을 수도 있고 움직일 수도 있어요. 내가 정지했다고 생각하면 지구도 정지해 있는 것처럼 보이지만 우주, 예를 들어 달에서 지구를 보면 돌고 있는 모습을 확실하게 알 수 있죠.

제동 그렇네요. 달에서는 지구의 움직임을 분명하게 볼 수 있겠네요.

상욱 네. 결국 모든 운동에 관한 기술은 기준을 얘기하지 않으면 무의미해요. 하지만 보통 일상 언어에서는 기준을 얘기하지 않죠. 왜냐하면 우리의 기본적인 감각은 '지구는 정지해 있고 평평하다'는 전제를 깔고 이야기하니까요. 그래서 과학을 일상 언어로 표현하면 문제가 생기죠.

내가 바라보는 시선 VS
남들이 바라보는 시선

제동 물리를 알면 세상을 보는 관점 자체가 좀 달라질까요?

상욱 기존에 물리학적 사실을 제대로 알지 못하다가 새롭게 알게 되면 충격을 받을 수 있죠.

제동 지금 저만 해도 "이것이 지금 정지해 있나?"라는 질문을 살면서 한 번도 받아본 적이 없거든요. 제가 가진 물리학적 지식이라고 해봐야 F=ma 공식 정도가 전부니까요.

상욱 제가 제동 씨에게 던졌던 그 질문이 왜 중요하냐면 갈릴레오가 죽을 뻔한 이유가 바로 그것 때문이거든요. 만약 지금이 중세 유럽이라면 "우리가 지금 정지해 있나요?"라고 물어봤을 때 "정지해 있지 않다"라고 답하는 것은 갈릴레오가 "그래도 지구는 돈다"라고 말한 것과 같다고 볼 수 있어요. 당시 지식체계로는 납득할 수가 없는 거죠. "말도 안 돼. 나는 가만히 있고, 하늘에 있는 태양이랑 달이 움직이는 거지." 그러니까 당연히 사람들이 갈릴레오를 좋아하지 않았겠죠.

제동 그렇겠네요. 당시의 종교관과 세계관을 다 뒤집는 거니까. 그 시대에 살았으면 저도 갈릴레오에게 돌을 던졌을지도 몰라요.

상욱 종교 얘기를 많이 하지만 갈릴레오에게 어려웠던 것은 종교만은 아니었어요. 당시 과학자들도 이렇게 생각한 거죠. '만약에 우리가 돈다면

질문이 답이 되는 순간

왜 모르겠어? 마차를 타봐. 마차가 움직이면 그 안에 타고 있는 사람도 마차가 움직이는지, 정지해 있는지 단번에 알 수 있잖아. 그러니 지구가 돈다면 우리가 모를 리가 없지.' 갈릴레오에게 가장 큰 의문점이 그거였어요. '우리가 움직이는데 왜 그것을 느끼지 못하나?'

제동 갈릴레오는 느끼지 못하는 이유를 설명했습니까?

상욱 그걸 설명하려다가 F=ma로 가는 길이 열리는 거죠. 그게 바로 관성의 법칙과 관련된 거예요. "일정한 속도로 움직이는 운동이 자연스럽다." 여기서 '자연스럽다'라는 말이 다시 나오는데, 자연스럽다는 것은 당연해서 설명할 필요 없다는 정도로 받아들이시면 될 듯합니다. 우리의 상식으로는 정지한 것이 자연스럽죠. 하지만 갈릴레오는 우리의 상식과 달리 일정한 속도로 움직이는 게 자연스럽다고 생각한 거예요. 그러니까 일정한 속도로 움직이는 사람은 자신이 움직인다는 사실을 알지 못한다는 거죠. 오히려 자신이 정지해 있다고

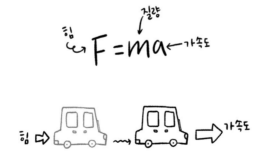

생각하고, 자신이 아닌 다른 것들이 움직인다고 생각하게 된다는 거예요. 이게 답이에요.

제동 이게 답이라고요? 그러니까 우리는 계속해서 움직이고 있는데, 다른 것이 움직이는 것처럼 보이는 이유는 다른 물체가 더 빠르게 움직이거나….

상욱 아니, 갈릴레오도 거기까지는 가지 못했어요. 지금 제동 씨는 어느 정도 핵심은 짚은 거예요. 운동은 언제나 상대적으로만 정의된다는 뜻이 여기 내포돼 있어요. 어려운 얘기죠. 당시 갈릴레오도 '내가 움직이는데 왜 나는 느끼지 못할까?' 여기까지는 이해를 한 거죠. 그다음은 이런 질문으로 가야겠죠. '그렇다면 도대체 움직임이란 뭔가?' '절대적 움직임이라는 것이 있는가?' 하지만 이 질문에 대한 답은 아인슈타인까지 와야 해요. 아인슈타인까지 오면 절대적 움직임은 없고, 모든 움직임은 상대적이라는 것을 알게 되거든요. 거기서부터 또 놀라운 사실이 나오죠. 그것을 진짜로 받아들이면 시간이나 공간도 절대적인 게 아니라는 데까지 가게 되는데, 갈릴레오나 뉴턴 같은 천재들도 거기까지는 못 갔어요. 첫발을 내딛기도 쉽지 않았거든요.

제동 갈릴레오나 뉴턴도 못 갔던 물리 얘기를 지금 우리가 하고 있는 거예요? (웃음)

상욱 그게 우리 호모사피엔스의 놀라운 점이죠. (웃음)

제동 더 알고 싶어하는 욕구?

상욱 그렇게 표현할 수도 있는데, 저는 좀 다르게 표현해볼게요. 호모사피엔스는 다른 종과 달리 긴밀하게 협력하잖아요. DNA가 서로 다른데도 협력해요. 보통은 DNA가 다르면 협력을 안 하거든요. 지금 대한민국은 5,000만 명의 호모사피엔스가 모여 국가를 이루고 있고, 지구 전체로 보면 75억 명이 인류 공동체를 이루고 있어요. 다른 어떤 동물이 만든 체계보다 이 체계가 우월한 것은 우리 가운데 단 하나의 개체라도 똑똑하면 그 결과물을 모두가 누릴 수 있다는 점이에요.

제동 공유한다는 뜻인가요?

상욱 그렇죠. 뉴턴이라는 개체 하나가 깨달은 F=ma라는 방정식을 인류 전체가 누릴 수 있잖아요. 그 덕분에 지금 우리가 그 원리와 이치를 다 이해하지 못해도 이야기를 할 수 있고요. 그런 면에서 호모사피엔스가 참 놀라운 거죠.

물리학자의 일
나무를 심고, 가지를 치고, 벌레를 잡고, 물을 주고…

제동 상욱 쌤도 그중에 한 사람인 거죠?

상욱 그렇게 얘기하면 마음이 좀 아픈데요, 물리학이라는 분야에 수많은 천재가 있다보니 물리학자들은 다 천재일 거라고 많은 분이 오해하시는데, 일단 저는 천재는 아니고요. (웃음) 우리가 워낙 영웅에 대한 서사를

저는 말하자면 나무를 심는 물리학자는 아니에요.

뛰어난 누군가가 나무를 심으면 또 누군가는 가지도 치고,

벌레도 잡고, 물도 줘야

그 나무가 풍요롭게 열매를 맺잖아요.

그것처럼 누군가 나무를 심으면,

저는 벌레를 잡거나 물을 주는 사람인 거죠.

그런데 벌레 한 마리를 제대로 잡는 것도 쉬운 일은 아니에요.

질문이 답이 되는 순간

좋아하다보니 항상 어느 한 개인이 모든 일을 다 해냈다고 이야기하지만, 어느 분야나 한 개인이 할 수 있는 일은 그렇게 많지가 않아요.

제동 과학도 그래요?

상욱 물리학이라는 분야도 집단이 끌어가는 거라고 볼 수 있어요. 어떤 가설을 처음으로 이야기한 사람이 있긴 하지만 그 한 사람의 이야기만 가지고는 물리학이 만들어지지 못하고, 수많은 사람이 조건을 바꿔가면서 검증해줘야 해요. 그 과정에서 처음과 다른 모습으로 이론이 만들어지는 경우도 많아요. 영웅은 각 단계에서 저마다의 기여가 조금씩 있는 것이죠.

제동 상욱 쌤은 어떤 쪽이세요?

상욱 저는 말하자면 나무를 심는 물리학자는 아니에요. 뛰어난 누군가가 나무를 심으면 또 누군가는 가지도 치고, 벌레도 잡고, 물도 줘야 그 나무가 풍요롭게 열매를 맺잖아요. 그것처럼 누군가 나무를 심으면, 저는 벌레를 잡거나 물을 주는 사람인 거죠. 그런데 벌레 한 마리를 제대로 잡는 것도 쉬운 일은 아니에요.

제동 그렇겠죠. 게다가 벌레 한 마리 잡는 방법만 알아도 여러 나무들을 살릴 수도 있잖아요.

상욱 그럴 수도 있고, 그냥 그 벌레 한 마리 잡고 끝날 수도 있겠죠. 그건 아무도 모르지만 수많은 사람이 이 분야를 함께 끌고가는 건 분명해요.

제동 "거인의 어깨 위에 서 있다." 이런 얘기하고 조금 비슷한가요?

상욱 뉴턴은 자신이 이룩한 업적에 대해 이렇게 말했죠. "만약 내가 다른 사람보다 더 멀리 앞을 내다볼 수 있다면, 그것은 거인들의 어깨를 딛고 서 있기 때문이다." 이렇게 겸손하게 말했지만, 그는 좀 특별한 사람이죠.

제동 뉴턴 얘기를 하니까 갑자기 생각났는데, 몇 년 전에 제가 뉴턴의 사과나무를 보러 간 적이 있어요. 어디였더라, 아마 캠브리지인 것 같아요. 영국의 유명한 학교가 또 어디죠?

상욱 옥스퍼드요?

제동 네. 옥스퍼드. 전 왜 그렇게 그 두 군데가 헷갈리는지 모르겠어요. (웃음)

상욱 둘 다 유명한 대학이니까요. (웃음) 어쨌든 뉴턴은 캠브리지에 있었죠.

제동 제가 거기 간 적이 있는데, 그때 저희를 안내해주시던 분이 자기들 문화에 대해서 계속 자랑을 하면서 이렇게 말하더라고요. "뉴턴이 사과나무에서 사과가 떨어지는 것을 보고 중력의 법칙을 발견한 곳이 바로 여기야." 그래서 제가 "진짜 그 사과나무냐?"라고 물었더니 "아마 손자뻘 정도 될 것이다"라고 하더라고요.

상욱 일단 뉴턴의 사과나무 이야기 자체가 나중에 만들어진 이야기라고 알려져 있어요.

제동 그래요? 그걸 알고 갔어야 했는데…. 어쨌든 그분이 하도 자랑을 하길래 곁에 있는 분에게 제가 통역을 해달라고 했거든요. "사과나무에서 사과가 떨어진 게 뭐 그렇게 큰 발견이냐고…."

상욱 맞아요.

제동 우리는 엄마 손이 딱 올라가면 그 손이 어디로 떨어질지 본능적으로 알잖아요. 진짜 물리학은 그런 것 아닐까요? 그래서 위험을 피할 수 있게 해줘야죠. (웃음) 어쨌든 뉴턴의 사과나무 얘기가 꾸며낸 이야기일 수 있다는 걸 알았더라면 조금 더 논쟁해볼 수 있었을 텐데….

상욱 과학사를 연구하시는 분들 사이에선 근거 없는 이야기로 거의 합의가 된 것으로 알고 있어요. 물론 누구도 완전히 확신하지는 못하지만요.

운동을 시작하는 완벽한 방법

제동 어쨌든 저는 상욱 쌤 책을 읽은 다음부터 주변에서 일어나는 현상과 책 내용을 자꾸 연결하게 되더라고요.

상욱 좋은 현상인데요. (웃음)

제동 제가 궁금한 건, 물리학에도 운동이 있고 우리 사회에도 운동이 있잖아요. 혹시 둘 사이에 비슷한 측면이 있을까요? 『김상욱의 과학 공부』라는 책에서 어떤 영상을 언급하셨던 것 같은데….

상욱 아마도 데릭 시버스(Derek Sivers)의 '운동을 시작하는 방법'이란 테드(TED) 강연 영상을 말하는 것 같네요. 동영상을 보면 한 사람이 공원에서 갑자기 춤을 추기 시작해요. 사람들이 이 모습을 보고 좀 난감해하며 힐끗 보기만 하는데 어떤 사람이 다가

와 같이 춤을 춰요. 조금 후에 세 번째 사람이 자기 친구들을 손짓으로 부르죠. 네 번째, 다섯 번째…, 그 이후로는 말 그대로 사람이 기하급수적으로 늘어나서 결국 공원의 모든 사람이 함께 춤을 추며 끝나죠.

제동 상욱 쌤 책을 읽어서인지 몰라도 물리 법칙이 생각났어요. 뭐였죠? 일정한 속도로 움직이는 거 있잖아요?

상욱 등속운동이요?

제동 맞아요. 예를 들어 한 사람이 그냥 등속운동을 하고 있을 때 다른 어떤 힘이 가해지고 합쳐지면서 다른 방향의 운동이 나타나는 거잖아요. 그런 것을 보면 단독자끼리 힘을 합쳐서 집단이 될 때 그 힘은 엄청난 것 같아요. 그게 물론 좋은 방향이 되어야 하겠지만요.

상욱 저도 데릭 시버스의 영상을 보고 좋아서 책에도 인용했지만, 거기서 말하는 운동은 물리학자들이 말하는 운동은 아니에요. 사실 이 동영상을 처음 보았을 때, 저도 물리에 대한 이야기인 줄 알았거든요. 제목이 '운동을 시작하는 방법'이잖아요. (웃음) 어쨌든 물리학에 비슷한 현상이 있으니까 제 책에서 비교해본 거예요.

우주에 물체가 단 하나만 있다면 이것이 할 수 있는 운동은 오로지 등속직선운동밖에 없어요. 영화 「그래비티」에서 허블 우주망원경을 수리하던 라이언 스톤 박사가 폭파된 인공위성의 잔해와 부딪히면서 소리도 산소도 없는 우주 한가운데 홀로 남겨지는데, 그때 그냥 계속 한 방향으로 움직이는 거죠. 이 상태에서는 다른 운동을 할 수도 없고, 멈출 수도 없어요. 아무리 몸을 흔들어도 내 몸은 등속으로만 움직이죠. 그 상황을 벗어날 수 있는 유일한 방법은 자기 몸을 자르는 거밖에 없어요.

제동 아…, 상상하기도 싫은데요.

상욱 사실 무서운 얘기죠. 그런데 물체가 2개가 되면 상황이 달라져요. 관계가 생기는 거예요. 이 두 물체 사이의 관계를 물리학에서는 힘이라고 해요. $F=ma$의 F죠. 힘은 여러 종류가 있는데, 그중에 언제나 존재하는 힘은 만유인력, 중력이에요. 중력은 질량을 가진 것들 사이에서 작용해요. 질량을 가진 두 물체가 존재하는 순간 중력이 생겨요. 중력이 있으니까 당기죠. 물론 물체가 전하를 가진다면 전자기력도 작용하지만 복잡해지니까 일단 넘어갈게요. 기본적으로 물체가 2개 있다면 이 사이에는 힘이 존재하고, 그 힘 때문에 등속직선운동과 다른 운동을 하게 되죠. 그게 원운동 내지는 타원운동 같은 것들이에요. 앞에서 우리가 지구와 달을 이야기했지만, 달이 지구 주위를 도는 것도 지구와 달이 중력으로 서로 끌어당기기 때문에 생긴 운동이죠. 운동에 근본적인 변화가 일어난 거예요. 단독자만 있던 때와는 다른 거예요. 복잡한 운동이죠.

그런데 물체가 3개가 되면 아예 예측이 불가능해져요. 물론 3개가 있어도 여전히 예측할 수 있는 영역이 있는데, 어떤 조건에서는 물체 3개가 예측하기 어렵게 운동할 수도 있거든요. 이때의 운동을 '카오스(Chaos)'라고 불러요. 우리말로 혼돈이죠. 카오스가 나오기 위한 최소 조건은 3개의 상호작용하는 물체예요.

제동 전제조건이군요.

상욱 그렇죠. 그다음부터는 숫자가 많아져도 본질은 비슷해요. 4부터는 본질은 모두 카오스 운동이죠. 그래서 1, 2, 3이 아주 특별한 숫자예요. 많은 문화권이 3까지는 비슷한 패턴으로 숫자가 커지고, 그다음부터는 확 바뀌죠. 한자에서 1은 작대기 하나(一), 2는 작대기 두 개(二), 3은 작대기 세 개(三)인데, 4가 되면 새로운 패턴(四)이 나와요. 로마숫자도 비슷해요. Ⅰ(1), Ⅱ(2), Ⅲ(3)으로 가다가 Ⅳ(4)부터는 다른 패턴으로 바뀌어요. 물리에서도 마찬가지예요. 4부터는 100만이건 1,000만이건 같아요. 큰 차이를 보이는 운동의 패턴은 1, 2, 3이에요. 물론 이 둘 사이에 과학적 관련성이 있는 것은 아니고요.

질문이 답이 되는 순간

첫 번째 팔로워의 용기
가장 먼저 합쳐주는 마음, 그게 진짜 용기래요

상욱 데릭 시버스의 동영상 얘기로 돌아가보죠. 한 사람이 어떤 운동을 일으키기 위해서 "우리 이렇게 합시다, 저렇게 합시다" 하고 떠들 순 있어요. 하지만 그 말에 아무도 안 따라주면 이 사람이 하는 행동은 그냥 미친 짓으로 평가돼요. 하지만 누군가 동조해서 "당신 말이 맞아요. 우리 같이 합시다." 이렇게 나서주면 지나가던 사람들이 "저게 뭐지?" 하고 관심을 보이잖아요.

데릭 시버스는 강연에서 세 사람이 극적 전환점이라고 얘기해요. 두 사람이 춤을 추다가 한 사람이 더 동참해서 셋이 춤을 추면, 지나가던 이들이 '저기 뭔가 있다. 빨리 참여해야겠다' 하고 생각할 수 있다는 거죠.

제동 주위도 한번 둘러보게 되고요.

상욱 네. 그때부터는 오히려 여기에 참여하지 않는 사람이 바보가 된다고 생각하는 거죠. 처음에는 한 사람이 시작하지만, 나중에는 그 일대 수십 명이 같이하게 돼요. 그러면 보통은 '처음에 누가 시작했지? 그 사람 대단하다' 하고 생각하는데, 데릭 시버스는 여기서 재미있는 메시지를 던져요. 진짜 영웅은 첫 번째 사람이 아니라 두 번째 사람이라고 말이죠. 만약 두 번째 사람이 나서지 않았다면 첫 번째 사람은 우리 주위의 수많은 또라이 중 하나가 되었겠죠.

또라이 짓이 운동이 되기 위해서는 첫 번째 사람보다 더 중요한 첫 번째 팔로워가 있어야 하는 거예요. 한 사람이 세상을 바꾸는 게 아니라 관계가 세상을 바꾸는 거죠. 둘의 관계가 셋의 관계가 되고, 넷의 관계가 되어 수많은 관계가 맺어질 때 결국 세상이 바뀌는 거지, 한 사람이 할 수 있는 일은 거의, 아니 아무것도 없어요. 그런 이야기를 하고 싶었던 거죠.

제동 물리학자에게 존재와 관계 이야기를 듣게 될 줄은 몰랐어요. 여러 생각을 하게 되네요. 쌤이 어디서 혼자 춤추고 계시면 제가 가서 같이 춤춰드릴게요. (웃음)

상욱 그래주세요. 그러면 제 춤은 운동이 되는 것이고, 그냥 지나가시면 저는 바보가 되는 거죠. (웃음)

제동 그렇게 하나가 떨리면 같이 울려주는 거죠. 누군가 한 명이 떨고, 그 전

율을 받아서 같이 울리고, 그게 퍼져나가고, 우주가 텅 비어 있다고 하지만 파동이 있으면서 또 충만하게 되고…. 그게 공명(共鳴)이잖아요.

상욱 그렇죠. (웃음)

원자와 원자가 만나면 어떻게 될까?

제동 오늘도 여기 오는데 차창 밖으로 비가 오는 걸 보고 문득 이런 생각이 드는 거예요. '가만있어봐라, 분명 상욱 쌤이 모든 원자는 텅 비어 있다고 했는데…, 텅 비어 있는데 빗물은 왜 차 안으로 안 들어오지?' 빗물이 차를 뚫고 들어오지 못하는 건 빗물의 입자가 더 크기 때문인가요?

상욱 일단 빗물도 원자로 이루어져 있죠. 그러니까 물은 산소와 수소로 이루어져 있고, 차는 주로 철, 알루미늄으로 이루어져 있어요. 물리학적으로 보면 제동 씨가 이런 질문을 한 거죠. '원자가 원자를 만나면 어떻게 될까?' '이 둘이 과연 서로를 통과할 수 있을까? 아니면 튕겨낼까?'

제동 글쎄, 제가 상욱 쌤 책을 읽었다니까요. (웃음) 수소 원자가 제일 작을 때 이걸 서울 시청 근처에 놓으면 텅 비어 있는 공간에서 전자의 위치는 잠실운동장까지 돈다던데, 그게 맞습니까?

상욱 비유 두 가지를 섞은 것 같은데…. (웃음) 원자들이 워낙에 작잖아요. 양자역학은 이 작은 원자가 어떻게 운동하는지 기술하는 학문인데, 그 작은 원자와 그 속에 있는 전자를 비유적으로 표현한 거예요. 원자 중에서도 가장 작은 수소 원자의 원자핵이 농구공만 하다고 가정하면, 원자는 대략 서울시 크기만 해서 좁쌀만큼 작은 전자가 서울시 외곽을 도는 형태예요. 서울시 전체가 원자면 그 가운데에 농구공(원자핵)이 하나 있고, 나머지 다른 공간은 거의 비어 있는 거죠. 그 농구공이 양성자이고, 전자 하나가 그 주위를 돌고 있는데, 그것이 도는 위치는 이 농구공으로부터 약 10km 정도 떨어져 있는 거예요.

제동 눈에 안 보이는 얘기를 하니까 벌써 어려워지고 있어요. (웃음)

상욱 중요한 것은 이런 원자들이 가까워질 때 주변을 돌고 있는 전자들끼리 먼저 만나게 되는데, 전자들은 전자기력으로 서로 밀어내요. 앞서 우리가 '중력'에 관해서만 얘기하고, '전자기력'은 그냥 넘겼는데 여기서

질문이 답이 되는 순간

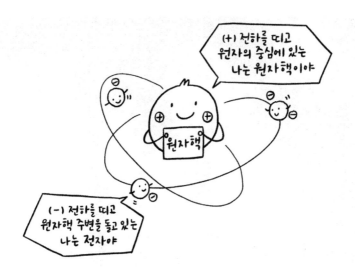

설명을 해야겠네요.

제동 우리가 세상을 살면서 볼 수 있는 두 가지 힘이라고 한 걸 상욱 쌤 책에서 봤어요.

상욱 그렇죠. 제일 중요한 두 가지 힘이죠. 뉴턴은 몰랐어요. 뉴턴이 살던 시대에는 아직 전자기력을 발견하지 못했거든요. 그러니까 그 당시에는 손가락이 왜 몸에서 떨어지지 않는지에 대해 설명을 못 해요. 손가락에 힘을 가해 잡아당겨도 안 떨어지는 이유를 설명하려면 전자기력이 필요해요. 원자들끼리 붙잡고 있기 때문인데, 전자기력은 서로 당기기만 하는 게 아니라 밀어내기도 해요. 두 가지 방식이 존재한다는 게 참 신기하죠.

제동 마치 자석의 N극과 S극 같은 거네요.

상욱 N극과 S극도 전자기력의 일종이고, 플러스(+), 마이너스(-)도 전자
기력의 일종이라서 플러스끼리는 밀어내고, 플러스와 마이너스는 서로
당기죠. 그래서 빗방울이 자동차 위로 떨어질 때 빗방울을 이루는 원자
는 텅 비어 있지만, 그 텅 빈 공간을 전자가 빠르게 돌고 있어요. 자동차
를 이루고 있는 철이나 알루미늄의 원자도 마찬가지로 원자핵 주위를 전
자가 돌고 있고요. 이 전자들끼리 만나게 되는 건데, 이 둘은 다 마이너스
거든요. 그러니까 밀어내요. 튕겨나가죠.

제동 들으면 들을수록 제 인식과 상식을 뛰어넘는 이야기라 재밌기도 하고
골치도 아프네요. 제가 『김상욱의 양자 공부』라는 책에 추천사도 썼잖아요.

상욱 맞아요. 그 책 어려운데…. (웃음)

제동 솔직히 말하면 3분의 2 정도 읽고 추천사를 썼는데, 어렵긴 해도 재밌

질문이 답이 되는 순간

더라고요. 그래서 제가 이렇게 적었잖아요. "원래 말도 안 되는 게 재밌다."
제 입장에서 솔직하게 쓴 건데, 과학자 입장에서는 기분이 나쁠 수도 있을
것 같네요.

상욱 아니에요. 저도 가끔 비슷한 생각이 들 때가 있어요. '이렇게 말도 안
되는 것이 우주의 모습이라니!' 앞서도 언급했지만, 양자역학에는 하이
젠베르크라는 위대한 과학자가 있어요. 그 사람의 자서전을 보면 양자역
학 이론을 만든 후 한 학회에 참석했는데, 자기가 만든 이론이지만 너무
이상해서 눈물을 흘렸다고 해요. 눈물을 흘리면서 "이 세상은, 이 우주는
왜 이렇게 괴상한가?"라고 말했다는 거예요. 그 정도로 우리의 상식과 너
무 다른 것처럼 느껴진 거죠.

'나는 무엇으로 이루어졌을까?'
'세상은 왜 이런 모습으로 존재할까?'

제동 기존의 상식이 깨지는 건 불쾌하지만, 새롭게 뭔가를 알아가는 건 또
굉장히 즐거운 일이기도 하다는 생각이 들어요. 물리학이 세상의 이치를 기
술하는 학문이라고 하지만 저는 아직도 쓸모까지는 잘 모르겠고, 뭔가 좀 철
학적으로 생각하게 되는 것 같긴 해요.

상욱 그럴 수 있죠. 역사를 봐도 물리학자들이 하는 질문은 2500년 전 그

리스 철학자들이 했던 질문과 같고, 제가 동양철학은 잘 모르지만 이미 오래전에 동양에서도 비슷한 질문을 했죠.

제동　예를 들면 "나는 누구인가?" 같은 질문인가요?

상욱　그렇죠. "나는 무엇이고, 나라는 존재는 무엇으로 이루어져 있는가?" 그리고 "세상은 왜 이런 모습으로 존재하는가?" 이런 질문에 대한 답을 찾는 과정을 철학이라고 하는데, 이런 질문 가운데 일부에 답하는 방법을 찾은 거죠. 그 이전에도 생각은 했을 거예요. 그런데 17세기 서양 사람들은 생각만 한 게 아니라 물질적 증거와 수학을 결합해서 새로운 방식으로 시도를 해보니 어떤 것들은 답이 나온 거예요. 답이 나왔다는 얘기는 그 답을 얻는 방법으로 미래를 예측해보니 맞더라는 거죠. 미래에 대한 예측이 옳을 수 있는 이론을 만들어낸 거예요. 그게 물리학이죠. 그래서 과학은 철학의 일부예요. 시작부터도 그랬고요.

제동　과학이 철학의 일부였나요?

상욱　그랬죠. 19세기까지도 지금 우리가 알고 있는 위대한 물리학자들은 철학자로 여겨졌어요. 자연철학이라고 부를 때도 있었지만요. 뉴턴의 『프린키피아』도 원제는 '자연철학의 수학적 원리'거든요. 여기에 F=ma에 대한 설명이 나오는데, 그 당시 물리학이라는 게 자연을 다루는 철학이었던 거죠.

제동　그게 예전 표현으로 하면 "세상은 물로 이루어져 있다." 같은 건가요?

상욱　거기까지 가는 거죠. 거기서 출발해서 플라톤이나 아리스토텔레스 같은 철학자들은 물질에 대한 이론도 만들고, 인간의 도덕에 대한 이론도 만들고, 음악과 예술에 대해서도 다 이야기했잖아요. 하지만 근대과학은 그런 분야까지는 답하지 못한다는 것을 알고, 처음부터 자신들의 연구 분야를 한정한 거죠. 물질적으로 실험할 수 있는 것만 가지고 하면 답이 나오니까, 이렇게 연구하는 분야를 '과학'이라고 하자고 해서 철학의 한 분야로 자리 잡은 거예요. 어떻게 보면 과학은 가장 성공적인 철학이죠.

제동 **검증이 가능하기 때문인가요?**

상욱 진실에 가깝다고 믿어지니까요. 100%는 아니겠지만 이전과는 달리 예측 능력까지 가진 철학인 거죠. "세상은 무엇으로 되어 있나?" "원자로 되어 있지." "증거가 있나?" "증거가 있어." "이 증거가 맞기 때문에 이렇게 하면 이건 빨간색이 될 거야." 실험해보면 빨간색이 돼요. "이렇게 하면 약이 될 텐데, 이거 먹어봐. 열이 내려갈 거야." 열이 내려요. 이렇게 작동할 수 있는 철학이 만들어진 거예요. 그 철학을 오늘날 우리가 과학이라고 부르죠.

제동 **사물이 무엇으로 구성이 되어 있는지를 알게 된 거네요. 그것을 아니까 세상이 무엇으로부터 시작되었는지 과거로 거슬러올라간 게 빅뱅이고요.**

상욱 그렇죠. "이 우주가 어떻게 시작되었나?" 철학자들은 이 우주의 시작이 있는지 없는지를 놓고도 싸웠어요. 칸트는 『순수이성비판』이라는 책에서 이 우주에 시작점이 있는지 없는지 인간의 이성으로 답할 수 없다고 썼어요. 그런데 틀렸죠.

제동 **칸트가 틀렸어요?**

빅뱅이론은 우주가 한 점에서 시작해
계속 팽창해왔다고 이야기해요.
아무것도 없는 공간에 어느 날 "꽝!" 하고
우주가 나타난 것은 아니에요.
시작점 이전에는 장차 우주가 존재하게 될 공간 자체가
없었어요. 시간도 없었고요.
빅뱅과 더불어 공간과 시간 그 자체가 생겼다고 할 수 있죠.

질문이 답이 되는 순간

상욱 시작이 있잖아요. 빅뱅이론은 우주가 한 점에서 시작해 계속 팽창해왔다고 이야기해요. 아무것도 없는 공간에 어느 날 "꽝!" 하고 우주가 나타난 것은 아니에요. 시작점 이전에는 장차 우주가 존재하게 될 공간 자체가 없었어요. 시간도 없었고요. 빅뱅과 더불어 공간과 시간 그 자체가 생겼다고 할 수 있죠. 우주가 이 세상의 전부라고 한다면 우주는 언제나 존재해왔다고 할 수도 있어요. 시간이 탄생한 이후에는 줄곧 존재해왔으니까요.

제동 칸트하고 뉴턴도 많이 틀렸네요.

상욱 그랬죠. 그렇지만 둘 다 각자의 영역에서 의미 있는 발전을 이뤄냈죠. 여기서 중요한 것은 우리가 지금에 와서 그들이 틀렸다고 이야기하는 건 무의미하다는 거예요. 그들은 그 당시에 얻을 수 있었던 증거와 지식을 가지고 최선의 답을 한 거죠.

제동 그걸 바탕으로 오류를 검증해나가고, 또다른 가설들을 세우고 주장을 했기 때문에 오늘날 우리가 이렇게 조금씩 나아갈 수 있다는 말이죠?

상욱 그렇죠. 이전에는 누구도 몰랐던 것을 그때까지 알려진 지식체계만 가지고 깨달았다는 것이 중요한 거죠. 미래에 가서 보면 과거는 틀렸을 확률이 언제나 높아요. 지금도 우리가 나눈 이야기들이 미래에 어떻게 평가받을지 몰라요. 다만 최선의 답을 냈는지가 중요하죠. 어쩌면 지금 최선의 답을 못 냈을 수도 있거든요.

제동 우주의 시작점에서부터 막 뻗어나가는 것 같지만 일단 계속 가보죠.

'바보 이론' 그러나 '영광스러운 틀림'

제동 이것도 굉장히 궁금했어요. '만약 뉴턴이 지금 살아 있어서 자기 이론이 후배 과학자들의 검증을 통해 틀렸다는 걸 알게 되면 기분이 어떨까?' 우리도 누군가로부터 "네 주장은 잘못됐어"라고 지적을 받으면 기분이 좋지 않잖아요. 물론 그 지적이 나를 돌아보게 하는 계기가 될 때도 있지만요.

상욱 틀린 것에도 여러 종류가 있겠죠. 일단 계산을 잘못하거나 명백한 실수를 한 경우가 있죠. 이미 책으로 나왔으면 부끄러워서 숨고 싶을 텐데, 그전에 누군가 발견해서 알려주면 고맙겠죠. 하지만 당시로서는 최선을 다했는데도 실제 실험과 맞지 않을 때도 많거든요. 그런 경우는 아주 의미 있는 거죠. 틀리긴 했지만, 최선을 다했기 때문에 그 자체로 괜찮을 수 있어요. 최선을 다했다는 말은 현재 있는 이론체계 안에서 그 결과를 예측하지 못했다는 뜻이니까요.

제동 내 인식의 한계 속에서 초석을 쌓은 거네요.

상욱 내 인식의 한계이기도 하고, 우리가 가진 체계의 한계이기도 하죠. 그게 굉장히 중요한 발견을 위한 첫 번째 단계일 수도 있거든요. 보통 그런 것들이 역사에 남아요. 예를 들면 양자역학이 탄생하는 시점에 레일리(Rayleigh)와 진스(Jeans)라는 과학자가 있었어요. 당시 두 사람은 뉴턴의 이론과 전자기 이론을 종합해서 물체에서 나오는 빛을 연구하고 실험했는데, 결과와 이론이 안 맞는 거예요. 논문은 썼죠.

나중에 알게 된 사실이지만, 그들이 맞닥뜨린 문제는 양자역학이라는 새로운 이론이 나와야지만 해결될 수 있는 문제였던 거예요. 십수 년 뒤에 독일의 물리학자 막스 플랑크(Max Planck)가 그 이론을 연구해서 노벨상을 받았어요. 그래서 우리는 레일리와 진스의 이론을 '바보 이론'이라고 배워요. 잘못된 결과를 냈으니까요. 하지만 두 사람은 당대 최고의 물리학자였고 최선을 다했어요. 그들의 주장에는 오류가 있었지만, 그들은 그것에 대해 부끄러워하지 않을 거예요. 그런 잘못은 '영광스러운 틀림'이거든요.

제동 '영광'과 '틀림'이 이렇게 잘 어울리다니!

상욱 중요한 건 주어진 조건에서 최선을 다하는 거예요. 비록 틀리더라도 포기하지 않고 자기가 할 수 있는 방식으로 끝까지 연구하면 그건 언제나 다음 사람에게 도움이 돼요. 아마 수많은 물리학자가 세상에 이런 말을 던지고 싶을 거예요. "아인슈타인은 틀렸어. 뉴턴은 틀렸어." 그렇지만 과학자라면 새로운 결과를 얻었을 때 흥분하는 대신 다시 한번 확인해야 해요. 특히나 수많은 검증을 거쳐 모두가 옳다고 믿는 이론이 틀렸다고 할 때는 더욱 그렇죠. 하지만 지금도 실험실에 처음 들어온 석사 1년 차들은 날마다 노벨상 받을 업적을 발견해요.

제동 정말로요? (웃음)

상욱 왜 아니겠어요? (웃음) 저도 실험실에 있다보면 자주 듣는 얘기가 있어요. 이제 막 들어온 대학원 신입생들이 그래요. "선배님, 이것 보세요. 아주 놀라운 결과가 나왔어요." 그러면 선배들의 반응은 거의 같아요. 후배를 쳐다보지도 않아요. 자기 하던 일을 하면서 무심히 묻죠. "압력 체크했니?" "온도 체크했니?" "이것 좀 바꿔보고, 그거 다시 해보고, 그거 했다고? 다시 해봐."

그런 단계를 거치다보면 처음에 발견했다는 결과가 맞지 않는 거예요. 그런데도 다음날 또 와서 말해요. "선배님, 선배님." 그러면 선배는 또 같은 얘기를 해주는 거예요. 그렇게 며칠 지나면 더 안 물어봐요. 실험하다가 뭔가 새로운 게 나오면 이제 혼자서 "아, 도대체 뭐가 틀린 거지?" 이렇게 말하게 돼요. 물리학자로서 경력을 쌓아갈 때 가장 어려운 점은 내가 해놓은 결과를 스스로 믿기까지 상당한 시간이 필요하다는 거예요.

제동 자기가 자기를 믿지 못한다면 좀 외롭겠네요.

상욱 그게 어려워요. 그래서 함께 연구하죠. 동료들과 같이 연구하고, 결과가 나왔을 때 같이 토론하고 이야기하는 거죠. 과학자들은 하나의 증거만으로 믿지 않아요. 뭔가 새로운 결과가 나오면 수많은 검증이 이루어져야만 믿어요. 그래서 그 증거들이 쌓이면 '저 사람이 발견해낸 사실이 정말 새로운 것이고, 우리가 알던 것이 틀렸구나!' 이렇게 가는 거죠. 한두 번의 검증으로는 되지 않고 커뮤니티가 있어야 해요.

제동 하지만 의도적으로 조작을 했다면?

상욱 의도적으로 조작했다면 끝장이죠.

제동 그런데 그게 의도적인 것인지, 최선을 다했는데 실수한 건지 어떻게 확인하나요?

상욱 그게 쉽지 않은 일이라서 과학계에서도 아주 중요하게 다뤄지는 실수가 아니면 아예 검증에 안 들어갈 때가 많아요. 그래서 모든 과학자가 다 성실하게 과학의 방법을 쓰고 있다고 생각하지는 않아요. 예를 들어 얀 헨드릭 쇤(Jan Hendrik Schoen)이라는 과학자는 2000년부터 2001년까지 불과 2년 사이에 유명한 과학저널 「사이언스」와 「네이처」에 연구 논문이 무려 16편이나 실렸어요. 보통 과학자라면 평생 논문 한 편 실리기도 쉽지 않은 저널인데 말이죠. 분자로 된 트랜지스터에 관한 논문이었는데, 데이터를 조작했다는 사실이 곧 들통났죠. 가설에 실험 결과를 꿰맞춘 거였어요.

그의 논문 수십 개가 다 취소됐어요. 논문에 "철회되었다(re-tracted)"라고 아주 확실하게 박아놨어요. 문제가 된 논문을 삭제한 게 아니라 그대로 놔두고서 논문이 연구 부정으로 쓰였다고 박제를 한 거예요. 이 사람에게 박사학위를 준 독일의 콘스탄츠 대학교에서는 학교의 수치라며 이 친구의 학위를 박탈했어요.

연구 부정이 밝혀지면 그 당사자는 과학계에서 살아남을 수 없어요. 과학자 집단은 동료가 진행한 데이터를 믿고, 그 결과가 옳다는 것을 전제로 그 실험을 재현한 다음에 그다음 단계로 나아가니까요. 동료의 어깨를 밟고 올라가는 시스템이기 때문에 거짓말을 하면 그 한 사람 때문에 누군가는 소중한 시간과 자원을 허비하게 되잖아요.

지금도 전세계 수많은 사람들이 코로나 백신 개발을 하고, 관련 데이터를 공유하잖아요. 공유된 정보만 믿고 거기에 맞게 개발하고 있는데, "미안한데, 거짓말이었어." 이렇게 말한다면 인류의 노력이 그냥 물거품이 되는 거죠. 그래서 용서를 못 하는 거예요.

제동 예전에 학교에서 야간자율학습 할 때 망보던 아이가 발소리를 잘못 들어서 "쌤이다!" 이렇게 잘못 얘기할 수 있어요. 그러면 처음에는 친구들이 용서해요. 누구나 잘못 들을 수 있고, 착각할 수도 있으니까요. 하지만 재미로 속이거나 의도적으로 몇 번 거짓말을 하면 그럴 때마다 많은 아이들이 후다닥 앉아야 하고, 마음을 졸여야 하니까 그다음부터 그 아이는 절대 망을 못 보게 하죠. 제가 너무 단순한 경험을 말했네요. 제 경험은 생활밀착형밖에 없으니까요. (웃음)

코로나 백신
그리고 지적재산권이라는 민감한 이슈

제동 코로나 백신을 공유한다, 안 한다 말들이 많았잖아요. 백신을 누가 먼저 맞아야 할지, 얼마나 생산해야 할지, 비용은 어떻게 해야 할지에 대해서도 얘기들이 많던데, 과학자로서 어떻게 보세요? 과학을 잘 모르는 제가 볼 때는 공유하면 좋을 것 같은데, 그게 쉽지가 않나봐요?

상욱 어려운 문제죠.

제동 왜 그럴까요? 제 생각에는 말 그대로 과학이 세계를 변화시키고 치유하는 가장 중요한 일일 것 같은데….

상욱 민감한 문제라고 생각해요. 그게 지적재산권이잖아요. 백신을 개발한 사람들 입장에서 보면 막대한 비용을 들여서 개발했을 거예요. 물론 지금 분위기에서는 과학자들도 선뜻 특허를 포기할 수 있을 것 같다는 생각도 들긴 하지만, 그렇다고 우리가 그걸 강요할 수 있는지는 고민해 봐야 한다고 생각해요. 만약 이번에 강요하는 전례가 만들어지면 또다른 바이러스가 생겼을 때 사람들이 백신을 개발하려고 할까요?

제동 사실 저는 당연히 적당한 보상 원칙이 있을 거라고 생각했어요. 그리고 무엇보다도 우리 사회가 위급할 때를 대비해 얼마만큼의 기반 시설을 닦아 놓느냐의 측면에서 봐야 하는 것 같아요.

상욱 시스템에 관한 이야기죠. 리스크 관리를 위해서는 리스크를 관리하는 사람들에 대한 충분한 보상이 있어야 한다고 생각해요. 지금도 우리가 의사들, 간호사들, 질병관리본부(현 질병관리청)에 계신 분들에게 박수 보내면서 정말 훌륭한 분들이라고 칭찬하잖아요. 그런데 정작 그분들은 지난 몇 개월 동안 휴가도 못 가고 아마 추가 근무까지 했을 텐데 그에 대한 충분한 보상 없이 말로만 훌륭하다고 하는 것은 옳지 않다고 생각해요.

신약 개발도 마찬가지예요. 지적재산권에 대해 "너희가 개발하긴 했지만 인류를 위해 필요하니까 다 내놔." 이렇게 요구해서는 안 되죠. 이에 대해서는 UN이나 세계보건기구(WHO)가 개입할 필요가 있다고 생각해요. 그리고 앞으로 이런 일이 자주 생길 것 같으니 팬데믹에 대처하는 초국가적 기구 같은 것이 필요할 수도 있고요. 그런 의미에서 우리가 지금 의미 있는 경험을 하는 게 아닐까 싶어요.

제동 맞아요. 모두에게 도움이 되는 선에서 최선의 방법을 찾을 수 있으면 좋겠네요.

상욱 영국의 역사, 특히 기술의 역사를 공부하면서 흥미로웠던 건, 특허권이 보장된 이후 기술 하나 개발해서 그것으로 공장을 짓고 상품을 만들어 크게 성공한 사람들의 얘기가 많이 나온다는 거예요. 그게 19세기 영국의 전형적인 모습이에요. 그때 이미 획기적인 아이디어만 있으면 돈을 벌 수 있는 시스템이 구축돼 있었던 거죠. 그게 그들의 경제력과 맞물리면서 산업혁명을 이룬 거잖아요. 그런데 우리나라의 경우 조선시대에, 예를 들어 장영실 같은 분이 증기기관을 만들었다면 과연 돈을 벌었을까요?

제동 신분제도에 막혀서 아마 의견도 못 냈을 것 같아요.

상욱 당시 우리나라에는 천재가 있었다고 하더라도 무언가를 개발할 동기가 없었을 테고, 개발했다 하더라도 적절한 보상이 없으니까 그 일을 계속하지는 못했을 거예요.

제동 아니면 대감에게 뺏겼겠죠. (웃음) 제 상식선에서는 이런 일들이 벌어질 것에 대비해 적절한 기금이 조성돼 있어서 "누구든지 연구에 돌입해라. 먼저 개발하면 특허권을 보장하겠다." 이렇게 할 줄 알았거든요. 더 나아가서는

"설령 특허를 낼 만한 결과를 얻지 못해도 연구에 뛰어들었다는 증빙 자료만 있으면 연구개발에 들어간 비용은 보상하겠다." 이 정도는 돼 있을 줄 알았는데….

상욱 그러면 좋겠지만 그것을 제대로 판단하기가 어렵거든요. 우리나라만의 문제는 아니겠지만 뭔가 새로운 이슈가 뜨고 "이 주제에 국가 연구비를 대거 투입할 예정이다"라고 하면 사람들이 여기저기서 다 모여요. 방송도 어떤 소재가 하나 뜨면 그것과 유사한 프로그램들이 우후죽순 생겨나잖아요. 과학계도 그런 경향이 있어요.

제동 거기도 비슷하네요. (웃음)

상욱 그럼요. 이런 것 말고도 머리 아픈 문제가 많아요. 예를 들어 백신을 개발했다는 게 정확히 무슨 뜻일까요? 백신의 효과가 몇 퍼센트면 성공한 걸까요? 실험실에서 성공률이 50%면, 실험실 밖은 워낙 상황이 다변적이기 때문에 효과가 더 떨어질 거라고 하더라고요. 접종했을 때 20~30%만 항체가 생기는 게 진짜 백신일까요? 아니면 효과가 90%가 될 때까지 기다려야 할까요? 지금 사실 어느 하나도 명확하지 않아요. 서로 논의를 하고 시스템을 구축해나가야 하는 거죠. 이때 시스템이란 완벽한 제도를 만든다는 뜻이 아니라 끊임없이 논쟁과 논의를 할 수 있는 장이 필요하다는 거예요.

"자연현상에는 옳고 그름이 없다."

제동 그냥 멀리서 바라만 보다가 안을 들여다보니 완전히 다른 세계네요.

상욱 그렇죠. 과학의 문제와 인간의 문제가 같지 않아요. 과학이 다루는 세상은 자연의 법칙에 따라서 움직이는데, 인간의 세상은 그렇지 않기 때문이겠죠. 물론 인간도 물질로 되어 있지만, 인간의 어떤 가치, 삶, 이런 것들은 또다른 차원이기 때문에 여기에 수많은 불명확함이 있어서 중간에 많은 판단을 하고, 합의를 해야 하는 거죠. 인간은 과학으로만 이해할 수 없잖아요.

제동 어쨌든 물리학자나 과학자가 사회문제나 시스템을 바라보는 방식은 좀 다른 것 같다는 생각이 들긴 하네요.

상욱 물리학자가 세상을 보는 방식은 이렇게 설명할 수 있어요. 여기서 세상은 우주만이 아니라 인간의 모든 것도 포함돼요. 제가 이분법을 참 싫어하긴 하지만 설명이 필요하니까 둘로 나눠볼게요. 하나는 자연의 법칙에 따라 운영되는 물질들의 세계가 있어요. 지구가 태양 주위를 돌고, 지구가 자전하고 이런 거죠. 물체가 떨어지고, 빛이 이동하죠. 여기에는 인간이 말하는 어떤 가치나 의미는 없어요. 태양이 정지해 있고, 그 주위를 지구가 도는데, 이 사실이 기쁘거나 정의로운가요? 그냥 도는 것뿐이에요. 여기에는 아무 의미도 없지만, 인간이 의미를 부여할 순 있죠. 400여 년 전에는 의미를 부여했어요. 예를 들어 갈릴레오가 지구가 돈다고 했더니 사람들이 싫어했죠. 싫어한 정도가 아니라 죽이려고 했잖아요. 그런데 그게 싫어할 일은 아니거든요.

제동 좋다 싫다의 문제가 아니군요.

상욱 아니, (펜을 떨어뜨리며) 이게 뭐 좋은 일인가요? 그냥 펜이 떨어지는 건데. 실제 낙하하는 데 걸리는 시간 같은 건 수학적으로 정해져 있거든요. 1 더하기 1이 2인데, 왜 기분이 나빠요? 그런데 인간이 여기에 의미를 부여할 수 있어요. "태양이 도는 것이 더 올바른 일이고, 지구가 도는 것은 이단이야. 넌 죽어야겠어." 아무 의미 없는 세상에 인간이 의미를 부여하는 거죠. 이것은 인간의 또다른 측면이자 능력인데, 저는 그것을 비난하거나 깎아내리고 싶지는 않아요.

제동 그게 또 우리를 발전시켜왔죠.

상욱 그뿐만 아니라 우리가 인간일 수 있게 만들었다고 생각해요. 지금 제가 이런 옷을 입고 이런 자세로 앉아서 이런 표현을 써가며 제동 씨와 대화를 하고 있는데, 물리학적으로 여기에는 아무 근거가 없어요. 제가 다르게 행동해도 아무 문제가 없다는 뜻이에요. 제가 지금 옷을 하나 벗어도 물리적으로 아무 문제가 없어요. 그냥 제 옷이 저와 분리되는 것뿐이에요.

제동 그런데 저는 쌤이 옷을 벗는 것을 바라진 않아요. (웃음)

상욱 제가 옷을 하나 더 벗을 수도 있어요. (웃음) 물리적으로는 제

제가 옷을 하나 더 벗을 수도 있어요. (웃음)

물리적으로는 제 몸과 제 옷을 이루는 원자들의 집단이 있는데,

이때 옷을 이루는 원자들의 집단이

옆으로 1m 이동한 것뿐이에요. 끝.

여기에 다른 의미는 없어요.

근데 인간은 여기에 의미를 부여할 수 있죠.

민망하거나 도덕적으로 올바르지 않다고요.

몸과 제 옷을 이루는 원자들의 집단이 있는데, 이때 옷을 이루는 원자들의 집단이 옆으로 1m 이동한 것뿐이에요. 끝. 여기에 다른 의미는 없어요. 근데 인간은 여기에 의미를 부여할 수 있죠. 민망하다거나 도덕적으로 올바르지 않다고요.

제동 **심정적으로도 너무나 올바르지 않아요.**

상욱 그렇죠. (웃음) 어쨌든 때로는 아무 의미 없는 물질의 분리에 의미를 부여하고, 도덕적으로 하지 말아야 한다는 규칙을 따를 때 인간이 되는 거죠.

제동 **사회적으로 그렇죠.**

상욱 네. 그런데 여기에 어떤 물리적 의미는 없어요. 우리가 합의한 것뿐이에요. 다시 처음으로 돌아가서 아까 이분법이라고 했는데요. 하나는 자연의 법칙에 따라 움직이는 우주 자체인데, 여기에는 어떤 의미도, 의도도, 가치도 없어요. 다른 하나는 우리 인간이 만든 법칙이죠. 이렇게 두 가지 측면이 있어요. 좋게 보면 좋은 거예요. 덕분에 우리가 사회를 이루고 소통하며 살 수 있으니까요. 그런데 다른 한편으론 이게 우리를 옭아매기도 하죠. 갈릴레오 시대 사람들이 가졌던, "지구가 돈다는 것은 옳지 않다"라는 믿음도 그들이 합의한 것이거든요.

그러니까 어떻게 보면 인간이 만들어낸 가치는 어떤 근거 없이 인간의 합의에 따른 것뿐이기 때문에 검증할 수 없고, 어떤 의미에서는 무엇이 옳은지 정확히 알 수도 없어요. 그래서 크로스체킹을 한다는 게 어려운 일이죠. 그런데 그걸 놓고 저한테 과학자니까 A와 B 중 누가 옳은지

판단해달라고 하면 못 해요. 이건 과학의 주제가 아니거든요. 과학은 이것에 대해서 "아무 의미 없다"라고 얘기할 거예요. 두 사람이 주장하는 바에 대해서 과학적으로는 아무것도 판단할 수 없다고요. 다만 어떤 전제를 주면 가능하겠죠.

예를 들어 공리주의가 옳다는 전제하에 누가 옳은지 판단하라고 하면 더 많은 사람을 행복하게 하는 쪽이 옳다고 판단할 수 있을지도 모르죠. 이때는 소수가 희생되겠죠. 결국 무엇이 옳은지는 사회구성원들이 합의하는 것일 뿐이라고 할 수 있어요. 물론 그 문제를 과학적 방법으로 다룰 수는 있겠죠. 여기서 과학적 방법으로 다룬다는 것은 이런 뜻이에요. 어떤 제도하에서 명백하게 소수만 행복하고 다수는 불행한 것 같은데, 그 제도 때문에 다수가 행복하다고 속인다면 그건 과학적이지 않은 거예요. 그래서 과학적 사고방식으로 세상을 이해한다는 것은 세상의 모든 문제에 답을 준다는 뜻이 아니라 명백한 불합리나 명백한 모순 정도는 해결할 수 있다는 의미예요.

제동 일단 그것만 해결해도 세상이 많이 좋아질 것 같아요.

질문이 답이 되는 순간

상욱 다만 인간으로 살면서 자기 기준을 갖는다는 건 필요하다고 생각해요. 자기 기준이 있어야 일관되게 살 확률이 커지고, 논리적 모순 없이 살기만 해도 다른 사람한테 예측 가능성을 주기 때문에 훨씬 더 믿을 만한 사람이 될 수 있고, 사회 속에서 더불어 살아가기 쉬워질 거라고 생각해요.

중요한 건, 이때 자기가 세워놓은 기준이 틀릴 수 있다는 사실을 아는 거예요. 이 사실을 알면 자기 기준에 따라서 살다가 뭔가 좀 이상하면 '이게 틀렸나?' 하고 바꿔볼 수 있거든요. 인간의 문제는 오히려 답이 틀릴 수 있다는 것, 내가 항상 옳은 건 아니라는 것, 나아가 본래 절대적으로 옳거나 그른 것은 없다는 것을 아는 것이 중요하다고 생각해요. 최대한 자기 기준을 만들어서 그 기준과 모순 없이 일관되게 살도록 노력하되 끊임없이 점검해나가는 것, 그게 최선이 아닐까 싶어요.

마음에도 질량이 있을까?

제동 쌤 얘기 듣다보니 그런 생각이 들어요. 지금까지는 뭘 모른다고 할 때, 예를 들면 제가 양자역학에 대해서 모르는 것을 무지(無知)라고 생각했는데, 진짜 무지는 내가 틀릴 수도 있다는 걸 모르는 게 아닐까 싶어요. 그런데 자기 생각에 갇혀 있다보면 그걸 깨치기가 참 어려워요.

상욱 어렵죠. 자기가 한 일에 대해 다른 사람의 반응을 제대로 읽어야 자신의 행동을 제대로 평가할 수가 있잖아요. 문제는 다른 사람의 마음을 아는 것도 참 어려운 일일뿐더러 종종 자기도 자기를 모르잖아요. 내가 정말 뭘 좋아하는지도 모르고, 다른 사람의 마음도 이해하기 힘들고요. 그래서 갈수록 인간의 문제를 다룬다는 것이 힘들어지는 것 같아요. 차라리 과학이 쉬워요. 과학은 답이 있잖아요. 많은 경우 답이 있거든요. 다만 우리가 모르는 것뿐이지. 그런데 인간의 문제에는 정해진 답이 없잖아요.

제동 쌤 책에서 읽은 건데, 고전물리학은 지금의 위치와 시간 변화, 속도를 알면 다음 위치를 알 수 있다고 했잖아요. 그런데 사람 마음은 이렇게만 움직이지 않으니까요.

상욱 왜냐하면 전제들이 있어요. 과학에서 가장 중요한 것 중 하나가 그 이론이 적용되는 대상이 정확하게 정의돼 있어야 해요.

제동 위치가 정확해야 하고….

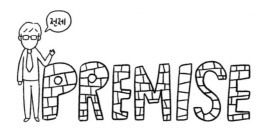

전제 PREMISE

상욱 위치와 질량을 가진 물체죠. 질량이 주어진 물체는 F=ma의 원칙이 적용되니까 외부에서 힘을 가하면 시간을 따라 차곡차곡 움직이는 걸 기술할 수 있다는 건데, 마음이 질량을 가지고 있나요?

제동 예고 없이 질문을 던지시니까…, 저도 갑자기 떠오른 건데 영화 「21그램」을 보면 '사람이 죽으면 영혼이 빠져나간 만큼 무게가 줄어든다'는 내용이 나오잖아요. 그게 진짜인가요? 제 질문에 먼저 대답해주세요. (웃음)

상욱 일단 그게 중요한 실험인데요, 만약 영혼이 실체가 있고, 물리학적 대상이 되려면 최소한 질량이 있어야 하거든요. 아니면 질량이 없더라도 검출하거나 관측할 수가 있어야 해요. 그래서 그런 시도를 하는 건 좋은데, 문제는 그게 객관적이고 재현 가능하냐는 거예요. 그런 실험이 어려운 이유가 여러 가지 다른 현상과 섞여 있어서 여러 변인이 완벽하게 통제가 안 되기 때문이거든요. 제가 알기로 당시 '21그램'은 제대로 된 실험은 아니었어요.

제동 아, 그래요? 지금 상욱 쌤 얘기가 되게 인상 깊은 게, 과학에서는 검증할 수 없다거나 그것은 우리 영역이 아니라고 말하지, 틀렸다고 얘기하지는 않는군요. 지금도 "그런 실험은 좋은데, 문제는 그 실험이 제대로 이루어지지 않은 것으로 안다." 이렇게 얘기하는 태도가 중요한 것 같아요. 그런데도 사람 마음이 희한하게 '영혼의 무게 21그램이 빠져나가면 어디로 가는 걸까?' 이런 데 끌리긴 해요. 저는 그런 쪽에 마음이 더 가요.

상욱 여기서 문제는 마음이란 게 정의가 잘 안 되는 단어거든요. 그래서 과학계에서는 의식이라는 말을 더 많이 쓰는 편이죠. 나중에 뇌과학자가 나오지 않나요?

제동 정재승 교수가 나올 거예요.

상욱 그때 더 자세한 얘기를 나눌 것 같은데, 아직 의식이 무엇인지에 대해서 합의된 정의가 없어서 뭔지 잘 모르는 거죠. 물론 의식이 있어서 나오는 현상은 있어요. 의식이 있기 때문에 우리가 손도 움직이고, 고통을 느끼기도 하는 것 같긴 해요. 하지만 그런 현상을 일으키는 배후에 이 모두를 관장하는 좀더 고차원적인 뭔가가 있는지에 대한 증거는 아직 없어요. 증거가 없을 때 과학에서는 그냥 모른다고 그래요.

제동 모른다고 하면 된다고요? 전 점점 더 과학이 쉽고 좋아지네요. (웃음) 증거가 없으면 잘못됐다고 말하는 게 아니고 가볍게 모른다고 하면 되는 거네요.

상욱 제가 어디 가더라도 별로 겁이 없는 것이, 질문을 받았을 때 모르면 모른다, 그러면 돼요. 모르는 건 자연스러운 일이거든요. 지금 과학이 모르는 게 많죠. 하지만 과학은 모르는 것을 부끄러워하지 않아요. 과학이라는 학문이 역사적으로 다른 학문과 가장 두드러진 차이점은 무지를 공개적으로 인정한다는 거예요.

질문이 답이 되는 순간

제동 있어 보여요. 이런 거 좋아요. (웃음)

신의 섭리에서 과학의 질문으로

상욱 모르면 모른다고 하는 게 당연하지 않냐고 생각할 수도 있지만, 학문의 역사를 보면 그렇지 않았던 때가 있었어요. 서양의 근대과학이 1600년대쯤에 탄생했다고 믿어지는데, 그전까지는 철학과 신학이 과학의 역할도 담당했어요. 종교적 질문, 우주에 대한 질문, 인간 존재에 대한 질문에 답을 해온 학문은 철학과 신학이었어요. 중세에 기독교를 기반으로 한 서양 문화에서 철학과 신학의 공통점이자 특징은 모든 질문에 답을 할 수 있다고 주장한 거죠.

제동 아, 무오류라고….

상욱 오늘날 우리의 감각으로 신학은 주로 인간의 도덕과 삶에 관한 이야기를 해야 할 것 같지만 그 당시 신학자들이 별을 이야기하고, 천문 현상과 기상 현상을 이야기했거든요. 심지어 물질을 이루는 근원도 이야기했잖아요. 누가 무엇을 묻든 "모든 질문에 대한 답은 성경에 있어." 이렇게 말해야지, 성경에도 답이 없는 게 있다고 하는 순간 이단이 되고 죽임을 당할 수도 있었어요.

반면 과학은 시작부터 명확하게 무지를 인정해요. 그리고 객관적이고, 재현 가능한 물질적 근거를 기반으로 얻은 증거로만 이야기하거든요. 그걸 일반화시킨 게 귀납법이죠. 그렇게 해서 얻어진 것만 가지고 이야기하라는 건 그렇지 못한 것에 대해서는 입 다물라는 뜻이죠. 실제로 입 다물어요. 갈릴레오는 한 번도 인간의 도덕에 관해 책을 쓴 적이 없어요. 뉴턴도 예술에 대해서 이론을 만든 적이 없고요. 자기가 진행한 실험을 통해 얻은 지식만 가지고 이야기하라는 뜻은, 잘 모르는 분야에 대해서는 모른다고 하라는 의미예요. 그래서 우리 과학자들은 모르는 게 많아요.

제가 종종 이런 질문을 받아요. "귀신은 있나요? 영혼은 있나요?" 그러면 답은 아주 쉽죠. "몰라요." 왜냐하면 없다는 것은 증명할 수 없거든요. 예를 들어 이런 거예요. 누군가 "유니콘이 있나요? 없나요?"라고 물었을 때 "유니콘이 있겠어요? 없죠"라고 답하니까 질문한 사람이 과학적으로 증명해보라고 하면 어떻게 하죠? 지금부터 우주 전체를 샅샅이 찾아봤는데 유니콘이 없다, 여기도 없고, 저기도 없다. 그게 증명이에요. 그러니까 무(無) 존재의 증명은 모집단 전체를 샅샅이, 시간 전체를 통틀어서 우주의 탄생부터 끝까지 다 확인했는데도 없다는 것을 보여줘야만 증명인 거예요.

제동 유니콘이라…, 그러니까 지금 현재로서는 제 짝 같은 거군요?

상욱 (웃음) 어쨌든 없다는 것은 증명할 수가 없으니 모른다고 하는 게 답이죠. 있다는 건 증명할 수 있어요. 보여주면 되니까요. 그래서 과학은 있다는 것만 이야기해요. 없는 건 얘기 안 해요. 놀

라운 건 법칙이 만들어지면서 불가능해 보이던 것들까지도 이야기하기 시작했다는 거예요. 에너지 보존 법칙이 있으니까 에너지가 보존되지 않는 현상은 불가능하다는 말을 하죠. 이런 예측 가능성이 생기게 된 거예요.

과학자가 우리를 위로하는 방식

제동 지금은 다소 줄어든 것 같지만, 역사적으로 어떤 바람이 확 불면 과학보다 오히려 인간의 마음을 불안하게 하는 것들이 훨씬 더 위세를 떨칠 때가 있었잖아요.

상욱 새로운 것을 봤을 때 호기심도 들지만 두려움을 느끼는 게 당연한 본능이라고 생각해요. 지금도 과학자들이 새로운 것을 만들면 사람들의 일반적 반응은 두려움이 맞아요. 인공지능이 처음 세상에 나왔을 때 '신기하다! 이제 우리 더 행복하게 살까?' 이런 반응이 아니라 '인공지능이 우리 직업을 앗아가겠네. 터미네이터가 나와서 다 죽이지 않을까?' 이런 공포감을 느끼는 건 당연하다고 생각해요. 디스토피아(Dystopia)를 그리는 게 자연스러운 거예요. 그것이 인간의 본성이기 때문에 저처럼 '저거 신기한데, 저걸로 뭘 할 수 있을까?' 하고 생각하는 사람은 소수인 게 맞죠.

제동 상욱 쌤은 '저거 신기한데.' 이런 쪽이에요?

상욱 저는 인공지능을 신기해하는 쪽이죠. 의식이라는 것을 이해할 수 있는 단서가 나온 거니까요.

제동 깜깜한 밤에 비가 부슬부슬 내리고, 버드나무 가지가 막 흔들릴 때 혼자 있으면 안 무서워요? '가만있어봐. 저게 왜 흔들리지? 신기한데?' 상욱 쌤은 이런 쪽이에요?

상욱 그건 무섭죠. 저도 인간이잖아요. 한밤중에 무덤에 가는 건 못해요.
(웃음)

제동 상욱 쌤이 책에 이렇게 써놨잖아요. "죽으면 육체는 먼지가 되어 사라집니다. 하지만 원자론의 입장에서 죽음은 단지 원자들이 흩어지는 일입니다. 원자는 불멸하니까 인간의 탄생과 죽음은 단지 원자들이 모였다가 흩어지는 것과 별반 다르지 않습니다." 과학적으로 우리도 그냥 원자라고.

상욱 쌤이 책에 이렇게 써놨잖아요.
"죽으면 육체는 먼지가 되어 사라집니다. 하지만
원자론의 입장에서 죽음은 단지 원자들이 흩어지는 일입니다.
원자는 불멸하니까 인간의 탄생과 죽음은
단지 원자들이 모였다가 흩어지는 것과 별반 다르지 않습니다."
과학적으로 우리도 그냥 원자라고.

상욱 제동 씨가 인용한 글은 제가 아는 과학자 선배가 갑작스럽게 죽음을 맞았을 때 쓴 글인데요, 세상 만물이 원자의 집합이라고 무미건조하게 이야기했지만, 위안을 얻기 위해 쓴 글이기도 해요. 단순한 원자의 집합이 나의 지인일 때는 단순히 그렇게만 느껴지지 않잖아요. 그런데 사람은 죽지만, 그 사람을 이루고 있던 원자는 우주에서 불멸해 땅이나 꽃, 하늘의 별이 될 수 있다고 생각하면 한결 마음의 위안을 얻게 되죠. 과학자들이 죽음을 어떻게 바라보는지에 대해 고민하다 쓴 표현이었어요.

제동 과학자가 우리에게 위로를 보내는 방식이네요. 그래도 죽는 건 언제나 슬퍼요! 어쨌든 잘 알지 못하는 것에 대해 과학자들이 신기해하는 것은 호기심이 우리보다 훨씬 더 발달해서 그런 건가요?

상욱 어쩌면 과학이나 기술에 대해 좀더 알아서 그럴 거예요. 알면 덜 무섭잖아요. '저게 저래봤자 금세 터미네이터가 되겠어? 자유의지가 뭔지도 모르는데…' 이렇게 좀더 아니까 좀 덜 무서운 걸 수도 있고요.

우주가 미분으로 쓰여 있다고?

제동 세상의 학문은 필요해서 생겨난 것이 대부분이잖아요. 그런데 저는 이런 생각이 들 때가 많아요. '과학이 우리한테 뭐 그렇게 쓸모가 있을까?' '미분과 적분 알아서 뭐해? 수학 해서 뭐해? 그냥 세상 돌아가는 거나 알면 되지.'

상욱 여기서 중요한 건 미분과 적분을 '안다'는 게 뭔지를 다시 생각해봐야 하는데….

제동 나, 이 사람하고 안 맞는 거 같아. (웃음) 그래도 얘기해보세요.

상욱 지금 제동 씨는 미분과 적분 문제를 풀 수 있어야 미분과 적분을 안다고 생각하는 거잖아요.

제동 그렇죠. 세모처럼 생긴 거. 그게 세모 아니고 뭐였죠?

상욱 세모 맞아요. (웃음)

제동 세모라도 맞혀서 다행이에요! (웃음)

상욱 그걸 다이버전스(Divergence)라고 하는데, 이 용어를 아는 건 별로 중요하지 않다고 생각해요. 이공계 직업을 갖고 있거나 전공하는 사람들은 알아야겠지만, 그렇지 않다면 그것이 갖는 의미를 아는 것으로 충분해요.

제동 이럴 땐 또 쌤과 잘 맞네요. 아주 좋아요. (웃음)

상욱 어떻게 우리가 세상 모든 걸 다 알겠어요? 물론 미적분에 대한 정확한 개념을 알고, 문제까지 풀 수 있으면 좋겠죠. 하지만 대다수의 경우 미적분이 갖는 의미를 아는 것으로 충분해요.

제동 지금껏 살면서 그 어느 때보다도 과학자에 대한 고마움이 커지네요.

상욱 하지만 안타깝게도 우리 교육과정은 문제를 푸는 것에만 매몰돼 있어서 학생들은 미분, 적분이 갖는 의미, 미분과 적분이 나오기 전과 후에

우리 인간이 세상을 보는 틀이 어떻게 바뀌었는지에 대해서는 안 배우거든요. 그냥 문제풀이가 수학이라고 착각을 하는 것 같아요.

제동 저는 흔히 말하는 '수포자', 그러니까 수학 포기자였거든요. 주관식이 나오면 무조건 0과 1을 쓰는, 뭔지 아시죠? 그런 사람이었는데, 상욱 쌤과 이야기하면서 처음으로 미분과 적분을 한번 공부해보고 싶다는 생각이 드네요.

상욱 사실 미분은 반복 작업에 대한 지시문, 즉 일종의 알고리즘이에요. 위치로 얘기할까요? 아니면 속도로 얘기할까요?

제동 길게 이야기하시려고요?

상욱 아뇨. (웃음) 지금 현재 위치가 여기라면 다음 순간의 위치는 저기다. 이게 미분이에요. 이 규칙을 딱 한 줄로 써놓은 거죠. 뉴턴의 운동법칙이 대표적이에요. 현재의 위치와 속도를 알면 잠시 후의 위치가 어디인지 알 수 있다는 거죠. 여기서 '잠시'는 'dt(델타)'라고 쓰는데, 잠시가 얼마만큼의 시간일까요? 1초면 될까요? 아니, 더 짧아야 하죠. 그러면 0.1이면 될까요? 아니, 더 짧아야 해요. 0.0001일까요? 아니, 더 짧아야 하죠. 0으로 접근해가는데 0은 아니에요. 0이면 시간이 전혀 흐르지 않은 거잖아요. 0보다는 큰데 0으로 무한히 접근하는 짧은 시간이에요. 이게 수학에서 말하는 '극한'이죠.

제동 점점 더 어려워지고 있어요. (웃음)

상욱 극한이 뭔지 몰라도 돼요. 아무튼 아주 짧은 시간이라고만 알면 충분해요. 이렇게 잠시 후의 위치와 속도를 구하는 방식을 계속 반복하는 거예요. 여러 번 반복한다는 것은 결국 여러 번 더한다는 건데, 여러 번 더할 것을 한 번에 더하는 게 적분이죠. 이것이 자동기계, 즉 컴퓨터가 작동하는 방식이에요.

제동 거기에서 자동기계 개념이 나온 건가요?

상욱 네. 미분, 적분에 자동작동 기계의 개념이 들어 있죠. 로봇이 계단을 올라가는 모습을 상상해보세요. 계단 한 칸을 올라갈 수 있는 로봇은 100개의 계단도 오를 수 있죠. 한 칸을 오르는 방법을 100번 반복하게 하면 되니까요. 미분이라는 것은 짧은 시간 동안 어떻게 해야 하는지 알려주는 지시문이에요. 계단 한 칸 올라가는 방법인 셈이죠. 결국 우주의 모든 운동이 미분 방정식으로 기술된다는 건 우주가 간단한 명령문을 여러 번 반복하는 기계와 같다는 뜻이에요. 우주가 굴러가기 위해서 어떤 특별한 의도나 의지, 신의 개입 같은 건 필요하지 않다는 거죠. 즉 우주는 스스로 굴러가는 자동장치 같은 거예요. 이것은 우주를 기계로 보는 유물론 개념을 바탕에 깔고 있다고 볼 수 있죠.

제동 여기서 유물론이 나왔어요?

미분이라는 것은 짧은 시간 동안 어떻게 해야 하는지
알려주는 지시문이에요. 계단 한 칸 올라가는 방법인 셈이죠.
결국 우주의 모든 운동이 미분 방정식으로 기술된다는 건
우주가 간단한 명령문을 여러 번 반복하는
기계와 같다는 뜻이에요. 우주가 굴러가기 위해서
어떤 특별한 의도나 의지, 신의 개입 같은 건 필요하지
않다는 거죠. 즉 우주는 스스로 굴러가는 자동장치 같은 거예요.

질문이 답이 되는 순간

상욱 네. 거슬러올라가면 고대 그리스의 원자론까지 갈 수 있지만, 근대의 기계적 유물론, 변증법적 유물론의 기초에 뉴턴의 물리학이 있다고 봐도 무리는 아니에요. 이게 인간에게는 안 좋은 영향을 줬어요. 인간을 기계로 보면 기계처럼 함부로 다룰 수도 있으니까요. 9시에 출근해서 6시까지 근무하게 하는 제도는 인간을 기계로 보는 생각을 바탕에 깔고 있어요.

제동 일찍 일어나는 사람뿐만 아니라 늦게 일어나는 사람도 있는데, 하나의 기준에 사람을 맞춘 거네요.

상욱 그렇죠. 미분은 이 세상을 기계가 작동하는 방식으로 보는 철학이에요. 지금도 어떤 분야에서 미래를 예측하고 싶으면 미분 방정식을 써요. 예를 들어 이틀 뒤의 강수량이나 기온을 예측하려고 할 때 그에 맞는 미분 방정식이 있을 거예요. 이것을 컴퓨터로 적분하는 거죠. 한 달 뒤를 예측하고 싶으면 한 달 치를 적분하면 되는 거고요.

인공지능의 시대
'저 기계는 우리 삶을 어떻게 바꿀까?'

제동 아, 아주 작은 변화를 누적해서 계산해나가는 거네요. 우리 일상에 과

학이 이렇게까지 깊이 들어와 있는지 몰랐네요. 앞으로 양자컴퓨터가 나온
다는 말도 있던데, 우리가 양자역학까지 알지 않아도 괜찮을까요?

상욱 컴퓨터가 처음 나왔을 때와 마찬가지죠. 컴퓨터가 가정에 처음 보
급되었을 때만 해도 모두가 컴퓨터의 언어와 그 원리를 다 알아야 하는
줄 알았어요. 하지만 곧 마우스만 클릭하면 누구나 컴퓨터를 사용할 수
있게 되었잖아요. 양자컴퓨터 개발자들은 양자역학을 자세히 알아야겠
죠. 그러나 대부분의 일반인에게 그보다 더 중요한 것은 그런 변화가 우
리 삶에 주는 의미라고 생각해요. 우리는 컴퓨터를 어떻게 사용하는가보
다 컴퓨터가 우리 인간의 삶을 어떻게 바꿀지, 그렇게 바뀐 삶이 우리에
게 좋을지 나쁠지를 얘기해야 한다고 생각해요. 컴퓨터가 우리에게 준
영향을 하나만 들어보죠. 컴퓨터 앞에 앉아서 일하느라 많은 분이 어깨
와 손목 통증에 시달리기도 하는데, 이건 인간을 기계에 맞추다보니까
생긴 결과잖아요.

　지금 인공지능을 이용한 번역기라든가 스피커 등 기계와 인간
의 소통에 대해 자주 듣는 얘기가 있어요. "기계가 아직 인간의
말을 못 알아들으니까 조만간 완벽한 기계가 나오기는 힘들 거
야." 저는 그렇게 생각하지 않아요. 기계가 우리를 변화시킬 거예
요. 지금도 저희 집에 있는 인공지능 스피커가 저와 제 가족을 변
화시키고 있어요. 예를 들면 저희 집에 있는 인공지능 스피커에
"헤이, 카카오, ○○ 틀어줘." 그러면 가끔 못 알아들어요. 그럴 때
면 기계가 알아들을 수 있는 방식으로 발음과 속도를 조절하면

　　　　　　　　　　　　　　　　　　　　　질문이 답이 되는 순간

서 또박또박 다시 말해요. "헤이, 카카오. ○○○의 ○○ 틀어줘."

결국 미래엔 기계가 인간의 언어를 완벽하게 따라하기보다 우리 인간이 기계가 알아듣는 언어를 사용하게 될 거예요. 그러다 보면 우리 언어가 단순해지겠죠. 서로서로 변화시키는 거죠. 일방적이지 않아요.

기술이 발전해서 새로운 기계가 나올 때 우리가 그 기술에 충격을 받고, 두려워하고, '빨리 익혀야 할 텐데, 따라잡지 못하면 뒤떨어지는 게 아닐까?' 이런 수동적인 생각만 하는 건 위험하다고 생각해요. 그보다 '저 기계는 우리 삶을 어떻게 바꿀까? 저 기계가 우리를 더 행복하게 하려면 기계도 바뀌어야 하지 않을까?' 생각해보고 "이렇게 바꿔주세요. 저렇게 해주세요" 하며 능동적으로 접근해야지, 새로운 것이 두렵다고 회피하기만 하면 상호작용할 수 있는 여지가 사라져요.

미분, 적분도 마찬가지예요. '이것이 우리를 어떻게 바꿨을까?' '이것을 알았던 서양 사회와 알지 못했던 우리 사이에 어떤 차이가 생긴 걸까?' '새로운 수학은 사람들의 사고방식에 어떤 영향을 끼쳤을까?' 이렇게 접근할 때 더 많은 것을 얻을 확률이 커져요.

살면서 선택이 고민될 때
과학은 뭘 해주나요?

제동 어쩌면 과학이 재밌으면서도 제일 어려운 길을 가는 것이란 생각이 드네요. "이건 왜 이럴지?" "저건 왜 저럴지?" 이렇게 끊임없이 질문을 던지면서 작동 원리를 찾아내야 우리한테 어떤 영향을 주는지도 판단할 수 있으니까요.

상욱 물론 그 일을 주로 과학자들이 하겠지만 어떤 문제가 생겼을 때 "과학자들이 알아서 판단해줘" 하고 미뤄버리면 안 된다는 얘기를 꼭 하고 싶어요.

제동 전문가들에게 미루려고 지금 대담하는 건데요, 그게 이 책의 핵심인데…. (웃음)

상욱 물론 전문가들이 연구해야겠죠. 하지만 앞에서도 얘기했듯이 인간의 문제는 서로 연결되어 있으니까 과학자가 아닌 그 사회가 결정을 해야 해요. 예를 들어 제가 물리학자니까 많은 사람이 저한테 이렇게 물어요. "원전이 안전한가요?" 답은 몰라요. 물리학자라고 원전의 안전성을 다 알까요? 아니거든요. 핵물리 전공자들도 확실하게 얘기를 못 해요. "완벽하게 통제가 된다면 안전합니다." 이게 첫 번째 답이에요. 실제로 완벽하게 통제를 해서 사고가 안 나는 원전들이 꽤 있으니까요. 하지만 안타깝게도 사고가 세 번이나 났어요. 모두 전혀 예상치 못한 조건에서 사고가 난 거예요.

제동 체르노빌, 후쿠시마….

상욱 그리고 미국 스리마일이요. 이중에 후쿠시마는 정말 상상도 못 한 쓰나미가 와서 사고가 났거든요. 분명히 사고는 일어날 수 있어요. 그러면 원전을 계속 가동해야 하는지 말아야 하는지가 과연 과학적으로 답을 낼 수 있는 문제일까요? 여기서 과학이 할 수 있는 일은 어떻게 하면 사고

가 안 날 수 있는지, 확률이 얼마나 되는지 데이터를 제공해주는 거예요.

제동 계산해내고, 더 안전하게 만들고….

상욱 그렇죠. 그 확률을 가지고 판단하는 것은 그 사회의 몫이에요. 누가 옳은지는 아무도 몰라요. 지금 우리나라도 수십 년간 원전을 운영해왔는데 아직 큰 사고가 안 난 것을 보면 안전한 것 같지만 외국에서 사고가 난 것을 보면 위험해요. 리스크가 있다는 거죠. 리스크는 모든 일에 언제나 있으니까 이것을 감수할지는 우리가 선택하는 거예요.

저도 원자력에 대해 과학자가 아닌 한 시민으로서 제 의견이 있어요. 저는 하지 말자는 쪽이에요. 저는 그 리스크를 감수하기 싫거든요. 제 의견이 이렇다고 해서 "물리학자가 하지 말자고 했으니까 그게 답이야." 이건 아니거든요. 저는 대한민국 5,000만 국민의 한 사람으로서, 물론 물리학자니까 원자력에 대해서 남들보다는 조금 더 아는 사람으로서 하지 말자고 이야기를 하는 것뿐이에요.

하지만 또다른 누군가는 그냥 하자고 할 수도 있어요. 그렇게 모아진 의견이 전체적으로 이 정도 리스크는 감수할 수 있다고 한다면 그렇게 가는 거죠. 누가 옳은지 몰라요. 다만 우리는 좀더 싸고 미세먼지 없는 핵에너지를 쓰고, 그 비용을 미래로 미뤄놓는 거죠. 왜냐하면 지금의 기술로는 핵폐기물을 처리할 방법이 없기 때문에 그냥 저장해두고 있거든요. 후손에게 그 책임을 떠넘기고 있는 셈이죠. 명확한 답이 없는 이런 문제를 논할 때 절대 하지 말아야 할 것은 "나는 좌파 과학자니까 무조건 반대해야지"라면서 데이터를 고치고, "나는 우파니까 무조건 찬성이야" 하

질문이 답이 되는 순간

면서 원전이 안전하다는 데이터만 모아 보여주는 것이죠.

코로나19 바이러스 문제에 대해서도 전문가들한테 물어보잖아요. "어떻게 할까요?" 그러면 전문가들도 답답할 거예요. 정답이 있는 게 아니니까. 이렇게 하면 안전하고, 저렇게 하면 불안한데 이 정도 확률이 있고, 감수해야 할 대가가 크죠. 저는 이런 문제에 분명한 답이 있다고 주장하는 사람들이 오히려 비과학적이라고 생각해요.

제동 상욱 쌤이 갑자기 잘생겨 보여요. (웃음)

상욱 (웃음) 과학이 할 수 있는 영역이 있어요. 하지만 주어진 수많은 데이터를 놓고, 우리 사회가 감수해야 하는 것을 결정하는 일은 결국 우리 사회가 모두 함께하는 거예요. 이런 결정을 내릴 때 국민 한 명 한 명이 과학에 대한 최소한의 소양이 있다면 더 올바른 결론을 내릴 확률이 커지겠죠.

제동 정치와 똑같네요. 선거로 일꾼을 뽑을 때 모두가 정치에 관심 없고, 후보나 정당에 대해 아는 바가 없으면 제대로 된 사람을 뽑을 가능성은 낮을 테니까요.

상욱 맞아요. 민주주의가 정확히 무엇인지, 어떤 사회가 올바른지 정답은 없을 수도 있겠죠. 하지만 한 사람 한 사람이 자기가 가진 기준을 근거로 투표하고, 그 결과에 맞춰 사회가 운영되는 것이 저는 정치적으로 더 옳다고 생각해요. 왜 이런 기준이 과학에는 적용되지 않는 걸까요? 제가 너무 무거운 얘기를 하고 있나봐요. (웃음)

물리에도 좌우가 있을까?
물리학자의 사랑은?

제동 저는 별로 안 무겁다고 생각하지만, 그럼 가벼운 얘기를 해볼까요? (웃음) 물리에도 좌우가 있습니까?

상욱 정치적인 얘긴가요? (웃음)

제동 아뇨, 물리적인 얘기예요. (웃음)

상욱 좌우가 있죠. 공간적으로 좌우를 얘기할 수 있어요.

제동 그런데 물리적으로 정확하게 좌우 기준을 정하는 게 가능한가요?

상욱 그것은 불가능하죠. 가장 좋은 기준은 한 번도 지구에 와본 적 없는 외계인을 만났을 때 설명한다고 상상해보는 거예요. 설명이 잘되면 그건 과학의 영역에 가까운 것이고, 설명이 잘 안 되면 상상의 산물일 확률이 높아요. 외계인에게 좌우를 알려주려는데, 어디가 좌고 우인지를 설명할 방법이 없다는 것을 보면 알 수 있어요. 보통 우리는 "심장이 있는 쪽이 왼쪽이야." 이렇게 말하지만 외계인은 그렇지 않을 수도 있거든요. 이런 식으로 쭉 따라가다보면 결국 설명할 수 없다는 걸 알게 돼요.

제동 아니, 그런데도 우리는 왜 이렇게 좌우로 나눠서 싸우는 걸까요?

상욱 과학적으로는 싸울 이유가 전혀 없죠.

제동 그런데도 서로 옳다고 싸우고 있으니…, 참 어려운 것 같아요.

질문이 답이 되는 순간

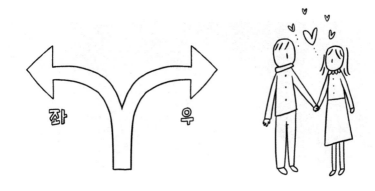

상욱　인간 세상은 물리 법칙으로 다 설명되는 건 아니니까요.

제동　상욱 쌤 만나면 또 물어보고 싶었던 게 있는데, 그러니까 물리학자는 사랑이란 감정을 어떻게 정의하나요? 그냥 화학반응인가요?

상욱　사랑도 참 설명하기 힘든 단어죠. 그것도 인간의 상상의 영역에 가까울 수 있으니까요. 그런데 제동 씨는 사랑이 뭔지 잘 아세요?

제동　네?

상욱　(웃음) 이건 어려운 주제잖아요. '사랑이란 무엇인가'를 다룬 책들도 많던데, 그런 책을 한 권 읽고 나면 사랑이 뭔지 알게 될까요? 『정의란 무엇인가』라는 책이 있잖아요. 그 책을 읽고 나면 정의가 뭔지 알게 될까요?

제동　어디서 들었는데, 그 책은 많이 팔렸지만 끝까지 읽은 사람은 거의 없다고 하더라고요.

상욱　1장까지는 본대요. 그 책을 조금이라도 보신 분들은 알겠지만, 그 책에서 말하고자 하는 바는 정의가 무엇인지 정의하기가 어렵다는 거잖아요.

제동 답이 없더라고요.

상욱 그렇죠. '사랑이란 무엇인가?'도 마찬가지라고 생각해요. 답이 없죠.
그런 것들은 다 추상명사고 상상의 산물이니까요.

제동 사랑이 추상명사고 상상의 산물이라면…, 혹시 아내를 어떻게 만나셨
는지 여쭤봐도 됩니까? (웃음)

상욱 저흰 처음부터 운명이었어요. (웃음)

제동 과학적으로 설명해주세요.

상욱 저흰 보였죠. (웃음)

제동 보여요? 어떻게 사랑이 보입니까?

상욱 지금 이해 못 하시잖아요. 죄송합니다. (웃음)

제동 아니, 이게 죄송할 일은 아닌데, 왜 저는 화가 나려고 할까요? (웃음) 그
런데 처음에 어떻게 만나셨어요?

상욱 소개를 받아서 만났죠. 원래 제 친한 친구가 나가기로 한 소개팅이
있었어요. 한 달 전부터 잡힌 약속이었는데, 그사이에 제 친구에게 여자친

질문이 답이 되는 순간

구가 생기는 바람에 저 보고 대신 나가라고 한 거죠. 보통 이런 게 의외로 잘되고 그러잖아요.

제동　그런 경우가 의외로 많더라고요.

상욱　뜻하지 않게 소개팅 장소에 나갔는데 저는 상대가 굉장히 마음에 들었고, 상대도 제가 마음에 들었던 거죠.

제동　그건 모르죠.

상욱　금방 친해졌어요.

제동　과학자로서 모르는 부분은 모른다고 하셔야죠.

상욱　지금 객관적으로, 재현 가능한 과학적 얘기를 하는 건데요. 계속 만났으니까. (웃음)

제동　처음부터 알았다, 운명이었다는 것은 결정론적 세계관을 견지하시는 겁니까? 이미 우주가 출발할 때부터 결정돼 있었다고 보는 건가요? (웃음)

상욱　그렇게 믿는 게 행복하겠죠. 가정의 평화를 위해서도…. (웃음) 어쨌든 과학의 영역이 있고, 아닌 게 있는 거니까요.

제동 그렇죠. 사랑의 영역이 있는 거죠.

상욱 이유는 모르지만 둘이 만나는 사건이 있었고, 그 이후에 각자에게 비가역적인 변화가 일어난 거죠.

제동 그런가요?

상욱 그러니까 그걸 운명이라고 생각한 거죠.

제동 네. 일단 그렇게 알고 있겠습니다. 다음 질문!

뭔가 좀 이상한 사람들?
이상한 건 특별하고 고유한 거래요!

제동 과학을 알고 과학적 사고가 가능해지면 선입견이나 편견 같은 걸 조금은 걷어낼 수도 있겠다는 생각이 드네요.

상욱 조금 도움이 될 뿐이죠. 기본적으로 과학자도 인간이고, 인간이 가진 본성에서 크게 벗어나기는 힘드니까요. 다만 과학을 하는 시각으로 세상을 볼 때도 있으니까 좀 다른 이야기를 해줄 수 있을 뿐이지, 기본적으로 다 같은 인간이에요.

제동 뭔가 겸손하지만, 한편으로 살짝 조심스러워하는 것도 같네요.

상욱 그런 게 아니라 사람들이 물리학자들을 좀 4차원적으로 보는 경향이 있잖아요. 「빅뱅이론」이라는 시트콤에도 나오지만, 과학자 하면 뭔가 좀 이상한 사람이라고 생각하는 것 같거든요.

제동 그런 오해와 편견이 좀 있죠. (웃음)

상욱 미국에 리언 레더먼(Leon Max Lederman)이라는 물리학자가 있어요. 노벨물리학상 수상자이기도 한데, 그분이 평소에 길을 걸으면서도 물리공식으로 계산을 하고 그랬는데, 어느 날 동네 정신병원 근처를 걷고 있었어요. 마침 정신병원 간호사가 환자들 가운데 증세가 약한 사람들을 데리고 그 근처를 산책하고 있었대요. 간호사와 환자들이 건널목에서 신호를 기다리고 있는데, 레더먼이 계산에 집중하느라 자기도 모르게 그 무리 안에 들어간 거죠. 그런데 그때 간호사가 환자 수를 세기 시작한 거예요. "하나, 둘, 셋, 넷…." 그러다 처음 보는 듯한 레더먼에게 "누구시죠? 지금 뭐 하세요?"라고 물었더니 레더먼이 "저는 노벨물리학상을 받은 물리학자이고, 지금 중성미자 질량을 계산하는 중입니다"라고 답했대요. 그랬더니 간호사가 레더먼을 포함해 "다섯, 여섯, 일곱, 여덟…" 했다는 일화가 있어요. (웃음)

제동 상욱 쌤 얘기를 듣다보니 충분히 이상한 사람들이라는 생각이 들 수도 있을 것 같아요. (웃음) 하지만 그건 편견이면서 동경이기도 해요. 뭐랄까, 어려운 걸 하는 사람들? 왠지 우리와는 다른 종족처럼 느껴지는 거죠.

상욱 제가 종종 하는 이야기지만 세상에 쉬운 일은 없는 것 같아요. 고등학교 때 제가 체육을 못했거든요. 건강도 안 좋았고 체육 시간이 너무 싫었어요. 공을 가지고 하는 건 다 못해요. 그래서 축구나 야구를 잘하는 친

구들이 정말 부러웠어요. 많은 분이 과학이 어렵다고 하는데, 다른 것들은 쉬울까요? 절대 쉽지 않다고 생각해요. 대체 그런 편견이 어디서 왔을까요?

제동 이렇게 질문을 던지는 모습이 또 과학적 태도인 것 같기도 해요.

상욱 제동 씨가 「톡투유」 진행할 때도 제가 옆에서 보면서 '아니, 이 많은 사람 앞에서 어떤 이야기가 나와도 어떻게 저렇게 자연스럽게 방송을 이끌어갈 수 있을까?' 대단한 능력이라고 생각했어요. 그렇게 할 수 있는 사람은 적어도 제가 아는 과학자 중에는 없거든요. 아인슈타인도 못할 거예요.

제동 제가 원래 그랬어요. 그게 재밌었어요. 마이크를 잡으면 저한테는 그때가 마치 중성미립자?

상욱 중성미자.

질문이 답이 되는 순간

제동 아, 중성미자. 제가 그 중성미자를 연구하던 과학자 같았어요. 사람을 웃기는 데도 공식 같은 게 있거든요. 거기에 얽매이면 안 되지만 그래도 처음에 배울 때는 필요하니까요. 예를 들면 숨을 들이쉴 때 웃기는 것과 내쉴 때 웃기는 게 다르고, 시간의 흐름이나 분위기도 봐야 하고. 어쩌면 미분과 적분 같은 것일 수도 있겠네요. 계속 적분을 해나가다가 '이때쯤이면 제일 크게 터지겠다' 하는 느낌이 본능적으로 와요.

상욱 봐요. 다 똑같다니까요. (웃음) 과학자들도 자기 분야 얘기가 나오면 신이 나서 얘기해요. 자기가 연구하는 게 세상에서 제일 재밌어요. 중력파 연구하는 사람은 중력이 가장 재미있다고 하고, 양자 연구하는 사람은 양자만 재미있다고 하고, 생명공학 하는 사람은 자기가 다루는 그 생명체만 재미있다고 눈에 불을 켜고 얘기해요. 그런 측면에서 보면 과학이 특별히 더 어렵거나 과학자에게 특별한 능력이 있다기보다 이 사람들은 단지 이것을 재미있어하는 사람들이라고 할 수 있어요. 그러니까 제 말은 과학자들을 이상한 눈으로 볼 필요가 전혀 없다는 거예요.

다만 자기와 다른 틀을 가지고 세상을 보는 사람들을 만나 이야기를 들을 수 있다면 그 자체로 언제나 좋은 게 아닌가 싶어요. 저는 과학자로 오랫동안 교육을 받았기 때문에 항상 과학으로 세상을 보는 게 익숙했거든요. 아주 오만할 때도 있었죠. 대학 다닐 때는 진짜 '이 세상의 모든 진리는 결국 물리로 다 알아낼 수 있을 텐데, 다른 건 왜 배우지?' 이렇게 생각한 적도 있어요. 그런데 나중에 인문학 책을 읽기 시작하면서 인생관이 바뀌었죠.

제동 과학으로 모든 걸 할 수 없다는 것을 깨닫기 시작한 건가요?

상욱 인간은 과학의 틀 안에서 다 설명할 수 없는 부분이 있잖아요. 인간이 만들어낸 상상이 있고, 그것을 이해하려면 과학보다 오히려 인간의 역사를 봐야 하고, 인간 언어의 한계를 이해해야 하고, 인간은 언어로만 얘기하는 것은 아니라서 예술도 알아야 하고…. 지금 제동 씨는 과학의 이야기를 들으면서 새로운 시각을 가져서 좋다고 하는데, 저는 뒤늦게 다른 것들을 공부하면서 '내가 정말 세상을 좁게 봤구나!' 이런 마음이 들더라고요.

제동 인간에게는 자기가 잘 몰랐던 시선으로 세상을 볼 수 있다는 것 자체가 소중한 기회 같아요.

상욱 맞아요. 과학은 우리의 인식체계와 상관없이 존재하는 우주의 진실을 다뤄요. 그래서 어떻게 세상을 살지, 어떻게 인생의 목표를 잡고 행복을 추구할지는 답을 줄 수 없죠. 이런 경우에는 여러 가지로 조건과 기준을 세우고 상황에 맞춰 바꿔가야 하는데, 그럴 때 다른 시각이 도움이 된다고 생각해요. 그런 의미에서 과학도 도움이 되는 게 아닐까 싶어요.

제동 제가 쌤 얘기에서 좋았던 건 "과학으로 인정받으려면 반드시 객관적이고, 검증 가능하고, 재현 가능해야 한다"라고 할 때였어요. "모든 것은 원자로 이루어져 있어. 그러니 고통도 실체가 없는 거야. 괴로워할 필요도 없어. 과학으로 다 할 수 있지." 이렇게 말할 수도 있을 것 같은데 그러지 않고, "그건 우리 과학이 모르는 분야"라고 하면서, 인간이 상상으로 만들어낸 산물들이 우리 사회를 떠받치고 있는 또 하나의 기둥이라는 것을 인정하는 그 모습이

질문이 답이 되는 순간

굉장히 멋있다는 생각이 들었어요.

상욱 제가 잠시만 좀 음미할게요. (웃음)

인간, 지구에서 가장 배타적인 생명체

제동 상욱 쌤은 앞에서 얘기한 데릭 시버스의 '운동을 시작하는 방법' 동영상

처럼 두 번째 사람이 와줘서 지금 함께 떨고, 울리고, 춤추고 계시는 거잖아

요. 아내와 두 분이. 그리고 이제 아이들까지 네 사람이 된 거고….

상욱 그런 셈이죠.

제동 세상 모든 게 다 연관돼 있다고 많이 얘기하잖아요. 그런데 상상의 산물일 수도 있겠지만 외롭다는 감정이 들 때가 있단 말이죠. 우리가 어떻게 하면 서로 연결돼 있다는 걸 더 깊이 느낄 수가 있을까요?

상욱 일단 세상이 다 연결돼 있다고 얘기할 때 인간을 초월해서 보면 좋겠다는 생각이 들어요. 물론 한 사람이 외롭다고 느낄 때는 사람들 사이에서 고립된 것도 있겠지만, 인간이라는 종 자체가 굉장히 고립돼 있긴 하거든요. 무슨 뜻이냐면 우리는 지구상에서 가장 많은 수를 차지하는 종 가운데 하나예요. 지구상의 동물 중에 개체 수가 가장 많은 건 닭이거든요.

제동 그래요?

상욱 닭이 가장 많고, 그다음이 인간이고요. 소, 돼지 순서일 거예요. 1년 동안 우리가 도축하는 닭의 수만 400억 마리쯤 되니까 어마어마하죠. 살아 있는 건 더 많을 테고. 인간은 75억 개체가 있잖아요. 다른 동물들은 몇 만에서 몇 십만 정도면 많은 거예요. 대형 포유류나 조류만 본다면 세상에는 인간과 인간이 먹는 가축이 대부분이에요. 인간이 반려동물로 선택한 몇몇과 먹기 위해서 선택한 동물들로 득실득실한 거죠.

　그러고보면 인간은 정말 배타적인 동물이에요. 아마존 같은 데는 가로세로 1m 공간 안에 수많은 생명체가 함께 있어요. 나무도 있고, 벌레도 있고, 뱀도 있고, 오만 가지가 있지만, 인간이 사는 아파트 공간은 가로세로 10m가 넘어도 그 안에 인간밖에 없어요. 자연의 눈으로 보면 정말 이상해요. 벌레 한 마리 없어요. 만약 여기 모기 한 마리가 "앵" 하고 날아가면 바로 죽일 거예요. 우리가 허락한 반려동물 몇 마리만 데리고 살아갈 뿐, 우리 인간은 다른 생명과 같이 안 살아가요. 이것은 마치 다른 생명체와 대화하기를 포기한 행태라고 할 수 있죠.

우리가 주변 동물들과 대화를 하나요? '반려닭'을 키우시는 분들이라면 모를까 닭과 대화하는 사람이 얼마나 될까요? 닭은 원래 수명이 5년에서 10년 정도 되는데, 보통 생후 35일 만에 죽어요. 그 이상 키우면 사료비가 더 드니까 수지 타산이 안 맞거든요. 말이 생명체지, 고깃덩어리예요. 소와 돼지도 마찬가지죠.

제동 그러네요. 그게 인간이 우리와 가까운 다른 생명체와 맺고 있는 관계의 모습이네요.

상욱 지금 밖에 나가보세요. 우리가 심어놓은 식물과 나무 몇 그루만 서 있지, 거리는 온통 아스팔트를 깔아서 생명체가 결코 살 수 없게 만들어놓았어요. 우리 인간이 키우다가 버린 동물들만 저 구석에 숨어서 쓰레기를 먹고 있어요. 이 거대한 도시를 보면, 인간이 이 지구상에서 다른 생명체들과 어떤 관계를 맺고 있는지 알 수 있어요.

제동 이번에 코로나로 인해 사람들이 밖에 잘 안 나가니까 미국에서 야생동물 수천만 마리가 목숨을 건졌다는 뉴스를 본 것 같아요. 도로에 다니는 차량이 감소하니까 찻길에서 사고당하는 동물 수도 줄었다고요.

상욱 생명은 그 본질상 다른 생명과 공존·공생하거든요. 만약 지금 외계인이 우리를 보면 이렇게 생각할 것 같아요. "너희 인간은 참 외롭겠다. 다른 종들과 소통도 안 하고, 공존도 안 하고."

제동 지구상에 수없이 많은 종이 존재했다가 멸종하기도 했잖아요. 우리 인간이 사라지지 말라는 법도 없고요. 어떻게 해야 할까요?

상욱 다시 돌아가기가 쉽지 않기는 한데, 모르겠어요. 호모사피엔스는 지구 생태계의 주인이 아니거든요. 우리 종이 출발한 시기가 30만 년에서 50만 년 전이라고 알려졌지만, 지구 생명체의 역사는 38억 년쯤 되니까 우리는 지구 역사에서 보자면 찰나의 순간 동안 존재하는 종이죠. 나중에 생명의 탄생과 진화, 그리고 멸종에 대해 얘기해주실 분도 나오지 않나요?

제동 이정모 관장님이 나오실 거예요. 앞으로 책이 나아가야 할 방향까지 다 짚어주시네요. (웃음) 어쨌든 물리학자로서 이 세계가 지속 가능하다고 생각하세요?

상욱 아마도 많은 분이 지속 가능한 문명을 얘기할 때는 인간이 지금과 같은 정도의 편리를 누리면서 사는 조건을 가정할 거예요.

제동 그런데 그렇게 살면 안 되겠죠?

상욱 그러면 쉽진 않죠. 모든 물리 시스템이 그렇지만 지구도 복잡한 시스템이라 평균 온도가 천천히 바뀌면 천천히 변화하며 적응하지만, 갑자기 확 바뀌면 막 요동을 치다가 평형점으로 가거든요. 지금처럼 온도가 빠르게 변하면 지구 여기저기가 요동을 쳐요. 그래서 가장 큰 문제는 더워지는 게 아니라 기상이변이 잦아지는 거예요. 당장 지난여름 날씨가 이상했던 이유도 시베리아 온도가 높아져서 그렇다고 하잖아요.

게다가 온도가 높아진다는 건 남극과 북극과 적도지방의 온도 차가 줄어든다는 얘기예요. 지금 우리가 사는 중위도지방의 온도가 지금처럼 유지되는 이유는 제트기류 때문이에요. 제트기류는 우리 눈에는 보이지 않지만, 빠르게 움직이는 거대한 공기의 흐름이에요.

제동 그것도 다 물리법칙이군요.

상욱 그렇죠. 지구의 자전과 관련이 있죠. 우리가 유럽에 갈 때와 올 때 비행 시간이 2시간 정도 차이가 나는 이유는 제트기류 때문이에요. 지구온난화가 진행되면 제트기류가 약해져요. 북극의 찬바람을 팽팽하게 막고 있던 제트기류가 약해져 한겨울에 영하 30도까지 내려가는 엄청난 한파가 올 수도 있어요. 태풍도 자주 올 수 있고요. 그다음에 지구 전체적으로는 온도가 1~2도 올라가지만, 지역적으로는 전혀 다른 기후로 바뀔 수도 있어요. 사막이 아니었던 지역이 사막이 된다거나, 온대지방이 열대지방이 된다거나 그런 변화가 일어날 수 있죠.

제동 벌써부터 그런 변화가 느껴져요.

상욱 물론 그렇게 바뀌더라도 인간은 살아나갈 거예요. 기온이 몇 도 올라간다고 멸종하지는 않겠죠. 지금 기후위기는 인간의 멸종을 얘기하는 건 아니에요. 그건 온도가 더 올라갈 때 얘기예요. 다만 이렇게 지역적인 변화가 올 때 과연 우리 인간이 그 문제를 제대로 해결할 수 있을지가 우려되는 거예요. 지구 역사를 보면 기상이변이 발생하거나 농업 생산량이 몇 퍼센트만 바뀌어도 분쟁이 일어나기 시작했어요.

제동 먹고사는 문제니까 그렇겠죠.

상욱 네. 잘사는 나라들은 국경을 막겠죠. 그러면 못사는 나라들은 더 괴로워질 테고, 잘사는 나라가 괴로워지면 전쟁이 일어나겠죠. 만약 이 문제를 지혜롭게 해결하지 못하면 우리도 위험해질 거예요. 지구상에 거대한 변화가 오지 않더라도 약간의 변화를 감지했을 때 인류가 폭력 없이 지혜롭게 해결할 수 있겠냐는 건데 그러지 못할 가능성이 크니까 걱정인 거죠.

제동 그럼 우리는 이제 어떻게 해야 할까요?

상욱 사실 우리 인간은 지구의 세입자잖아요. 우리가 지구의 주인이라는 오만한 생각부터 버려야 한다고 생각해요. 석유, 석탄 같은 땅속 화석연료들은 우리 인간을 위해 존재하는 게 아니라 먼 옛날 어떤 특이한 사건 때문에 당시 생명체가 죽고 한동안 썩지 않아서 쌓인 거잖아요. 죽은 개체를 분해할 수 없는 상황에서 차곡차곡 쌓인 게 석탄과 석유 같은 것들인데, 매장량이 유한해요. 우리는 그걸 뽑아서 쓰면서 편리함을 누리고 지구의 온도를 빠르게 높이고 있는 것뿐이죠.

제동 어쩌면 편리함이야말로 인간의 가장 큰 적일지도 모르겠네요.

상욱 맞아요. 우리가 이 모든 희생을 치르며 얻는 건 생존이 아니라 편리예요. 우리는 산업혁명 이전에도 생존은 해왔으니까요. 오로지 편리함을 위해서, 그러니까 30km 거리를 20분이나 30분 만에 가기 위해서 우리 후손들이 써야 할 땅속의 유한한 자원을 마구 파헤쳐서 쓰는 거죠. 그래서 아까 말씀하신 외로움을 우리 인간에 국한할 것이 아니라 생명체 전체로 확장해서 보면 좋겠어요.

우리를 구원할 것
허(虛)

상욱 이제 제동 씨가 질문했던 외로움 이야기를 해보죠.

제동 모기, 지구온난화, 제트기류, 석탄과 석유…, 외로움은 언제 얘기해주시나 싶었어요. (웃음)

상욱 (웃음) SNS가 처음 나왔을 때 인간 사이의 소통을 더 활발하게 만들어 세상을 좋게 바꿀 거라는 기대감을 주었잖아요. 그런데 SNS를 통해 과연 진정한 소통이 늘어났을까요? 우리가 덜 외로워졌을까요? 지금 서울에 1,000만 명이 모여살지만 서로 몰라요. 아마 조선시대 사람들이 지금 우리의 지하철 안 풍경을 보면 정말 이상하다고 생각할 거예요. 수백 명의 사람이 다닥다닥 붙어 있는데, 제각기 다른 곳을 보고 있잖아요.

제동 맞아요. 서로 쳐다보면 안 되죠.

상욱 눈을 마주치기도 힘들죠. 그래서 우리는 모여 있어도 외로운 것 같아요. SNS를 통해서 사람들에게 좋은 점만 보여주려다보니 다른 사람의 모습을 보면서 오히려 자신의 초라함을 확인하고 부러움만 느끼게 되는 게 아닌가 싶어요. 그래서 SNS가 보편화된 지금이 인류 역사상 그 어느 때보다 외로운 게 아닐까 싶어요.

제동 우리는 어쩌다 이렇게 외로워졌을까요?

상욱 저는 우리가 컴퓨터, 스마트폰, SNS 이런 것들이 우리에게 해가 될지, 득이 될지 잘 모르는 채 사용한다고 생각해요. 제 주위에 이렇게 말하는 사람들이 많아요. "난 이제 신문, 뉴스 안 보고 페이스북으로 모든 정보를 얻어. 페이스북에는 다양한 정보가 있거든."

　　그런데 저는 생각이 달라요. 제 페이스북만 봐도 어느 때보다 편향된 정보가 많이 보이거든요. 제 친구들은 똑같은 얘기만 해요. 똑같은 정치색을 가지고 있어요. SNS 전체에는 다양성이 있을지 몰라도 각 개인은 오히려 한쪽으로 더 치우친 선별된 정보만 보게 되고, 그래서 다른 의견에 더 분노하게 되는 것 같아요.

　　저는 우리가 아직 문명의 이기(利器)를 완전히 이해했다고 생각하지 않아요. 우리는 지하철을 제대로 이해하고 있나요? 지하철이 우리한테 편리한 도구인지, 나와 직장 사이의 거리를 30km로 벌려놓은 주범인지 알 수 없어요. 스마트폰은 오래된 친구와 바로 얘기할 수 있게 도와주는 도구인지, 직장 상사가 주말까지 업무 지시를 내리게 하는 도구인지 잘 모르겠어요.

제동 이제라도 우리가 사용하는 과학기술에 대해서 좀더 인문학적인 질문

질문이 답이 되는 순간

을 던져야겠네요.

상욱 "이것은 정말 뭐 하는 기계인가?" "이 기술은 우리를 어떻게 만들고 있는가?" "그것이 우리를 행복하게 하고 있는가?" "그렇지 않다면 이 기술을 어떻게 써야 하는가?" 이런 질문을 하지 않죠. 그저 새로운 버전의 스마트폰이 나오기만을 기대해요.

제동 기계의 효율성과 유행만 생각했지, 이 기계가 우리에게 어떤 영향을 미칠 것인가에 대한 생각은 부족하다는 얘기네요.

상욱 인간적인 고찰은 많이 하지 않는다는 거죠. 단지 그것을 사용하지 못할까봐, 그 기술을 못 따라갈까봐 두려워하죠. 본능적인 것도 있어요. 새로운 게 나왔을 때 두려움이 앞서다보니 보통은 두려움에 관한 이야기에 더 귀를 기울이게 되죠. 인공지능의 위험성에 관한 이야기가 나왔을 때도 인류를 멸망시킬 터미네이터나 기계가 일자리를 빼앗을 거라는 이야기들이 귀를 더 솔깃하게 만들기 때문에 그런 뉴스가 범람하는 거죠. 우리가 좀더 냉정하게 판단할 수 있다면 그런 뉴스 말고 다른 뉴스도 듣게 될 거예요.

제동 하기야 저부터도 뒤처질까봐 겁나거든요. 어쨌든 저는 지금 아주 좋아요. 별로 말 안 하고 가만히 듣고 있으면 되니까 좋아요.

상욱 그렇구나! (웃음) 그럼 지금부터 제가 물어볼게요. 현대인은 왜 외로울까요?

제동 저는 거기에 대답할 수 있는 게 없어요. 상욱 쌤이 답해주세요. 그러려

고 오늘 시집을 가져오신 것 같던데…. (웃음)

상욱 최승자 시인이 쓴 『빈 배처럼 텅 비어』란 시집인데, 양자역학에서 가장 중요한 개념 중 하나인 양자 중첩을 설명하는 것 같은 시가 있어서 가져와봤어요. 「이 세상 속에」라는 시인데, 읽어드릴게요. "이 세상 속에 / 이 세상과 저 세상 / 두 세상이 있다 / 겹쳐 있으면서 서로 다르다 / 그 홀연한 다름이 신비이다" 이것이 중첩이에요. 겹쳐 있으면서 서로 다르다, 하나지만 둘이다, 이런 얘기죠.

제동 시로 표현하니까 중첩이라는 용어가 좀더 쉽게 다가오네요. (웃음)

상욱 그다음 시도 제가 좋아하는 작품인데, 우리가 앞에서 얘기했던 상상과 관련이 있어요. 제목은 「모든 사람들이」예요. "모든 사람들이 그러나저러나의 인생을 살고 있다 / 그래도 언제나 해는 뜨고 언제나 달도 뜬다 / 저 무슨 바다가 저리 애끓며 뒤척이고 있을까 / 삶이 무의미해지면 죽음이 우리를 이끈다 / 죽음도 무의미해지면 / 우리는 허(虛)와 손을 잡아야 한다"

제동 와, 좋은데요.

상욱 여기서 '허'는 상상이죠. 허상(虛像)이라고 할 때 '허'예요. 저는 결국 우리를 구원할 것이 '허'라고 생각해요.

제동 텅 빈 게 아니고 상상이라….

상욱 네. 전 이걸 상상으로 읽었거든요. 죽음도 무의미해지면 우리는 아무것도 없는 거죠. 저는 인공지능에 대해 이야기할 때 이 시를 인용해요. 인공지능은 인간처럼 상상하지 못할 테니까 인

제목은 「모든 사람들이」예요.
"모든 사람들이 그러나저러나의 인생을 살고 있다
그래도 언제나 해는 뜨고 언제나 달도 뜬다
저 무슨 바다가 저리 애끓며 뒤척이고 있을까
삶이 무의미해지면 죽음이 우리를 이끈다
죽음도 무의미해지면
우리는 허(虛)와 손을 잡아야 한다"

간의 행복은 인공지능이 아니라 인간의 상상으로 지켜야 할 거라고 말하죠.

미래에 사라질 직업에 대해 이야기할 때도 비슷한 애기를 하거든요. 19세기 초반에 사진기가 나왔을 때 많은 화가들이 위기감을 느꼈을 거예요. 아무리 그림을 잘 그려도 사진기보다 똑같이 그릴 수는 없잖아요. 그래서 서양 미술사에서 19세기는 사진기가 화가보다 사물을 더 잘 표현할 수 있을 때 화가는 무엇을 그려야 하는지에 대해 고민한 시기예요.

제동 사조가 바뀌기 시작했군요.

상욱 그래서 점도 찍어보고 추상도 해보고 오만 가지 해보잖아요. 그 결과로 나온 것 중 하나가 바로 마르셀 뒤샹의 소변기라고 생각해요. 일반 화장실에서 사용하는 남성용 소변기를 갖다놓고 예술작품이라고 부르거든요. 작품 이름은「샘」이에요. 지금 가격이 약 30억 원쯤 할 거예요.

제동 소변기가요?

상욱 네. 저도 이해를 못 하지만 그때 화가들이 깨달은 건 그림이나 작품이 갖는 가치는 인간이 임의로 만든다는 것이었어요.

제동 의미와 가치를 부여하는 거군요.

상욱 그렇죠. 결국 사진기가 나온 후에도 화가들은 사라지지 않았어요. 그들은 자신들의 그림이 사진기가 찍는 풍경만큼 실제와 똑같아 보이지는 않지만, 더 가치 있다고 의미를 부여함으로써 살아남은 거죠. 자동차가 사람보다 빨라요. 그런데 왜 달리기를 하죠? 왜 올림픽에서 뛰나요? 사람보다 빠른 기계가 있는데 사람끼리 뛰어서 더 빠른 사람을 찾는 것이 무슨 의미가 있어요?

제동 그런데도 우리는 의미를 부여하죠. 한계를 뛰어넘으려는 인간의 노력과 땀의 가치에 대해서….

상욱 맞아요. 그런데 왜 인공지능이 일을 더 잘하면 사람들의 일자리를 빼앗을 거라고 생각하느냐는 거죠. 결국 우리를 구원할 길은 인공지능보다 더 뛰어난 일을 하거나 인공지능이 하지 않는 일을 찾아서 하는 것이 아니라, 인공지능과 비슷한 일을 하지만 우리가 하는 일에 더 많은 가치를 부여하는 것이라는 얘기를 하고 싶었어요. 저는 우리를 구원할 것은 바로 허(虛)라고 생각해요. 우리의 의미나 가치 자체가 상상에 있기 때문에 그것으로만 지켜낼 수 있어요.

이때 우리가 놓치지 말아야 할 중요한 것은, 인공지능으로 얻어진 부(富)를 어떻게 나눌지를 고민해봐야 한다는 거죠. 인공지능이 창출한 부를 사람들에게 공평하게 나눠줄 수만 있다면 함께 행복한 거죠.

제동 부와 시간을 나누는 거네요.

상욱 그게 핵심이에요. 인공지능이 두렵다고 안 만들지는 않을 테니까요. 인공지능이 이익을 가져오는 한 계속 개발할 거예요. 그게 자본주의 속성이고, 그것을 막을 수는 없을 거예요.

그렇다면 우리가 기다리면 안 되죠. 인류의 역사를 보세요. 인공지능 이전에도 기계 때문에 사람들이 대규모로 직업을 잃었던 적이 두 번 있었어요. 첫 번째는 증기기관이 나왔을 때 방적기와 방직기가 노동자들을 대체했잖아요. 그때 사람들이 무척 충격을 받았어요. 두 번째는 1920년 대 전기 문명 때예요. 냉장고와 세탁기 등이 보급되니까 하인과 하녀들이 일하던 집에서 나가야 했어요. 런던에 사는 젊은 여성의 3분의 1이 하녀였는데, 갑자기 직업이 사라진 거죠.

제동 아, 그랬군요.

상욱 지금은 수도꼭지를 틀면 더운물이 나오고 사용한 물은 하수구로 빠져나가는 것을 당연하게 여기지만, 사실 이건 엄청난 시스템이죠. 전기가 보급되기 전에는 누군가 우물에 가서 물을 길어다 2층까지 들고 올라와서 끓여야만 했어요. 그러다보니 대단히 많은 사람의 직업이 하인과 하녀였는데, 전기 문명이 발달하면서 다 사라졌죠. 그런 일들을 지금은 수도와 보일러, 냉장고와 세탁기 그리고 자동차가 대신하게 되었잖아요.

제동 생각해보니 그게 다 사람이 하던 일이었네요.

상욱 그렇죠. 하지만 지금 우리는 "그 일을 왜 사람이 하지?" 하고 의아해하잖아요. 앞으로도 그럴 거예요. 많은 일을 인공지능이 해주면 얼마나 좋아요. 물론 당장 직업을 잃는 사람들이 생기는 건 안타깝죠. 그래서 지금 우리가 해야 할 일은 사람들이 직업을 잃고 비참하게 살아가지 않도록 사회안전망을 꾸리는 거예요. 그래서 인공지능의 혜택으로 얻은 이익을, 직업을 잃거나 고용이 불안정한 사람들을 지원하는 데 써야 해요. 그러지 않으면 점점 많은 사람이 직장을 잃고 불행해질 거예요. 잘못하면 우리 후손들이, 아니 어쩌면 당장 우리부터도 기계와의 경쟁에 내몰릴 텐데, 그건 마치 달리기 선수에게

차보다 더 빨리 달리라고 하는 것과 같아요.

제동 절대 이길 수 없는 게임을 하는 거겠네요.

상욱 그렇죠. 그래서 기계가 더 잘하는 일은 기계에 맡기고 우리는 이렇게 당당하게 요구할 수 있어야 한다고 생각해요. "나한테 다른 일을 줘. 아니면 돈이라도 줘."

제동 이건 기본소득과도 연결이 되는 문제겠네요.

상욱 저는 경제학자나 그 분야 전문가가 아니라서 섣불리 얘기는 못 하겠어요. 기본소득도 해결책 중에 하나로 검토할 수 있다고 생각해요. 하지만 간단하지 않기 때문에 쉽게 답하기는 힘들어요.

제동 네. 이건 나중에 만나볼 경제전문가 이원재 대표에게 물어볼게요.

상욱 (웃음)

미시세계와 거시세계, 그 경계에서 길을 찾다

제동 마지막으로 한 가지만 여쭤볼게요. 물리학자로서 꼭 이루고 싶은 것이 있나요?

상욱 전 양자역학을 연구하는 사람이에요. 양자역학에도 여러 가지 문제들이 있어요. 그중에 첫 번째 관심사는 미시세계와 거시세계라는 이분법이에요. 여기서는 이렇게밖에 설명할 수가 없네요. 원자·분자의 미시세계는 우리가 사는 이 세상과는 완전히 다른 법칙을 적용해야 하는데, 두 개의 체계가 있다는 것이 물리학자들에게는 언제나 불편하거든요. 그래서 이것을 설명하기 위해 오만 가지 방법을 동원하는데, 그중 하나가 양자역학의 '코펜하겐 해석'*이에요.

제동 그런데 정말 양자 중첩이라는 게 타자가 공을 쳤을 때, 그 공이 1루수와 2루수의 글러브를 동시에 통과할 수 있는 건가요?

상욱 비유죠. 아까 미시세계와 거시세계에 대해 말씀드렸는데, 미시세계에서 일어나는 일을 거시세계에 비유한 거예요. 진짜 야구공이 아니라 야구공보다 훨씬 작은, 우리 눈에 보이지 않을 정도로 작은 전자는 동시에 두 지점을 통과할 수 있다는 것을 비유한 거죠. 하지만 측정을 하면 동시에 두 지점에 있을 수는 없어요. 한쪽에만 있어요. 그러면 아까 동시에 두 지점을 통과한다는 건 무슨 말이냐고요? 동시에 지났어야만 하는 현상들이 있어서 그래요. 이것을 다 설명하기 시작하면 우리 오늘 못 끝내요. 그냥 그러려니 하셔야 해요. 그리고 이 세상에 그것을 완전히 이해할

---

* 양자역학에 따르면 전자는 동시에 두 지점에 있을 수 있다. 이를 '중첩'이라고 하는데, 전자는 입자임에도 중첩된 2개의 궤적을 지나면서 파동처럼 행동하지만, 측정을 하면 다시 입자로 환원된다. 과학자들은 이것을 입자 상태로 '붕괴한다'고 표현한다. 원자나 전자의 미시세계에서는 측정이 대상에 영향을 주기 때문에 위치나 운동량 같은 기본 물리량을 아는 것이 원리적으로 불가능하다고 보는 이 해석을 '코펜하겐 해석'이라고 한다. 닐스 보어와 베르너 하이젠베르크 등의 과학자들이 덴마크 수도 코펜하겐에 모여 내린 해석이라서 그렇게 부른다.

질문이 답이 되는 순간

수 있는 사람은 없어요. (웃음)

제동 아무도?

상욱 닐스 보어(Niels Bohr)는 양자역학을 만든 사람이자 코펜하겐 해석을 만든 사람인데, 인간은 이 상황을 이해할 수 없다고 하면서 이렇게 말했죠. "인간은 그런 경험을 한 적도 없고, 하나의 전자가 동시에 두 장소에 있다는 것을 표현하는 언어도 개념도 없다."

그래서 과학의 역사 1장 1절이 인간의 경험과 상식을 믿지 말라는 거예요. 인간의 경험과 상식은 광활한 우주에 비하면 아주 작은 지구라는 행성에 살며 얻어진 것이고, 원자나 전자에 비해 아주 거대한 인간이 45억 년이라는 지구의 나이에 비하면 찰나 같은 시간 동안 경험하여 만들어진 거예요. 더구나 원래 언어의 목적은 우주를 기술하는 것이 아니라 인간들 사이에 소통과 협력을 위한 거잖아요. 이걸 가지고 어떻게 우리가 우주를 다 이해하겠어요.

제동 맞아요. 다 알 수 있다고 하는 게 오만한 건지도 모르겠네요.

상욱 이 문제를 저 같은 사람은 미시세계와 거시세계의 경계 문제라고 생각하거든요. '이 경계에는 도대체 뭐가 있을까?' '어떻게 하면 이 경계를 넘을 수 있을까?' 이것이 지금까지 제가 해오고 있는 연구 주제예요. 어쨌든 이것을 연구하다가 남은 생도 끝나지 않을까 싶어요. 끝내 답을 알 수 있을지 확실하지 않지만 이게 제일 궁금한 것 중에 하나예요.

그다음에 제 전문 분야는 아니지만, 과학자로서 흥미롭게 생각하는 것이 있어요. '우주와 이 지구상에서 어떻게 생명이 생겼을까?' 최초의 생명체에 대한 궁금증인데, 그걸 알면 외계에 다른 생명체가 있는지 없는지, 있다면 어떤 형태인지에 대한 단서도 나올 테니까요. '생명은 우주에서 필연적인 걸까?' 하는 것도 단서가 더 있어야 답이 나오는 생명의 본질에 관한 질문이죠. 물리학자 이전에 호기심을 가진 한 인간으로서 가장 흥미를 갖는 질문이에요.

제동 제가 나중에 천문학자 심채경 쌤 만나면 대신 물어봐드릴게요. (웃음)

상욱 어쨌든 이 두 가지에 관심이 있어요. 학문적으로는 이렇고, 개인으로서는 언제나 그래왔지만 재밌게 살자는 게 목표예요. 제가 어떻게 인생을 살아왔는지 돌아보면 그냥 '재밌겠는데'라고 생각되면 선택했던 것 같거든요. 물론 하기 싫지만 하는 것도 있죠. 먹고살아야 하니까요. 지금도 '이걸 할까, 저걸 할까?' 고민될 때는 가급적 "이게 재밌겠다. 해보자" 하고 선택해요. 다들 "그거 왜 하냐?" 이럴 때도 "재밌으니까 하지." 이런 식으로 계속 선택을 했어요.

'양자'도 모르고 '컴퓨터'도 잘 모르는데 양자컴퓨터, 이걸 왜 만들어요?

제동 그만 끝내자고 해놓고도 양자역학 얘기를 하니까 또 눈빛을 반짝거리며 말씀하셔서 못 끝내고 있네요. 독자 질문 하나만 드릴게요. TOE 님 질문이에요.

상욱 TOE요? 물리를 아시는 분이네요.

제동 아, 영어로 발가락 toe?

상욱 아마 만물의 이론을 뜻하는 'Theory Of Everything'의 약자일 거예요. 아직 물리학자들이 찾지 못한 궁극의 이론이거든요. 모든 물리학자들이 원하는 성배 같은 건데, 아마 그거일 것 같아요. 그런데 발가락이기도 하죠. (웃음)

제동 그냥 발가락 아니에요? 출판사에서 연락 한번 해봐요. (웃음) 이분은 양자컴퓨터의 기초 작동 원리와 상용화가 가까워졌는지 질문을 하셨네요.

상욱 2019년에 구글에서 양자컴퓨터의 프로토타입을 만들었다고 주장했죠. 가장 기초적 형태의 프로세스를 수행하는 실험장치를 만든 건데요, 여전히 초기 단계라서 컴퓨터의 역사로 치면 에니악이라고 볼 수 있어요.

제동 에니악? 방 하나를 채울 정도로 컸던 그 컴퓨터 말씀하시는 거죠?

상욱 네. 1940년대에 나온 컴퓨터죠. 방 하나만 한 크기인데도 지금의 작은 전자계산기보다도 성능이 떨어지는 그런 초창기 컴퓨터죠. 전선을 직접 배선해서 프로그래밍 하는 것이었어요. 이번에 구글이 만든 것은 53개 기본단위로 구성된 컴퓨터인데, 하나하나가 우리가 예상한 대로 제대로 작동하는지 확인한 거죠.

제동 양자컴퓨터라는 게 어떤 겁니까? 이게 보통 컴퓨터하고 완전히 다른 혁신입니까? 그러니까 2G에서 3G, LTE로 바뀌는 것만큼 획기적인 겁니까?

상욱 그보다 더 큰 혁명이죠. 완전 다른 개념이에요. 책 보세요. 제 책에 나와요. (웃음)

제동 네. (웃음) 만약에 양자컴퓨터가 세상에 나오면 변화될 것 딱 한 가지만 꼽는다면요?

상욱 현재 우리가 사용하는 모든 컴퓨터는 0과 1이라는 이진법으로 작동해요. 어느 한순간의 데이터가 0 아니면 1인 거죠. 하지만 양자컴퓨터는 동시에 0과 1일 수 있어요. 그 차이예요.

제동 난리 났네. 이제 다 난리 났어요. 동시에 0과 1이 될 수 있대요.

상욱 지금까지는 어떤 질문이든 그 답이 "예" 아니면 "아니오"였잖아요. 그런데 양자컴퓨터는 "예"이면서 동시에 "아니오"인 것을 처리할 수가 있어요. 그러면 도대체 이것으로 무엇을 할 수 있을까? 뭘 할 수 있을지도 확실하지 않아요. 컴퓨터라는 건 로직 머신, 즉 인간의 논리를 인간 대신 수행하는 기계거든요. 그런데 논리 자체가 참 또는 거짓이 아니라 참과 거짓을 동시에 허용할 때 그런 논리를 가지고 뭘 할 수 있을까 하는 걸 이제부터 생각해봐야 해요. 지금까지는 양자역학으로 자연현상을 설명하려고만 해왔지, 그 논리로 어떤 작업을 수행하게 만들 수 있다는 생각을 못 해본 거예요. 그런데 이제는 그게 된다는 걸 알았으니까 이것을 어떻게 쓸지 고민해야 하는 거죠.

몇 가지 이용 방안들이 나와 있는데, 이용 자체도 인간의 직관으로 쉽게 이해할 수가 없어서 알고리즘을 만드는 것도 굉장히 힘들어요. 예를 들어 검색하는 알고리즘이 하나 제안된 게 있어요. 검색이 중요하잖아요.

구글이라는 회사가 가지고 있는 독보적인 기술력은 전세계에서 가장 빠르게 검색하는 거예요. "김제동"을 검색하면, 수많은 데이터 목록을 하나씩 확인하며 "김제동인가?" "아님" "김제동인가?" "아님" "아님" "아님" 하다가 맞으면 *꺼집어내는* 게 지금의 검색 알고리즘이에요. 데이터베이스에서 쭉 찾는 거죠.

제동 마치 서랍을 열면서 "여기 없네" "저기도 없네"라고 말하는 것처럼?

상욱 네. 데이터베이스가 거의 100만 개면 평균 50만 개쯤은 봐야 해요. 그런데 양자컴퓨터가 만들어지면 100만 개를 동시에 볼 수 있죠. 하나하나 확인하지 않고 100만 개 데이터에 동시에 물어볼 수가 있어요. 원래 그게 양자역학이잖아요. 그러니까 좀더 빨라지는 정도가 아니라 완전 다른 논리의 접근법이 가능해져요.

제동 우리가 흔히 말하는 판이 바뀌어버리는 거네요.

상욱 판이 바뀌는 거죠. 기술적 난제들이 많고 실용화하려면 아직 멀었지만 어쨌든 첫발을 디딘 거예요. 그래서 지금 각국이 뛰어들고 있어요.

제동 저는 잘 이해가 안 되는 게, 양자컴퓨터로 뭘 할지도 모른다면서 왜 이렇게 많은 나라들이 개발에 뛰어들고 있는 거죠?

상욱 왜냐하면 군사적 장점이 있거든요.

제동 그럴 것 같더라. 그럴 것 같았어.

상욱 이게 기존의 암호체계를 무력화할 수 있어요. 지금 가장 널리 쓰이는 암호체계는 RSA라고, 인터넷뱅킹 등에도 쓰이는 건데 이것을 무력화시킬 수 있어요. 처음에 그것 때문에 폭발적인 관심을 끌었죠. 거꾸로 양자역학을 이용해 암호를 만들면 절대 안 깨져요. 양자역학을 이용한 암호를 사용하면 절대로 도청당하지 않을 수 있거든요. 앞서 얘기한 검색 알고리즘은 아직 갈 길이 멀어요. 데이터베이스가 커지면 너무 힘들어지거든요. 하지만 암호 관련한 것은 군사적 이점이 엄청나니까 연구를 계속하고 있는 거죠. 만약 어느 나라가 이것에 먼저 성공하더라도 얘기를 안 할 거예요.

제동 다 들여다볼 수 있게 되는 거네요. 마음만 먹으면 교란할 수도 있고. 혹시 통장에서 돈도 빼갈 수 있어요?

상욱 그럴 수도 있겠죠. 암호체계가 무력화될 테니까.

제동 아니, 통장에서 내 돈 빼갈 수 있다고요? 쌤, 미시세계와 거시세계의 경계 그거 말고 이것부터 빨리 연구해주세요.

상욱 (웃음) 이미 이론은 다 있는데, 구현하기가 어려운 거죠. 넘어야 할 험난한 산이 몇 개 있는데, 사람들이 계속 노력하게 만드는 원동력이 바로 그 암호와 관련된 거예요.

제동 그것을 들여다볼 수 있으면 사실상 모든 정보를 손에 쥐는 거잖아요?

상욱 네. 하지만 당분간은 누구도 해내지 못할 거예요. 아까도 얘기했지만, 논란도 많고 장벽도 있으니까요. 그래도 일단 첫걸음을 내디뎠으니 언젠가는 실현될지도 모른다는 기대감이 있는 거

죠. 게다가 개발자가 구글이고….

제동 구글은 또 왜 그랬대요?

상욱 모르겠어요. 그동안은 IBM이 가장 앞서가고 있었는데….

제동 쌤, 집에 안 가요? (웃음)

상욱 가야죠. (웃음)

제동 오늘 쌤 얘기를 들으면서 제가 다 알아듣지는 못했지만, 양자역학에 대
해서 더 알아보는 건 혼자서도 얼마든지 할 수 있는 거잖아요?

상욱 그럼요.

제동 시험 안 보니까 물리 공부 한번 해보고 싶다는 생각이 들었어요. (웃음)

상욱 기쁘네요. (웃음)

제동 오늘 긴 시간 동안 진짜 좋은 얘기 많이 들었어요. 고맙습니다.

상욱 감사합니다.

• • •

물리학자는 세상을 어떻게 바라보는지,

세상은 왜 이렇게 작동하는지 늘 궁금했다.

"과학적으로 보면 우리도 그냥 원자일 뿐이다."

"자연현상에는 옳고 그름이 없다."

과학 이야기이고 물리 이야기인데, 어쩐지 마음이 뭉클하다.

어떤 지점에서는 갑자기 내 모든 고민이 작게 느껴져서 발로 툭툭

차볼 수도 있겠다는 생각이 들 만큼 마음이 커지기도 한다.

미시세계와 거시세계, 그리고 그 경계에서 오늘도 '열일' 하고 있는 상욱 쌤!

왠지 앞으로 양자역학 얘기를 자주 하게 될 것 같은 예감이 든다.

그런데 솔직히 미분과 적분은 아직도 잘 모르겠다.

그래도 이만큼 과학과 친해진 건 다 상욱 쌤 덕분이야.

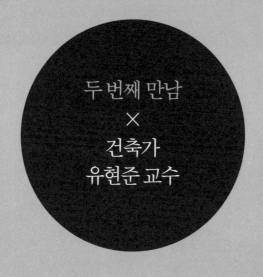

두 번째 만남
×
건축가
유현준 교수

우리가 살아갈 공간, 과거의 공간과 권력을

어떻게 재배치할 것인가?

우리는 태어나는 순간부터 끊임없이 공간의 영향을 받는다.

그래서인지 영혼을 다해 관심을 기울인다.

인테리어, 풍수, 신도시, 역세권, 분양….

그런데도 왜 우리가 살아가는 공간은 점점 더 삭막하게 느껴질까?

시절이 이래서 그럴까?

"나는 세상을 더 화목하게 만들기 위해 건축을 한다."

건축가 유현준 쌤의 말이 더 멋지게 다가온다.

하지만 지금까지 우리에게 건축은 갈등이나 분쟁과 더 가까웠던 것 같은데….

과연 현준 쌤 말처럼 집 짓는 일이 세상을 더 화목하게 만들 수 있을까?

우리가 살아갈 공간이 더 따뜻해질 방법, 정말 있는지 물어봐야겠다.

• • •

오리지널과 카피,
왜 사람들은 강남에 살고 싶어할까?

제동 어떤 공간에서 어떻게 살아야 할 것인가, 쉬운 말로 하면 어디에 집을

사고, 공간을 꾸미고, 어떻게 팔고의 문제인데, 사실 이런 고민을 할 정도면

그래도 괜찮은 거죠?

현준 그럼요. 아주 괜찮은 거죠.

제동 요새 '미친 집값'이라고들 하는데, 집을 어떻게 해야 할까요? 건축과도 관련이 있잖아요? (웃음)

현준 제가 부동산 전문가는 아니지만 건축가로서 말씀드리면, 저는 일단 우리가 착각에서 깨어나야 한다고 생각해요. 무슨 말이냐면 우리가 너무 잘살아요. 21세기 대한민국은 1970년대 대한민국보다 훨씬 더 잘살아요.

제동 그러니까 우리 사회의 전체 자산이 많아졌다는 거죠?

현준 그렇죠. 사회의 자산이 아주 많다는 걸 기본으로 하고 접근해야 해요. 그 자산을 쌓는 과정에서 빈부격차가 생기고 갈등도 발생하고 있다고 봐야죠. 어떻게 보면 지금 우리는 눈에 보이지 않는 어마어마한 자산과 싸우는 중이라는 생각이 들어요. 쉽게 얘기하면 좋은 집을 살 수 있는 사람들이 생각보다 많아요. 혹시 대한민국에 평당 1억 원짜리 집을 살 수 있는 가구가 얼마나 되는지 아세요?

제동 글쎄요.

현준 약 32만 가구 정도라고 알고 있어요. 그런데 제 주변에는 그걸 살 수 있는 사람이 거의 없거든요.

제동 평당 1억 원이면 50평짜리 집을 50억 원에 사는 건가요?

현준 네. 50억 원에 살 수 있는 거죠. 전국적으로 봤을 때 32만 가구래요. 생각보다 많죠. 그런데 보통 그런 집에는 애들이 두 명 있거든요. 그 말인즉슨 자식들에게까지 평당 1억 원짜리 집을 사줄 능력이 되면 평당 1억

        질문이 답이 되는 순간

원짜리 집에 대한 수요가 100만 가구가 된다는 뜻이에요.

제동 아, 대기 수요가….

현준 네. 그런데 그 사람들이 주로 살고 싶어하는 곳이 어디일까요? 바로 서울 강남이에요. 거기에서 공급이 제대로 안 이루어지면 주변 지역의 집값이 같이 올라갈 수밖에 없는 거죠. 그렇다면 왜 사람들은 강남에 더 살고 싶어할까요? 건축가로서 제가 보는 관점에서는 대한민국의 모든 주거 형태가 강남을 모델로 만든 복제품, 즉 카피이기 때문이에요. 대부분 강남처럼 사는 라이프 스타일을 추구하는 거죠.

우리나라에 수많은 도시들이 있지만 전국의 모든 도시가 점점 더 비슷해지고 있기 때문에 그중에서도 오리지널로 계속 모일 수밖에 없는 거죠. 지방에서 사업에 성공하든, 토지 보상을 받든, 매각을 하든 돈만 벌면 대부분 강남에 부동산을 사고 싶어하는 거예요. 안타깝지만 이게 오늘날 대한민국의 현실이에요. 지방 각 도시에 고유의 문화가 잘 형성되지 않았기 때문에 나타난 결과이기도 하고요.

인구가 감소해도
집값이 떨어지지 않는 이유

제동 그럼, 어떻게 해야 합니까?

현준 수요가 있는 곳에 공급을 늘려야 한다고 봐요. 그런데 보통 많은 분들이 인구론으로 부동산과 집값 문제에 접근하죠. "인구가 줄어드니까 집값이 내려갈 거다." 이런 얘기 많이 들어보셨죠?

제동 네. 일본처럼 집값 절벽이 다가올 거라고. 근데 제가 알기로는 일본도 도시 외곽의 집값은 떨어졌지만 도심은 오히려 올랐잖아요.

현준 맞아요. 인구가 도심으로 몰리면서 더 올랐죠. 물론 거품이 있던 시절만큼 회복되진 않았지만, 경제가 회복되었다고 하더라도 중심부의 얘기지, 주변은 별로 안 좋은 상태거든요. 그래서 주택 수요를 볼 때는 인구 중심으로 보면 안 돼요.

제동 아, 그래요?

질문이 답이 되는 순간

현준 인구보다 세대를 고려해야 해요. 베이비붐 세대 언저리, 그러니까 인구가 많이 늘었던 세대는 대한민국 사회가 도시화와 핵가족화되는 것을 경험했어요. 시골에 살던 사람들이 도시로, 대부분 서울로 이사를 갔어요. 농업경제 시대에는 도시 인구가 15% 정도밖에 안 됐는데, 지금 대한민국은 전국민의 91%가 도시에 살고 있거든요.

제동 굉장히 높네요.

현준 네. 90%가 넘는 도시화 비율은 전세계에 딱 세 나라, 홍콩과 싱가포르, 대한민국밖에 없어요. 대단히 독특한 사례죠. 엄청난 인구가 도시로 이동을 했어요. 예전에는 집이 조부모, 부모, 자식 3대가 사는 공간이었다면, 도시로 이동하면서 이제 2대가 사는 공간으로 바뀐 거죠.

제동 예전 드라마 「전원일기」에 나오던 그런 구성이었다가 4인 가족이 된 거네요.

현준 네. 정부 정책도 '둘만 낳아 잘 기르자'는 방향으로 바뀌기 때문에 4인 가족이 대한민국 중산층의 전형이 된 거죠. 우리나라 5,000만 인구가 4인 가족으로 살려면 집이 1,250만 채가 필요해요. 실질적으로는 4인 가족만 있는 게 아니라, 2인 가족도 있고 7인 가족도 있으니까 대략 2,000만 채가 필요한데, 문제는 1990년대부터 1인 가구의 비중이 급격히 늘어나고 있거든요. 지금 우리나라 전체 가구의 약 30%는 1인 가구고요, 2인 가구까지 합하면 거의 60%예요. 그러니까 당연히 수요는 늘어나는데 집은 아직도 4인 가족이 기준이라고 생각하고 공급을 안 늘린 거예요.

제동 아, 주택 수요를 잘못 계산해서 공급에 오류가 생겼다는 얘긴가요?

현준 맞아요. 혹시 '쉐어링 하우스'라고 들어보셨어요?

제동 네. 같은 집에 살면서 방만 따로 쓰는 그런 주거 형태죠?

현준 맞아요. 집값이 너무 비싸니까 많은 젊은 세대들이 내 집을 소유하지 못하고, 오피스텔에서 함께 월세로 살든지, 방은 따로 쓰고 부엌은 같이 쓰는 형태가 나오는 거예요.

제동 요즘 1인 가구는 수요가 있잖아요. 그런데도 건설사에서 그런 집을 안 짓는 이유는 뭘까요? 경제성이 떨어지기 때문인가요?

현준 그렇죠. 아파트를 짓는 분들이 청년들을 위한 주택, 그러니까 1, 2인 가구를 위한 괜찮은 집을 안 짓는 이유 중 하나는 젊은 친구들이 돈이 없어서예요. 대신 방 3개짜리 30평대 아파트를 짓는 거죠. 그래야 오래된 30평대 아파트에 살던 사람들이 그 집을 팔고 새 아파트로 이사 갈 테니까요.

결국에는 지금 아파트를 소유한 사람만 또 아파트를 살 수 있는 거죠. 그러다보니 악순환이 계속되는 거고요. 공급이 필요한 곳에는 돈도 없고 공급도 없는데 특정 지역, 예를 들면 서울 중심부나 강남 일대의 부동산 가격은 기형적으로 계속 올라가고, 그 주변 지역도 덩달아 올라가고 있어요.

어쨌든 좋은 의도로 집값을 잡기 위해서 15억 원을 초과하는 집을 살 때는 아예 대출을 막았잖아요. 그랬더니 대출을 받아서 16억, 17억 원짜리 집을 사려던 사람들이 15억 원 이하의 집을 살 수밖에 없는 일이 생기는 거예요. 결국 수요가 늘어나면서 15억 원 이하의 집값이 더 올라가게 됐어요. 한 7억, 8억 원 정도면 살 수 있던 집이 10억 원이 넘어가기 시작하니까 집 없는 사람들의 내 집 마련의 꿈은 더 멀어지는 거죠.

제동 악순환이 계속되는 거네요.

21세기형 지주와 소작농

현준 맞아요. 제 개인적인 경험으로도 집을 소유하지 못하면 경제적으로 점점 더 힘들어지더라고요. 제가 미국에서 대학을 졸업하고 사회생활을 시작했을 때 회사에 유대인 친구가 있었어요. 그 친구도 결혼하고, 저도 결혼을 했는데 그 친구는 미국에서 집을 사더라고요. 그 당시에 집이 약 50만 불, 한화로 5억 원 정도 됐어요. 미국은 집값의 10%만 있으면 집을 살 수가 있거든요.

제동 **모기지론으로요?**

현준 네. 자기 돈 5,000만 원에 나머지는 모기지론, 그러니까 장기주택담보대출을 받아서 갚아나가는 거죠. 그러면 그 돈은 어디서 났을까요? 우리나라는 아이 돌잔치 때 금반지를 선물하잖아요. 유대인들은 현금을 준대요. 그 현금을 모아서 부모님들이 아이 이름으로 펀드에 가입하는 거예요. 그러면 그게 30년 동안 5,000만 원 정도가 되는 거죠. 아이가 커서 결혼할 때쯤 되면 부모가 그 돈을 빼서 계약금을 해주는 거예요. 그런데 저 같은 사람은 5,000만 원이 없으니까 월세로 살겠죠.

제가 미국에서 7년 동안 월세로 낸 돈이 1억 원 정도 돼요. 맨해튼도 아니고 왕복 3시간 반 정도 걸리는 뉴저지에 살았는데 그 정도였어요. 7년 후에는 어떻게 될까요? 제 친구 집은 약 85만 불 정도가 돼 있고, 저는 계속 월세로 사는 거죠. 제 친구는 여전히 모기지론을 갚아나가는 상태지만 자산이 35만 불, 약 3억 5,000만 원이 더 생긴 거예요. 그런데 만약 저도 처음에 5,000만 원을 내고 집을 샀다면 월세로 나간 1억 원은 제 자산이 됐겠죠.

제동 네. 씨앗 자본이 있었다면….

현준 그렇죠. 그래서 비유하자면 저는 21세기형 소작농이 되고, 이 친구
는 지주가 되는 거죠. 1970년대 우리 사회 모습을 보면 거의 다 소작농
이었어요. 그런데 아파트 분양을 하면서, 말하자면 허공에 집을 지어서
없던 부동산 자산을 만든 거예요. 그 원리가 재밌어요. 아무것도 없는데,
사람들은 합판으로 지어놓은 모델하우스만 보고 계약을 해요. 그러면 나
라에서 건설사에 돈을 빌려주고 건물을 완성하게 하고요.

제동 사실 나라에서 보증을 안 해주면 거의 대동강 물 파는 '봉이 김선달' 같
은 거죠. 계약금만 받고 도망가면 그 많은 사람은 전부….

현준 그렇죠. 끝인 거죠. 그러니까 건설사와 소비자 사이에 신용을 만들
어준 게 정부의 역할이었던 거죠. 그렇게 해서 없던 부동산 자산이 생겨
났고, 그 덕분에 아파트를 산 사람들은 지주가 됐다고 볼 수 있죠.

제동 땅을 소유하게 된 거네요.

현준 네. 부동산, 즉 땅문서를 손에 쥐었으니 지주가 된 거고, 당연히 경제가 성장하면서 화폐량이 늘어나니까 집값이 올라간 거죠. 그래서 제 유대인 친구처럼 우리 부모님 세대 중에는 그렇게 돈을 번 분들이 많을 거예요. 집을 빨리 샀기 때문에 혜택을 받은 거죠.

　자본주의 사회에는 경제성장률이라는 게 있잖아요. 예전엔 우리나라도 십몇 퍼센트였던 적도 있었어요. 요즘에는 2~3%만 되어도 높다고 하는데, 어쨌든 성장을 한단 말이에요. 그래서 자산을 가진 사람이 돈을 벌게 되는 구조라면, 집을 소유하지 못한 사람은 부동산 자산으로 돈을 벌 기회가 아예 없는 거예요. 부동산과 동산이라는 자산의 두 날개 중에 하나로만 날아야 하는 거죠. 그러다보니 지금 청년세대들은 가상화폐 투자라든지, 동학개미주식운동 같은 것밖에 할 수가 없어요. 세대 간에 소득 격차가 이미 너무 벌어져버려서 젊은 세대들은 부동산을 통해 돈을 벌 기회가 거의 없는 거죠.

경계부에 있는 사람들
집을 살 것인가, 말 것인가?

현준 좀더 삐딱한 시선으로 보자면, 도대체 정책 자체가 왜 자꾸 월세 중심으로 가느냐는 거예요. 물론 처음에는 좋은 의도였겠죠. 어느 사회든 집을 소유할 수 없는 사람들은 있고, 그런 사람은 형편에 따라 월세로라도 살게 해줘야 하니까요.

하지만 우리가 정책 목표로 잡는 사람들은 경계부에 있는 사람들이에요. 예를 들어 집을 살 수도 있고, 안 살 수도 있는 사람들에게 집을 사도록 해줄 것이냐, 아니면 월세로 다 해결할 것이냐 하는 문제가 생기죠. 그런데 월세로 사는 사람들이 늘어나면 어떤 사회가 될까요? 대다수 국민들이 소작농이 되는 거예요.

그러면 누가 지주가 될까요? 두 종류가 있어요. 정부가 지주가 되거나 아니면 대자본이 지주가 되는 거죠. 지금 나타나는 현상들을 보면 정부가 공급하는 주택이 있고, 또 하나는 보통 재벌 3세들이 하는 쉐어링 하우스가 있어요. 결국 정부와 대자본을 가진 사람들이 월세를 받는 거예요. 그러면 정치인들의 권력을 점점 키워주게 돼요. 월세를 살면 정부가 발표하는 세금이나 부동산 정책에 예민해질 수밖에 없거든요. 소작농은 지주의 눈치를 볼 수밖에 없잖아요.

그런데 돈과 권력은 분산될수록 좋은 거잖아요. 자본주의 경제에서 많은 사람이 돈을 나누어 가질수록 권력이 분배되는 건데, 부동산 자산도 마찬가지죠. 부동산을 소수가 많이 갖는 것보다 다수가 n분의 1로 나눠서 가지는 편이 더 정의로운 사회라고 할 수 있겠죠. 가능하면 경계부에 있는 사람들이 주택을 좀더 소유하게 해서 궁극적으로는 우리 국민 모두가 주택을 소유할 수 있게 해주는 게 좀더 건전한 사회라고 보는 거죠.

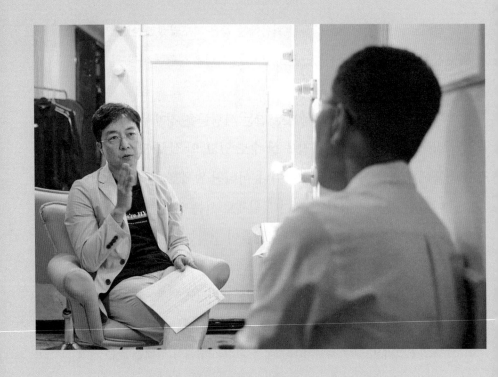

부동산을 소수가 많이 갖는 것보다
다수가 n분의 1로 나눠서 가지는 편이
더 정의로운 사회라고 할 수 있겠죠.
가능하면 경계부에 있는 사람들이 주택을 좀더 소유하게 해서
궁극적으로는 우리 국민 모두가 주택을 소유할 수 있게 해주는 게
좀더 건전한 사회라고 보는 거죠.

질문이 답이 되는 순간

제동 그게 어떻게 가능할까요?

현준 "그건 불가능한 것 아니냐?" 이렇게 회의적이기 쉽잖아요. 그런데 재미난 사례도 많아요. 칠레의 알레한드로 아라베나(Alejandro Aravena) 라는 건축가가 있는데, 2016년에 건축계의 노벨상으로 불리는 프리츠커상을 받았어요. 그 건축가가 정부 보조금을 받아서 저소득층을 위한 공공주택을 지었는데, 예산에 맞춰 작은 집(40㎡)을 짓는 대신 저소득층이 장기적으로 살 수 있는 큰 집(80㎡)의 절반만 지은 거예요. 예를 들어 지붕 아래 공간의 절반만 완성하고, 반은 비워놔요. 돈이 없으니까 반쪽은 거의 합판으로 골격만 짓는 거죠. 일단 반쪽만 완성된 집이라도 가질 수 있게 한 다음, 돈을 벌면 벽에 페인트칠도 하고, 화장실에 타일도 붙이고, 애가 태어나면 방도 하나 더 만들 수 있게 한 거예요. 그러면 저소득층이라도 어느 정도 규모가 되는 집을 빨리 소유할 수 있게 되잖아요.

제동 그렇게 하다보면 동네가 점점 더 좋아지고, 그러다보면 집값도 올라가겠네요.

현준 사람들이 자기 집을 갖게 되면 눈에 보이지는 않지만 좋은 점이 있어요. 바로 공동체 형성에 중요한 역할을 한다는 거예요. 1950년대에 미국 세인트루이스에서 프루이트아이고(Pruitt-igoe)라는 아파트 33개 동을 지은 후, 사람들을 이주시켰어요. 그런데 불과 2년 만에 슬럼화가 된 거예요. 마약 밀매와 살인 같은 범죄의 온상이 돼서 지은 지 겨우 20년 만에 다이너마이트로 다 폭파해버렸어요.

제동 아니, 왜요?

현준 다큐멘터리에서 소개한 자료에 따르면 그 아파트에 입주한 주민 대부분이 월세였던 거예요. 그러다보니 자기 집에 대한 애착이 없거나 적었던 거죠. '돈 벌면 여기서 나가야지' 하는 생각밖에 안 하니까 공동체가 형성이 안 되고 점점 더 슬럼화됐던 거예요. 그런데 똑같은 아파트 형식을 대한민국 강남에 적용했을 때는 부의 상징이 됐잖아요.

제동 그건 내 집을 소유할 수 있게 했기 때문인가요?

현준 그렇죠. 칠레의 경우처럼 비록 절반만 완성된 집이더라도 내 집이 되면 정착할 계획으로 주변을 꾸미게 되고, 아이들이 다니는 학교의 학부모들과도 친해져요. 그러면서 자연스럽게 공동체가 만들어지고 자긍심이 생기게 되겠죠. '돈 벌면 떠나야지.' 이런 생각을 하는 사람들과는 질적으로 다른 생활을 하게 되는 거예요.

제동 우리도 전에 학교 다닐 때 보면 자기 교실이 정해지기 전까지는 청소

잘 안 하거든요. 교실을 배정받으면 그때부터 쓸고, 닦고, 뒤에 그림 걸고 하잖아요.

현준 맞아요. 환경미화도 그때부터 하고…. (웃음)

제동 전세만 하더라도 2년 있다가 나가야 하니까 고치기도 그래요. 괜히 손 댔다가 원상복구 해놓으라고 할까봐 걱정도 되고요. 우리 촌에서도 석양이 뉘엿뉘엿 질 때까지 논밭에 남아서 일하는 사람들은 거의 다 주인이거든요. 이건 내 논이고, 내 밭이니까 그럴 수 있는 거죠. 내 소유의 내 공간을 가꾸는 건 재미가 있잖아요.

현준 그렇죠. 사실 그건 인간의 본능이죠. 저도 전에 월세로 살 때 집주인 아주머니가 그러셨어요. "나가라고 안 할 테니까 내 집이라고 생각하고 사세요." 그런데 어떻게 월세를 내는 집이 내 집이겠어요? 그건 사실 그렇게 생각한다고 될 문제가 아니거든요. 그래서 저는 개인적으로 '공유경제'라는 말을 싫어해요. 저는 그 말이 교묘하게 사람을 속이는 것이라고 생각하거든요. 사람들을 소작농으로 만들어놓고서 "한 달에 몇십에서 몇백만 원만 내면 좋은 집에서 호텔 같은 서비스를 받고 사는데 굳이 네 집을 가질 이유가 뭐가 있니?" 이렇게 말하는 사람을 조심해야 해요.

제동 아, 그런 거구나!

현준 "이제는 회사 차릴 때 사무실 안 사도 돼. 사옥 없어도 돼. 그냥 월세만 내고 써. 그럼 적은 돈으로 어디서든지 창업할 수 있잖아. 좋지?" 이때 누가 돈 법니까? 공유 오피스 같은 회사만 돈 벌어요. 결국 공유경제는 내가 부동산 자산으로 돈 벌 기회를 포기하게 하는 것이고, 궁극적으로 프루이트아이고 사례처럼 공동체를 형성하는 데도 도움이 되지 않는다고 생각해요.

제동 정확한지는 모르겠지만 사람도 동물이니까 비슷할 것 같은데, 동물은 자신의 서식지가 안락하거나 먹고살 만큼 기본적인 것들이 갖춰져 있지 않으면 번식을 안 한다고 하더라고요.

현준 네. 본능적인 거죠.

건강한 콘택트가 이루어지는 공간

제동 제가 현준 쌤이 쓰신 『어디서 살 것인가』 책을 정확하게 이해했는지는 모르겠지만 "사람들이 기본적으로 살 수 있는 집이 있다면 그다음에는 밖에 나가서 함께 누릴 수 있는 공간을 확장해야 한다. 미국 뉴욕 같은 경우는 누구나 무료로 이용할 수 있는 센트럴파크가 있으니 조금 작은 집에 살든, 조금 큰 집에 살든, 집 밖에 나왔을 때 넓은 잔디밭에 누워서 책 읽는 거는 똑같지 않냐. 그런 것들이 많이 마련돼야 한다." 이렇게 이해했는데, 맞나요?

현준 네. 잘 이해하셨네요. (웃음)

제동 저는 집 근처 공원도 공유경제의 일종으로 이해했거든요.

현준 약간 다른 거예요. 앞서 제가 얘기한 공유경제는 좁은 의미에서 말씀드린 건데요, 집이든 사무실이든 자동차든 소유한 사람이나 기업이 있고, 그것을 이용할 때마다 시간당 돈을 내는 형태잖아요. 하지만 공원 같은 것들은 공공자산이죠. 정부가 소유하고 있긴 하지만, 누구나 마음놓고 이용할 수 있으니까요. 제가 공원이나 공공자산이 중요하다고 말씀드린 이유는 공유경제의 측면보다는 공통의 추억 때문이에요.

제동 "사람은 공간을 감정과 연결짓게 된다"라고 얘기하셨던 게 기억나네요.

현준 맞아요. 이게 특히나 언택트 사회가 될수록 더 중요해요. 사람들이 대면하지 않고 온라인상에서만 만나기 시작하면 끼리끼리만 모이잖아요.

제동 정보도 그렇죠.

현준 맞아요. 알고리즘 자체가 내가 관심 있는 사람이나 정보, 비슷한 정치 성향의 사람들 이야기만 계속 소개해주니까요. 예를 들면 제가 마이클 조던을 좋아해서 유튜브에서 관련 영상을 몇 번 찾아봤더니 어느 순간부터 NBA 영상만 계속 뜨는 거예요. 마찬가지로 제가 어떤 정치 성향을 지녔든 그와 관련된 정보나 영상을 클릭하는 순간 계속 유사 내용만 보여주니까, 사람들은 그게 세상의 전부라고 착각하게 되는 것 같아요.

제동 최근에 저도 비슷한 경험을 했어요. 저는 종교는 천주교인데, 절에 가는 것도 좋아하니까 인터넷으로 검색해서 '절 바지'를 3개 샀거든요. 그다음부터 이상하게 계속 승려 용품이 광고로 뜨는 거예요. (웃음)

현준 마치 밀폐된 방 안에서 소리를 내면 그 소리가 자신에게 돌

아오는 것처럼, 끼리끼리 모여 같은 정보를 주고받다보면 특정한 정보에 갇히게 돼요. 이걸 '에코체임버(Echo chamber) 효과'라고 하는데, 결국에는 나와 비슷한 성향을 가진 사람들끼리만 모이게 되는 거예요. 비록 나와 생각이 다르더라도 익명성이 보장된 상태에서 공통의 추억이 생겨야 공동체가 만들어지는 거잖아요. 내가 저 사람이 누군지 알고 만나면, 예를 들어서 제동 씨의 정치 성향에 대한 사람들의 인식이 어느 한쪽으로 기울었다면 반대쪽 사람들이 점점 선입견을 갖고 보게 되잖아요.

제동 맞아요. 그러기가 쉽죠.

현준 사실 알고보면 우리는 90%의 공통점을 갖고 있고 10% 정도만 다른데, 우리 사회는 그 10%에 초점이 맞춰져 있어서 그런 것 같아요. 그래서 건전한 공동체가 형성되려면 익명의 상태에서 섞여 살아야 한다고 생각해요.

제동 그게 가능하려면 어떻게 해야 할까요?

질문이 답이 되는 순간

현준 공원이나 벤치나 도서관 같은 오프라인 공간에서 공통의 추억을 만들어야겠죠. 그러기 위해서는 공공자산인 공간들이 더 많이 생겨야 해요.

공통의 추억과 공통의 꿈,
"커먼그라운드가 필요해!"

제동 현준 쌤도 책에 쓰셨지만 어렸을 때 우리는 골목이나 놀이터에서 구슬치기를 하면서 최초로 경제를 배웠잖아요. '내 영롱한 왕구슬을 작은 구슬 몇 개와 바꿔야 할 것인가?' 이렇게 고민할 때 형들이 나타나서 중재를 해주기도 하고요. 그 좁은 골목에서 비석치기와 야구를 하며 규칙도 배우고, 사회규범도 배우고 했잖아요.

현준 그랬죠. (웃음)

제동 학교 운동장에서 탔던 지구본처럼 생긴…, 왜 애들 몇 명이 올라타면 밖에서 돌리는 거 있잖아요.

현준 뺑뺑이? (웃음)

제동 맞아요. 엄마나 아빠가 밥 먹으라고 부르기 전까지는 그 작은 사회 안에서 놀았던 공통의 추억 때문에 그렇게 전학 가기가 싫고 그랬죠. 지금은 아이 때부터 그런 공동체에 대한 경험이 현저히 줄어들기 때문에 어른이 되면 더 불안해지는 것 같아요. 자기만의 좁은 공간에 점점 더 갇히게 되고, 사회로 나가면 더 불안하고….

현준 그렇죠. 강 건너편 사람과 이쪽 사람들이 모여서 얘기할 수 있는 중간지대, 조금 어려운 말로 하면 '커먼그라운드(Common ground)'가 필요해요. 제동 씨도 아침에 현관문 열고 나오면 알겠지만, 지금 우리 주변엔 계속 이동해야 하는 공간밖에 없거든요.

제동 맞아요. 멈춰서 쉴 수 있는 공간이 많이 없죠.

현준 인도를 걷든지 차를 타고 이동을 하든지 움직이는 공간밖에 없어요. 그러니까 어디 가서 앉으려면 돈을 내고 카페에 들어가야 해요. 대한민국 서울이 전세계에서 단위 면적당 카페 수가 가장 많거든요. 공원도 적고, 벤치도 없고, 공짜로 앉을 데가 없으니까요.

제동 유럽에 여행을 가보면 걷다가 아무 성당에나 들어가 앉아 있어도 참 좋잖아요. 반면 우리나라는 걷거나 자전거를 타는 사람들이 점유할 수 있는 공간은 편의점 앞에 있는 의자 정도인 것 같아요.

현준 그렇죠. 우리는 그런 공간이 없으니까 별다방에 가든, 빽다방에 가

질문이 답이 되는 순간

든, 자판기 커피를 마시든 이 사회에서 마주하는 대부분의 공간은 돈을 내야만 쓸 수 있잖아요. 거기서부터 문제가 생기는 거죠. 돈 많은 사람은 비싼 데로 가고, 돈 없는 사람은 싼 데로 가니까 서로 다른 경제적 배경을 가진 사람들이 한 공간에서 공통의 추억을 만들 수가 없는 거예요. 그러면 서로를 이해하기가 힘들어지거든요.

제동 계층 간의 이동까지는 아니더라도 소통도 불가능해진다는 건가요?

현준 네. 소통도 불가능해져요. 저는 해외에 나가면 가장 먼저 친해지는 친구가 일본 사람들이에요. 왜냐하면 「마징가 제트」나 「드래곤볼」, 「슬램덩크」 같은 만화영화 얘기만 하면 다 통하거든요. 청소년기의 공통점인 거죠.

제동 네. 마치 요즘에 K-POP 스타 얘기하면 외국인들과도 다 통하듯이….

현준 그렇죠. 그런 공통의 추억이 있는 사람과 없는 사람은 차이가 날 수밖에 없겠죠. 건전한 사회는 계층과 배경에 상관없이 공통의 추억이 많은 사회라고 할 수 있어요. 예를 들면 우리가 2002년 월드컵 때 공통의 추억을 많이 만들었잖아요. 그런 추억을 공유할 때 자부심도 생기고, 우리가 한 국민이라는 느낌도 들잖아요.

제동 그래서 우리가 사람을 처음 만나면 무의식적으로 공통점을 찾으려고 하나봐요. 공통점을 찾는 순간 이야기가 쫙 풀리잖아요.

현준 굉장히 중요하죠. 거기서 더 나아가 공통의 꿈을 가지면 더 좋고요.

제동 그렇네요. 공통의 추억을 가져야 공통의 꿈도 가질 수 있겠어요. 덜 싸우게 되고.

현준 덜 싸우죠. 어찌 보면 우리는 공통의 꿈이 없어서 싸우는지도 몰라요. 앞으로 함께 이루어야 할 목표가 없으니까 자꾸 뒤를 보는 거죠. 뒤를 보면 당연히 걸어온 길이 다 다르니까 차이점이 드러날 수밖에 없고요.

이제라도 균형을 맞춰야죠. 뒤를 보면 앞도 볼 줄 알아야 하고, 현재뿐만 아니라 멀리 볼수록 공통점이 많아질 거예요. 내년보다는 10년 뒤 목표를 얘기하면 더 오래 함께할 수 있고, 20년 뒤의 대한민국 사회를 얘기하면 우리는 마음을 하나로 모을 수 있을 거예요. 조금 더 멀리 내다보면서 우리 모두의 공통된 꿈, 우리의 비전을 공유하는 것이 지금 이 시대에는 진짜 필요한 것 같아요.

질문이 답이 되는 순간

과거의 공간과 권력,
어떻게 재배치할 것인가?

현준 그런 측면에서 코로나는 위기이자 기회라고 생각해요.

제동 아니, 어떤 면에서요?

현준 코로나가 이 사회의 기본 구조를 많은 부분 흔들어놓고 있거든요. 지금까지 해오던 관성이 깨진 거잖아요. 이 얘기는 공간 체계도 그동안 관성으로 해오던 것들이 어느 정도는 와해될 거라는 의미예요. 그러면 '헤쳐 모여'가 되겠죠.

제동 충격을 주는 거네요.

현준 그렇죠. 예를 들어 그전에도 재택근무를 할 수 있었지만 직장 상사가 싫어해서 안 했잖아요. 온라인 예배도 가능했지만 교회에서 별로 안좋아하니까 계속 모였던 건데, 지금은 전염병 때문에 좋든 싫든 온라인으로 해야 하니까요. 그러면 공간을 통해 권력을 가졌던 사람들이 권력을 내려놓게 되고, 그 구조가 해체되면서 재배치가 될 거예요. 이 기회를 놓치지 말고 빨리 공통의 목표를 정하고, 그 꿈을 이루는 방향으로 사회 구조를 재구성해나가야 한다고 생각해요.

제동 쉽사리 내려놓지 않았던 기득권을 어쩔 수 없이 내려놓게 되겠네요.

현준 그렇죠. 유럽 같은 경우를 보더라도 흑사병이 돌았던 탓에 중세사회를 끝낼 수 있었다고 할 수 있죠. 흑사병이 없었다면 교회의 권력은 계속 유지됐을 거예요.

제동 마녀사냥 하고, 문자와 신을 독점하고….

현준 그렇죠. 1,000년 넘게 문자와 신을 독점해온 그 시스템을 종
식한 게 흑사병이에요. 전염병 창궐에 무기력했던 교회의 권위
가 흔들리면서 르네상스라는 새로운 문명의 시대가 열리기 시작
했다고 할 수 있죠. 코로나 사태 이후 어쨌든 우리의 생활방식이
나 공간 구조를 바꿔야만 하는 상황에서 그것을 어떻게 재배치
하느냐, 이것이 우리가 관심을 가져야 할 부분인 거죠.

제동 하지만 바깥에 아무리 공통의 추억과 공통의 꿈을 공유할 수 있는 공간
이 있어도 내가 살아갈 공간이 없으면 안 되는 거잖아요.

현준 그럼요. 그건 마치 "공원이 잘 조성되어 있으니까, 너는 아무 데서나
살아도 괜찮지?" 그렇게 말하는 것과 같은 거죠.

제동 현준 쌤은 두 가지, 그러니까 개인에게 필요한 주거 공간과 공통의 꿈
을 키워나갈 공간을 같이 만드는 게 가능하다고 보는 거죠?

현준 네. 그런데 우리 사회가 둘 다 안 하고 있는 거죠.

제동 그래요? 정책들은 엄청나게 쏟아져나오는 것 같은데요.

현준 지금의 주택 정책들은 어느 방향으로 가겠다는 정확한 비전 없이
1970년대 공식을 계속 반복하고 있기 때문에 문제가 안 풀리는 거라고
생각해요. "집이 부족해? 그러면 빨리 그린벨트 풀어서 택지 만들고 아파
트 지어야지." 이건 1970년대에나 통했던 방법이에요. 지금은 이미 도시
화가 90%가 넘었고, 사람들은 새로운 시대의 공간 구조를 원하고 있어

요. 4인 가족이 아니라 1, 2인 가구가 늘어났으면 거기에 맞는 집을 지어야죠. 근본적인 것들은 그대로 둔 채 단순히 공급만 늘리면 된다는 생각으로 신도시를 만들고 아파트를 공급한다고 해결될 문제가 아닌 거죠.

제동 이 시대가 원하는 공급을 늘려야겠군요.

현준 네. 맞아요. 그러기 위해서는 먼저 인간의 심리를 이해해야겠죠. 예를 들면 코로나19 같은 팬데믹 상황에서도 젊은이들이 도대체 왜 이태원 클럽을 가는지 그 마음을 한번쯤 헤아려보는 거죠. '젊으니까 이성을 만나고 싶은 욕구가 있겠구나!' 물론 그렇다고 클럽에 가는 행동이 옳다고 두둔하는 건 아니에요. (웃음)

제동 40대인 저도 답답할 때가 있는데… (웃음) 20대 때는 피가 끓는데 계속 집에 있기가 쉽지 않죠. 충분히 공감해요. 어쨌든 코로나 사태 이후에도 비대면은 늘어날 텐데, 그럼에도 사람들이 밖에서 함께 머물 수 있는 공간들이 더 많아져야 한다는 거죠?

현준 맞아요. 언택트 사회가 되면 집안에서 모든 걸 다 해결할 것 같지만, 오히려 이런 상황일수록 건전한 콘택트를 유발할 수 있는 공간이 집 근처에 많아져야 해요. 지금은 이런 방향으로 도시계획을 바꿔야 할 때인 거죠.

우리가 살아갈 미래 공간,
어떻게 설계해야 할까?

제동 그러기 위해서 어떻게 해야 할까요?

현준 단적인 예로 만약에 가로 100m, 세로 100m 정방형의 공원이 있다면 그 400m 둘레에 접하고 있는 집에 사는 사람들은 그 공원의 혜택을 직접 누리게 될 거잖아요. 그런데 만약에 공원을 정사각형이 아니고 직사각형으로 늘리면 어떻게 될까요? 만약에 가로세로 1 대 1 비율을 1 대 10으로 바꾸면 공원에 인접한 주택의 수가 5배가 늘어나요.

제동 어렸을 때부터 산수를 잘 못했다더니 엄청 빨리 계산하시네요. (웃음)

현준 전에 해본 적이 있어서 그래요. (웃음) 어쨌든 공원의 면적이나 수를 늘리자는 게 아니에요. 같은 면적의 공원이라도 어떤 모양이냐에 따라서 혜택을 받는 사람이 더 늘어날 수 있다는 얘기를 하는 거예요. 더 좋은 건, 공원이 선형이라면 공원을 따라 옆 동네로 갈 수 있다는 거죠. 그러면 옆 동네와의 경계가 모호해지면서 서로 융합이 되는 거예요. 그게 우리가 포스트 코로나 시대에 만들어야 할 도시 공간 구조라고 할 수 있어요.

살다보면 또다른 전염병이 돌 수도 있잖아요. 그때 지역을 100m 단위로 나눠서 수평 이동은 금지하고, 자기 집 앞에 있는 공원만 갈 수 있게 하면 전염병의 전파를 막을 수 있겠죠.

제동 현준 쌤 얘기 들으면서 제 머릿속에 떠오른 풍경은 이런 거예요. 지금은 농촌 마을회관에 어른들이 모여 계시지만 예전엔 당수나무 아래에 가면, 어른들이 거기 다 계셨거든요. 도시에서는 그런 모습을 보기 힘든데, 함께 모이는 공간들이 많아지면 좋겠어요.

현준 네. 도시에서는 도서관이 그러한 역할을 할 수 있죠. 제가 이렇게 얘기하면 "우리나라 사람들은 책도 안 읽는데 무슨 소리야?" 하시는 분들이 있는데, 제 말은 책을 읽는 공간이 아니라 공짜로 머무를 수 있는 실내 공간이 있어야 한다는 의미예요. 코엑스에 있는 '별마당 도서관'에 왜 그렇게 사람들이 많이 모이겠어요. 책을 읽을 수 있어서 그럴까요? 아니에요. 쇼핑몰에서는 어디든 앉으려면 돈을 내야 하는데 거기만 공짜로 머무를 수 있기 때문이에요.

이와 관련해 재미난 실험이 있어요. 덴마크 건축가 얀 겔(Jan Gehl)이라는 사람이 서로 다른 두 곳에 벤치를 배치해봤어요. 하나는 꽃밭을 바라보는 위치에 놓고, 다른 하나는 지나가는 사람들을 구경할 수 있는 위치에 두었어요. 그러고는 어느 쪽에 사람들이 더 많이 앉는지 관찰했어요. 제동 씨는 어디 앉고 싶으세요?

제동 저는 사람들을 볼 수 있는 자리요.

현준 실험 결과는 1 대 10으로 사람들을 볼 수 있는 자리를 더 많이 선택했어요. 인간이 자연을 좋아하지만, 그래도 가장 매력을 느끼는 건 사람이라는 의미죠. 그래서 기분 좋게 사람을 만날 수 있는 공간을 만드는 게 중요해요.

제동 사람들을 볼 수 있고, 자연스럽게 만남이 이루어질 수 있는 공간이 필요한 거네요. 듣고보니 카페 같은 데도 통창으로 돼 있어서 인도나 차가 지나다니는 모습을 볼 수 있는 자리를 사람들이 더 선호하잖아요. 자연 풍광이 멋진 카페도 좋지만 그런 데는 가끔 가고….

현준 거기는 여자친구랑 갈 때 좋지요. (웃음)

제동 그러니까요. (웃음) 어쨌든 우리가 가까운 공원 벤치에 가만히 앉아서 사람들 지나다니는 모습만 봐도 '저렇게도 사는구나! 또 이렇게도 사는구나!' 이런 마음이 들면서 위안이 될 때가 있거든요.

현준 우리 인간은 수십만 년간 진화해오면서 알게 모르게 함께 어우러져 사는 방법을 터득한 종이잖아요. 집단생활을 잘할 수 있는 공간 구조를 만들고, 소프트웨어도 개발하면서 계속 발전시켜온 거죠. 그래서 우리는 사람을 볼 수 있는 곳에 더 끌리고, 그런 공간을 더 찾게 되죠.

문화와 건축도 공동체 의식을 느낄 수 있는 방향으로 발달해요. 그리스 시대에는 원형극장을 만들어서 어느 자리에서든 관중이 무대를 바라볼 수 있게 했잖아요. 더 나아가 로마 시대 때는 360도 원형경기장을 만들었고요. 그런 것들이 사람을 모으는 공간체계인 거죠. 21세기 현대에 와서는 경기장이 됐고, 극장이 됐고, 텔레비전 드라마가 됐죠. 「허준」이라는 드라마를 50%가 넘는 국민이 시청했을 때 우리가 한마음이 된 거잖아요.

제동 추억을 공유하게 된 거죠.

현준 그렇죠. 사람은 더불어 사는 본능이 있어서 그에 적절한 공간 구조나 건축 유형을 만들 수 있는 사회가 성장하고 발전한다는 것을 역사가 증명해주고 있어요. 예를 들어 그리스에 원형극장이 만들어지니까 민주주의 사회가 형성됐고, 문화예술이 꽃을 피웠죠. 로마는 원형경기장과 수로를 만들어서 100만 명이 모여살았기 때문에 강력한 제국이 될 수 있었고, 파리는 하수도 시스템을 만들어 많은 사람이 전염병에 대한 두려움 없이 살 수 있었기 때문에 시대를 앞서나간 문화의 중심지가 됐죠. 지금도 다르지 않거든요. 결국에는 그런 것들을 잘 만드는 사회가 이기는 거죠. 포스트 코로나 시대에도 마찬가지일 거예요.

제동 우리나라가 전세계 어느 나라보다 깨끗하고 의료체계도 잘 갖춰져 있잖아요.

현준 저는 해외에서도 오래 생활했지만, 우리나라의 의료 시스템에 상당히 자부심을 가지고 있거든요. 정말 다른 어떤 선진국보다도 훌륭하다고 생각해요. 실제로 나라가 발전하려면 제대로 된 도시 모델이 있어야 하는데, 우리나라는 이미 그런 시스템이 갖춰져 있다고 할 수 있어요. 이번에 코로나 방역에 잘 대처했잖아요. 전염병에 강한 도시는 제대로 된 도시 모델이거든요. 도시 모델이라고 하면 복잡하게 많은 요소가 있을 것 같지만 제일 기본적인 게 물 공급이 잘 되고 전염병이 없는 거예요.

제동 아, 과거에 로마와 파리가 발전한 것처럼 상하수도 문제가 해결된 도시군요.

현준 그렇죠. 거기서 더 나아가 19세기부터는 생명공학의 발전으로 전염병을 상당 부분 통제하기 시작했어요. 예방주사라든지 항생제가 없었다면 인구가 1,000만 명이나 되는 도시는 나올 수 없었을 거예요. 잉카문명이나 마야문명이 멸망한 것도 다 전염병 때문이잖아요. 그래서 결국에는 전염병에 강한 도시 공간 구조를 만드는 것이 국가 경쟁력과도 연결돼요.

아이디어를 약간 보태고
시스템을 조금 바꾸면

제동 누구나 공기 좋고 물 좋은 데 살고 싶어하잖아요. 집 앞으로는 강이 흐르고 뒤로는 산이 있으면 좋을 것 같지만, 실제로 집을 고를 땐 주변에 편의 시설이 잘 갖춰진 곳을 찾게 되잖아요.

현준 그렇죠. 그런 곳으로 모이죠.

제동 수도권 집값이 너무 올라가니까 문제긴 하지만, 그렇다고 "도시는 복잡하니까 거기로 모이면 안 돼." 이렇게 접근하면 안 되는 거잖아요? 현준 쌤 얘기는 오히려 사람들이 살고 싶은 곳에 더 많은 집을 공급하고, 사람들이 서로 만날 수 있는 건강한 공간을 늘려가야 한다는 거죠?

현준 맞아요. 거기서 꼭 필요한 것이 다양성이에요. 예를 들어 강남에 살고 싶어하는 사람들이 많잖아요. 그렇다고 강남의 인구 밀도만 높이면 삶의 질이 높아질 거라고 보지는 않아요. 밀도가 어느 정도 이상 올라가면 오히려 매력이 떨어지겠죠. 그때쯤 누군가가 부산이나 목포처럼 바다가 보이는 어느 지역에 샌프란시스코 같은 도시를 만들었다고 가정해보죠. 이때 사람들이 그곳을 보고 '저기에는 서울에서는 누릴 수 없는 것이 있어'라는 생각이 들게 할 수 있다면 또 그쪽으로 이동해가겠죠.

예를 들어 이탈리아는 우리나라와 비슷한 반도 국가이고 조그마한 나라인데, 지역마다 특색이 확연히 드러나잖아요. 피렌체와 베네치아, 로마가 다 달라요. 물론 그 당시의 경제나 기술적인 제약들 때문에 자연 지형의 영향을 많이 받았고 건축 자재도 그 주변에서 구하다보니 저마다의 특색을 가진 도시가 되었다고 할 수 있겠죠. 반대로 현대 도시는 물류와 기술이 발달해서 자연을 압도하기 때문에 어디를 가나 모습이 다 비슷해지는 현상이 생기는데, 그것을 의식적으로 경계해야 해요. 예를 들면 하나의 기관이 대한민국의 모든 도시를 설계한다는 건 말이 안 된다고 생

각해요. 하나의 건설사가 전국의 여러 아파트 단지를 동시에 짓도록 하니까 도시가 다 똑같아지는 거잖아요.

　우리나라는 이미 지방자치제를 하고 있으니 국토교통부의 건축 기본 법규도 하위법에서 바꿀 수 있게 지방정부에 더 많은 권한을 줘야죠. 그래야 특색 있는 도시 건축물이 나오죠. 법은 법대로 수십 가지가 있고, 주요 도시 개발은 한곳에서 거의 다 하고, 도로망도 다 똑같이 해놓고서 특색 있는 도시를 만들자고 하면 그게 가능할까요?

제동　전문가에게 들으러 왔는데, 저한테 질문하시면 어떡합니까? (웃음) 해결책은 뭡니까?

현준　(웃음) 선택지를 여러 개 만들면 돼요. 다양하게 준비해야 사람들이 자기 취향과 조건에 맞춰 흩어질 거 아니에요. 그러면 자연스럽게 한쪽으로 몰리는 쏠림 현상을 줄일 수가 있겠죠. 지난 한 10년간의 도시 재생 사례를 보면 다양성 측면에서 가장 성공적인 곳이 어딘 줄 아세요? 바로 익선동이에요. 낙후돼서 사람들 발길이 뜸했던 동네가 젊은이들이 몰리는 활기찬 동네가 될 수 있었던 가장 큰 이유는 중정(中庭)을 지붕으로 덮어 실내 공간으로 바꿨기 때문이에요.

이게 원칙적으로는 불법 점유인데, 어차피 나중에 철거될 거니까 관청에서 벌금만 좀 받고 눈감아줬어요. 만약 법대로 건폐율(대지 면적에 대한 건축 면적의 비율)을 적용하면 다 철거해야 하거든요. 그러면 돈 가진 사람만 새 건물을 지을 수 있겠죠. 그런데 중정에 지붕만 덮으면 공사비가 많이 안 들잖아요. 그러니까 자본이 많지 않은 젊은 사람들이 들어와서 창업할 수 있는 공간 구조가 된 거예요. 약간의 아이디어를 보태고 시스템을 조금 바꾸면 되는 거였어요.

제동 아, 그래서 가보면 골목마다 개성이 살아 있고, 젊은이들이 많이 찾나 봐요.

현준 앞서 제가 다양성이 확보되어야 한다고 했는데, 다양성이 나오려면 핵심은 소자본 창업이 쉬워야 해요. 그러기 위해서는 시스템을 바꿔야 해요. 지금 있는 규칙을 그대로 둔 상태에서 창업하라고 하면 결국 대자본이 들어와 기존 건물을 다 밀고 쇼핑몰 거리를 만들겠죠. 그러면 소자본 창업 기회는 또 없어지는 거예요.

제동 지금도 소자본으로 창업해서 그 지역이 뜬다 하면 대자본이 소상공인들을 밀어내고 획일화시켜버리니까요.

현준 네. 그러면 또 망하겠죠. 사실 지금 건축 법규들은 대부분 1960년대, 1970년대에 대한민국이 처음 도시화되었을 때 만들어진 제도예요. 제대로 업그레이드된 적이 없어요. 그런데도 그 낡은 시스템을 지금도 똑같이 적용하니까 문제가 계속 생기는 거예요. 지금 실정에 맞게 규칙을 바꾸지 않는 한 새로운 사람이 돈을 벌 기회는 거의 없을 거라고 봐요.

제동 그런데 그 법과 제도를 바꾸거나 결정하는 사람들은, 말씀하신 것처럼 기존에 이득을 본 사람들일 테니까 자신들에게 유리한 법을 스스로 바꿀 가능성은 별로 없는 거잖아요?

현준 별로 없죠. 그래서 팬데믹으로 인한 피해는 안타깝지만, 이것이 또 기회라고도 생각하는 거죠. 그런데 하나의 방식으로 우리나라 전체의 다양성 실험을 할 수는 없으니 지방정부에 권한을 주자는 거예요. 그러면 물론 폐단도 있겠지만 성공하는 곳도 있겠죠. 우리나라도 이제 각 지방자치단체가 스스로 문제를 극복해나가게끔 어느 정도는 권한을 줘도 된다고 생각해요.

질문이 답이 되는 순간

공간의 획일화가 가치관의 정량화로

제동 사실 이런 시대에는 누구도 정답을 모르는 거니까 다양한 방식으로 이 것저것 시도해보자는 얘기군요.

현준 맞아요. 요즘 사람들이 익선동이나 을지로의 골목길을 자주 가게 된 이유가, 우리의 생활이 대부분 실내에서 이뤄지기 때문 이거든요. 마당이나 골목길이 없는 생활을 하다보니까.

제동 골목길을 걸을 때는 어린 시절이 떠올라 뭔가 안온함과 향수가 있지만, 약간의 긴장감도 있어서 재밌더라고요. '저기를 돌면 뭐가 나올까' 하는 호기 심도 생기고요.

현준 변화가 있으니까 지루하지 않죠. 어느 정도 예측할 수 있는 안전한 변화 같은 거죠.

제동 현준 쌤 얘기처럼 선택지가 많고 다양성이 있는 공간이 우리 주변에 많 이 생기면 좋겠어요. 그런데 이게 안 되는 이유가, 사람들은 저마다 살고 싶 은 곳들이 있고 꿈꾸는 데가 있는데 그 꿈마저 다 꺾여버린 세상이 됐기 때 문이잖아요. 어디서 봤는데, 싱가포르는 원래 모든 국민이 자기 소유의 집을 갖는 1가구 1주택을 목표로 출발했다던데, 맞나요?

현준 네. 싱가포르와 우리나라의 가장 큰 차이점은 주거의 다양성이에 요. 싱가포르에서는 똑같이 생긴 아파트 단지를 본 적이 별로 없는 것 같아요. 똑같은 형태의 주거지를 만들지 않도록 하는 법적 장치가 있다고 하더라고요. 우리나라처럼 서울, 대전, 대구, 판교, 세종 할 것 없이 다 똑같이 생긴 아파트가 있는 게 아니에요. 우리나라는 주거지부터 획일화가 되니까 점점 더 가치관이 정량화(定量化)되는 것 같아요.

제동 선택지가 몇 개 없으니까 다른 사람들의 가치를 받아들일 수밖에 없겠네요.

현준 그렇죠. 그러니까 그다음부터는 가치를 부여할 데가 돈밖에 없는 거예요. 제동 씨 집이나 저희 집이나 거의 다 비슷하게 생겼잖아요. 그러면 자기만의 독특한 가치가 없어요. 내 집의 가치는 결국 집값밖에 안 남는 세상이 되는 거죠. 그리고 아파트를 똑같은 모양으로 지으면 물물교환이 쉬워지면서 아파트가 화폐 기능을 갖게 돼요.

우리나라 주거 문제를 해결할 수 있는 여러 가지 방법을 각 분야에서 생각해야겠지만, 건축가로서 제가 제안할 수 있는 부분은 이거예요. "집을 다양하게 만들어라. 도시도 다양하게 디자인해라. 다양성을 키워라."

제동 그래야 사람들이 한곳으로 몰리지 않고, 각자 원하는 게 다르니 나도 행복하고, 다른 사람도 행복해지겠네요.

현준 그렇죠. 만약 100명이 있는데 선택지가 딱 하나밖에 없으면 99명은 경쟁자가 되는 거잖아요. 그런데 반대로 다양성을 10배 늘리면 행복한 사람이 10배 늘어나는 거예요. 우리 주택 문제를 단순 공급으로만 해

우리나라는 주거지부터 획일화가 되니까
점점 더 가치관이 정량화(定量化)되는 것 같아요.
그러니까 그다음부터는 가치를 부여할 데가
돈밖에 없는 거예요. 제동 씨 집이나 저희 집이나 거의 다
비슷하게 생겼잖아요. 그러면 자기만의 독특한 가치가 없어요.
내 집의 가치는 결국 집값밖에 안 남는 세상이 되는 거죠.

결하겠다고 하면…, 전 답이 없다고 봅니다. 공급도 당연히 늘려야 하고 한강이 보이는 아파트도 물론 좋지만, 대한민국 5,000만 국민이 다 한강이 내려다보이는 고층 아파트를 좋아할 거라고는 생각하지 않아요.

제동 맞아요. 고층에서 내려다보는 한강뷰도 너무 오래 보고 있으면 지겨울 수 있거든요.

현준 서울이 엄청 넓잖아요. 그러면 정말 살고 싶은 동네가 100군데는 돼야 한다고 생각해요. 독특하고 좋은 동네가 100군데 정도 생기면 주택 형태도 다양해지고 인구도 좀 분산되겠죠.

이상하고 슬픈 건축 시스템

제동 앞에서 쌤이 도시에서 모일 수 있는 실내 공간 중 도서관에 대해서 얘기하셨는데요, 저도 공공도서관을 많이 만드는 것은 좋다고 생각하지만, 그와 더불어 운영과 관리도 잘되면 좋겠어요. 기껏 만들어놓고 내버려두는 경우도 많잖아요. 너무 아까워요.

현준 우리나라 건축 시스템에 폐단이 하나 있어요. 기획을 안 하고 발주를 해요. 건물을 지을 때 제대로 된 순서는 먼저 우리 사회나 지역에 필요한 공간이 있는지 알아봐야죠. 도서관이 필요하다면 "우리 예산으로 한

질문이 답이 되는 순간

1,000평짜리 도서관을 지을 수 있을 것 같은데, 그걸 어디에 짓는 게 제일 좋을까? 살펴보니 낙후된 지역에 빈 땅이 있는데, 여기에 도서관을 지으면 이 근처 사는 사람들에게 일자리도 생기고, 주변 공동체와 도시가 좋아질 테니 여기에 짓자." 이런 순서로 가야 하거든요. 그런 다음 도서관 운영은 누가 어떻게 할지 결정한 후 설계지침이 나와야죠.

그런데 우리나라 건축 시스템은 거꾸로 돼 있어요. 예산이 먼저 정해져요. 국가 예산이 얼마 나오면 "우리 도서관 지어야 한대" 하면서 일단 지어요. 건물을 짓고 나서 그 건물을 어떻게 쓸지 생각해요. 건물부터 짓고 그다음에 운영자를 정하는 식이에요. 순서가 바뀐 거죠.

제동 방금 쌤이 얘기하신 대로 예산이 나왔으니 그해 12월까지 안 쓰면 그 다음 해에 또 못 받잖아요. 그래서 지역의 수요도 전혀 파악하지 않고 일단 건물부터 지어놓고 거기서 지자체장 연설하고, 취임식과 퇴임식을 하는 경우가 많아요.

현준 맞아요. 더 슬픈 건, 그렇게 만들어진 건물이 후대에 남길 만큼 디자인이 훌륭한 건물이면 100년 뒤에 우리 후손이라도 잘 쓸 텐데 제가 볼 때는 디자인도 아쉽다는 거예요. 이유가 뭘까요?

제동 글쎄요, 문제가 뭐죠?

현준 고질적인 문제가 있어요. 건물을 지을 때 공정성을 위해서 대부분 공모전을 하거든요. 저도 젊어서 많이 냈어요.

제동 안 되셨어요? (웃음)

현준 몇십 번 떨어졌죠. (웃음) 문제는 발주 부처 공무원들이 심사위원으로 참여하고, 외부 심사위원까지 공무원들이 추천하니까 건축에 대한 전문성이 떨어진다는 거예요. 쉽게 말해서 이런 거예요. 여러분이 시험을 봤는데 반에서 중간쯤 하는 애가 채점을 해요. 그러면 이 채점이 제대로 될까요? 이런 일이 누적되면 정말 설계 잘하는 분은 대한민국의 공공건축물 공모전에 안 나가요. 진짜 슬픈 일이에요. 훌륭한 건축가들이 공공건물 짓는 데 참여해야 하는데 내봤자 안 뽑아주니까 안 내는 거예요. 그럼 설계는 그렇다 치더라도 시공은 제대로 되느냐? 이것도 문제예요.

제동 **조달청 시스템을 고쳐야 한다는 건가요?**

현준 네. 조달청 시스템이 어떻게 되어 있냐면, 전에는 최저가 입찰제라는 게 있었어요. 그러면 공사비를 가장 낮게 제안한 곳이 뽑히게 돼요. 그러다보니 업체들이 로또 사듯이 제안서를 계속 넣어요. 계속 넣어서 누군가가 당첨되면 최저가로 제안을 했으니 실력 있는 비싼 인력을 못 쓰죠. 예를 들어 하루에 10만 원 받는 벽돌공이 있고, 하루에 5만 원 받는 벽돌공이 있다면 10만 원 받는 벽돌공은 못 쓰는 거예요. 결국은 그 사람이 시장에서 퇴출당해요. 실제로 지금은 벽돌 잘 쌓는 분들이 퇴출당하고 거의 없거든요.

이러한 최저가 입찰제가 문제가 되니까 어떻게 하느냐? "그럼 우리 평균치로 가자." 그래서 50억 원 정도에 지을 수 있는 건물이 있으면 50억 원의 85%만 받겠다고 하는 게 불문율처럼 되어 있어요. 그 값에 가장 가깝게 쓴 업체가 선정되는 거예요. 이것도 또다른 형태의 로또죠. 숫자만 잘 쓰면 되니까요.

그렇게 선정되면 시공사에서 주인의식을 가지고 그 일을 완성할 이유가 없는 거예요. 다음 프로젝트 때 또 된다는 보장이 없으니까요. 그래서 선정된 다음에 이익금을 빼먹고 하청을 줘요. 하청받은 업체는 또 이익금을 빼먹고 2차 하청을 줘요. 그러다보니까 공공건축물의 평당 공사비가 1,000만 원짜리라고 하면, 중간에 차 떼고 포 떼고 실제 공사비는 600만 원도 안 되는 것 같아요. 심지어 설계한 사람이 감리도 못 하게 돼 있고, 심지어 설계가 바뀌는 경우도 있어요. 이 부분만 보더라도 시스템이 잘못된 게 너무나 많다는 걸 알 수 있어요.

여기서 가장 큰 문제점은 일을 잘하는 사람이 선택받지 못하는 시장 구조예요. 설계를 제대로 하는 사람들이 떨어지고, 시공을 잘하는 분들이 설 곳이 없어요. 자기 이름을 걸고 책임감 있게 일하는 회사들이 떠나는 모순적인 구조예요.

제동 창의적인 의견을 내고 새롭게 도전하려는 사람들이 다 퇴출당하면, 지금 그 자리에는 천편일률적인 것들만 남아 있겠군요. 그러니까 또 제대로 된 건축물이 나올 수가 없고….

현준 맞아요. 이런 시스템이 아주 후진국일 때는 작동을 해요. 우리나라의 경우 1960~1970년대에는 특별히 잘하는 사람도 없었으니까 허투루 하더라도 빨리 만드는 이런 시스템이 먹혔어요. 그런데 지금은 아니에요. 우리나라가 정말 많이 발전해서 이제는 과거에 없던 것들도 만들 수 있는 수준이 됐거든요.

제동 이제라도 바뀌면 좋겠네요. 혹시 건축가로서 바라는 점 있으세요?

현준 제가 우리나라 공공건축에 바라는 점은 단순해요. "모든 공공건축물의 심사위원을 제대로 구성하자. 국내에서 안 될 것 같으면 해외에 있는 프리츠커상 수상자들, 로비로 매수되지 않을 것 같은 사람들, 정말 명망 있는 건축가들에게 익명으로 출품해서 채점하라고 하자."

제동 꼭 해외 건축가들에게 맡기자는 의미가 아니라, 인맥이나 로비가 통하지 않는 전문가들에게 심사를 맡겨서 나중에 결과물이 나왔을 때 모두가 기꺼이 인정할 만한 작품을 뽑자는 의미죠?

현준 맞아요. 그리고 시공사 선정 과정도 개선되면 좋겠어요. 아마 전국적으로 따지면 우리나라 건축 관련 예산은 조 단위일 거예요. 어마어마 하죠. 그게 10년만 제대로 운영돼도 우리나라 국토가 바뀌고 국격이 바 뀔 거라고 생각해요.

"당신은 좋은 도시를 가질 자격이 있습니까?"

제동 시스템을 바꾸려면 어떻게 해야 할까요?

현준 저보고 세상의 모든 문제를 풀라고요? (웃음)

제동 그건 아니고요. (웃음) 사람들이 조금 더 다양한 공간에서 살 수 있도록 선택지를 늘리려면 어떻게 해야 할까요?

현준 제가 건축과 관련한 이야기를 건축 전문가만이 아니라 여러 다른 분야의 사람들과 하는데, 그 이유는 국민적인 공감대가 형성되는 게 먼저라고 생각하기 때문이에요. 국민들 사이에서 '아, 도시가 더 다양해져야겠구나!' '우리가 굳이 이런 도시에서 살 필요가 없구나!' '앞으로 도시를 볼 때 뭘 봐야겠구나!' 하는 공감대가 형성돼야 한다고 생각해요. 그래서 제가 꿈꾸는 도시와 건축과 공간은 20대 젊은이들이 친구들과 술 마시면서 건축 얘기를 할 정도가 됐을 때 가능할 거라고 봐요.

제가 꿈꾸는 도시와 건축과 공간은 20대 젊은이들이
친구들과 술 마시면서 건축 얘기를 할 정도가 됐을 때
가능할 거라고 봐요. 컴퓨터 게임만 할 것 같은 친구들이
모여서 밥을 먹을 때도 "요즘에 그 건물이 괜찮은 것 같은데,
이번에 지어진 어떤 건물은 공간에 이런 문제가 좀 있는 것
같더라." 이런 얘기를 할 정도로 국민이 건축에 관심이 생기면
그때 건축 시스템도 바뀔 거라고 생각해요.

질문이 답이 되는 순간

컴퓨터 게임만 할 것 같은 친구들이 모여서 밥을 먹을 때도 "요즘에 그 건물이 괜찮은 것 같은데, 이번에 지어진 어떤 건물은 공간에 이런 문제가 좀 있는 것 같더라." 이런 얘기를 할 정도로 국민이 건축에 관심이 생기면 그때 건축 시스템도 바뀔 거라고 생각해요.

제동 아, 멋진데요!

현준 그러기 위해서는 일단 공간이 나에게 영향을 미치고, 나를 행복하게 해줄 수 있다는 기본적인 생각이 있어야 하고, 더불어 행복하게 잘 살려면 공간 구조가 이렇게 바뀌어야겠구나, 하는 인식이 있어야겠죠. 만약 어느 정도 관심이 생기면 그때부터는 그 힘이 모여 곳곳에서 의사결정에 영향을 미치기 시작할 거예요.

제동 혹시 그런 경험을 하신 적 있으세요?

현준 세상이 절대 안 바뀔 것 같았는데, 최근에 제가 느낀 게 있어요. 제가 학교 건축의 문제점에 대해 여기저기 강의를 하고 다녔더니 어느 날 어떤 사립 중학교에서 연락이 왔어요. 학교 건축에 대해 문의하고 싶다고. "저에 대해 어떻게 아셨냐?"라고 물었더니, "학교 건축을 하려면 교육청에 허가를 받아야 하는데 교육청 직원이 '유현준 교수가 얘기한 그런 학교를 지어보라.' 이렇게 이야기했다"라는 거예요.

제동 좋으셨겠다! 보람 있으셨겠어요. (웃음)

현준 네. 감사하죠. (웃음) 결국 우리가 투표를 할 때 우리의 기본적인 생각이 나타날 거고, 공약을 볼 때도 건축이나 시설 관련 공약이 어떤지 보겠죠. 그게 타당한지 따져보면서 의사결정권자들에게 영향력을 행사해야겠죠. 그래서 "이런 사람은 뽑으면 안 돼." "이런 가치관을 가진 사람을 뽑아야 돼." 이렇게 판단할 수 있을 때 우리도 그런 도시를 가지게 될 겁니다.

제동 "좋은 가치관을 가져야 좋은 도시를 가질 수 있다." 이런 말씀이네요.

현준 그렇죠. 정말 말도 안 되는 건물이 지어지는 걸 보고서도 저게 왜 나쁜지를 못 느끼면 좋은 건물, 좋은 도시에 살 자격이 아직 없는 거죠. 저는 제일 안타까울 때가 "건축은 예술이잖아"라는 얘기를 들을 때예요. 그 말엔 "그게 없어도 나는 별로 문제가 없어." "예술, 훌륭해. 하지만 그게 나랑 무슨 상관이야?" 이런 뜻이 담겨 있거든요.

그런데 건축은 우리가 숨 쉬는 공기와 똑같아요. 우리는 태어나는 순간부터 끊임없이 공간의 영향을 받는데 거기에 관심을 가지지 않으면, 그건 마치 내가 좋아하는 음악이 있는데도 아무 음악이나 계속 듣는 것과 똑같은 거예요.

제동 진짜 그러네요. 특히나 공공건물은 우리의 세금으로 지어지니까 어떻게 보면 어느 날 누가 상의 한마디 없이 내 방에 벽을 세우고 창문을 내는 것과 마찬가지겠네요. 앞으로는 그런 일이 생길 때 "왜 이렇게 했냐?"라고 따져 물을 수 있어야겠네요.

현준 모든 시민이 공공건축에 창문 하나 뚫을 때마다 참견할 수는 없지만, 적어도 그게 어디에 어떻게 쓰이는지는 관심을 가져야 한다고 생각해요.

제동　쌤 덕분에 우리가 왜 도시 건축에 관심을 가져야 하는지 조금씩 알아가는 것 같아요. 우리가 관심을 가져야 앞으로 우리 주위에 생길 건물들에 대해서 제대로 영향력을 행사할 수 있다는 거잖아요.

현준　맞아요. 우리가 모두 건축가가 될 필요는 없지만 "우리는 모두 건축주다." 이렇게 생각하면 좋을 것 같아요. 특히 공공건물에 대해서는 우리 모두 어느 정도 지분이 있잖아요. 우리가 낸 세금으로 지어진 건물들이니까요.

제동　우리 모두가 그런 주인의식을 가지고 건축과 공간을 보면 좋을 텐데….
그래도 우리의 안목이 조금씩 높아지고 있겠죠?

현준　그럼요. 뭐든 한 방에 해결할 수는 없으니 다양한 분야의 사람들을 만나 이런저런 얘기를 해보면서 방법을 찾는 거죠. 제 얘기가 다 맞는 것도 아니고, 대화를 나누다보면 더 좋은 아이디어가 나올 거라고 생각해요. 그러다보면 점차 사람들의 생각이 바뀌고, 제 생각도 보완되면서 조금씩 진화해나가는 거죠. 그러니까 포기하지 말고 계속 얘기해야 해요. 그러다보면 언젠가는 되겠죠.

"왜 교장실이 제일 좋은 곳에 있나요?" 학교 건축 구조가 달라져야 하는 이유

제동 학교 건축에 대해 강의를 많이 하신다고 했는데, 주로 어떤 얘기를 하나요?

현준 계속 학생 수가 줄어드니까 빈 교실이 많이 나올 텐데, 각 층의 빈 교실을 테라스로 만들면 아이들이 쉬는 시간에 잠깐이라도 하늘을 볼 수 있잖아요. 옥상도 당연히 개방해야 하고요. 혹시라도 위험하면 유리로 된 안전 장치를 설치하면 되죠.

그럴 돈이 없다면 교무실을 꼭대기 층으로 옮기고 1층은 아이들에게 양보해서 넓은 운동장이나 정원을 보면서 공부하게 하자는 거예요. 보통 학교 유리창엔 턱이 있는데, 이 턱을 없애고 폴딩도어를 만들어서 날씨 좋은 날엔 활짝 열어놓고 꽃냄새 맡으면서 공부하게 하자고 제안했죠.

지금은 다 거꾸로 되어 있어요. 애들은 온종일 닭장 같은 교실에 들어가 있고, 학부모들은 보통 폴딩도어를 연 커피숍 같은 데 모여서 방과후에 아이들을 어느 학원에 보낼지 시간표를 짜요.

제동 학교가 좀 재밌는 공간, 가고 싶은 공간이 되는 건 진짜 불가능한 일일까요? 교장선생님에게 죄송하지만, 교장실은 학교에서 늘 제일 좋은 곳에 있잖아요.

현준　제일 좋은 1층에 있죠. (웃음) 제가 볼 때는 지금 상태에서 자리바꿈만 조금 해도 훨씬 더 나아질 수 있어요.

제동　학교 다닐 때 늘 궁금했었어요. '교장선생님은 좋은 교장실 놔두고 왜 맨날 복도를 걸어다니시는 걸까?' '헛기침은 교장실에서 하시면 안 되나? 왜 늘 복도에서 하시지?' (웃음)

현준　자기 권위를 보여줘야 하니까요. 교장실에만 있으면 권위가 안 드러나잖아요. (웃음) 학교를 설명하려면 일단 권력이 만들어지는 공간 구조를 이해해야 해요. 같은 장소, 같은 시간에 한 방향을 바라보게 하면 없던 권력도 생겨요. 학교 교실이 그런 공간 구조의 전형이죠. 더 무서운 건 교복을 입게 함으로써 아이들 옷도 다 똑같아졌어요. 그러면 조금만 다르게 행동해도 튀게 되죠.

　그런 공간 구조에서는 아이들 한 명 한 명이 집단의 일부이자

n분의 1로 작아지고, 대신에 아이들이 똑같이 바라보는 사람만 권력이 커져요. 옛날에 교장선생님의 권위가 어디서 생겨났냐 하면 조회에서죠. 옷도, 헤어스타일도 똑같이 하고 앞을 바라보게 하는 구조잖아요. 거기서 조금만 자세를 삐딱하게 해도 눈에 확 띄어서 걸리는 거예요. 그런 상황에서 교장선생님이 교단에서 말씀하시면 권위가 생기는 거죠.

제동 군대도 비슷해요.

현준 네. 군대, 학교 그리고 종교 시설의 또다른 공통점은 정해진 시간에 모여야 한다는 거예요. 그나마 교회는 일주일에 한 번 가지만 학교에는 대여섯 번씩 가잖아요. 그러다보면 선생님의 권력이 어마어마해지는 거죠. 건축가 시각에서 보면 공간 구조가 안 바뀌니까 사람의 생각이 안 바뀌고, 사람의 생각이 안 바뀌니까 결국에는 똑같은 일이 반복되는 거예요.

제동 공간 구조를 바꿔서 학교 옥상에 정원도 만들고 아이들이 하늘을 볼 수 있게 하면 좋겠네요. 지금은 다 잠가놓잖아요. 너무 끔찍한 얘기지만, 옥상에서 우리 아이들이 뛰어내리니까 그 공간 자체를 막는 걸로 문제를 풀려고

해요. 진짜 중요한 것은 학생들
이 뛰어내리게 하는 교육 환경
을 바꾸는 게 아닐까 싶은데….

현준 맞아요. 아이들이 뛰어내
리고 싶은 마음 자체가 안 들게
하는 학교를 만들어야지, 그 문
제는 제쳐둔 채 옥상에 못 올라
가게만 하는 건 미봉책이죠.

제동 제가 이런 얘기를 하면 '라
떼 아저씨'가 되겠지만, 그래도
저 때는 학교 가는 길이 되게 재

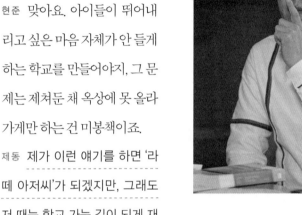

미있었거든요. 농촌이었으니까 경운기 뒤에 매달려가기도 하고 골목에서
튀어나오는 친구 만나서 같이 가기도 하고, 학교 가는 길 자체가 놀이터였어
요. 지금 그런 구조를 바랄 수는 없겠지만 그래도 학교 건물 구조는 진짜 좀
바뀌어야겠어요.

현준 완전히 바뀌어야죠. 어떤 교육학자가 말하기를, "지금의 학
교는 19세기 건축물에서 20세기의 어른들이 21세기 아이를 가
르치고 있다"라고 했어요. 공간은 한 200년 되고, 선생님이 가르
치는 교육은 100년 됐다는 얘기죠. 이제 이 시대에 맞는 교육 목
표와 그에 맞는 학교 공간이 새롭게 만들어져야 한다고 생각해요.

포스트 코로나 시대,
건축가가 꿈꾸는 학교

제동 기술적으로는 어느 정도 준비가 된 것 같은데, 구체적으로 어떻게 해야 할까요?

현준 학교의 권위주의와 전체주의가 깨지려면 규모가 좀 작아질 필요가 있다고 생각해요. 그러기 위해서 우리가 시공간의 개념을 좀 다르게 생각할 필요가 있어요. 어쨌든 앞으로도 코로나와 공존하는 '위드 코로나' 시대가 될 가능성이 높은데, 그러다보면 사람이 많이 모이는 장소는 모두 전염병에 취약한 공간이 되겠죠.

그래서 굳이 한군데로 많은 사람을 모을 필요가 없다면 안 모여도 되게끔 해야 하는데 그중에 대표적인 장소가 학교예요. 학교는 기능이 세 가지인데 하나는 지식 전달, 그다음은 탁아소의 기능이 있죠. 아이를 맡아 돌봐주는 기능인데 중요해요. 그리고 세 번째가 공동체 의식을 키우는 훈련장이에요. 이 또한 중요하죠. 지식 전달은 이제 온라인 수업을 통해서 하니까 굳이 같은 시간에 한 장소에서 수업을 들을 이유가 없어요.

제가 꿈꾸는 학교는 그런 거예요. 예를 들어 제가 서울 신구중학교 학생인데, 이번주 금요일에 우리 아버지가 휴가이고, 어머니는 재택근무를 하게 돼서 온 가족이 전라북도 고창으로 놀러 갔어요. 그래서 어머니는 숙소에서 노트북으로 일을 하시고 저는 아버지랑 고창 도서관에 가서 온라인 수업을 듣고, 마침 고창이라는 지역이 동학운동의 효시가 된 지역이니까 현장을 직접 둘러보면서 공부도 하고, 그런 다음에 고창중학교에 가서 체육 수업을 받는 거예요. 금요일 3시에 그 학교 아이들과 수업하기로 예약을 해둔 거죠. 신나게 축구 시합을 하고, 그 시간은 정식 수업으로 인정받고, 아이들과 전화번호를 교환하고 친구가 되는 거죠.

제동 "너도 나중에 우리 동네에 놀러오면 함께 수업 듣자." 이렇게 초대도 하고요. (웃음)

현준 그렇죠. 이런 수업 교류가 가능해지면 지역 갈등 같은 건 점차 사라질 거예요. 학교의 경계도 모호해지겠죠. 그러다보면 내가 신구중학교를 나온 게 전혀 중요하지 않게 되고 동문의 의미도 지금과는 달라지겠죠. 내가 선택한 과목, 내가 시간을 함께 보낸 사람이 더 중요해지는 거예요.

제동 그러다보면 학교의 서열화 같은 것도 자연스럽게 무너지겠네요.

현준 맞아요. 학교 서열화를 없애기 위해 굳이 대학을 지방으로 옮길 필요 없이, 새로운 기술이 적용된 새로운 시공간에서는 학교의 개념 자체가 완전히 재해석되고 재배치될 거예요. 심지어 해체될 수도 있어요.

제동 조금 엉뚱한 상상인데, 그러다보면 여러 학교의 교가를 부를 수도 있겠어요. (웃음) "비슬산" "북악산" 이렇게 보통 자기 동네 산의 정기를 받는데, 여러 산의 정기를 받을 수 있겠네요.

현준 네. (웃음) 그게 가능한 시대가 열린다면 학교 문제도 완전히 다르게 접근할 수 있을 거예요. 여기서 우리가 관심을 가져야 할 대상은 온라인 재택근무가 불가능한 부모님을 둔 자녀들이에요.
바로 그 부분에 학교와 선생님의 중요한 역할이 있고, 학교의 새
로운 기능이 있다고 할 수 있어요. 그런 아이들을 돌보면서 공동
체 안에서 소속감을 느끼게 해주고 사랑받는 경험을 하게 해줘
야죠.

공간 구조의 황금 분할, 경계선은 어디일까?

제동 그런데 제가 궁금한 것은 이런 거예요. '만약 학교 수업이 온라인 위주
로 바뀌면 공동체 구성원으로서 함께 협동하고 배려하는 법은 어떻게 배워
야 하는가?' 우리가 학교에서 지식만 배우는 게 아니잖아요. 좋은 걸 보면 자
극을 받기도 하고, 나쁜 걸 보면 '이건 하지 말아야지' 하고 느끼는 것도 있는
데, 그런 건 비대면으로 배우는 게 불가능하잖아요.

현준 그건 안 되죠. 제동 씨가 얘기한 그런 부분들은 실제로 모여서 해야
죠. 그게 학교의 두 번째, 세 번째 기능이기도 하고요. 미국의 저널리스트
토머스 프리드먼은 "공동체 의식이라는 것은 얼굴을 맞대고 시간을 보
내야만 생긴다"라고 얘기했어요. 공통의 경험이나 공통의 감정 같은 게
생겨야 하니까 물리적인 공간은 반드시 필요해요. 그런데 과연 1,000명

질문이 답이 되는 순간

을 한 번에 수용할 수 있는 공간이 좋은지, 아니면 전염병에 대처하기 쉽게 100명 정도가 모일 수 있는 공간 10개를 만드는 게 좋은지는 판단해 봐야죠.

제동 **상황과 조건에 맞춰 유연하게 재배치할 필요가 있겠네요.**

현준 네. 학생들이 매일 학교에 가더라도 다른 학년과 공유하는 게 많지 않으니까 좀더 유연하게 할 필요가 있죠. 이렇게 비유해볼 수 있을 것 같아요. 요즘에 고정된 자기 책상이 없는 회사도 많잖아요. 아침에 출근해서 내가 앉고 싶은 자리가 그날의 내 자리가 되는 회사들이 있어요. 창의적이고 수평적인 조직 문화를 위해서 그런 방식을 택했다고는 하지만, 직원들을 대상으로 설문조사를 해보면 절반 이상이 자기 자리가 없다는 것에 스트레스를 호소하기도 하거든요.

제동 **앞에서 현준 쌤이 공유경제를 싫어한다는 것과 맞물리네요.**

현준 네. 그러니까 안정감을 줄 수 있는 나만의 공간이 어느 정도는 필요한 거죠. 공간이라는 것은 거울과 비슷해서 나를 반영하고 투영해요. 그래서 내가 어떤 공간을 점유하고 가꾸면 그 공간이 개인화가 되면서 생기는 안정감이 있어요. 그래서 학교에 내 책상, 내 자리는 있어야 하지만, 과거의 학교 공간이 완전히 고정되고 통제된 공간이었다면 이제는 조금 더 유연하게 재구성할 수 있는 공간으로 바뀌면 좋겠어요.

제동 **더이상 폐쇄적인 공동체가 아닌 열린 공동체로 거듭나기 위해 과연 어느 정도가 황금 분할인가를 정하는 것이 우리의 숙제라고 할 수 있겠네요.**

현준 그렇죠. 예전에는 다른 학교 공간에 들어가려면 전학을 가야 했지만 앞으로는 굳이 그런 절차를 밟을 필요 없이 개방형에 소규모로 운영되는 그런 공간이 되어야 할 거예요. 물론 담임선생님도 필요하고 소속감도 있어야겠죠.

그러기 위해서 선생님이 아이들을 정서적으로 보살펴야 하고 각자의 책상과 교실도 필요하지만, 누구나 공유할 수 있는 공간, 이런 것들이 추가로 필요하다고 보면 될 것 같아요.

제동 일종의 베이스캠프 같은 거군요. 아주 높은 산에 올라갈 때는 베이스캠프가 얼마나 안전하게 자리잡고 있느냐에 따라서 멀리 떠날 힘이 생겨요. 언제든 다시 돌아갈 수 있으니까 심리적으로도 안정이 되잖아요.

현준 맞아요.

제동 건물도 그 경계를 잘 관리하는 게 필요한 것처럼 학교라는 공간도 아이

질문이 답이 되는 순간

들이 유연하게 넘나들 수 있지만, 베이스캠프는 확실하게 구축해놓는 게 필

요하겠네요.

건축가의 일,
먼저 사람을 이해하고, 공간을 만들고
사람과 사람을 연결하는…

제동 집값에서 도시 설계에 이어 학교 건축 문제까지 현준 쌤 얘기를 쭉 듣다

보니까 이런 궁금증이 생겨요. '과연 건축가의 역할은 어디까지일까?' (웃음)

현준 비슷한 질문을 많이 받는데, 그 질문이 저한테는 약간 이렇

게 들려요. "만유인력의 법칙이 어느 정도까지 적용됩니까?" (웃

일종의 베이스캠프 같은 거군요.
아주 높은 산에 올라갈 때는 베이스캠프가 얼마나 안전하게
자리잡고 있느냐에 따라서 멀리 떠날 힘이 생겨요.
언제든 다시 돌아갈 수 있으니까
심리적으로도 안정이 되잖아요.

질문이 답이 되는 순간

음) 건축가는 보통 집을 설계하지만, 규모가 커지면 아파트나 빌딩이 되고 단지가 되는 거죠. 거기서 더 커지면 도시가 되고, 그러면 전체적인 국토 개발에 대해 생각할 수도 있고요. 작게 들어가면 방 하나가 될 수도 있고, 혹은 한쪽 벽 인테리어가 될 수도 있어요.

어떤 경우에는 건축가가 의자 디자인을 하기도 해요. 몸을 지탱하는 최소한의 구조체이니까요. 조명이나 식기를 디자인하는 건축가도 있어서 한없이 미세하게 들어갈 수도 있어요.

제동 건축의 세계가 무궁무진하네요.

현준 그래서 건축가는 인간과 관련된 모든 공간적인 것들을 다 생각하고, 가구부터 도시까지 종합적으로 판단한 후 의사결정을 내려요. 어느 하나만 보고 얘기하면 안 되죠. 건물을 디자인할 때도 앞뒤도 보고 바깥에서 보이는 모습도 고려하지만, 건물 안에 있는 사람에게 바깥 경치가 어떻게 보일 것인지도 생각하면서 디자인을 해야죠.

그럼 그것으로 끝이냐? 그렇지 않죠. 건물 안에 있는 사람과 길 위에 있는 사람들의 관계는 어떻게 해야 좋을지도 고민해요. '발코니에 화분을 놓고 의자와 조그만 테이블을 놨을 때 길 가는 사람들에게 예쁘게 보이면 좋겠다. 그러려면 발코니와 난간을 예쁘게 디자인해야겠네.' 이런 생각까지 확장해나가는 거죠.

제동 안과 밖을 다 고려하는군요.

현준 그렇죠. 앞에서 제가 건축가로서 중요하게 생각하는 것이 경계부라고 얘기했잖아요. 디자인할 때도 건물 내부에 있는 사람, 즉 소유자의 공간과 길 가는 사람들이 만나는 부분인 발코니 같은 것을 중요하게 생각해요. 건물 안에 있는 사람들의 삶의 모습이 밖으로 투영돼서 건물 외관이 완성되게끔 장치를 만들려고 하거든요. 건축가는 이렇게 여러 가지를 고려하면서 공간 디자인을 해야 하는 것 같아요.

제동 그러려면 먼저 그곳에 누가 살 것인지를 연구해야겠네요.

현준 거기서부터 시작되는 거죠.

제동 사적인 질문이라 조심스럽긴 한데, 혹시 현준 쌤이 사는 공간은 어떻게 꾸미셨어요? (웃음)

현준 요즘에 우리가 통제할 수 있는 게 별로 없잖아요. 저도 세 들어 사는 사람이라 집도 못 고치고…. (웃음) 어쨌든 제가 제어할 수 있는 공간을 찾았어요. 바로 발코니예요. 발코니를 깨끗하게 치우고 제가 좋아하는 화분을 좀 갖다놓고, 거기다가 조명을 설치했어요. 밤에 불을 켜면 발코니가 밝고 화분이 쭉 있으니까 마당처럼 보여요. 이때 핵심은 커튼을 거실과 발코니 사이에 달지 않고 맨 바깥쪽 발코니 창문에 다는 거예요. 보통 밤에 불을 켜면 밖에서 안이 들여다보이니까 커튼을 다 치잖아요. 그러면 거실이 되게 좁아 보여요.

제동 맞아요. 그렇다고 발코니에 나가 있으면 밖에서 다 보이니까 못 나가잖아요.

현준 그렇죠. 그래서 저 혼자 있을 때는 불을 다 끄고 발코니에 있는 작은 스탠드만 켜놔요. 일부러 작은 스탠드를 두어 개 놨어요. 그러면 진짜 정원처럼 보이거든요. 유리창의 특징 중 하나가 밝은 데서 어두운 곳을 보면 거울처럼 반사가 돼요. 그런데 어두운 데서 밝은 데를 보면 투명해져요. 그래서 발코니 조명을 밝게 하고 거실을 어둡게 해놓으면 유리창이 없는 것처럼 보이면서 내가 마치 마당에 나와 있는 것 같아요.

제동 발코니가 쌤만의 안식처네요. (웃음)

현준 그런 셈이죠. 또다른 저만의 공간은 옷장이에요. 안 입는 옷들을 다 버리고 즐겨 입는 옷만 내 원칙대로 정리해놓았어요. 책꽂이도 마찬가지고요. 제가 원하는 책을 원하는 방식으로 정리해요. 이렇게 발코니, 옷장, 책꽂이를 저만의 공간으로 정하고, 그곳에서 안식을 취하고 있어요.

제동 나만의 우주네요. 내 공간에 나름의 질서를 만드는 일이니까요.

현준 그렇죠. 출가한 스님들도 좁은 공간에서 수행하듯이 공간의 크기가 중요한 게 아니잖아요. (웃음) 거기서 드는 어떤 심리적 안정감과 생각, 마음의 평온함이 중요한 거니까요. 큰 공간이든 작은 공간이든 자기만의 원칙을 만들고 그에 따라 정리하면 되는 것 같아요.

제동 저는 우선 방 청소부터 시작해야겠어요. (웃음)

"건축이란 무엇인가?"
관계를 조율하는 감정노동

제동 사람들이 저한테 자주 묻거든요. "왜 사람을 웃기려고 하세요?" 이 질문 때문에 한 6개월 넘게 혼자 고민하느라 웃음을 잃어버린 적도 있어요. 그래서 이런 질문이 어렵다는 걸 아는데, 또 제일 궁금하기도 하니까 여쭤볼게요. 현준 쌤은 건축이란 뭐라고 생각하세요?

현준 저는 건축이 관계를 조율하는 거라고 생각해요. 사실 건축이라는 건 존재하면서 동시에 공간을 점유하잖아요. 사람은 끊임없이 자기만의 공간을 확장하려고 하고, 그 공간을 통해서 다른 사람과 소통하는데, 건축가는 그 공간을 약간 제어할 수가 있어요. 비어 있는 공간에 벽을 하나 세우면 전혀 다른 공간이 되죠. 건축가가 그것을 어떻게 설계하고 만드는지에 따라서 사람들의 관계가 바뀌고, 사회의 관계도 바뀌고, 인간과 자연의 관계도 바뀌는 것 같아요.

제동 방을 어디에 만들고, 벽을 어디 세울 것이냐에 따라서 그렇겠네요.

현준 그렇죠. 제동 씨랑 제가 한 공간에 있지만 누가 와서 벽을 세우면 서로 소통이 단절되는 거죠. 그런데 그 벽에 문을 하나 뚫어요. 그러면 들락날락할 수 있잖아요. 그랬더니 제동 씨가 내 방에 너무 자주 불쑥 들어와서 싫어졌어요. 그래서 문을 없애고 창문을 뚫으면 서로 볼 수는 있는데 들어오지는 못해요. 나의 사생활은 지키면서 원할 때 소통할 수는 있는 거죠.

제동 그걸 여는 창문으로 할지, 닫힌 창문으로 할지, 커튼만 칠지를 선택해야겠네요.

현준 그렇죠. 건축의 요소라는 것이 복잡하지 않아요. 벽, 창, 문, 계단, 지붕, 바닥, 기둥 정도밖에 없어요. 몇 가지 안 되는 이 단어를 가지고 복잡한 시를 쓴다고 해야 하나? 소설을 쓴다고 할 수도 있고요.

제동 공간으로 하나의 작품을 만드는 사람이네요. 참 멋진 직업이에요.

현준 아주 다양한 관계를 만들 수 있어요. 예를 들어서 아파트 단지를 짓는다고 할 때, 큰 단지 주변에 담장을 치면 내부와 외부가 명확하게 구분되죠. 그 안에 있는 정원이 아무리 예뻐도 외부와는 단절되는데, 그 자리에 벤치를 놓는다면 지나가는 사람들이 앉아서 정원을 바라보고 쉴 수 있잖아요. 그런 게 가능해지면 내가 다른 동네 가서도 벤치에 앉아서 그곳의 정원을 즐길 수가 있겠죠. 그러니까 같은 돈을 어떻게 쓰느냐에 따라서 사람들의 관계와 사회의 관계 구성이 달라져요. 그게 건축가가 바라보는 공간이에요.

제동 그걸 실행하려면 여러 가지 힘든 점이 있겠어요. 예를 들면 여기에 벤치를 만들었다가 누군가 "그 주변이 더러워지면 어떻게 할 거냐?"라고 항의한다면 그런 것들을 조율해야 할 때도 있을 테니까요.

현준 그런 점에서 건축가는 약간 감정노동자라고 할 수 있어요. 제동 씨가 얘기한 대로 건축가가 그런 의미로 설계했더라도 그런 이상주의자 같은 상상력으로 건축주를 설득하면 당연히 안 통하죠. 현실적인 얘기를 함께해야죠. "이렇게 설계하면 동네가 좋아져서 부동산 자산 가치가 올라갈 거예요." 실제로도 그렇고요.

대중 강연을 할 때는 이런 질문을 받기도 해요. "그 벤치에서 노숙자가 자면 어떻게 하느냐?" 그러면 "노숙자가 없는 사회를 만들어야지 노숙자가 거기서 자는 게 걱정돼서 벤치를 안 만든다는 게 말이 되냐." 이런 식으로 사람들과 계속 소통을 해나가야 해요.

제동 아, 쉽지 않은 과정이겠어요.

현준 목표를 향해 계속해서 조금씩 조율해나가는 거죠.

제동 건축가로서 사람들을 설득하기 위해 포기하지 않고 노력하는 과정이 참 멋져 보여요. 어디서 들은 이야기인데, 예전에 종묘를 만들 때 그 안에 있

질문이 답이 되는 순간

는 어진(御眞), 그러니까 임금의 초상화에 곰팡이가 안 슬게 하려면 환기가 잘 되어야 해서 그걸 만든 목수가 문을 약간 틀어지게 했대요. 그런데 이걸 임금한테 설명하기가 어려우니까 "이것은 영혼이 드나들 수 있는 통로입니다." 이렇게 말했다고 하더라고요.

현준 지혜로운데요. (웃음)

제동 어느 책에선가 읽었는데, 내용은 한번 확인해봐야 해요. (웃음) 어쨌든 건축가는 사람들을 설득하기 위해 참 많은 역할을 해야 하는구나 싶어요.

현준 생각보다 많은 역할을 하죠.

스마트한 건축가라면
A와 B를 다 만족시킬 수 있는 답을 찾아야 한다

제동 혹시 설득하기 어려운 건축주를 만났을 때는 어떻게 대처하나요?

현준 간혹 말도 안 되는 요구를 하는 건축주도 있긴 한데, 그때도 다투기보다는 방법을 찾아보려고 해요. 그 이유는 '만일 내가 정말 스마트하다면 건축주의 요구도 만족시키면서 나도 만족하는 답을 찾을 수 있다'고 믿기 때문이에요. 예를 들어 A와 B가 싸우니까 둘 중 한쪽에 힘을 몰아줘서 어느 한쪽이 이긴다고 한들 세상은 바뀌지 않잖아요.

제동 그러면 당한 쪽은 절멸하는 게 아니라 반드시 복수하죠. (웃음)

현준 (웃음) 맞아요. 그래서 둘 다 만족시키는 뭔가를 보여줘야 하는데, 그 답은 항상 미래에 있다는 거죠. 그런 의미에서 참신한 아이디어로 새로운 것을 만드는 사람들이 여러 분야에서 생겼으면 좋겠어요.

제동 어떻게 보면 우리 모두 한때 건축가였잖아요. 두꺼비집 짓고, 모래성 쌓고, 마음에 안 들면 뭉개버리고 다시 평탄 작업하고 새로 올리고 그랬잖아요. 건축가를 꿈꾸는 수많은 사람들, 그러니까 우리 공간을 새롭게 해석하려는 사람들이 있을 거란 말이죠.

현준 제가 건축가로서 바라는 건 첫 번째가 투명하고 제대로 된 공모전이 많아지는 거예요. 저는 아이디어만 가지고도 성공할 수 있어야 좋은 사회라고 생각하거든요.

제동 그게 제대로 되지 않는다면 지금의 건축가들을 좌절시킬 뿐만 아니라 수많은 미래의 건축가들이 꿈을 접어버릴 테니까 얼마나 큰 손실이에요.

현준 어마어마해요. 제가 가르친 학생들 중에 '나중에 좋은 건축가가 되겠구나!' 싶은 친구가 있었는데, 결국 우리나라의 건축 풍토를 보고서 건축계를 떠났어요. 마지막으로 이렇게 얘기하더라고요. "제가 교수님처럼 사무실 열고 제대로 된 건축을 할 기회가 얼마나 될까요?" 맞는 얘기예요. 실제로 로또 맞을 정도의 확률이거든요.

제동 안타깝네요.

현준 우리나라가 일본과 비교가 많이 되는데, 지금까지 가장 많은 프리츠커상 수상자를 배출한 나라가 일본일 거예요. 여섯 번 정도 받았거든요. 중국도 한 번 받았고, 포르투갈과 칠레도 받았는데, 대한민국은 한 번도 못 받았어요. 왜 그럴까 생각해보면 다른 게 아니고 앞에서 말씀드린 다양성의 문제예요. 이것만큼은 반드시 바뀌면 좋겠어요. 몇몇 건설사와 대형 설계사무소들에 의해 디자인되는 주택문화가 유지되는 이상 대한민국 건축은 답이 없다고 생각해요.

제동   아이들이 그렇게 획일적인 공간에서 자라면 창의성도 떨어지겠네요.

현준   당연히 떨어지겠죠. 일본이 건축 분야에 강한 이유에는 여러 배경이 있지만 그중에 핵심은 지진과 다양성이에요. 일본은 지진이 자주 일어나는 나라잖아요. 그래서 고층 아파트를 못 지어요. 만약 아파트 3,000세대를 공급한다면 우리나라는 직원이 1,000명 안팎인 초대형 건축사무소에서 3명의 건축가가 모든 세대를 거의 똑같이 설계해요. 반면 일본은 3,000명이 다 다른 건축주예요. 그 여러 건축주들이 300여 명 정도 되는 다양한 건축가들과 협업하는 거죠. 그러면 얼마나 다양한 집들이 나오겠어요. 여기서 중요한 건 훗날 건축주가 될 수 있는 사람이 3,000명이나 있다는 거죠.

제동   그렇게 되면 건축가들이 소규모 창업을 할 수 있는 기회도 훨씬 많아지겠네요.

현준   그렇죠. 저도 무모하게 건축사무소를 열긴 했지만, 우리나라 건축환경에서는 자칫 굶어죽기 십상이에요. 국민의 60%가 아파트에 사니까 일이 없어요. 건축가가 되면 아파트를 짓는 대형 건축사무소에서 월급쟁이 생활을 하든지, 아니면 소규모 프로젝트라도 하면서 근근이 먹고살든지 둘 중에 하나거든요. 결국 우리는 젊고 재능 있는 친구들에게 좋은 작품을 만들 수 있는 캔버스 자체를 주지 않는 거죠. 이건 마치 붓과 물감을 주지 않고 화가가 되라고 하는 것과 똑같아요.

국민 자존감 높이기 프로젝트
"우리 집? ○○○ 건축가가 설계했어."

제동 바꿀 수 있을까요?

현준 그럼요. 간단한 방법이 있어요. 만약 아파트 3,000세대를 짓는다고 하면 일단 공모전을 통해서 마스터플랜 건축가를 뽑아요. 그러면 블록 단위로 일단 높이를 맞추고 단지 설계를 하겠죠. 그래서 그 단지에 아파트 스무 동을 지어야 한다면, 마스터플랜에 당선된 건축가에게는 두 동을 설계하게 하고 나머지 열여덟 동은 다시 공모전을 내서 각각 당선된 다른 건축가들이 하게 하는 거죠. 그러면 하나의 건축사무소가 하던 일을 19개 다른 건축사무소가 할 수 있잖아요. 그만큼 기회가 더 생기는 거죠.

제동 우리는 보통 "이 집 누가 지었어?"라고 물으면 건설 회사 이름을 대잖아요. 그런데 쌤이 말씀하신 대로 된다면 비록 아파트에 살지라도 똑같은 질문

저도 무모하게 건축사무소를 열긴 했지만,

우리나라 건축 환경에서는 자칫 굶어죽기 십상이에요.

국민의 60%가 아파트에 사니까 일이 없어요.

건축가가 되면 아파트를 짓는 대형 건축사무소에서

월급쟁이 생활을 하든지, 아니면 소규모 프로젝트라도 하면서

근근이 먹고살든지 둘 중에 하나거든요.

에 건축가 이름을 말할 수 있겠네요.

현준 그렇죠. 그리고 건축 법규도 좀더 자유도를 높여서 다양한 디자인 실험을 할 수 있게 해주면 좋겠어요. 지금은 "나 20동 살아." 그러면 거기가 몇 평인지, 집값은 얼마 정도 되고 부모님 수입은 어느 정도일지 규모가 딱 나오잖아요. 그런데 같은 아파트 단지라도 1동부터 20동까지 디자인이 전부 달라지면 동마다 나름의 멋과 가치를 지닐 수 있고 도시의 경관도 달라지겠죠.

많은 분들이 고층 건물이 들어서서 이상한 도시가 됐다고 얘기하는데 꼭 그런 건 아니에요. 한강의 풍경을 봤을 때 거의 똑같은 아파트 단지가 잠실부터 반포까지 다 연결돼 있잖아요. 그게 건물 수로 치면 한 200개가 될 거란 말이에요. 그런데 만약 그 건물들이 전부 다른 디자인이라고 생각해보세요. 맨해튼의 스카이라인 못지않은 아름다운 모습이 될 수도 있는 거예요. 얼마나 다양하고 개성 있는 건물이 있느냐로 도시의 미관이 결정되는 것이지, 단순히 건물의 높고 낮음으로 평가될 수 있는 문제가 아니거든요. 말하자면 통으로 만들어온 것을 쪼개면 돼요.

제동 그런데 대형 건축사무소들이 포기를 안 할 것 같은데요. 어쨌든 이익을 나누거나 기득권을 내려놔야 하는데, 그게 현실적으로 가능할까요?

현준 그러니까 국토부가 힘을 써야죠. 국토부에서 1,000세대 이상 되는 아파트는 반드시 마스터플랜을 하고, 구역을 나눠서 공모전을 통해 여러 설계사가 참여하게 하고, 공모전 심사위원은 실력 있는 사람으로 선정하는 거죠. 실제로 그러면 비용은 더 늘어날 수도 있어요. 과정도 복잡해지고요.

제동 13동이 다 지어졌을 때 20동은 아직 공사 중일 수도 있겠네요.

현준 그렇죠. 하지만 앞서 말씀드린 조달청 입찰 방식과 획일화된 주택 공급 방식 등의 폐해를 해결할 방법이 다양성이라는 데 공감하고 합의가 된다면 비용이 들어도 해야죠. 100년 넘게 살아갈 도시인데, 제대로 된 도시 건축을 하려면 반드시 필요한 절차라고 봐요.

제동 앞으로는 "나, 어느 동네 어디 아파트 몇 동에 살아"가 아니라 "나, 이렇게 생긴 집에 살아"라고 말할 수 있겠네요.

현준 나만의 자부심이 생기는 거죠. 이게 사실 국민 자존감 높이기 프로젝트라고 할 수 있어요.

"도시에 필요한 건 점이 아니고 선이다."

제동 결국 어떤 도시, 어떤 공간을 선택할 것인지는 우리에게 달린 거네요.

현준 그렇죠. 그리고 공간을 설계할 때 경계가 명확한 건 좋지 않다는 사실을 알았으면 좋겠어요. 지금 역세권 중심으로만 개발을 하고, 대규모 아파트 단지가 조성되면서 담장을 둘러 그 아파트 주민과 외부인의 경계가 명확해지고 있잖아요.

하지만 도시는 점처럼 따로 떨어져 있기보다는 선으로 연결돼 있어서 오갈 수 있어야 해요. 예를 들면 강남에 내 집이 없더라도 내가 강남에 갔을 때 1층 부분을 마음놓고 즐길 수 있어야죠. 그런데 지금처럼 정말 말도 안 되게 비싼 커피숍밖에 없고, 길거리에 벤치도 없고, 편안하게 쉴 수 있는 공원도 없으면 뭐랄까, 그 공간은 나를 밀어내는 곳이 되잖아요. 이질감이 느껴진다면 누가 오래 머물고 싶겠어요?

제동 사람도 옆에 앉으라고 권하고 얘기도 잘 들어주는 그런 사람이 좋죠. 만약 현준 쌤에게 도시 공간 중에서 바람직한 변화를 하나 꼽으라면 어디일까요?

현준 경의선 숲길이요. 그곳이 완성된 뒤로 홍대 앞 연남동부터 공덕동 오거리까지 이른바 '연트럴파크'로 연결돼서 즐겁게 걸어갈 수 있게 되었잖아요. 그런 연결이 결국에는 경계를 모호하게 하고, 서로 다른 지역을 융합시킬 거라고 생각해요. 이런 변화와 시도가 많아지는 도시일수록 더 진화된 좋은 사회라고 생각해요.

제동 그런데 연남동에 어떻게 그런 게 만들어졌을까요?

현준 아시다시피 거기가 기찻길이었잖아요. 주요 교통수단이 자동차로 바뀌면서 일부 기찻길은 쓸모없는 공간이 되었고, 버려진 공간을 공원으로 바꾼 거죠. 여기서 우리가 힌트를 얻을 수 있어요. 만약 자동차가 중심인 지금의 도시 공간 구조에서 자동차가 퇴출당한다면? 그 도로가 다 공원이 된다고 상상해보세요.

제동 엄청나겠네요.

현준 자동차를 완전히 퇴출할 수는 없을 테니 교통량을 줄이면 돼요. 10차선 도로를 반으로 줄이고 나머지 공간을 다 공원으로 만들 수 있다면 도시의 모든 도로가 공원으로 연결되는 거예요.

제동 다 걸어서 다닐 수 있는 도시가 되는 거네요. "너 지금 어디니?" "나, 지금 연남동인데." "난 지금 종로인데, 천천히 걸어서 갈게." 이런 대화가 가능해지겠네요. (웃음)

현준 그렇죠. 중간쯤에서 만나도 되고요. (웃음)

제동 현준 쌤이 책에서 이렇게 얘기했잖아요. "테헤란로 같은 데 차선을 좁히고 공원으로 만들어서 사람들이 걸어다니게 하면…."

현준 완전히 다른 세상이 되는 거죠.

제동 이렇게 콕 찍어 얘기하면 테헤란로 주민들에게 항의받을지도 모르겠네요. (웃음)

현준 아니죠. 오히려 그 주변의 부동산 가치가 더 올라갈 수도 있어요. 근처에 공원이 있는데 안 올라가겠어요? 그 대표적인 사례가 미국 보스턴이에요. '센트럴아트리(Central Artery)'라는 고속도로를 지하로 넣어버리고 지상에 공원을 만들었어요. 공사비는 천문학적으로 들어갔는데 그 몇 배로 부동산 가치가 높아졌어요. 그로 인해 경제적인 부가가치도 어마어마하게 창출되고, 도시 이미지가 달라졌죠.

제동 코로나 사태를 겪으면서 어쩌면 우리도 이제 그런 도시를 만들 기회가

생긴 거네요.

현준 맞아요. 언택트 소비가 늘어나면 사람의 이동량보다는 물건의 이동량이 많아질 거예요. 콘택트 소비는 동네에서 해결하는 거죠. 그 정도가 되면 교통량이 줄어들고 대신에 물류가 늘어나겠죠.

만약에 지하에 물류 전용 터널을 만들어서 자율주행 로봇으로 물건만 이동하게 한다면, 사람이나 차가 다니는 터널을 만드는 것보다 공사비가 적게 들 거예요. 물건만 옮긴다면 작고 효율적인 터널을 만들 수 있을 테니까요. 그런 다음 지상에는 공원을 만들면 정말 괜찮은 도시가 되는 거죠. 코로나 같은 감염병 사태가 일어나도 내 집 앞 공원에서 조용히 쉬다가 들어가면 되고, 모든 아파트에 발코니가 다 있고….

제동 그러네요. 도로가 줄어들면 발코니가 생기겠네요.

현준 도시 풍경을 봤을 때 10차선 도로에 발코니도 없는 건물이 즐비한 도시와, 5차선 도로에 한쪽에는 공원이 길게 연결되어 있고 건물마다 발코니가 있어서 화분도 놓고 사람들이 테라스에 앉아서 쉬기도 하는 도시를 비교해보세요. 어떤 도시가 더 경쟁력이 있을까요? 스마트폰으로 주문하면 물류 터널을 통해 30분 이내에 다 배달되는 그런 도시라면, 전세계 문화예술인과 자본이 모이면서 서울이 21세기의 파리가 될 수도 있는 거죠.

제동 그렇게 만들어진 부(富)는 기본소득을 위해서 활용하기도 하고, 예술이 부가가치를 창출하게 되면 새로운 일자리들이 또 만들어지겠네요.

현준 새로운 산업이 만들어지는 거죠. 1960년대에 정부에서 경부고속도로를 깔 때, 자동차도 별로 없는데 미쳤다고 했잖아요. 하지만 고속도로를 깔았기 때문에 자동차 산업이 발달한 거죠. 고속도로를 안 깔았으면 현대자동차라는 기업은 없었을 수도 있어요. 만약에 나라에서 자율주행 로봇을 위한 인프라를 마련한다고 생각해보세요. 내가 정부에 세금을 내고 그 인프라를 저렴한 가격에 이용할 수 있다면 이 산업구조는 다른 형태로 발전하겠죠.

제동 어쩌면 지금이 선택의 갈림길일 수도 있겠네요?

현준 맞아요. 우리가 지금 결정하지 않으면 앞으로 점점 더 많은 사람의 직업이 없어질 거예요. 요즘 코로나 때문에 술자리가 거의 없어졌잖아요. 그래서 대리운전 하시던 분들이 상당수 택배 일로 옮겨갔어요. 이대로 가다간 5년, 10년 뒤에 자율주행 로봇이나 물류 전용 터널이 완성돼

택배 일자리가 줄어들 때 엄청난 저항이 있을 거예요.

19세기에 석탄 에너지 사용을 중단하고 석유를 쓸 것인가 수소를 쓸 것인가 결정할 수 있는 시점이 있었어요. 당시에는 석유 에너지가 수소 에너지보다 조금 더 저렴했고, 석유를 택한 결과가 지금 우리의 모습이거든요.

제동 만약 그때 수소를 택했다면 우리는 지금 완전히 다른 세상에 살고 있을지도 모르겠네요.

현준 그렇죠. 우리가 미래 도시에 대한 비전을 어디에 두느냐에 따라서 의사결정이 달라져요. "지금은 좀 일러. 5년 뒤에 하지, 뭐" 했다가 5년 뒤에 못 바꿀 수 있어요. 그게 제가 우려하는 점이에요. 지금의 관성으로 계속 가다가 자칫 아무런 변화도 가져오지 못할 수 있으니까요.

제동 잘 모르지만 지금 쌤이 말씀하신 게 '21세기형 그린 뉴딜'이 아닐까 싶어요. 지상은 공원으로 만들고, 지하는 물류 자동화 시스템을 구축하는 거죠. 그러면 새로운 직업들이 생길 테고, 그렇게 창출되는 부는 일자리를 잃는 사람들에게 되돌려주는 제도를 만들어 더 많은 사람과 함께 평화롭게 사는 데 쓰는 거죠.

현준 그럴 수 있죠. 어쨌든 지금 정부가 할 일은 경기도 일산과 서울 삼성동을 잇는 GTX를 뚫는 게 아니라, 물류 터널을 완비하는 거라고 봐요. 17, 18세기에 유럽에 전염병이 많이 돌았잖아요. 이때 누군가가 더러운 물은 땅 밑에 하수도를 뚫어서 보내자고 제안했을 때 다들 미친 소리라고 했을 거예요. 어떻게 땅을 파고 거기다가 하수도관을 묻을 것이며 그 비용은 또 어떻게 마련할 거냐고…. 하지만 지금 우리는 하수도 없는 도시를 상상조차 할 수 없잖아요. 심지어는 지중화(地中化) 덕분에 신도시에서는 전봇대도 거의 안 보여요. 기술이라는 게 원래 발전하면 눈에 안 보이는 데로 사라지기 마련이에요.

제동 맞아요. 하다못해 집에 있는 전선도 그러는데….

현준 기술과 공간은 발전할수록 기능에 따라서 분리가 돼요. 후진국에 가면 인도와 차도가 구분이 안 되고, 길가에는 전봇대가 세워져 있고, 도랑으로는 하수가 흐르잖아요. 어떻게 보면 지금 우리가 살고 있는 도시도 그런 모습인 거죠. 물류와 사람이 뒤섞여서 다니는데, 제가 볼 때 한 50년 정도 지나면 "세상에, 21세기 초반만 해도 서울에 물류 터널도 없이 길에 트럭을 세우고 물건을 내리고 그랬대!" 이런 얘기를 할 수도 있을 거예요.

제동 (웃음) 지금처럼 택배를 아파트 경비실에 맡기는 게 아니라 아파트 지하의 적재장 같은 데 두면 자동으로 분류돼서 집 앞까지 타다닥 배송되는 거죠.

현준 그렇죠. 이번에 우리나라가 코로나에도 불구하고 집안에서 잘 생활할 수 있었던 이유는 택배 시스템이 잘되어 있고, 국민의 60%가 아파트에 살기 때문이에요. 택배기사님들의 노고도 컸고요. 미국의 아마존은 수십 년 전에 나왔지만 6년 전에 생긴 우리나라의 마켓컬리만큼 신선식품 배달이 잘 안 돼요.

제동 그건 우리나라가 미국보다 훨씬 고밀화된 사회이기 때문인가요?

현준 맞아요. 이런 특징을 잘 살리면 전세계를 선도하는 산업을 만들 수 있다고 저는 믿어요. 그게 어느 정도 사업성이 있으려면 밀도가 높아야 해서 저는 '스마트 고밀화'라고 말해요. 인간과 자연의 거리는 더 가깝게 만들고, 물건의 이동은 더 빨라지고, 걸어다니면서 생활할 수 있는 범위가 넓어지고, 많은 사람이 모여 살면서 일자리도 더 늘어나고, 새로운 형태의 산업도 만들어지고…. 그런 것들이 스마트 고밀화인 거죠.

제동 사람이 모여살면서 받는 스트레스는 최대한 줄이고 혜택만 최대한 살리자, 이런 거네요. 언제, 어느 나라에서 시작할까요?

현준 글쎄요. 조만간 그렇게 하는 나라가 생기겠죠. 어느 도시든 가장 처음 시도하는 도시는 대박이 날 거예요. 그리고 우리나라가 의료 시스템이 앞서 있다고 했잖아요. 거기에 더해서 물류 시스템과 공원 조성도 앞서나가면, 서울이 21세기를 대표하는 도시가 될 수도 있죠.

제동 그게 어떻게 가능할까요?

현준 디자인을 잘하면 가능하죠. (웃음)

제동 그러네요. 그게 건축이네요. (웃음)

현준 우리가 상상이 잘 안 되지만, '따로 또 함께'가 가능하게끔 관계를 조율하는 것, 저는 그게 건축의 힘이라고 생각해요. 보통은 두 마리 토끼를 다 잡는 게 불가능하다고 생각하잖아요. "모여살면 큰일나. 흩어져서 살아야지." 이렇게 얘기하는데, 모여살면서도 사생활은 존중하고 자연을

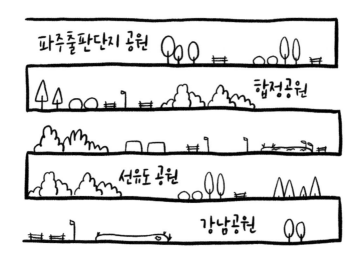

쉽게 접할 수 있으면서 경제적인 혜택도 볼 수 있게 디자인해야죠.

제동 건축과 공간에서도 '따로 또 함께'라는 말을 듣게 되니 반갑네요. 사람 냄새 나는 것 같아서 좋아요. (웃음)

현준 (웃음) 건축가로서 제가 할 수 있는 말은 이런 거예요. "다양성을 늘리고, 공원을 만들 때 정방형보다는 한쪽으로 길게 늘인 선형으로 만들어 더 많은 사람들에게 혜택이 돌아가게 한다." "1만 평짜리 공원 하나보다는 1,000평짜리 공원을 여러 개 만드는 게 더 좋다." "책 100만 권이 들어가는 도서관 하나보다 1만 권이 들어가는 도서관 100개를 짓는 게 더 낫다." 같은 공간 자산을 어떻게 더 효과적으로 사용할 수 있을지를 디자인적으로 해결하는 거죠.

1개를 내어주고 99개를 얻는 지혜

제동 제가 평소에 궁금했던 건데요, 내 아파트 단지 안에 다른 사람이 못 들어오게 하려면 계속 막아놓아야 하잖아요.

현준 그렇죠. 많은 사람들이 공간을 온전히 소유하기를 원해요. 그래야 자기 권한과 권리가 그만큼 확장된다고 생각하니까요. 그래서 끊임없이 사적인 영역을 넓혀나가려는 욕구가 있어요. 모두가 공유하는 공적인 영역을 통해 얻는 이익이 훨씬 많고, 공통의 추억과 공통의 이해가 생기는 부분이 많은데도 개인의 욕구를 무한대로 확장하면 그런 공간은 점차 남아나지 않게 되는 거죠.

제동 우리나라의 도시가 점점 더 그렇게 되어가고 있잖아요.

현준 맞아요. 개인이 봤을 때도 자기 것을 하나 내주면 다른 동네 99곳에 가서 그곳을 다 쓸 수 있게 되는 거예요. 그러니까 총합으로 보면 나의 경험은 100이 되는 거죠. 훨씬 더 늘어나요. 문제는 경계를 어디에 둘 거냐는 거예요. 100평짜리 사무실이 있는데 개인 공간에 50평을 할당할 건지, 70평을 할 건지, 아니면 30평만 할 건지 선을 정하는 거죠. 이런 비율이 업종마다 다르거든요. 광고 회사는 천장이 높고 개인 공간보다 다 같이 소통하는 공간이 많아야 아이디어를 발전시키는 데 유리해요.

질문이 답이 되는 순간

만약에 혼자 집중해야 하는 사무직이면 개인 공간의 비중이 크고, 공유 공간은 전망 좋은 창가 쪽에다 조그맣게 두는 편이 나은 거죠. 어차피 집중할 때는 바깥 경치를 안 볼 테니까 제일 전망 좋은 위치는 누구나 갈 수 있게끔 해준다든지 업종별로 그러한 디자인의 묘미가 있어요.

제동　만약에 저처럼 방송이나 콘서트를 할 때는 협업하지만, 완전히 혼자서 무언가를 해야 할 때, 예를 들면 재미있는 아이디어를 떠올린다든지 할 때는 개인만의 공간이 필요할 거잖아요?

현준　그렇죠. 요즘에 너무 소통만 강조하는데, 가장 창의적일 수 있는 순간은 혼자서 내 안을 들여다볼 때라고 생각하거든요. 그래서 그런 공간이 당연히 필요하죠.

심리적 안정감을 주는 방의 크기

제동　이제 마지막으로 독자 질문을 드릴게요. 'sini****'라는 아이디를 쓰시는 독자분이 남겨주신 질문입니다. "혹시 사람이 심리적 안정감을 느끼는 집이나 방의 기본 너비가 있나요?"

현준　이 질문에 대답하기 위해서는 먼저 이 얘기를 드려야 할 것 같아요. 우리나라 중산층이 가장 많이 쓰는 30평대 아파트가 방

3개 화장실 1개로 돼 있잖아요. 그게 왜 그렇게 됐을 것 같으세요? 1970년대에 농촌에 살던 사람들이 도시로 이사를 왔고, 3대가 함께 살다가 2대가 됐죠. 엄마, 아빠에 아이 둘. 부부가 한방을 쓰고, 애들이 방을 하나씩 쓰면 방 3개가 되는 거죠.

제동 부부가 각방을 쓰는 건 생각 못 한 거죠. (웃음)

현준 그때는 상상도 못 할 일이었을 테니까요. (웃음) 그리고 그 당시에는 남편만 주로 사회생활을 했으니까 아침에 씻고 나가기에 화장실 하나로도 충분했죠. 근데 점점 맞벌이 부부가 늘어나서 아침에 씻고 나가야 할 사람이 2명이 되니까 화장실 2개, 방 3개가 기본형이 된 거예요.

제동 그렇게 설명이 되는군요.

현준 또 하나 바뀐 점이 가사노동을 덜어주는 쪽으로 가전제품이 발달했다는 거예요. 집안에 세탁기가 들어오고, 냉장고도 양문형으로 바뀌었단 말이죠. 그리고 아침마다 이불을 개서 정리하는 수고를 줄일 수 있게 침대를 놓기 시작했어요. 근데 그게 생각보다 큰 변화예요. 과거에 우리는 방에서 이부자리 깔고 자다가 아침에 일어나면 장롱에 이불을 개켜 넣고 상을 펴고 밥을 먹었잖아요. 하나의 공간이 두 가지 용도로 쓰였단 말이에요. 그런데 방에 침대를 놓는 순간 그 공간은 딱 한 가지 용도, 잠자는 공간으로밖에 못 써요. 그러니까 갑자기 방이 좁게 느껴지는 거예요.

제동 그렇네요.

현준 침대 하나가 두 평 정도 된다고 치면, 평당 2,000만 원짜리 아파트에 사는 경우 침대 하나가 4,000만 원을 쓰고 있는 거예요. 어찌 보면 사

질문이 답이 되는 순간

치이자 부의 상징인 거죠. 그리고 거실에 커다란 텔레비전을 놓고 4인 가족이 나란히 앉아서 봐야 하니까 소파도 필요해요. 우리나라만 독특하게 소파가 일렬로 놓여 있어요. 보통은 L자 모양으로 놓는데, 우리는 가족이 예능 프로를 같이 봐야 하거든요. (웃음) 그렇게 물건이 점점 늘어나서 집이 좁아지니까 그 해결 방법으로 발코니 확장법이 나온 거예요. 발코니를 확장해서 침대 면적만큼의 실내 공간을 늘린 거죠.

그런데 옷이나 신발이 더 늘어나니까 또 물건으로 공간이 채워져요. 사실 우리에게 필요한 최소한의 면적이 어느 정도냐 하는 건 내가 가진 물건의 양과 연결돼요. 제가 대학원 다닐 때 친구가 어떤 논문을 보고 알려줬는데, 1950년대 미국의 주택 규모보다 2000년의 미국 주택 규모가 딱 2배 늘었대요. 그런데 그 늘어난 면적이 거의 물건으로 채워진 거예요.

다행스럽게도 기술이 발달해서 큼지막했던 텔레비전 뒤통수가 이제 종잇장처럼 얇아졌어요. 게다가 요즘은 넷플릭스를 보잖아요. 각자 스마트폰으로 보니까 온 가족이 소파에 모여앉을 일이 점점 없어져요. 그러다보면 소파가 사라질 수도 있겠죠. 그런 변화들을 고려해서 각자 필요한 공간의 규모를 결정하는데, 저는 한 사람이 살아갈 때 필요한 최소한의 면적은 내가 밖에 나가서 쓸 수 있는 공간이 있느냐 없느냐에 따라 달라져야 한다고 봐요. 근처에 공원이 있으면 내 집이 조금 작아도 되고, 공원이나 골목길도 없고 들어가 앉아 있을 카페도 없으면 내 집이 조금 더 넓어야 하는 거죠. 결국 방의 크기는 상대적인 거예요.

제동 쭉 들으면서 그런 생각이 들었어요. 아는 만큼 보인다고, 지금까지 우리에게 많은 영향을 미치는 공간과 구조에 대해 깊이 생각해본 적이 없구나 싶어요. 집뿐만 아니라 도서관이나 공원, 공공기관 같은 소중한 공간들을 그저 '부동산'으로 바라보고, 국토부나 건설사에서 홍보하고 제공하는 토대 위에서 생각해온 것 같아요. 저는 계속, 꾸준히 반정부적인가봐요. (웃음)

현준 이제라도 같이 생각해보시죠. (웃음)

제동 앞에서 현준 쌤이 얘기한 것처럼 우리가 일일이 다 간섭할 수는 없지만, 우리 세금으로 지어지는 건물들, 우리 세금으로 운영되는 도시의 체계에는 적어도 관심을 가져야겠다는 생각이 들었어요. 아이들이 다니는 학교도 눈여겨봐야겠다, 앞으로 학교 운영체계도 바꿀 수도 있겠구나, 우리 사는 공간이 이래야 하는구나, 하는 생각이 드네요.

현준 그런 생각이 드셨다니 보람 있네요. (웃음)

질문이 답이 되는 순간

제동 오늘 장장 5시간 넘게 얘기하셨는데, 힘드셨죠? (웃음)

현준 제 얼굴 빨개진 거 보이시죠? (웃음) 그래도 즐거웠습니다.

제동 뭔가 갑자기 끝나는 것 같죠? 혹시 마지막으로 하실 얘기 있으십니까?

(웃음)

현준 저는 들려드리고 싶은 얘기는 다 했습니다. 오랜 시간 들어주셔서

감사합니다.

제동 정말 감사합니다.

・・・

지금 우리가 살아가는 공간을 새로운 시각에서 바라보고,

그 토대 위에서 함께 만들어나갈 공간을 꿈꿀 수 있는 행복한 시간이었다.

무엇보다 우리는 모두 모래성을 쌓고, 책상을 닦고, 방 한 칸을 꾸미며 뿌듯해하는

건축가이자 공간을 설계하는 사람이란 걸 다시 확인할 수 있어서 기쁘다.

건축가 유현준 쌤의 바람처럼 다양한 생각과 의견들이 모여서

우리 사는 공간이 '함께 즐거운' 공간으로 바뀌는 날이 오면 참 좋겠다.

현준 쌤 참 귀엽다. 이것도 큰 소득이다.

세 번째 만남
×
천문학자
심채경 박사

달 탐사 프로젝트가 다시 시작된 시대,
우주를 대하는 지구인의 바람직한 자세는?

인간이 우주로 나아가는 것은 필연일까?

요즘 큰돈을 들여 우주 여행을 준비하는 사람들이 있다.

아마존, 테슬라 같은 세계적인 기업의 오너들도

앞다퉈 우주 개발에 공을 들인다는데….

그 정도로 지구 밖에 매력적인 뭔가가 있는 것일까?

아니면 우리 지구가 정말 한계에 다다른 것일까?

무엇보다 인간도 별과 구성 물질, 그리고 출발이 비슷하다는데,

그렇게 생겨난 우리니까 우리가 어디서 와서 어디로 가는지

천문학자는 알려줄 수 있지 않을까?

천문학 이야기는 미국항공우주국(NASA)과

달 탐사 프로젝트를 진행 중인 심채경 쌤에게 물어봐야겠다.

궁금한 게 많아서 더 기대된다.

다른 쌤들에게는 미안하지만 개인적으로 가장 설레고 두근거리는

인터뷰가 아닐까 싶다.

여러분, 다른 쌤들에게는 비밀로 해주세요. (웃음)

그럼, 채경 쌤 만나러 함께 가보시죠.

♦ ♦ ♦

별별 이야기
모든 일은 어떻게 시작되었는가?

제동 이번 주제는 천문학인데요, 별 이야기 한번 들어보려고 합니다. 기대가 커요.

채경 제가 하는 일에 관심을 갖고 인터뷰를 제안해주셔서 고맙습니다. 이야기를 나누기 전에 한 가지 말씀드리고 싶은 게 있는데요, 사실 저는 천문학계를 대표할 만한 위치에 있지는 못해요. 그래서 저를 천문학자 중 한 명으로 생각하고 질문해주시면 좋겠습니다.

제동 무슨 얘기인지 알겠어요. 그런데 그렇게 거창하게 생각 안 해도 될 것 같아요. 저도 유재석 형이 아니잖아요. (웃음) 그냥 우리 사는 게 별거지만 별거 아닐 수 있겠네, 하는 마음이면 충분하다고 생각해요.

채경 마음이 한결 가벼워졌습니다. (웃음)

제동 채경 쌤은 천문학을 연구하면서 글도 쓰시잖아요. 쌤의 글들을 읽어보면 천문학자보다는 수필가 같은 느낌이 들더라고요.

채경 네, 신문에 칼럼 연재도 하고, 얼마 전에 『천문학자는 별을 보지 않는다』라는 에세이도 한 권 냈어요. 그동안 저는 사람들이 과학자나 천문학자에게 무엇을 기대하고 상상하는지 잘 몰랐어요. 제 생활패턴이 워낙 단순한 데다 만나는 사람도 한정적이라서요. 그런데 사회에서 천문학자로서 저를 볼 때 기대하는 부분이 있더라고요. 그 기대들이 제 영역 밖에

있을 때도 있는데, 그걸 받아들이면 그만큼 제가 넓어질 수 있잖아요. 그래서 제 연구에 방해가 되지 않는 선에서라면 새로운 분야에 늘 도전해보고 싶어요. 어떤 결과가 나올지는 아무도 모르니까요.

제동 역시 생각도 우주적이시네요. (웃음) 언제부터 천문학에 매력을 느끼신 거예요?

채경 그냥 자연스럽게 관심을 갖게 된 것 같아요. 어렸을 때부터 하늘 보는 걸 좋아했어요. 제가 중학생일 때였던 것 같은데, 아주 인상적으로 기억에 남아 있는 장면이 있어요. 장마가 끝날 즈음 먹구름이 남아 있는 상태에서 노을이 지면 무척 예쁘거든요. 하늘도 다채롭고요. 당시에는 하늘을 보고 연구하는 게 다 천문학인 줄 알았는데, 나중에 알고보니까 구름, 노을, 비, 무지개 이런

건 기상학에서 다루더라고요. (웃음)

제동 가끔 저도 별을 올려다보곤 하는데요, 그러다보면 어린 시절 시골에서 봤던 밤하늘의 쏟아질 듯한 별들이 기억나요. 제게 별은 항상 동경의 대상이었던 것 같아요. 저를 포함해서 많은 사람들이 별에 무작정 끌리는 것은 왜일까요?

채경 사실 사람들은 별에도 끌리고, 바람에도 끌리고, 노을이나 구름에도 끌리고, 바다에도 끌린다고 생각해요. 우주도 자연의 일부니까요. 아주 거대한 자연이요. 우리가 산에 가서 나무나 꽃이나 바위를 보듯이 달이나 별 같은 우주를 연구할 때도 그렇게 자연을 탐구하는 마음인 거죠. 어린아이들도 하늘에 별이나 달이 떠 있으면 좋아하잖아요.

제동 우주도 자연이라…, 언제부터 그런 생각을 하셨어요?

채경 그냥 자연스럽게 스며든 것 같아요. 우리가 나무만 보지 않고 숲을 보면 다른 시야를 가질 수 있잖아요. 그 시야를 좀더 키워서 지구의 스케일로 보고, 우주의 스케일로 본다면 또다른 시선으로 또다른 사고를 할 수 있을 거예요. 저도 천문학을 연구하다보면 가끔 치유받는다는 느낌이 들 때가 있거든요.

제동 맞아요. 우리가 사는 세상이 복잡하고 힘들 때도 있잖아요. 그럴 때 우리가 살아갈 세계의 범위를 우주까지 넓혀서 생각하면, 지금 나의 고민들이 아주 작게 느껴지곤 해요. 그런 게 어떤 위안처럼 다가오기도 하고요.

채경 맞아요. 별이 주는 위로가 있죠.

제동 저는 별이라고 하면 늘 좀더 낭만적으로 생각하게 되는데, 혼자 이런 생각도 해봤어요. '우리는 다 별에서, 빅뱅에서부터 왔으니까 결국 무의식중에 고향을 향하는 마음이지 않을까?'

채경 그렇게 생각할 수도 있겠네요. (웃음) 제가 천문학에 관심을 가지게 된 계기를 생각해보면 중학교 때 같은 반 친구가 떠올라요. 고등학교를 서로 다른 곳으로 가게 됐는데, 제 친구는 고등학교에서 천체관측 동아리 활동을 했나봐요. 그래서인지 성도(星圖)라고, 천구상 천체의 위치를 나타낸 지도 뒷면에 편지를 써서 자기가 찍은 별 사진과 함께 제게 보내줬어요. 그 편지에 "나는 천문학자가 될 거야. ○○대학교 천문학과에 갈 거야." 이렇게 적혀 있었던 게 기억나요. 그때 처음 알았어요. '천문학과라는 게 있구나. 천문학자가 되는 길이 있구나.' 하지만 제 관심은 그걸로 끝나는가 싶었는데….

제동 그 사이에 또 무슨 일이 있었나요?

채경 저희 학교에 지구과학선생님이 두 분 계셨는데, 두 분 다 너무 독특하고 재미있으셨어요. 처음에는 '저게 뭔데 저렇게 즐거워하면서 설명하실까?' 이렇게 선생님들에게 관심을 갖다가 점차 천문학에도 관심을 가지게 되었어요. 지구과학 책 후반부에 천문학에 관한 내용이 나오거든요. 그 모든 일이 고등학교 3년 동안 한꺼번에 일어났죠. 친구한테 별 사진을 받았고, 지구과학선생님들이 너무 재밌었고….

제동 천문학과에 진학하겠다고 했더니 부모님은 뭐라고 하셨어요?

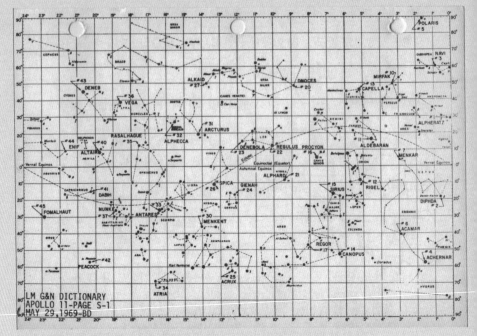

제 친구는 고등학교에서 천체관측 동아리 활동을 했나봐요.

그래서인지 성도(星圖)라고, 천구상 천체의 위치를 나타낸

지도 뒷면에 편지를 써서 자기가 찍은 별 사진과 함께

제게 보내줬어요. 그 편지에 "나는 천문학자가 될 거야.

○○대학교 천문학과에 갈 거야." 이렇게 적혀 있었던 게 기억나요.

그때 처음 알았어요. '천문학과라는 게 있구나.

천문학자가 되는 길이 있구나.'

질문이 답이 되는 순간

채경 "네 맘대로 해라." 이렇게 말씀하셔서 그대로 원서를 넣었어요. (웃음)

제동 그때 기분이 어땠습니까?

채경 그렇게 말씀하실 줄 알았어요. (웃음) 부모님은 저를 거의 방임하면서 키우셨고, 저도 혼자서 하는 걸 좋아하는 편이라 어떠한 반대도 없었죠. 보통 천문학과에 간다고 하면 부모님들이 반대하시거나 걱정하시거든요. 돈을 잘 못 번다는 선입견이 있기 때문에 보통 이렇게 말씀하시죠. "천문학과 나와서 먹고는 살겠니?"

제동 선입견이라고 하시니까, 갑자기 이런 질문을 하고 싶어지네요. 실제로는 어떤가요? (웃음)

채경 직장이 있고 월급을 받으니까 괜찮은 편이죠. 만약 천문학자가 별 하나를 발견할 때마다 돈을 받는다면 너무 잔인할 거예요. 평생 발견하지 못하는 사람도 있을 테니까요. 그런데 다행히 대부분의 과학자들처럼 저희도 보통은 월급을 받으며 살아가요. (웃음)

제동 다행이네요. 그런 기본적인 뒷받침이 또다른 도전을 할 수 있는 요건이 되기도 하니까요.

채경 사실 천문학이 그렇게 넓은 길은 아니에요. 그런데 애초에 전공자 수도 많지 않아요. 저희가 대학교를 졸업한 후에 천문학 전공을 살려서 대기업에 취직하겠다고 마음먹으면 힘들죠. 천문학자를 뽑는 대기업은 아직 없으니까요. 대신 대학원에 진학하고 연구자의 길을 택한 사람들 안에서는 적당한 경쟁률이 형성돼요.

우주 탐사 프로그램이 다시 시작된 시대, 천문학은 무엇인가?

제동 과연 천문학자는 어떤 사람일까 궁금했는데, 쌤이 책에 잘 적어놓으셨더라고요.

채경 어떤 부분일까요? 궁금한데요. (웃음)

제동 못 외워서 제가 적어왔어요. (웃음) "남들이 보기엔 저게 대체 뭘까 싶은 것에 즐겁게 몰두하는 사람들. 남에게 해를 끼치거나 정치적 싸움을 만들어내지도 않을, 대단한 명예나 부가 따라오는 것도 아니요, 텔레비전이나 휴대전화처럼 보편적인 삶의 방식을 바꿔놓을 영향력을 지닌 것도 아닌 그런 일에 열정을 바치는 사람들. 신호가 도달하는 데만 수백 년 걸릴 곳에 하염없이 전파를 흘려보내며 온 우주에 과연 '우리뿐인가'를 깊이 생각하는 무해한 사람들."

채경 제가 천문학을 해서 좋은 점 중 하나는 주변에 저와 비슷한 사람들이 많다는 거예요. 누군가는 비현실적인 몽상가들이라고 생각할 수도 있고, 저 스스로도 가끔 허무맹랑한 것처럼 느껴질 때도 있지만, 그래도 그때 제 주변 사람들도 저와 같은 생각을 하고 있다는 게 참 좋아요. 어쩌면 저는 천문학보다 천문학자들을 더 좋아하는 것 같기도 해요. '우리는 다 지구인들이지' 혹은 '우리는 다 우주인들이지' 하고 생각하는 사람들 틈에 같이 끼어 있다는 게….

제동 좋아하는 일에 열정을 바치는 사람들이 있고, 내 이야기가 이상하게 받아들여지지 않는 사회. 쌤 얘기를 들어보니까 어쩌면 그게 행복인지도 모르겠다는 생각이 들어요. 사실 같이 일하는 사람을 계속 좋아하기는 쉽지 않잖아요. 쌤이 좋은 사람이라서 그럴 수 있겠다는 생각도 들어요. (웃음)

채경 그런 걸로 할까요? (웃음) 제 주변에는 'NGC2237' 이런 이메일 주소를 가진 사람들도 많아요.

제동 그게 뭐예요? 내셔널지오그래픽이에요?

채경 성단 이름이에요. 별이나 성단 이름을 이메일 주소로 쓰는 거죠. 전화번호 끝자리가 8612인 사람들도 있고요. B612가 『어린왕자』에 나오는 소행성 이름이거든요. 알파벳 B를 숫자 8로 바꿔서 전화번호로 쓰는 건데, 그걸 가지고 아무도 "네가 무슨 어린왕자냐?" 하고 놀리거나 핀잔을 주지 않아요. 굳이 설명하지 않아도 어린왕자가 살던 소행성이라는 걸 아니까, 그게 너무 편한 거죠.

제동 그렇다면 천문학에서 말하는 우주는 뭐예요? 한자로 풀이하면 우주(宇宙)는 '집과 집'이라는 뜻인데….

채경 제동 씨가 말한 우주는 '존재하는 모든 것의 총체'라고 할 수 있어요. 영어로는 스페이스(Space), 유니버스(Universe), 코스모스(Cosmos)로 다양하게 번역되기 때문에 헷갈리실 수 있는데요, 스페이스는 인간이 장악할 수 있는 우주 공간을 뜻해요. 그래서 우주 탐험, 우주 전쟁 등을 나타낼 때는 스페이스라는 단어를 사용하죠. 유니버스는 천문학에서 연구 대상이 되는 우주를 의미해요. 이와 달리 코스모스는 유니버스에 종교와 철학 등이 덧붙은 조화로운 주관적 우주, 그러니까 카오스와 반대되는 질서 정연한 우주를 뜻해요. 칼 세이건이 쓴 유명한 『코스모스』라는 책은 그 내용에 천문학 지식만 있는 것이 아니라, 뭔가 알파가 더 해졌음을 알 수 있죠.

제동 아, 알겠어요. 그냥 우주라고 알고 있을게요. (웃음)

채경 네. (웃음) 천문학계에서는 최근 한 10여 년간 우리 태양계에 속해 있지 않은 외계 행성을 찾는 분야가 빠르게 부상하고 있어요. 예전에는 태양계 하면 태양과 수-금-지-화-목-토-천-해-명 같은 것들을 얘기했잖아요. 그런데 이제는 '우리 태양계'라고 얘기해요.

제동 다른 태양계도 존재한다는 거군요. 우리는 지금 코로나 때문에 집 밖에도 못 나가고 있는데, 우주 한편에서는 외계 행성을 찾고 있다고 하니까 뭔가 가슴이 뻥 뚫리는 느낌이 드네요. (웃음)

채경 그렇죠. '다른 태양계에도 지구 같은 행성이 있을까?' '목성 같은 행성이 있을까?' '다른 태양계에도 우리 태양계와 같은 순서가 있을까? 아니면 뒤죽박죽 얽힌 전혀 다른 세계일까?' 이런 의문들이 30년 전까지만 해도 상상에 가까웠는데 지금은 현실이 됐어요. 그래서 과학계에서는 다른 태양계에도 지구 같은 행성이 있는지를 찾고 있고, 생각보다 많이 찾아냈고, 앞으로 더 찾아낼 수 있을 것 같아요. 그런 걸 생각하면 아까도 말했듯이 우리가 나무를 보던 시야에서 숲으로, 지구로 그리고 이제는 우주로까지 나아갈 수 있는 거죠.

우리는 정말 다른 별에서
집 짓고 살 수 있을까?

제동 만약 외계 행성을 찾는다면 우리도 진짜 그 별에 가서 살 수 있을까요? 아직 해결해야 할 문제들이 많지 않나요? 갔다가 못 돌아올 수도 있다던데….

채경 물론 아직 해결해야 할 일들이 아주 많죠. 그런데 제가 최근에 재밌게 읽은 책 『나의 서울대 합격 수기』에 이런 이야기가 나와요. 미래의 어느 시점을 배경으로 하고 있는데, 달 뒷면에서 살다가 서울대에 합격한 고3 학생의 이야기예요. 이 학생의 집안이 달을 오가며 사업을 했는데, 가세가 기울면서 달의 뒷면으로 옮겨가게 된 거예요.

그런데 달의 뒷면에서는 지구가 안 보이거든요. 그래서 땅값이 낮고, 통신도 잘 안 터져요. 어쨌든 이 학생이 공부를 열심히 해서 지역균형선발전형으로 서울대에 합격한 거예요.

제동 우주균형선발전형이네요. (웃음)

채경 네. 그 전형이 달까지 확대되어서 서울대에 들어갔다는 내용의 청소년 소설인데, 저는 이 이야기가 아주 현실적으로 느껴지더라고요. 지금은 이런 이야기가 공상과학소설, 즉 SF 장르로 분류되어 있지만 50년 뒤에는 수필 코너에 꽂혀 있지 않을까 싶어요. 책을 읽다보면 금방이라도 그런 사회가 올 것 같더라고요.

제동　어쩌면 우리가 달이나 화성에서 사는 날이 예상보다 빨리 올 수도 있겠네요.

채경　맞아요. 요즘은 많은 사람들이 정말로 달에 가려고 하고, 정말로 화성에 가려고 해요. '만약 달에 기지를 세운다면 콘크리트나 벽돌을 어떻게 조달할 것인가?' '화성에서 어떤 식으로 사람을 살게 할 것인가?' 이렇게 구체적인 것을 연구해요.

제동　채경 쌤이 칼럼에 쓰신 것처럼 달 공항에서 여권 들고 입국 심사를 기다릴 날이 머지않은 거네요.

채경　네. 지금 말씀하신 부분은 영화 「애드 아스트라」에 나오는 장면인데요, 그 영화를 보면 사람들이 달 공항에 도착하면 "달에 오신 걸 환영합니다(Welcome to the Moon)"라는 글귀 뒤로 군인이 군견을 데리고 와서 검사를 하고, 뒤에는 면세점들이 펼쳐져 있는 장면이 나와요.

　지금은 이런 장면을 영화에서만 보지만 '어쩌면 그런 세상이 금방 오겠구나' 하는 생각이 들더라고요. 사람들이 달에 오갈 수 있는 시대가 정말 온다면 그다음에는 면세점이 생기고, 택배 서비스를 시작하고, 검역을 하는 일들은 순식간에 일어날 것 같아요. 물론 이건 천문학의 영역은 아니지만 세상이 바뀌면 사람들은 또 금세 적응할 테니까요.

제동　그건 건축가 유현준 쌤에게 맡기면 되겠네요. 건물 설계하고 물류 센터 세우고⋯. (웃음)

채경　(웃음)

만약 달에 집을 짓는다면
명당은 어디일까?

제동 달에서 지구가 떠오르는 장면을 찍은 사진을 본 적이 있는데 멋지더라

고요.

채경 네. 달에서 지구를 볼 수 있죠.

제동 그럼 그건 월출(月出)이 아니라 지출(地出)인 거죠?

채경 네. 그런데 거기에 대해서는 하고 싶은 얘기가 있어요. 달에서 지구

가 보이기는 하지만 실제로 '떠오르지'는 않아요.

그 사진은 탐사선이 달 주위를 돌면서 달을 관측할 때
찍은 거예요. 지구가 떠오른 게 아니라 사실은 탐사선이
움직이고 있었던 거죠. 하지만 이런 사실과는 별개로
그 사진은 지구에 사는 우리에게 큰 희망을 주기도 하잖아요.
예쁘고, 영롱하고, 아름답고, 경이롭고, 많은 영감을
불러일으키죠. 그 사진이 공개될 당시에는 그런 사진이
처음 찍힌 것이라 '지구돋이(Earthrise)'라는 이름을 붙였어요.

제동 제가 본 사진에는 지구가 반쯤 찍혀 있다가 점점 떠오르는 것 같던데요?

채경 우리가 지구에서 달을 보면 떠오르고 또 지잖아요. 그런데 달에서 지구를 보면 한곳에 계속 떠 있어요. 우리가 지구에서 보는 달은 언제나 달의 같은 면이거든요. 지구처럼 달도 자전과 공전을 하지만, 달은 자전과 공전의 주기가 같아서 지구에서는 달의 한쪽 면만 볼 수 있는 거죠. 쉽게 말하면, 만약 내가 달의 앞면에 산다면 지구는 뜨고 지는 게 아니라 항상 하늘에 떠 있는 거예요.

제동 그럼, 달의 뒷면에 사는 사람은 지구의 모습을 평생 볼 수 없겠네요?

채경 그렇죠. 그럼 제동 씨가 본, 지구가 떠오르는 듯한 그 사진은 달의 어느 쪽에서 찍었을까요?

제동 아마도 달의 앞면과 뒷면, 경계 쪽에서 찍었겠네요.

채경 맞아요. 그 사진은 탐사선이 달 주위를 돌면서 달을 관측할 때 찍은 거예요. 지구가 떠오른 게 아니라 사실은 탐사선이 움직이고 있었던 거죠.

제동 아, 그렇구나! 가끔은 이런 사실을 괜히 알았다 싶을 때가 있어요.

채경 하지만 이런 사실과는 별개로 그 사진은 지구에 사는 우리에게 큰 희망을 주기도 하잖아요. 예쁘고, 영롱하고, 아름답고, 경이롭고, 많은 영감을 불러일으키죠. 그 사진이 공개될 당시에는

그런 사진이 처음 찍힌 것이라 '지구돋이(Earthrise)'라는 이름을 붙였어요. 실제로 지구가 뜨지는 않지만, 그래도 재밌지 않아요? (웃음)

제동 재밌긴 한데, 그냥 환상으로 간직할 걸 싶기도 해요. (웃음)

채경 이런 생각도 해볼 수 있겠죠. '만약 달에 집을 짓는다면 어디가 좋을까?' '어느 지역이 제일 명당일까?'

제동 그런 상상만으로도 재밌네요. 다른 고민이 다 사라지는 것 같아요. (웃음) 아마도 지구가 보이는 쪽이겠죠?

채경 맞아요. 달의 앞면에서 지구가 잘 보이는 지역일 거예요. 그리고 지구는 하루에 한 바퀴씩 돌잖아요. 창밖으로 지구가 같은 자리에서 도는 게 보이면 정말 멋지겠죠? (웃음)

제동 팽이 돌 듯이. (웃음)

채경 네. 변화무쌍한 지구의 모습을 보는 거죠. 파란 지구가 돌면서 구름이 생겼다 사라지기도 하고, 바다가 보였다가 육지가 보였다가 하면 창문이 곧 액자가 되는 거잖아요. 그럼 거기다가 집을 지어야죠.

제동 거기는 평당 얼마 정도 할까요? (웃음)

채경 글쎄요, 얼마로 할까요? 단위를 원으로 할까요, 달러로 할까요? (웃음)

제동 달 화폐로 해야 할 것 같아요. 이런 생각 하다보니까 괜히 달이 다 제 것 같네요. 상상만 해도 좋아요. (웃음)

지구인들이 서로 도우며 사는 법
"어차피 다 '우리'잖아요"

제동 천문학계에서는 탐사 관측이 끝나면 통상 1년 정도 자료를 독점하고, 그 이후에는 대부분 공개한다고 들었어요. 저는 이 점도 인상 깊었는데, 천문학의 이런 전통은 언제부터 시작된 거예요?

채경 사실 저도 제가 태어나기 전에 형성된 이 전통의 기원에 대해 정확히 알 수는 없지만, 그러한 정서는 미국에서부터 시작된 거라고 알려져 있어요. 냉전 시대에 미국과 구소련이 서로 달에 가려고 첨예한 '우주 경쟁'을 펼쳤잖아요. 미국은 그때부터 대부분의 연구 자료를 공개하는 편이거든요. 예를 들어 미국항공우주국(NASA)에서 어떤 프로젝트를 진행했는지, 어떤 문제나 실패가 있었는지도 모두 기록되어 있고, 이 자료들은 원한다면 누구나 찾아볼 수 있어요.

하지만 구소련은 그런 과정을 모두 공개하지는 않았죠. 구소련의 '루나 시리즈'*도 발사 당시가 아닌 성공한 이후에 붙여진 이름이에요. 내부 기준에 미치지 못하면 '루나'라는 이름을 부여하지 않은 것 같아요.

결과적으로 다음 세대들이 그 과학기술을 이어받는 데는 공개된 자료가 있는 쪽이 훨씬 유리했던 거예요. 그리고 10년, 20년이 지나고 전세계인들이 그 자료들을 공유하게 되면서 처음에는 미국만의 기술, 미국만의 영광이었던 결과들이 점차 모든 지구인의 쾌거가 된 거죠.

제동 집안 경사네요. 넓게 보면 인류 전체의 쾌거라고도 할 수 있고요. (웃음)

채경 네. 그 덕분에 미국이 우주 경쟁 시대를 앞서나갈 수 있었고, 미국 역시 그렇게 생각하기 때문에 지금도 그 전통을 유지하는 거라고 저는 추측하는 거죠.

반면 중국은 최근 활발한 우주 탐사를 펼치고 있지만 공개된 자료는 많지 않아요. 예를 들어 지금 달 주변을 돌고 있는 인공위성들이 있거든요. 만약 지구에서 새로운 달 탐사선을 쏜다면 달 궤도에 있는 인공위성

---

* 1959년부터 1976년까지 진행된 구소련의 달 탐사 계획. 구소련은 인류 최초의 달 탐사선인 루나 1호를 시작으로 루나 24호까지 연달아 발사하며 냉전 체제에서 미국과의 우주 경쟁을 이어나갔다.

들과 모든 망원경들이 그 탐사선을 관측하려고 기다려요. 마치 기자들이 연예인 출근길을 찍으려고 기다리는 것처럼 달 근처에 도착할 때 관측하려고 대기하는 거죠. 그래서 달에 도착하면 사진을 찍어주기도 하고, 충돌해서 부서지면 파편을 찾아주기도 하고요. 그런데 중국은 일단 쏘고, 발사가 성공한 뒤에야 발사 사실을 알려줬거든요. 그래서 망원경과 인공위성들이 관측을 못 했어요. 물론 그들은 성공한 모습만 보여주고 싶었겠지만 그런 중간 과정을 공유하지 못한 점은 조금 안타까워요.

제동 무엇이 옳다 그르다 말할 수 없는 문제이지만 이제 우리나라도 그런 도전을 해나갈 텐데 어떤 노선을 취할지 생각해봐야겠네요.

채경 아마 우리나라는 미국처럼 공개하는 노선을 따를 것 같아요. 이제는 자료를 공유하는 게 세계적인 흐름이라고 저는 감히 얘기하고 싶어요. 관측이 잘되면 당연히 관측 자료도 공개할 텐데, 혹여 우리 탐사선이 잘못된다 하더라도 저는 그 과정들을 다 공개해야 한다고 생각해요. 그럴 때 "한국은 수준이 별로야"라고 비웃는 게 아니라 "쟤네가 뭘 잘못해서 저런 결과를 얻었는지 알아보자. 다 같이 알자. 그리고 다음에는 그런 실수를 하지 말자." 이렇게 나아갈 수 있기 때문이에요.

이때 실패의 이유에는 여러 가지가 있을 수 있겠죠. 기술적인 문제가 있을 수도 있고, 애초부터 설계가 잘못됐거나 과학적으로 생각을 완전히 잘못했거나 정책이 잘못되었을 수도 있어요. 어쨌든 저는 다 공개해야 한다고 생각해요. 그걸 부끄러워하거나 자존심 싸움으로 생각할 게 아니라 문제점을 찾고 보완하는 것이 더 중요하기 때문이죠. 한 나라가 했던

실수를 다른 나라가 반복할 필요는 없잖아요.

제동 인류 전체로 봤을 때는 큰 손실이죠.

채경 그렇죠. 어차피 다 '우리'잖아요. 도전이 성공하든 실패하든 다 기여하는 바가 있고 가치 있는 일이지만 그 실패를 반복하지 않고 그 다음번에 더 좋은 결과를 얻게끔 하는 것도 우리가 할 일이죠. 이렇게 오픈해서 생각하는 건 좋은 전통이고, 우리도 거기에 합류하면 좋겠어요. 이렇게 생각할 때 우리가 지구인이 되는 것 같아요. 한국 사람이 아니라 '지구 사람'이요.

　사실 천문학자들은 국경에 대해 잘 생각하지 않아요. 내가 한국인이어서 자랑스러울 때도 많지만 지구인이라 자랑스러울 때도 많거든요. 보통 천문학자들은 '지구 안인지 지구 밖인지'를 두고 생각하기 때문에 내가 어느 나라 사람인지는 가끔 잊어버릴 때가 있어요. 어쩔 땐 그런 게 도

움이 되기도 하죠. 어느 나라가 잘했는지 잘못했는지를 비교해가며 괜히 스트레스를 받을 필요는 없으니까요.

제동 스케일이 무려 지구와 우주네요. (웃음) 우리 인류에 닥친 문제들을 해결할 때도 이런 관점이 많은 해결책을 줄 수 있을 것 같아요. 예전에 대구에서 '실패 박람회'를 개최한 적이 있어요. 참가자가 각자의 실패 경험을 공개하고 "다음 사람은 이렇게 하지 않으면 좋겠어" 하고 말하는 거죠.

채경 제동 씨가 '실패 박람회' 이야기를 하셔서 한 10년 전쯤에 「네이처」에서 봤던 글이 생각나네요. '실패의 이력서'라는 제목이었는데, 보통은 이력서에 내가 어디서 몇 년 동안 뭘 했는지 경력을 쓰잖아요. 그런데 내가 지원했다가 몇 번이나 떨어졌는지, 내 제안서가 어떤 가혹한 평가를 받았는지, 그런 실패의 이력도 적어봐야 한다는 내용이었어요. 이렇게 이력서를 작성해보면 패배감에서 벗어날 수도 있을 뿐 아니라 '이렇게 했더니 실패하는 구나. 다음에는 똑같은 실수를 되풀이하지 말아야지' 하고 배울 수 있다는 거예요. 그리고 나중에 후배들이 보면서 용기와 격려도 얻을 수 있고요.

만약 어떤 성공한 분이 "내가 지금 성공했지만 사실 내 이력서에는 실패의 기록이 스무 줄이 넘어"라고 얘기해준다면 후배들이 얼마나 용기를 얻겠어요. '아, 실패해도 괜찮구나. 계속하다보면 내게도 기회가 오겠구나' 하고 희망을 얻게 되잖아요. 그래서 실패를 인정하고, 기록하고, 다같이 이야기하는 게 중요한 것 같아요.

제동 막상 실패한 이야기를 꺼내놓으려면 처음엔 부끄럽기도 하지만, 그래도 그런 기록이 자기뿐만 아니라 다른 사람들에게도 얼마나 큰 위로가 되는지 그걸 읽어본 사람들은 잘 알죠. 성공 이야기뿐만 아니라 실패 이야기들도 자연스럽게 공유되는 문화가 형성된다면 다음 세대들도 좀더 다양한 지식, 다양한 시각을 가지고 살 수 있을 거란 생각이 드네요. "이쪽으로 가지 마." 이렇게 말하는 대신 "이쪽으로 가보니 이런 결과가 나왔는데, 그래도 갈 거면 가도 좋아. 하지만 조심해." 이렇게 말해줄 수 있겠네요. 그러면 계속해서 새로운 이정표도 만들어나갈 수 있을 거고요.

질문이 답이 되는 순간

우리의 시간에서 명왕성이 지워진 이유
그리고 강가의 모래알 같은 천체들의 세계

제동 명왕성이 행성에서 제외된 게 2006년이었나요? 퇴출된 거죠?

채경 명왕성은 그대로 있는데 우리가 명왕성을 부르는 명칭이 달라진 거죠.

제동 이제 우리 시간에서 명왕성은 지워졌네요. 명왕성 입장에서는 억울할까요? 아니면 신경쓰지 않을까요?

채경 신경쓰지 않겠죠. (웃음) 우리가 행성을 분류하는 방법이 달라졌을 뿐이에요. 사실 2006년까지 행성에 대한 뚜렷한 정의가 없었어요. '행성'의 뜻이 움직일 행(行)에 별 성(星)을 써서 '움직이는 별'이라는 뜻이거든요. 원래 별들은 일정한 속도, 일정한 방향으로 움직이는데 행성들은 그 사이를 마음대로 움직이는 것처럼 보여요. 그래서 별들과 다른 경로로 다니는 애들을 '행성'이라고 불렀던 것뿐이지, 그동안 '행성이란 무엇인가?'에 대해 제대로 정의한 적은 없었어요.

제동 그래요? 그런데 왜 학교에서는 수-금-지-화-목-토-천-해-명을 지겹도록 외우라고 한 거예요?

채경 그전까지는 그것들이 행성인지 아닌지를 논할 마땅한 이론도 없고 그럴 필요도 없었기 때문에 그저 별들과 다른 경로를 갖고 있는데 덩치가 큰 것들은 '행성', 작은 것들은 '소행성', 돌아다니다가 지구에 떨어지면 '유성' 이런 식으로 현상만 보고 정의했어요.

그런데 망원경 기술이 계속 발달하고 천문학이 발전하면서 점점 더 많은 천체들을 발견하게 되었고, '이 정도 크기면 소행성이지' 하고 관념적으로 정해놨던 범위를 벗어나는 아주 크거나 작은 천체들도 많이 발견하게 된 거예요. 명왕성은 크기가 매우 작은데 명왕성 주변에서 그와 비슷한 크기의 천체들을 많이 발견한 거죠.

제동 그게 위성하고는 다른 건가요?

채경 네. 달라요. 보통 행성들은 자기 궤도를 다른 천체들과 공유하지 않아요. 그래서 다른 행성들과 부딪히지 않는 거죠. 지구가 가는 길에는 지구만 있고, 목성이 가는 길에는 목성만 있어요. 거기에 작은 애들이 따라다니기는 하는데, 궤도에 영향을 미치지 않는 작은 애들만 있죠.

그런데 명왕성은 자기 궤도를 독점하지 못했어요. 그 궤도를 공유하는 다른 천체들이 있었던 거죠. 이런 식으로 큰 천체, 작은 천체, 명왕성과 궤도를 공유하는 천체를 계속 발견하다보니까 그동안 '명왕성이 골목대장인 줄 알았는데, 아니었나보네.' 이런 상황이 된 거죠. 그러다 '행성이란 무엇인가?' 하는 질문까지 하게 된 거예요. 만약 명왕성이 행성이라면 그 주변에서 새롭게 발견된, 크기도 비슷하고 궤도도 비슷한 천체들도 다 행성이라고 불러야 하잖아요. 그 천체들은 수성, 금성, 목성, 토성 같은 행성

들과는 궤도가 다르니까요. 이렇게 의심을 하게 되면서 행성의 정의를 새로 하게 된 거죠.

제동 만약 명왕성을 행성 목록에서 없애지 않았으면 우리는 훨씬 더 많은 행성을 외워야 했겠네요?

채경 아마도 그렇겠죠. (웃음)

제동 그럼 보냅시다. (웃음)

채경 네. (웃음) 명왕성 하나를 빼는 게 다른 수십 개를 끌어안는 것보다 훨씬 나아요. 개울가에 있는 돌멩이의 모양은 제각각이잖아요. 그것처럼 소행성들도 모두 다르게 생겼거든요.

그런데 동그란 공 모양의 천체가 되려면 크기도 커야 하고 무게도 충분히 무거워야 해요. 그래서 행성의 정의에 부합하려면 '크기와 무게를 충족하고 공 모양을 유지해야 한다.' '궤도를 독점해야 한다.' 이런 조건을 갖춰야 하는데, 명왕성은 거기에 포함될 수 없었던 거죠. 대신 명왕성처럼 소행성으로 분류하기에는 좀 크고 행성으로 분류하기엔 좀 작은 것들을 '왜소행성'이라고 따로 분류하게 되었어요.

제동 그러면 위성은 어떤 건가요?

채경 행성 주위를 도는 게 위성이죠. 예를 들면 지구의 주위를 돌고 있는 달이 있잖아요. 그런데 다른 행성의 위성들도 '달'이라고 부르기도 해요. 예를 들면 '토성의 달', '목성의 달'이라고 부르기도 하죠. 명왕성도 그 주위를 도는 위성이 있지만 다른 천체들과 궤도를 공유하고 있어요. 즉 어느 하나가 행성의 주변을 도는 게 아니라 2개의 천체, 혹은 여러 천체가 가운데를 구심점으로 서로를 돌고 있는 거예요. 그러다보면 어느 것이 모(母) 행성이고 어느 것이 위성인지 구분하기가 어려울 수밖에 없잖아요. 물론 그중에도 질량이 큰 것이 있고, 작은 것이 있겠지만요. 이들은 중력을 기준으로 질량의 중심점을 주변에 뒀는데, 이 질량의 중심이 명왕성의 바깥에 있는 거예요. 그러면 명왕성도 질량 중심을 기준으로 돌고 있고, 다른 것들도 이 질량 중심 주위를 돌고 있는 거예요. 그러면 누가 누구를 돌고 있다고 말할 수가 없게 되는 거죠.

제동 위성을 거느리고 있기는 하지만, 엄밀한 의미에서 명왕성을 중심으로

질문이 답이 되는 순간

도는 게 아니고, 궤도를 독점하지 못했으니까 행성이 될 수 없었던 거군요.

채경　맞아요. 예를 들어서 우리 행성들이 태양의 주변을 돌잖아요. 하지만 실제로 태양은 가만히 있고 행성만 그 주변을 도는 게 아니라 태양도 약간씩 움직이고 있거든요. 그래서 태양계 전체 질량의 중심이 정확히 태양의 중심은 아닌 거죠. 약간 벗어나 있어요. 하지만 질량의 중심이 여전히 태양 안에 있기 때문에 태양이 자기 위치를 벗어나지는 않는 거죠. 어쨌든 우리 태양계 전체의 중심점이 태양 안에 있긴 하니까요. 만약 목성이나 토성처럼 큰 행성들이 많아서 그 궤도에 영향을 끼치게 된다면, 그래서 질량의 중심점이 태양 밖으로 벗어난다면, 그때는 우리가 행성의 정의를 다시 정해야겠죠. 이건 또다른 차원의 문제가 될 거예요.

제동　될 수 있으면 다시 정하지 마세요. (웃음)

채경　그러고 싶지만 그래도 연구해봐야죠. (웃음)

제동　그러니까 태양 안에 중력의 중심이 있어서 '태양계'라고 부르는군요.

채경　네. 중심이 태양 안에 있다는 뜻이죠.

제동　우주에는 우리가 아는 태양계 말고도 훨씬 더 많은 행성계가 있는 거죠?

채경　그렇죠. 그걸 '다른 행성계'라고 부르는데, 사실 다른 행성계가 많이 있어요. 태양계에는 태양이 하나밖에 없잖아요. 그런데 대부분의 별들은 쌍성 혹은 그 이상의 체제를 가지고 있죠. 그래서 2개의 별이 서로의 질량 중심점 주위를 도는 경우도 있어요. 그리고 실제로 쌍성이 단독성보다 훨씬 더 많다고 알려져 있고요. 만약 쌍성계에 있는 행성에 사람이 산다면 무척 혼란스럽겠죠. 해가 이쪽에서도 뜨고 저쪽에서도 뜨고, 밤인 줄 알았는데 해가 또 뜨고…. 실제로 그런 행성계도 있을 수 있는 거죠.

제동 우리의 상상을 뛰어넘고 천문학자들의 상식을 뛰어넘는 우주계도 있을 수 있겠네요. 더 넓혀나가면 은하계도 있을 것이고, 은하계만 한 은하계가 또 얼마나 더 있을지도…. 말 그대로 강가의 모래알처럼 많을 수도 있겠네요.

채경 네. 그렇죠.

제동 그런데 그걸 다 연구하려고 천문학을 시작한 건 아니시죠? (웃음)

채경 물론이죠. (웃음) 천문학자들이 우주와 은하계를 접근하는 방법이 강가의 모래알을 직접 세는 방식은 아닙니다. 흔히 우리가 강가의 모래알을 두고 "셀 수 없이 많다"라고 하잖아요. 그런데 셀 수는 있거든요.

제동 묘하게 단호하셔. (웃음) 단위 면적으로 전체를 계산하는 건가요?

채경 정확합니다. 예를 들어 신문기사에서 촛불집회에 몇만 명이 모였다고 하잖아요. 그런데 그걸 어떻게 알겠어요. 티켓을 나눠준 것도 아니고, 한 명 한 명 직접 센 것도 아니잖아요. 이때는 어떻게 추산을 하냐면, 어느 한 부분의 사진을 찍어서 촛불처럼 보이는 밝은 점의 개수를 센 다음, 전체 면적만큼 곱하는 거예요. 그래서 만약 사람들이 적게 왔다고 말하고 싶으면 사람이 별로 안 모여 있는 구역을 기준으로 곱하면 되고, 많이 모였다는 걸 강조하고 싶으면 사람이 제일 많이 모인 구역을 기준으로 면적을 곱하면 되는 거예요. 그러다보니 추산하는 인구수가 다르게 나오기도 하는 거죠. 어쨌든 이런 방식으로 강가의 모래알도 그 단위 부피 안에 있는 모래알만 세면 전체를 추정할 수 있겠죠.

제동 면적과 깊이를 추정해서 계산하면 되겠네요.

채경 그렇죠. 천문학자들이 은하계나 별의 개수를 추산할 때도 이런 방식을 씁니다.

제동 우리가 일이 많으면 흔히 "오늘 퇴근하기는 글렀다!"라고 하잖아요. 이번 생에는 별 보시느라 일찍 퇴근하기는 그르신 거 같은데…. (웃음)

채경 별 하나, 나 하나, 이렇게 일일이 세지는 않으니까요. (웃음)

달의 상처, 크레이터를 연구하는 '토양 탐정'

제동 그렇다면 채경 쌤은 정확히 어떤 연구를 하고 있나요?

채경 간단하게 설명하면 태양풍이 달의 지질에 어떤 영향을 끼쳤는지 연구해요. 달에는 과거에 용암이 흘렀거나 유성이 떨어져서 구덩이가 파인 흔적들이 고스란히 남아 있거든요. 지구는 비가 내리거나 바람이 세게 불면 흔적이 다 사라지잖아요. 그런데 달에는 50여 년 전 아폴로 우주인들이 착륙해서 찍어놓은 발자국도 그대로 남아 있잖아요.

제동 그건 왜 그런 거예요?

채경 그 흔적을 지울 만한 것들이 없으니까요. 물도 없고, 바람도 없고, 비도 없고…. 그런데 간혹 흔적이 사라져버릴 때가 있어요. 예를 들면 마침 유성이 아폴로 우주인의 발자국 위로 떨어진다면 지워질 수도 있겠죠. 그것 말고 다른 요인은 별로 없어요. 그 덕분에 저 같은 천문학자들이 달의 토양을 연구할 수 있는 거죠. 이를 테면 유성이 떨어져서 큰 구덩이가 생기고, 한 5억 년쯤 있다가 근처에 또 유성이 떨어지면 2개의 구덩이, 즉 크레이터(Crater) 둘 중에 어떤 것이 먼저 생긴 건지 알 수 있거든요. 그러면 그 크레이터들을 비교해가며 어느 지형이 더 오래됐는지 연구하는 거죠.

제동 크레이터라는 게 달 분화구와는 다른 건가요?

채경 네. 그 얘기를 좀 하고 싶은데요, 달에 있는 크레이터를 보통 '분화구'라고 많이 번역하더라고요. 그런데 분화구는 화산이 폭발할 때 용암이나 화산 가스가 나오는 구멍이잖아요. 크레이터는 달이 유성과 충돌해 구덩이가 파인 것이기 때문에 '충돌구'라고 부르는 게 맞지만, 그 단어가 입에 잘 붙지 않으니까 보통은 '크레이터'라고 부르는 편이에요.

제동 어떻게 보면 달의 상처네요. 45억 년의 역사와 깊이의 흔적이 있는….

채경 네. 그렇게 확연히 드러나는 충돌이 크레이터를 형성하고요, 햇볕을 오래 받으면 살이 따갑고 건물 밖에 내건 간판의 색이 바래듯이 달 표면의 토양도 태양에서 날아오는 입자나 전자, 양성자 같은 것들에 의해 색이 달라지거든요. 아주 미세하게 보면 입자들도 부스러지고요. 그러면서 조금씩 변해가는데, 그게 지구에서처럼 5년, 10년이 아니라 10억 년, 20억 년에 걸쳐 색깔이 변하는 거죠.

제동 시간의 단위가 다르네요.

채경 네. 그런 것들을 보는 게 제가 하는 일이에요. 그래서 제가 달 표면 토양에 대해 연구할 때 주로 했던 일들이 크레이터 사진들을 파장별로 모아서 색이 얼마나 달라졌는지 보는 거였어요. 파장마다 색깔이 바래는 정도가 다르거든요. 그런 차이들을 보면서 토양이 얼마나 오래되었는지를 연구하는 거죠.

제동 아, 그래서 '토양 탐정(Soil Sleuth)'이라는 별명이 붙었군요. (웃음)

채경 저도 몰랐는데, 그런 별명을 붙여주셨더라고요. (웃음)

제동 그게 누가 붙여준 별명이죠?

채경 제가 과학 학술지 「네이처」와 인터뷰를 했는데, 나중에 기사를 확인해보니 그런 수식어를 붙여주셨더라고요. 사실은 제가 '탐정'이라는 영어 단어를 몰라서 "이게 뭐지? 내 별명이라는데, 나는 누구인가?" 이러고 찾아봤었죠. (웃음)

제동 우리말로 하면 '토양'이 땅인데, 부동산 전문가가 아니고 땅의 성분을 분석하는 전문가이신 거죠? (웃음)

채경 네. 그렇다고 할 수 있죠. 조금 다른 이야기인데요, 우리가 토양이라고 하면 보통 자갈이 많은 척박한 곳이 아닌 지렁이가 살 것 같은 비옥한 땅을 떠올리잖아요. 달에도 암석이 많은 곳이 있고 고운 모래가 있는 곳이 있는데, 그 고운 흙이 토양 깊숙이까지 있는 부분을 레골리스

(Regolith)*라고 불러요. 그런 부분은 오랫동안 태양풍의 영향도 많이 받고 풍화도 많이 된 토양이에요. 늙은 토양, 즉 노화가 많이 된 토양인데, 제가 연구하는 분야는 주로 이쪽이에요.

제동 그렇군요. 그런데 이런 연구는 어떻게 시작하게 된 거예요?

채경 어쩌다 보니 하게 됐어요. (웃음) 제가 달에 대해 연구하려고 한 건 맞는데, 달의 토양을 연구하려고 했던 건 아니에요. 크레이터는 달의 역사나 지형을 연구하는 데 중요한 단서가 된다고 말씀드렸잖아요. 처음에 제가 달을 연구하려고 했는데 달에 대해 아는 게 별로 없는 거예요. 국내 대학교 중엔 달이라는 과목을 가르치는 곳이 없었거든요. 2014년 이전까지는 우리나라에 달 과학자도 없었어요. 태양이라는 과목은 있는데 달이라는 과목은 없었어요. 학과 수업 중에 간단히 짚고 넘어가는 수준이었죠.

제동 왜 그런 거예요?

채경 아무도 연구한 적이 없었으니까요.

제동 아, 이제라도 제 친구의 아이에게 달을 연구하라고 해야 할까요? 너무 늦었나요? (웃음)

채경 안 늦었어요. (웃음) 사람이 많이 필요해요. 사실 제가 달 연구를 처음 시작했을 때는 어디 물어볼 데도 없고 제 실력이 학부 때부터 달을 공부한 미국이나 유럽의 대학생들 수준도 안 되는 거예요.

---

* 행성이나 소행성 등의 천체 표면에 분포하는 퇴적층.

제동 그랬던 분이 어떻게 '토양 탐정'이 되신 거예요? (웃음)

채경 우선 달의 기본적인 성질을 알아야 다른 나라의 달 과학자들과 소통할 수 있을 것 같아서 일단 달에 있는 수천 개의 크레이터들을 분석하기 시작했어요. 크레이터가 무엇이고 어떻게 분류하는지, 크레이터의 밀도가 무슨 의미인지 기본적인 사항들부터 공부한 거죠. 반면 미국에서는 달이 지질학의 영역이라서 크레이터 하나를 자세히 보거든요. 예를 들면 고해상도의 크레이터 사진 하나를 가지고 경사면에서 흙이 흘러내린 흔적을 연구하는 거예요. 크레이터에 있는 흔적 하나가 논문의 주제가 되기도 하고요.

그런데 제가 수천 장의 크레이터를 모아서 통계적으로 분석해보니 크레이터마다 위도나 경도에 따라서 특징이 다르게 나타난다는 걸 알게 된 거죠. 그리고 이런 차이를 만든 원인이 태양풍이냐 유성체냐 계속 논란이 있었는데, 저는 태양풍이라는 결론을 내렸죠.

제동 아, 그걸 채경 쌤이 해낸 거예요?

채경 네. 제 이런 연구를 기존의 달 과학자분들이 신선하게 봐주셨어요. 그분들은 이제까지 크레이터를 몇 개씩만 봤잖아요. 그 하나의 특징을 엄청 자세히 들여다보면서 성분을 분석했는데, 지금까지 달 과학계에 없던 애가 갑자기 나타나 크레이터 천몇백 개를 보여주면서 "여기 재밌는 거 있어. 내가 통계를 냈더니 결론이 이래"라고 얘기한 거죠. (웃음)

제동 그분들 입장에서는 채경 쌤이 좀 색달랐을 것 같아요. (웃음)

채경 사실 천문학을 공부한 저에게는 아주 당연한 수순이었어요. 앞에서 제가 '강가의 모래알 세기'에 대해 말씀드렸잖아요. 천문학자들은 별 수천 개를 그래프 하나에 뿌리고 그 경향성을 보거나 통계적인 접근을 많이 하거든요. 별은 너무 많고 직접 가서 볼 수도 없으니까요. 저는 달이라는 천체를 연구할 때도 제가 배운 대로 접근한 거죠. 지질학적 접근법으로 달을 연구하시던 분들에겐 제 방식이 어쩌면 '몹시 이상한 짓'으로 보였을 텐데, 그래도 그걸 참신하게 봐주시고 열린 마음으로 다 받아들여주셨어요. 저는 그게 다양한 배경을 가진 사람들이 모여서 낼 수 있는 재밌는 결과라고 생각해요.

제동 질투를 한다거나 "말도 안 되는 소리 하지 마라"라거나 "퇴출시켜라"라고 말한 사람은 없었어요?

채경 그럴 수도 있겠죠. 어쨌든 제 앞에서는 그러지 않으시더라고요. (웃음)

질문이 답이 되는 순간

제동 그렇게 열려 있기가 쉽지 않은데, 자기 분야에 대해 자신이 있으니까 오히려 더 열린 태도를 보일 수도 있을 것 같아요.

채경 맞아요. 특히 미국이라면 새로운 누군가가 나타난다고 달 과학의 종주국 자리를 빼앗기지는 않을 거라는 자신감이 있는 거죠. 그리고 한국에서도 달 탐사를 준비 중이라는 걸 아니까 제 발표에 더 귀를 기울여주신 것 같기도 해요.

제동 저도 「네이처」에서 '미래에 달 탐사를 이끌 세계의 젊은 과학자' 중 한 명으로 채경 쌤을 소개했다는 기사를 본 것 같은데요. 한국인으로서는 유일하지 않았나요? 쌤 사진도 실렸던데. (웃음)

채경 네. 그랬어요. 「네이처」에서 인터뷰 제의가 왔을 때도, 저는 그게 심채경이라는 저 한 사람이 아닌 "한국의 달 과학자를 인터뷰하고 싶다"라는 말로 들려서 기분이 정말 좋았어요. 그동안 한국의 과학자들과 공학자들이 달 탐사를 준비하며 열심히 연구해온 공로를 인정받은 느낌이었어요. 그런데 사실 제 연구가 엄청나게 특별한 연구는 아니에요. 만약 정말 대단한 연구였으면 논문이 실려야 되거든요. 보통은 그다음에 인터뷰를 하죠. (웃음)

제동 월반하신 걸로 하죠. (웃음)

채경 그럴까요? (웃음) 보통 논문이 실리면 잡지에는 이름만 나가는데 인터뷰라서 제 사진도 함께 실린 거예요.

제동 만약 논문이 실렸다면 크레이터 사진만 나갔을 거예요. 쌤 사진이 실려서 저는 좋아요. 자랑스러워요. (웃음)

달 탐사계의 외인구단

제동 우리나라도 달 탐사를 계획하고 있잖아요.

채경 네. 궤도선을 준비하고 있죠.

제동 궤도선이라고 하면 탐사선 전 단계라고 봐야 할까요? 아니면 완전히 다른 겁니까?

채경 탐사선에는 여러 가지가 있어요. 과학적인 탐사를 위해 우주로 보내는 모든 것을 탐사선 혹은 우주선이라고 하고, 달의 주위를 돌면 궤도선, 표면으로 내려가면 착륙선이라고 해요. 착륙은 좀더 어려운 기술이에요. 지금 우리가 달 탐사 분야에서 햇병아리잖아요. 햇병아리가 도전하기 좋은 것은 궤도선이에요.

이걸 성공하면 착륙을 시도하고, 착륙도 성공하면 거기서 시료, 그러니까 흙을 지구로 가져와 분석하는데 이게 과학자들의 로망이에요. 그런 어려운 단계들이 남아 있는 거죠. 지금 가장 구체화된 것은 달 궤도선이에요. 조금 지연되었는데 2022년 8월 즈음에 발사하려고 준비를 하고 있어요.

제동 발사가 지연될 때마다 "발사한다더니 왜 저렇게 늦을까" 이런 말들을 하기도 하는데요, 사실 우리가 잘 몰라서 그렇지, 이사를 할 때도 날짜 몇 번씩 바뀌는 경우가 허다하잖아요. 그런데 이건 지구 밖으로 나가는 거니까 얼마나 더 어렵겠어요?

채경 그런 셈이죠. 아까 제가 우리나라에 2014년까지 달 과학자가 아무도 없었다고 말씀드렸잖아요.

제동 네. 그건 채경 쌤한테 처음 들었어요.

채경 2014년이라고 말씀드린 이유는 제가 2014년에 달 연구를 시작했기 때문이에요. (웃음)

제동 아, 채경 쌤이 우리나라 최초의 달 과학자인가요?

채경 제가 '감히' 그렇게 말씀드리는 건데요. (웃음) 제게 달 과학을 같이 하자며 이끌어주신 교수님은 원래 성단과 은하를 연구하시던 분인데, 어느 날 제게 이렇게 말씀하시는 거예요. "달 과학을 해야겠다. 이제 달 탐사를 준비해야겠다." 선견지명이 있으셨던 거죠. 달 연구를 다시 해야 하는 시점이었어요. 전세계적으로 인류가 다시 달 탐사를 준비하는 흐름이 사실은 예전부터 조금씩 보였던 거죠. 그 기미를 감지하시고 '아, 몇 년 후에 달이 중요해지겠구나. 한국이 달 탐사 프로젝트에 동참할 좋은 기회가 오겠구나.' 이렇게 예견하셨던 것 같아요. 지금 달 과학으로 박사 학위를 받은 친구들이 몇 명 있는데 그 당시에는 아직 대학원생들이었어요. 그래서 대학원생이 아닌 전업 과학자 중에는 제가 처음 연구에 합류한 거죠.

앞서 "달 과학자는 저밖에 없었다"고 한 말은 농담이고요, (웃음) 사실 달에 가려면 대단히 많은 공학자들이 필요해요. 저는 달 표면에 대해 연구하기는 했지만 달까지 어떻게 가는지는 모르거든요. 달에 가면 온도가 영상 130도부터 영하 200도까지 극한으로 오르내리니까 이런 환경을 다 버틸 수 있는 기계도 만들어야 하고, 연료도 알아야 하고, 기계나 전자 부품 같은 것도 다룰 수 있어야 해요.

우리 정부가 달 탐사를 하겠다고 발표했을 때는 인공위성을 연구하시던 공학자들이 그룹을 만들어서 준비하기 시작했어요. 그렇게 외인구단처럼 "우리가 원래 달을 연구하던 사람들은 아니지만 해보자!" 하고 의기투합한 거예요. 정부가 달 궤도선을 보내겠다고 선언한 게 2013년이니까 지금 불과 7, 8년밖에 안 됐어요. 그런데 곧 그 계획을 실현하게 됐으니 어마어마한 발전이죠.

제동 기사로만 접하다가 채경 쌤을 만나서 직접 들어보니 쉬엄쉬엄 하라고 말씀드리고 싶네요. 전에는 사실 '왜 우리나라는 탐사선을 빨리 못 보낼까?' 싶었거든요.

채경 시작한 지 얼마 안 되었는데, 그래도 참 기특하고 대견하죠. 그런데 우리 국민들의 눈높이가 이미 NASA에 맞춰져 있잖아요. (웃음) 그래서 다른 나라 보면 달에 막 탐사선을 보내는데, 우리나라는 왜 못 보내지 싶으실 거예요. 왜 자꾸 지연되는지 궁금해하시는 분들도 있으실 거고요. 그런데 우리나라는 이제 겨우 첫발을 내딛는 거고, 냉정하게 말하면 월드 클래스 기준은 훨씬 높다고 할 수 있죠. 어쨌든 지금으로서는 우리나라에서 달 궤도선에 주어진 기회가 단 한 번뿐이거든요. 그 한 번의 기회를 꼭 성공시켜야 한다는 부담감이 있죠.

제동 기회가 왜 한 번밖에 없나요?

채경 달 탐사 프로젝트에 돈이 많이 들어요. 제가 알기로는 예산이 2,000억 원 이상 되는데, 국민들의 세금으로 얻은 그 기회를 달 과학자들이 함부로 낭비할 수는 없잖아요. "우리 이번에 실패 했는데 2,000억 원 한 번만 더 지원해주세요." 이렇게 말하기도 어려운 거죠. 누군가 "너희가 하고 있는 달 탐사 프로젝트가 그 정도의 부가가치를 만들고 있느냐?"라고 묻는다면 할 말이 없거 든요. 텔레비전이나 휴대전화를 만드는 것도 아니고, 사람들이 먹고사는 데 아무런 기여를 안 하는 것처럼 보일 수 있으니까요. 당장 달 탐사 못 한다고 밥을 못 먹는 것도 아니고요.

제동 제가 물어보고 싶었는데 채경 쌤이 먼저 얘기해줘서 진짜 고마워요. (웃음) 사실 '지금 당장 달에 가서 무슨 큰 도움이 될까?' 싶은 마음도 있긴 했 거든요. 그런데 어떻게 보면 우리 국가 예산 500조 원 중에 2,000억 원 정 도 들어가는 거잖아요. 물론 GDP 규모가 다르지만 다른 나라에서 투자하는 비용에 비하면 그렇게 높은 것 같지는 않은데, 그래도 "2,000억 원이면 그게 얼마야?" 싶은 거죠.

채경 예전에 미국과 구소련이 한창 우주 경쟁을 할 때는 2년 동안 달 탐 사선을 20대씩 보냈어요. 그러면 그게 다 성공했느냐? 그렇지 않았거든 요. 10대 보내면 2대 성공하던 시절이었죠.

제동 그때는 미국과 구소련이 누가 세계를 선도하느냐를 두고 자존심 대결 을 하던 때니까요.

채경 네. 당시에는 열 번을 실패해도 계속해보라는 분위기였을 거 예요. 그런데 우리나라 달 과학자들에게는 60, 70년이 뒤처진 상황에서 딱 한 번의 기회가 주어진 거예요. 우주 미션은 변수가 많아서 실패할 가능성이 크거든요. 그렇다고 실패해도 좀 봐달라고 합리화하려거나 밑밥을 까는 건 아니고요. (웃음)

제동 밑밥 좀 까세요, 괜찮아요. (웃음) 실패 경험도 쌓여야 성공 확률도 높아지고, 채경 쌤의 후배들도 그 실수를 토양 삼아서 또 도전할 수 있는 거잖아요.

채경 네. 그래야 다음 세대 친구들도 용기를 내서 '달 연구 재밌겠네. 달 탐사해보자.' 이렇게 생각하고 이 길에 뛰어들 수 있을 것 같아요. '왜 그렇게밖에 못해? 왜 자꾸 지연돼?'라고 생각하기보다는 '그만큼 어려운 일에 도전하고 있구나!' 이런 애정어린 시선으로 봐주시면 큰 힘이 되고 감사하죠.

홀로, 그러나 함께하는 도전
온 우주에 과연 '우리'뿐인가?

제동 남들이 도전 안 해본 분야로 갈 때 두려운 마음은 없었나요? 아니면 오히려 아무도 도전을 안 하니까 승부욕이 생기신 거예요?

채경 아뇨. 저는 흘러가는 대로 사는 사람이고요. (웃음) 어쩌다보니 천문학을 하게 됐고, 또 어쩌다보니 달 전공자가 아님에도 불구하고 달 연구

질문이 답이 되는 순간

를 하게 됐어요. 달 연구를 하다보니 아폴로 달 탐사 50주년이라고 해서 「네이처」와 인터뷰도 하게 되었고요. 인터뷰를 하게 된 것도, 우리나라에 달 과학자가 몇 명 없는데, 그나마 계신 분들도 아직 졸업을 안 한 대학원생이거나 다른 분야를 전공한 분들이었던 거죠. 그러다보니 저에게까지 차례가 오게 된 것 같아요.

제동 정말 흘러가는 대로 사신 것 같은데, 잘 온 거네요. (웃음)

채경 사실 내가 가고 싶은 길이 뚜렷하면 다른 쪽으로 샛길이 났을 때 불안할 수 있잖아요. 그런데 저는 그렇게 시작한 게 아니기 때문에 다른 일을 하게 되면 뭐랄까 저의 우주가 넓어지는 듯한 느낌이 들어서, 그냥 제가 오늘 할 수 있는 일을 하나씩 하고 있어요. 하다보니까 지금 이런 인터뷰를 하고 있네요. (웃음)

제동 요즘 저도 꿈이 없어서 고민이었는데 쌤 말씀 들어보니까 지금 이대로도 괜찮을 것 같네요. (웃음) 사실 우주도 대단히 커 보이지만 빅뱅 이후 각자의 일을 하다보니 지금의 모습이 된 거잖아요.

채경 너무 멋진 표현이네요. 맞아요. 우주도 각자의 할 일을 하고 있는 거죠. 과학계에서는 논문 하나를 쓸 때 공동 저자, 공동 연구자가 10명일 때도 있고, 100명일 때도 있어요. 서로 부족한 부분이 있으면 도움을 받기도 하고 주기도 하면서 함께 연구하기 때문에 내가 노벨상을 받은 과학자가 아니어도 괜찮아요. 그 안에서 내가 할 수 있는 부분이 분명히 있으니까요.

제동 천문학자들이 일하는 걸 상상해보니까 '홀로 그러나 함께'라는 말이 떠올라요. 행성들은 서로 간섭하지 않고 각자의 궤도를 가지면서 함께 어울려 있잖아요. 물론 가끔 충돌할 때도 있겠지만. 우리 사회도 그렇게 가면 좋겠다는 생각이 드네요.

채경　제가 최근에 인터넷에서 재밌는 사진을 한 장 봤는데 빽빽하게 자란 나무들을 밑에서 올려다보면서 찍은 사진이었어요. 서로 다른 나무의 가지들이 마치 퍼즐 맞추기를 하듯이 서로 엉키지 않고 뻗어 있는 사진이 올라와 있더라고요. 지금 하신 말씀을 들으니까 갑자기 그 사진이 떠오르네요.

제동　아마 자세히 보면 몇 개 침범한 게 있을 수 있겠지만. (웃음) 그렇게 상대의 물리적·심리적 자리를 존중해주는 것이야말로 결국 자신의 존엄도 인정받는 길이 아닐까 싶어요.

채경　그렇죠. 나름 각자의 질서를 가지고 존재하는 거죠.

제동　천문학자 모시면 제가 꼭 물어보고 싶은 게 있었어요.

채경　뭘까요? 궁금하네요. (웃음)

제동　다른 별에도 우리 같은 생명체가 있을까요?

채경　있을 수도 있죠. 있는지 없는지 아직 확인은 못 한 상태이지만요.

제동　굳이 따지자면 쌤은 어느 쪽이세요?

채경　가능성에 대해 생각하고 있어요.

제동　저도 '우주 공간이 이렇게 넓은데 없을 리가 없지 않나?' 이런 생각이에요.

채경　그 가능성을 진지하게 찾고 있는 사람들이 있어요. 사실 이게 지극히 인간 중심적인 사고에서 출발한 것이긴 한데요, '우주

천문학자들이 일하는 걸 상상해보니까
'홀로 그러나 함께'라는 말이 떠올라요. 행성들은 서로
간섭하지 않고 각자의 궤도를 가지면서 함께 어울려 있잖아요.
물론 가끔 충돌할 때도 있겠지만.
우리 사회도 그렇게 가면 좋겠다는 생각이 드네요.

어딘가에 우리 같은 생명체가 있을 거야. 그들도 우리의 존재가 궁금하겠지. 그들도 신호를 보내겠지. 우리처럼 전파를 쓰겠지.' 이렇게 생각하면서 신호를 보내고 답을 기다리는 거예요. 우주에서 오는 신호 중에 자연에서 나오는 전파신호 말고 정말 인공적인 신호, 확실하게 뭔가 메시지를 담고 있는 신호가 있는지를 몇십 년째 탐색하고 있어요.

이렇게 신호를 보낼 수 있고 통신에 관여할 수 있는 생명체를 '외계 지적 생명체'라고 하는데, 그 존재를 계속 찾는 활동을 외계 지적 생명체 탐사, 세티(SETI, Search for Extra-Terrestrial Intelligence) 프로젝트라고 해요. 그렇다고 이런 활동을 비과학적이라고 말하지는 않아요. 가능성이 좀 낮다고 보는 거죠. 우주가 워낙 넓기 때문에 누가 신호를 보내더라도 지구에 도달할 때까지 얼마가 걸릴지도 모르는 거고 어쩌면 우리 다음 세대가 받을 수도 있는 거잖아요.

제동 그리고 우리와 시간 개념이 다를 수도 있을 테니까요.

채경 그렇죠. 어쨌든 생명체의 범위를 대단히 넓게 보고 그중에 한 점을 탐사하고 있는 거예요. 하지만 광대한 영역 중에서 단 한 점을 탐사한다고 해서 그게 가치가 없는 것은 아니라고 생각해요. 또 한편으로는 이제 우리 같은 지적 생명체는 아니지만 생명체로 볼 수 있는 것이 존재하는지를 열심히 탐구하고 있어요.

제동 우주생물학 같은 분야인가요?

채경 공부를 하고 오셨네요. (웃음) 우주생물학은 완전 신생 학문이죠.

제동 저 너무 많이 아는 것 같아요. 입 다물고 있어야 하는데 아는 척하고 싶어서 큰일났네요. 쌤 만난다고 공부 좀 했어요. (웃음)

채경 우주생물학은 우주에 있는 생명현상을 대상으로 하는 학문인데요, 여기서 말하는 생물은 박테리아 수준도 포함해요. 전파망원경을 가지고 우주의 유기물질이나 미생물을 찾는 작업들, 그리고 지구 안에서는 남극이나 화산 분출구에서 극한 생명체를 찾는 작업들도 다 우주생물학의 범위에 있어요.

제동 원시 지구에 있던 초기 생명체 같은 거군요.

채경 네. 우리도 지구의 역사 어느 시점엔가 기본적인 생명체 단위, DNA 단위, 그런 아주 단순한 생명체로부터 시작해서 지금의 인간으로 진화한 거잖아요. 그럼 그런 DNA가 지구에만 있었겠느냐? 태양계의 행성들은 다 비슷한 시기에 같은 물질의 원반에서 탄생했는데 지구에만 있는 게 이상하잖아요. 당연히 주변 행성들도 다 같은 물질을 가지고 있어요. 구성 성분만 조금 다를 뿐 원재료는 같거든요.

제동 **지구와 다른 행성의 구성 물질이 같다니, 놀랍네요.**

채경 생명체를 구성하는 가장 기본적인 단위가 탄소(C), 산소(O), 수소(H), 질소(N) 같은 것들인데 이런 성분을 가진 분자들은 다른 행성에서도 많이 발견됐어요. C, O, H, N은 비료의 주성분이에요. 생명체를 키우는 데 도움이 되는 원소라는 거죠. 이런 원소들은 다른 행성에도 다 있으니까, 이것이 지금은 무생물의 형태일지 몰라도 태양계 45억 년의 역사 중 어느 시점에는 생명체였을 수도 있다는, 어찌 보면 지극히 당연한 가정을 전제로 그 흔적을 찾는 거예요. 원재료는 같으니까요. 화성과 토성의 위성인 타이탄, 목성의 위성인 유로파 같은 곳이 생명체가 있었을 수도 있는 유력한 후보죠.

제동 **유로파? 축구 잘하는 생명체가 살면 좋겠네요. (웃음)**

채경 (웃음) 그곳들에는 탄소, 산소, 수소 그리고 얼음 같은 것들로 구성된 것이 널려 있어요. 지구상 대부분의 생명체는 물을 기반으로 하니까 물이 있는 곳이라면 생명체가 있을 수 있다고 생각할 수 있죠. 화성에 가는 탐사선들은 생명체나 물을 찾으려고 해요. 달에서도 물이 발견됐거든요. 정확히는 물은 아니고 얼음 상태지만 태양계가 뜨거웠을 때는 물이었을 수도 있는 성분이 들어 있는 거죠. 지금은 표면에서만 보지만 땅을 많이 파보면 밑에 얼음층 혹은 지하수가 있을 거라고 추정하게 하는 징후들이 포착됐어요. 물을 찾으면 그다음은 생명체를 찾는 단계가 되거든요.

제동 우주생물학 얘기를 듣다보니 지금 우리 지구인들끼리 치고받고 싸울 때가 아니라는 생각이 드네요. (웃음)

채경 (웃음) 물론 물을 기반으로 하지 않는 생명체도 있을 수 있어요. 우리가 상상할 수 없는 종류의 생명체일 수도 있고요. 하지만 DNA를 구성하는 성분들, 한마디로 재료들은 다른 행성들에도 다 있는 거예요. 우주의 구성 요소들은 이런 성분들이 계속 재활용되는 형태거든요. 예를 들면 우주의 먼지들이 모여서 별이 되고, 별이 생명을 다하면 우주 공간에 자기 물질들을 내뿜으며 죽어버려요.

제동 신성, 초신성이 터지는 거군요.

채경 네. 별의 마지막 모습인데요, 별의 시체가 우주 공간에 흩뿌려지는 거죠.

제동 아, 별의 시체가 흩뿌려지는 거군요.

채경 네. 그런데 이렇게 흩뿌려진 것들이 어떤 섭동(攝動)에 의해 다시 뭉치기도 해요. 뭉치다가 힘이 세지면 주변의 물질들을 끌어오고, 그러면 또 별이 될 수 있어요. 별의 잔해 속에서 또다시 별이 탄생하고, 이 별이 죽으면서 또 잔해를 뿌리고, 그 잔해 속에서 또 별이 탄생하고, 이렇게 재활용이 되는 거예요. 그리고 그 별이 탄생할 때는 주변의 행성들도 같이 탄생해요. 그러니까 이 우주의 모든 성분은 사실 다 같은 재료에서 나온 거예요. 따라서 지구에 생명체가 있다면 다른 곳에도 있을 확률이 높은 거죠. 다시 아까 얘기로 돌아가서, 그렇다면 외계 지적 생명체가 진짜 어딘가에 존재해서 우리에게 신호를 보낼 수도 있겠죠.

제동 지금 앞에서 구연동화를 하시는 것 같아요. 완전히 몰입해서 들었어요.

채경 옥 장판 팔아도 되겠습니까? (웃음)

제동 옥 장판 있으면 2개는 샀을 거예요. 그게 우주의 천연 광물로 되어 있다고 하면 사서 오늘 바로 깔았을 것 같아요. (웃음) 이런 태양계를 수천 개 가지고 있는 별의 집단을 은하계라고 하는 거죠?

채경 은하가 있고, 이 은하들이 모여 있는 은하군이 있어요.

제동 아, 은하군이 있구나!

채경 은하군이 모여서 은하단이 되고, 은하단, 초은하단이 모여서 어떤 거품 같은 밀도 분포를 형성한다고 추정하고 있어요. 고르게 분포되어 있지 않고, 어딘가는 좀 뭉쳐 있고 어딘가는 좀 덜 뭉쳐 있는 형태를 상상해보세요. 그게 지금까지 천문학자들이 추정한 우주의 모습이에요. 그다음엔 또 무엇이 있는지는 잘 모르겠어요.

제동 와, 그쯤 되면 안팎의 개념도 없겠네요.

채경 그렇죠, 당연히 위아래나 동서남북도 없고요. 상상의 차원을 넘어서는, 우리가 추정할 수 없는 또다른 세계가 있겠죠. 이러다 보면 스스로에게 묻게 돼요. '우주의 끝은 어디인가?'

음모론,
외계인이 지구에 왔다던데…

제동 이거는 생각났을 때 빨리 물어볼게요. 외계인을 발견했는데 외국 정부에서 숨기고 있다는 음모론에 대해 들어보셨죠? 혹시 좀더 아시는 거 있을까요?

채경 저도 궁금하죠, 정말 숨기고 있는지…. (웃음)

제동 아, 그래요? NASA와 같이 프로젝트를 진행하신다면서요?

채경 그렇긴 한데, 제가 기밀 정보에 접근할 권한은 없어요. 사실 NASA가 무척 큰 기관이잖아요. NASA 센터만 해도 미국 전역에 여러 개가 있고, 그 센터 하나에 몇백, 몇천 명 이상이 근무를 하고 있거든요. 다만 제가 말씀드릴 수 있는 것은 만약 외계 생명체를 발견했거나 납치했거나, 아니면 사실 달에 가지 않았던 거라면 과연 NASA와 그 협력 기관에서 일하는 수많은 사람들을 계속 속이는 게 가능할까 싶은 거예요. 그보다 그냥 달에 가는 게 쉽지 않을까요? 저는 달에 가는 게 더 쉽다고 봅니다.

제동 그런데 달에서 찍은 사진을 보니 깃발이 펄럭일 수 없는 환경에서 펄럭인다더라 하는 말들이 있잖아요. 하긴 제가 얼마를 기부했다더라 하는 좋은 소문은 잘 안 퍼지더라고요. (웃음)

채경 아, 저런! (웃음)

제동 뭔가 음모론적인 이야기들이 훨씬 더 마음을 끌긴 하는 것 같아요. 이게 과학적인 자세는 아니지만 "어디에 외계인이 나타났다더라" 하는 이야기에 더 관심이 가는 거죠.

채경 그런데 저는 그런 관심도 과학적인 자세라고 생각해요.

제동 아, 그래요? 어떤 측면에서요?

채경 물론 "정부에서 외계인을 납치했는데, 우리한테 안 알려주는 거래" 하고 끝이라면 흥미로운 이야기에 그치겠지만, '어디에서 납치했을까?' '몇 시에 납치했을까?' '그 시각에 목격자가 없으려면 어떤 환경이어야 할까?' 이렇게 끊임없이 생각하고 고민한다면 사소한 호기심이 과학적인 질문으로 나아갈 수 있잖아요. 음모론 자체도 재미있지만 그것을 시작으로 더 재밌는 이야기가 만들어질 수도 있고요.

예를 들어 달 관련 음모론 중에 이런 게 있잖아요. "달에 착륙한 우주인들이나 착륙선의 그림자가 부자연스럽다." 그래서 최근에 그래픽 장치를 만드는 회사에서 물체에 닿는 빛과 반사되는 빛을 치밀하게 계산해서 달 착륙 당시의 상황을 시뮬레이션으로 재현해봤어요. 그랬더니 달에서 찍은 사진과 상당히 흡사하게 나온 거예요. 저는 이런 과정, 그러니까 누군가의 엉뚱한 의문을 진지하게 받아들여서 그에 답하고자 노력하는 사람들이 있다는 게 무척 재미있고 뭉클해요. 이런 재현 과정에서 복잡한 계산을 해보기도 하고, 과거에 받아들여졌던 사실이나 의문을 발전된 기술로 새롭게 검증하기도 하잖아요. 저는 이렇게 계속 질문하고 떡밥을

던져주는 것도 천문학의 중요한 임무라고 생각해요.

제동 과학자들이 탐구를 계속할 수 있도록 오히려 떡밥을 던져야 한다?(웃음)

채경 네. (웃음) 덕분에 사람들이 달 착륙에 대해서 많은 것을 알게 됐잖아요. 사실 논란이 된 것들 말고도 달에서 훨씬 더 다양한 업무를 수행했거든요. 골프도 쳤고, 우주선의 무게를 줄이기 위해서 우주인들의 배설물을 달에 버리고 오기도 했어요. 하지만 이런 사실은 사람들이 잘 알지 못하고 별로 궁금해하지도 않아요.

그런데 달 착륙 우주인의 그림자가 이상하다든지 성조기가 펄럭였다든지 하는 건 많이 알고 있어요. 결국 사람들이 의문을 제기한 것들이 오히려 천문학적 지식을 널리 전파하는 계기가 된 거죠.

달 탐사 프로젝트,
왜 하냐고 묻는다면

제동 채경 쌤 얘기를 듣다보니 사고체계가 좀더 확장되는 듯한 느낌이 들어서 좋은데요, 쌤은 누군가 달 탐사, 우주 탐사를 왜 해야 하느냐고 묻는다면 뭐라고 답하십니까?

채경 저는 제동 씨가 산을 좋아하시는 걸로 알고 있는데요.

제동 아하, 저는 촉이 왔어요. (웃음)

채경 누군가 산을 왜 오르느냐 묻는다면 산이 거기에 있어서 오른다고 답하실 거잖아요. (웃음)

제동 (웃음) 아이구야, 우리 쌤 대단해요. 그렇죠.

채경 달 탐사를 시작할 때 미국의 존 F. 케네디 대통령이 '우리는 달에 가기로 했습니다'라는 기념비적인 연설을 했어요. 그 연설에서 케네디는 "우리가 왜 달에 가야 하느냐고 묻는 사람들은 왜 산에 가느냐고 물을 것이다. 왜 미식축구 경기를 하느냐고 물을 것이다. 우리는 달에 갈 것이다. 우리가 그러기로 결심한 이유는 그 일이 쉬운 게 아니라 어렵기 때문이다. 그렇기 때문에 도전할 것이고, 그 도전을 통해서 우리나라의 과학기술을 한층 더 끌어올릴 것이다"라고 했어요. 저는 그게 정답이라고 생각해요.

제동 그분은 연설 비서관을 참 잘 둔 것 같아요, 지금 들어도 가슴을 울리잖아요.

채경 정말 그래요. 우리가 달에 가야 하는 조금 더 현실적인 이야기를 하자면 경제협력개발기구(OECD) 상위에 랭크되어 있는 국가들은 대부분 우주 탐사 경험이 있어요. 우리나라는 없어요.

제동 그러네요. 미국, 러시아, 캐나다 그리고 유럽의 여러 나라들이 우주 탐사선을 보냈죠. 최근에는 인도나 중국도 보냈다고 뉴스에서 본 것 같아요.

채경 맞아요. 얼마 전에는 아랍에미리트연합(UAE)도 화성 탐사선을 보냈어요. UAE의 우주 탐사 역사는 굉장히 짧아요. 불과 몇 년 전에 우리나라에서 기술을 배워 인공위성을 띄운 지 얼마 안 됐는데 벌써 화성에 탐사선을 보낸 거예요.

제동 거긴 투자를 엄청나게 했군요.

채경 네. 그런데 왜 투자했을까요? 거기에 미래가 있다고 생각하기 때문이죠. 화성이 새로운 과학기술을 발전시키고 검증하기 좋은 수단이거든요. 지구와는 전혀 다른 극한의 환경이잖아요. 그렇기 때문에 최신 기술을 개발하고 테스트하기 좋은 시험대가 되는 거죠.

제동 혹은 지구의 여러 문제들에 대한 해답이 그곳에 있을 수도 있고, 거기로 가는 과정에서 도출해낼 수도 있고요.

채경 맞아요. 우주 탐사 기술이 지구에서 유용하게 쓰이는 경우도 많죠. 정확히 어떤 결과가 나올지 미리 알 수는 없지만 그 부산물들이 결국에 우리 일상을 더 윤택하게 하고 더 발전된 삶을 살게 해줄 거라는 걸 과거 경험으로 알고 있잖아요. 게다가 정말 언젠가 달이나 화성에 오가는 시대가 된다면 우리가 생각하는 우주가 훨씬 더 넓어지는 거예요. 우리가 국내에만 있다가 해외여행 한번 다녀오면 '아, 전혀 다른 문화가 있구나. 새로운 세상이 있구나'를 깨닫게 되는 것과 같죠.

제동 다시 일어나서는 안 되지만 전쟁을 겪으면서도 과학기술이 많이 발전한 측면도 있잖아요. 수십 년 만에 다시 우주로 가는 경쟁이 일어나고 있다는 건, 잘은 몰라도 여기에 뭔가가 있기 때문일 테고, 우리가 이런 도전을 하는 과정에서 여러 가지 실험도 해볼 수 있고, 또 여기서 빚어지는 실수조차도 우리에게 커다란 자산이 될 수 있겠네요.

채경 그렇죠. 지금까지는 우주 탐사를 왜 해야 하는지에 대한 근본적인 대답이었고요, 사실 지금의 달 탐사는 현실적인 이유에서 시작되었어요. 우리나라는 우주 탐사의 시작점으로 달을 목표로 하지만 우주 탐사 선진국들의 목표는 달을 중간 정거장으로 활용하는 것, 달을 산업에 활용하는 거예요. 중간 정거장으로 활용한다는 것은 일단 달에 간 다음 거기서 더 멀리, 화성까지도 목표로 둔다는 의미예요. 지구 밖으로 나가는 데는 굉장히 많은 에너지가 필요한데 달은 중력이 작아서 탈출할 때 그렇게 많은 연료가 필요하지 않거든요. 그러니까 발사 로켓이나 부품을 달까지 가져간 다음에 거기서 조립해 발사한다면 지구에서보다 훨씬 더 적은 연료로 화성까지 갈 수 있는 거죠.

제동 제가 고등학생 때 친구들과 가출하기 전날 기차역하고 가까운 친구 집에 다 모여서 갔거든요. (웃음)

채경 정확한 비유입니다. (웃음)

제동 왜냐하면 각자 집에서 나오기에는 부모님이 끌어당기는 중력이 너무 크고요, 들키지 않고 나오려면 에너지도 너무 많이 들어서요. (웃음) 그러니까 달을 기지로 삼아서 정거장처럼 쓰려고 하는 거군요?

채경 맞아요. 그럼 거기서 조립을 하거나 뭘 만들 수도 있고, 우주비행사 중에 누가 아프거나 할 때 대체 인력을 기다리는 일들이 가능한 거예요.

제동 우리도 농번기 때는 번갈아가며 가출했어요. 너무 바쁠 때 싹 다 가출하면 일을 못 하거든요. (웃음)

채경 그렇겠죠? (웃음)

제동 달에 여러 가지 효용이 있네요. 하지만 저는 그냥 '우리도 달에 한번 가봐야 하지 않겠어?'라는 마음으로도 충분하다고 생각해요.

채경 그 마음도 중요하죠. 그런데 달을 또다른 용도로 이용하려는 국가가 있는데, 바로 룩셈부르크예요. 룩셈부르크는 우주 탐사 경험은 없지만 달 사업과 관련한 제도를 만들고 있어요. 달에서 사업을 하게 되면 국제적인 분쟁이 일어날 수도 있으니까 그에 대한 제도나 법령을 정비하고 투자 유치를 돕는다던지 하는 거죠. 지구에서 희귀 광물(Rare Earth Element, REE)이라고 불리는 것들이 달에는 많거든요. 지구에서는 희귀 광물인데, 달에는 지천으로 널려 있는 거예요. 그래서 우리가 그 광물을 캐서 지구로 보낼 수 있다면 지구에서 그걸 만들어내는 것보다 훨씬 더 경제적인 거죠.

예를 들어서 휴대전화 만들 때 들어가는 희토류가 비싼데, 달에 가서 한 1톤 정도를 퍼가지고 어떤 방식으로든 지구로 보낼 수만 있으면 지구 상에서 희토류를 1톤 만드는 것보다 비용이 더 적게 들 수도 있는 거예요. 그만큼 우리 인류의 달 탐사 기술이 많이 발전했기 때문에 그 비용을 저울질해볼 수 있는 시기가 온 거예요. 그래서 룩셈부르크가 "저희가 판을 깔아드릴 테니 달에서 광물을 캐다 사업을 하십시오" 하고 나선 거죠.

제동 약간 '봉이 룩선달' 같은데요? (웃음) 하지만 법령을 만들어도 국제법적으로 효력을 발휘하려면 또 많은 논의들이 필요하겠네요.

채경 네. 그걸 미리 준비해야 하잖아요. 그래서 다 계산을 하고 이득이 있을 것으로 보이니까 시작한 거죠.

제동 이런 게 흔히 말하는 진짜 블루오션이네요.

채경 굉장히 현실적인 이유죠. 지금 같은 국제사회의 기류라면 우리의 이익을 위해서 달 탐사를 준비해야 하는 상황인 거예요. 지금은 우리나라가 처음 시도하는 거라 시행착오도 있고 지연도 되고 있지만 계속 노력한다면 몇 년 뒤에는 달 탐사 선진국들과 어깨를 나란히 하며 우주 탐사 시대를 주도하는 새로운 강대국 반열에 오를 수도 있는 거죠.

제동 사실 경부고속도로 같은 것도 자동차 수가 많지 않을 때 계획하고 건설한 거라 "저걸 굳이 뭐하러 해?" 하고 회의적으로 본 사람도 많았지만 그것이 가져온 여러 가지 효용을 생각해보면 '우리도 지구에서 달로 가는 조그마한 도로 하나는 닦아야 하지 않나?'라는 생각은 드네요. 그리고 이렇게 국가에서 밑바탕을 깔아두어야 그 기반 위에서 민간기업도 성장할 수 있을 테니

질문이 답이 되는 순간

까요.

채경 맞아요, 비교적 최근에 달 탐사에 뛰어든 중국이나 인도는 국가가 주도하고 있지만, 미국은 이미 민간사업의 영역으로 많이 넘어갔어요. 예를 들면 '민간 달 착륙 서비스'가 있는데 쉽게 말해서 달 표면으로 보내는 택배나 화물 서비스 같은 거예요. 앞으로 1년에 2대 정도씩 몇 년간 계속 보낼 텐데, 일단은 과학자들이 만든 탐사 장비나 관측 장비를 많이 보낼 거예요. 과학자들은 달에서 관측하고 싶은 게 많고 전에 다른 탐사용으로 만들어두었던 기기도 좀 남아 있으니까요.

이때 그 서비스를 NASA가 직접 하지 않고 민간기업에 맡겨요. 경쟁을 통해서 약 14개 기업을 선정했는데, 거기에는 록히드마틴이나 스페이스엑스도 포함되어 있어요.

제동 나중에는 달뿐만 아니라 화성까지도 그럴 수 있겠네요.

채경 그렇죠. 화성에 가려고 준비하는 건데 일단 지금 구체적인 지침은 달이에요. 달 착륙선을 보내는 것을 민간기업에서 담당하는 거죠. 거기에 실어보낼 과학 장비들을 과학자들이 마련하고 있는데, 여기에 우리나라도 참여하고 있어요.

제동 아, 우리나라도 참여하고 있어요?

채경 네. 제가 지금 한국천문연구원에 소속되어 있는데 민간 달 착륙 서비스에 활용할 장비 중 일부를 연구·개발하고 있어요. 이미 NASA와 협약도 맺었고요. 경희대와 서울대 등 여러 대학과 기관에 계시는 교수님들, 연구진들과 함께 과학 장비도 개발하고, 미국의 기업들과 서비스 사업에도 참여하면서 다양한 경험을 쌓으려고 노력하고 있어요.

제동 이런 경험들이 계속 축적된다면 우리나라에서도 독자적인 프로젝트를 진행할 수 있겠네요.

채경 그럼요. 이번 궤도선을 발사할 때는 일론 머스크의 스페이스엑스에서 제공하는 로켓을 타고 갈 예정인데, 그다음 단계의 탐사선은 한국형 발사체를 쓰는 것이 목표예요. 그래서 지금 발사체를 열심히 개발하고 있습니다.

제동 우리가 처음으로 달에 쏘아올릴 궤도선은 스페이스엑스의 발사체를 타고, 그다음에는 우리 발사체로 달까지 가보자. 궤도선을 성공하면 나중에 착륙선도 해보고, 또 여력이 되면 유인 착륙선도 해보자….

채경 가능한 일이죠. 달 말고 소행성도 가보려고 준비하고 있어요.

제동 이런 이야기는 밤새도록 해도 안 질리겠어요. 우리도 달에 갈 수 있는 날이 빨리 오면 좋겠네요.

NASA와의 민간 달 착륙 서비스, 달 궤도선…, 미래 산업의 기회가 여기에!

채경 그런데 지금 사람이 부족한 실정이에요.

제동 그래요?

채경 네. 정부 주도의 달 궤도선을 준비하는 분들 일부가 NASA와의 민간 달 착륙 서비스 사업에도 참여하시고요. 이분들이 또 소행성 탐사 준비도 하고 있어요. 모임에 가면 지금 어느 회의에 참석하고 있는지 헷갈릴 정도예요. 대학원생이 있긴 하지만 학생 한 사람을 키우는 데는 오랜 시간이 걸려요.

장기적인 안목을 가지고 해야 하는 일인데 지금은 너무 급하게 달리고 있는 셈이에요. 달 궤도선도 준비해야 되고, NASA와 하는 달 착륙선 사업도 빨리 해야 하고, 마음이 급한 거예요. 당장은 학생을 키우고 다음 세대를 양성할 만한 여유가 많지는 않아요. 그래서 어린 친구들에게 이렇게 말하고 싶어요. "똑똑하지 않아도 되고, 천재가 아니어도 괜찮아. 마음만 있으면 우리는 같이할 수 있어!" 제가 가끔 초등학교에 강연을 가면 3, 4학년밖에 안 된 어린 친구들이 굉장히 구체적인 질문을 많이 하거든요.

제동 주로 어떤 질문을 합니까?

채경 "발사체는 몇 톤이에요?" "연료는 무슨 성분으로 되어 있어요?" 이런 질문을 해요. 그런데 이런 친구들이 나중에 어디를 가느냐? 의대를 가요.

제동 어쩌면 어른들이 "천문학 하면 돈 많이 못 벌어." 이렇게 말하기 때문인지도 모르겠어요.

채경 그래서 저는 부모님들이 좀더 넓은 시선을 가지고 이런 분야에도 관심을 가져주시면 좋겠어요. 초등학생 때는 부모님들도 아이들에게 다양한 경험을 하게 해주려고 과학관 같은 데도 많이 데려가잖아요.

제동 어린아이들 꿈 중에 천문학자도 많았죠.

채경 맞아요. 우주비행사도 많고요.

제동 안타깝지만 지금은 우주비행사보다 '건물 비행사'를 꿈꾸는 아이들이 훨씬 많은 것 같아요. 얼마 전 기사 보니까 건물주가 상위권이더라고요. 그런데 우주비행사가 된다면 그것도 참 좋을 것 같아요. 우주를 누비는 그 경험이 얼마나 특별하겠어요.

채경 그러네요. 일반적으로 부모님들은 아이들이 어릴 때 과학관이나 천문관 같은 데 많이 데려가시는데 자식이 막상 천문학과를 가겠다고 하면 걱정하세요. "그거 해서 먹고는 살겠니?" 하고 싫어하세요. 그런데 NASA는 또 되게 좋아하세요. 길거리에서 NASA 티셔츠를 입고 다니는 분들을 많이 보거든요. (웃음)

제동 생각해보니까 그러네요. (웃음)

채경 제가 진짜 하고 싶은 얘기는, 부모님들이 우리 세대와는 달라질 미래를 예측해보실 필요가 있다는 거예요. 분명히 지금 중요한 산업과 미래에 중요한 산업은 다를 테니까요. 우리 아이들이 이 사회의 주역이 되었을 때 국제사회의 분위기가 어떨지 생각해보시고, 이것을 막연한 동경이 아닌 하나의 직업이자 미래 산업으로서 진지하게 바라봐준다면 더 좋을 것 같아요.

제동 지금 이 사업은 과학기술정보통신부에서 주관하나요?

달 궤도선도 준비해야 되고,

NASA와 하는 달 착륙선 사업도 빨리 해야 하고,

마음이 급한 거예요. 당장은 학생을 키우고 다음 세대를

양성할 만한 여유가 많지는 않아요.

그래서 어린 친구들에게 이렇게 말하고 싶어요.

"똑똑하지 않아도 되고, 천재가 아니어도 괜찮아.

마음만 있으면 우리는 같이 할 수 있어!"

세 번째 만남 × 천문학자 심채경 박사

채경 네. 맞아요.

제동 지금이 우리나라 우주 기간 시설의 첫발을 내딛는 중요한 시기인데 예산 같은 것도 잘 지원해주면 좋겠네요. 쌤 얘기를 들어보니까 정말 이제라도 시작하지 않으면 안 될 것 같은데 인력이 부족하다는 이야기를 듣고 사실 좀 놀랐어요.

채경 사소한 장애물 중에 하나는, 저희는 다 이공계 사람들이잖아요. 요즘은 좀 덜하겠지만 얼마 전까지만 해도 고등학교 1학년 때 문과, 이과를 선택한 이후 문과는 문과의 길만, 이과는 이과의 길만 가게 되죠. 대학에 입학한 이공계 학생들은 1학년 때 듣는 교양 수업 몇 개를 제외하면 계속 이과 수업만 듣게 돼요. 그러니까 이공계 전공자 중에 글을 쓸 수 있는 사람이 별로 없는 거예요. 사회나 문화, 역사, 법, 정치 같은 걸 이해할 수 있는 역량이 많지 않아요. 저를 포함해서요. 그러니까 과학자들이 정치인이나 사회구성원들을 설득할 힘이 별로 없는 것 같아 안타까울 때가 있어요.

제동 이정모 관장님 같은 과학커뮤니케이터 보급이 시급하네요. (웃음)

채경 필요하죠. 사회적·정치적으로 뭐가 필요한지 아시는 분들은 과학을 이해하는 게 힘들고, 과학을 하는 분들은 자기 연구의 가치나 필요성을 어떻게 설명해야 하는지 잘 몰라요. 설명해야 할 필요조차 못 느낄 수도 있어요. 그러다보니 간극이 점점 커지는 거죠.

　다양한 배경을 가진 분들이 저희가 일하고 연구하는 현장을 보시고,

잘못된 부분은 고쳐서 바로잡아주시면 우리 과학자들도 사회에 나오는 데 도움이 되고, 우리 사회도 과학을 이해하는 데 도움이 될 거라 생각해요. 그래서 저도 이런 점을 알려드리고 싶어서 여기 왔죠.

제동　채경 쌤이 하고 싶었던 얘기는 따로 있었군요. (웃음) 지금 독일 총리가 과학자 출신이죠? 그런데 우리나라에서는 기계나 과학을 했던 사람이 고위 공무원 자리에 이르는 경우는 별로 없는 것 같아요. 지금 우리 국회에는 법조인 출신이 압도적으로 많은 편이잖아요. 그게 잘못됐다는 게 아니고 다양한 직업군을 대표할 수 있는 국회의원들이 많아지면 좋겠다는 생각이 들어요. 정치 이야기라 굉장히 조심스럽지만, 그랬으면 좋겠다는 생각이 드네요. (웃음)

채경　그렇죠. 꼭 과학자 출신이 아니더라도 과학자를 이해할 수 있는 정책 결정권자라면 좋을 것 같아요.

제동　그리고 왜 달에 가야 하는지, 그 이유에 대해 꼭 돈으로만 환산하지 않을 사람이면 좋겠네요. 때로는 그런 사람들이 나중에 더 큰 이익을 가져다주는 경우들도 있잖아요.

채경　네. 그럴 수 있기를 희망하는 거죠.

제동　꼭 이익을 위해서 하는 건 아니지만 지금 채경 쌤이 하는 별 이야기를 듣고 아이들이 힘을 얻고 희망을 얻는다면 그건 돈으로 환산할 수 없는 거니까요. 미래에 천문학자, 우주과학자, 좀 좁히면 토양 탐정이 되고 싶은 아이들에게 하고 싶은 말씀이 있다면요?

채경　제가 하고 싶은 얘기는 다 했어요. 아이들이 "얘들아, 여기 최고야. 빨리 와." 이런 말만 듣고 오는 건 저도 원치 않아요. 아이들 스스로 느끼고 선택해야 하는 거니까요. 그래서 저는 할 말이 많지 않습니다.

제동 제가 잘못했습니다. 그게 더 있어 보이면서도 중력은 훨씬 강할 것 같네요. (웃음)

채경 원래 이쪽(?)이 남의 말 잘 안 듣는 사람들이 모인 집단이거든요. (웃음)

제동 그쪽과 이쪽이 비슷한 게 많네요. (웃음) 맞아요. 남의 말대로 살 필요 없죠. 제게는 쌤의 이 말도 큰 위로가 되네요.

점성술과 과학
그리고 인간이 우주로 나간다는 것

제동 천문학자는 별자리나 점성술에 대해서는 어떻게 생각하나요? 혹시 이런 질문도 받으세요?

채경 별자리 질문은 많이 받아요. 그런데 점성술은 제가 애초에 관심이 없을 거라고 생각하시는지 잘 안 물어보시더라고요. 별자리, 운세 같은 건 저도 가끔 봅니다. (웃음)

제동 아, 그래요? 전 제 별자리도 모르고 점성술도 본 적이 없긴 한데….

채경 사실 저도 점성술은 잘 모르지만 그것이 천체의 움직임을 해석한다고 이해하고 있어요. 그러니까 행성이 어느 별자리에서 어느 별자리로

　　　　　　　　　　　　　　　　　　　질문이 답이 되는 순간

가느냐가 점성술의 주요 내용인 것 같아요. 예를 들면 '수성이 역행하는 시즌이니까 불운이 올 수 있다.' 이런 문구를 많이 봤거든요.

저는 점성술이 고대 천문학의 한 형태라고 생각해요. 당시에는 최첨단 과학이었고요. 별의 운행이나 행성들의 움직임을 알고 있고, 그걸 예측한다는 뜻이잖아요. 다만 그것을 '어느 별자리에 혜성이 왔으니까 국가에 안 좋은 일이 생길 것이다' 하고 해석하는 것은 또다른 영역이겠죠. 그래도 점성술의 기반은 과학이었다고 생각해요. 오랜 옛날부터 별자리를 읽고, 밤하늘의 모양이 이러했을 때 이런 사건이 일어나더라 하는 누적된 통계자료거든요.

제동 우리나라 1만 원짜리 지폐 뒷면에 보현산 천문대 망원경이 있잖아요.

채경 맞아요. 자세히 보시면 별자리 지도도 있어요. 천상열차분야지도라는 별자리 지도인데 우리나라의 자랑스러운 유산 중 하나죠. 그리고 그 옆에 혼천의라고 조선시대에 하늘의 움직임을 측정할 때 쓰던 천체관측 도구도 같이 그려져 있어요. 이걸 보면 우리나라가 옛날부터 천문학을 사랑하는 나라였다는 걸 알 수 있죠. 그 만 원짜리 지폐를 해외 천문학자들에게 보여주면 깜짝 놀라요. "너희 나라는 천문학자들을 되게 우대하나보다." 이렇게 말하기도 해요. 지폐에 천문학의 상징물이 그렇게 많은 나라는 우리나라밖에 없나봐요.

제동 별의 운행과 별자리의 해석 같은 점성술은 아무래도 사람들이 여러 가지 이유로 많은 관심을 가질 수 있으니까요. 그런데 이런 정서적인 관심을 넘어서 인간이 우주로 나아가는 건 필연적인 걸까요?

채경 저는 '필연'이라기보다는 '자연'이라고 생각해요. 우주 역시 커다란 자연이니까, 자연의 일부인 우리 인간이 자연을 찾는 건 마치 우리가 고향을 찾아가는 것처럼 자연스럽고 당연한 일이라고 생각해요.

제동 그렇게 자연스럽게 여러 행성을 오갈 수 있는 시대가 오면 "야, 예전에 지구에만 살았던 적이 있었대"라고 이야기할 수도 있겠네요. 채경 쌤은 그 최첨단에 서 계신 거고요.

채경 그럴 수도 있겠죠. 그런데 저는 그런 세상이 와도 지구 밖으로 안 나갈 거예요. (웃음)

제동 왜요?

채경 집순이라서요. 대신 여러분들을 우주에 보내는 데 일조하겠습니다. (웃음)

제동 천문학자가 집순이라…. 저도 집돌이예요. 집이 최고죠. (웃음)

채경 아, 그래요? 몰랐네요. 가출도 하셨다고 해서…. 어쨌든 결국 다시 집으로 돌아오셨으니까요.

제동 가출이 주는 가장 큰 교훈은 집이 생각보다 괜찮다는 사실을 깨닫게 한다는 점이죠. 그런데 가출은 어쩌면 또다른 집을 만드는 과정이 아닐까 싶어

질문이 답이 되는 순간

요. 지구를 넓혀가는 과정이 될 수도 있잖아요. 인간의 시선으로 보면 우주로 나간다는 것은 제2의 고향을 만드는 것이기도 하니까요. 예를 들면 달에서 태어난 아이가 나올 수도 있잖아요.

채경 그럼요. 우주가 또다른 집이자 제2의 고향이 될 수 있죠.

제동 어린아이들의 질문에 대해 전세계 석학들의 답을 모은 『어른을 일깨우는 아이들의 위대한 질문』이라는 책이 있어요. 그 책에 보면 "나는 무엇으로 만들어졌어요?" 하는 아이의 질문에 어떤 천문학자가 "별 가루"에서 왔다고 답하더라고요. 채경 쌤도 말했듯 우리는 모두 빅뱅에서부터 비롯되었고, 우리 몸도 별을 이루는 구성 물질과 똑같다는 말이죠?

채경 네. 그럼요. 우리는 같은 재료에서 출발해 서로 다르게 빚어진 자연과 동물, 생물과 무생물인 거죠. 결국 우리 모두 다 같은 자연의 일부라고 할 수 있겠죠.

제동 그런데 그게 정말인가요? 지금 우리가 보는 별이 이미 사라진 별일 수도 있다는 게?

채경 네. 별은 이미 폭발했는데 그 빛이 아직 도달하는 중일 수도 있고요,

그만큼 시간이 지나고 나서야 그 별이 폭발했다는 사실을 알 수도 있죠. 태양에서 폭발이 일어나면 그 빛이 지구까지 오는 속도가 있기 때문에 우리는 몇 분 뒤에야 알 수 있어요. 비교적 가까이에 있는 태양의 정보도 한 박자 늦게 아는데 우주의 스냅사진을 일시에 찍을 수는 없는 거죠.

결국 우리가 보고 있는 하늘은 서로 다른 시간대에 생성된 스냅사진들의 컬렉션이라고 할 수 있어요. 이 별빛과 그 바로 옆에 있는 별빛이 서로 다른 시기에 생성돼서 우리한테 지금 보여지는 스냅사진인 거예요. 그래서 우리가 하늘을 본다는 것은 서로 다른 시간들이 존재하는 하늘을 본다는 거죠.

제동 이 얘기를 듣고 나니 진짜 우리 눈에 보이는 것이 실재가 아닐 수도 있다는 게 분명해지는 것 같기도 하네요. 따지고 올라가면 빅뱅일 거고, 현재 과학적으로 대답할 수 있는 건 45억 년 전부터 우리 인생은 아니지만, 물생은 시작됐다고 봐야 되지 않을까 싶어요.

채경 태양이라는 우리 별은 45억 년 전에 시작되었고, 우주의 나이는 135억 년 정도 되었어요. 연도는 조금 오차가 있을 수 있지만, 빅뱅이라는 시점은 우리가 그냥 '이때쯤일 거야' 하고 추측해서 정한 건 아니에요. 관측한 결과 우주가 조금씩 팽창하고 있다는 것을 알아냈고, 팽창하고 있는 시간을 거꾸로 감는다면 우주는 크기가 계속 줄어들다가 결국 어느 시점에 한 점으로 귀결된다는 결론이 나온 거죠. 빅뱅이라는 게 허무맹랑한 소리같이 들릴 수도 있지만 사실은 관측된 자료와 결과를 통해 나온 결론이고요, 그 이전에 무엇이 있었는지, 무엇이 빅뱅을 만들었는지

질문이 답이 되는 순간

묻는다면 지금 우리 인류에게는 정보가 없어요. 거기까지가 현재 우리 인류가 아는 지식의 끝이기도 해요.

제동 저는 이런 얘기를 들으면 '인간의 지식이 별것 아니네' 하는 마음과 '별것도 아닌데 이렇게 아등바등 살 필요가 있나?' 이런 마음이 들 때가 있어요.

채경 글쎄요. 저는 우주의 규모로 생각하면 지구에서의 일들이 허무하고 하찮게 느껴진다기보다 우주는 알면 알수록 재미가 있고, 우리가 같은 사물이나 상황이라도 여러 각도에서 바라볼 수 있게 해줘서 좋은 것 같아요.

저는 천문학과 행성들을 공부하면서 가끔 '수성에서 해 지는 모습을 보면 어떨까?' '목성에서의 일몰은 어떤 모습일까?' '수성은 태양과 가까우니까 지구에서 볼 때보다 훨씬 큰 해가 지겠지?' '그렇게 거대한 태양이 서서히 지는 걸 보면 어떤 기분일까?' 이런 상상을 많이 해요.

제동 타 죽어요. (웃음)

채경 그늘이 필요하겠네요. (웃음) 그런 상상을 하는 게 저한테는 삶의 즐거움이자 취미생활 중 하나예요.

제동 그게 취미예요?

채경 네. 다른 행성에서의 일출이나 일몰을 상상해보는 거, 재밌지 않나요? (웃음) 그런 것들이 천문학을 배우면서 할 수 있는 또 다른 즐거움이에요. 굳이 천문학을 전공하지 않더라도 천문학에 관심이 있으면 떠올릴 수 있는 재밌는 상상들이 많거든요. 거기서 더 발전하면 「스타워즈」 같은 영화를 만들 수도 있고요. '만일 외계 생명체를 만나게 된다면, 말이 안 통할 테니 음악으로 소통하면 어떨까? 같이 놀 수 있는 외계인이라면 더 좋을 텐데.' 그런 상상도 할 수 있겠죠.

제동 (웃음) 우리가 어렸을 때 자주 듣던 얘기가 "쓸데없는 소리 하지 마. 쓸데없는 생각하지 마"잖아요. 그런데 살아보니, 힘들 때 나에게 진짜 힘이 되는 건 이런 쓸데없는 소리와 쓸데없는 생각이더라고요. 별이든, 시든, 음악이든 그런 쓸데없는 것들이 우리를 살리는 것 같아요.

채경 맞아요. 근데 왜 꼭 쓸데 있어야 해요? 당장은 쓸데없어도 되고요. 그게 나중에 쓸데가 생기기도 해요.

제동 네. 어른들은 꼭 우리가 재밌어하는 것만 쓸데없다고 했잖아요. (웃음) 이제라도 우리가 쓸데없다고 생각하는 것들에 대해서 다시 생각해볼 필요가 있는 것 같아요.

'달을 넘어서 화성으로'

제동 마지막으로 독자 질문인데요, '남작'이라는 아이디를 가진 분이 이렇게 질문하셨네요. "얼마 전에 NASA에서 아르테미스 프로젝트에 한국계인 조니 킴 박사를 우주인으로 선정했고, 우리나라도 이 프로젝트에 참여한다는 뉴스를 봤어요. 아르테미스 프로젝트는 구체적으로 어떤 내용인지, 달 탐사를 중단했다가 왜 다시 시작하는지 궁금합니다."

채경 음…, 달 탐사를 중단했다기보다는 달 탐사를 하던 분들이 다른 행성들을 탐사하느라 바빴어요. 달 탐사로 시작했지만 금성도 탐사해보고, 화성도 탐사해보고, 목성, 토성, 명왕성 그리고 여러 소행성과 혜성 등등 우주 탐사는 계속 진행 중이었죠.

　지금 또다시 달 탐사가 부흥하는 건, 달 탐사가 좀더 현실적이고 산업적인 목적으로 대두되고 있고, 또 달을 중간 정거장으로 보는 시대가 왔기 때문이에요. 조니 킴 우주비행사가 아르테미스 프로젝트에 선발됐는데, 그분이 달을 거쳐서 화성으로 가는 프로젝트에 참여하실 것 같다고 들었어요. 지금 천문학계에서는 재미있는 일들이 많이 진행되고 있고, 저희도 함께하고 있어요.

제동 이제는 한국계, 미국계 따지는 게 큰 의미는 없는 거 같아요.

채경 그렇죠. 우리는 다 지구인들이고, 우주인들이니까요.

제동 '아르테미스 프로젝트'라는 이름은 어떻게 지어진 겁니까?

채경 50년 전 미국에서 했던 달 탐사 프로젝트 이름이 '아폴로 시리즈'인데, 그리스·로마 신화에서 아폴로의 쌍둥이 누이 이름이 아르테미스예요. 예전처럼 달 탐사를 부흥시키자는 의미로 '아르테미스'라고 지었어요.

　그런데 이번에는 달뿐만 아니라 화성까지도 목표에 두고 있어서 '달을 넘어서 화성으로(Moon to Mars)'라는 부제를 가지고 있어요. 전보다 규모도 더 커졌고, 미국 중심이던 예전과 달리 국제

협력의 성격이 짙어졌죠. 한국을 포함해 일본, 캐나다 등 더 많은 국가들이 참여하려고 준비 중이고요. 그래서 좀더 큰 규모의 우주 프로젝트로 변모하고 있어요. 앞으로 아르테미스 프로젝트라는 이름을 뉴스에서 자주 들으실 거예요.

제동 우주로 가는 길은 지구 차원의 협력과 평화를 이루어내는 초석이 될 수도 있겠네요. 국가끼리 경쟁하고 경계하다가도 우주적 차원에서 협력한다고 하면 또 달리 보니까요.

채경 맞아요. 협력할 부분은 협력하고, 다투어보아야 할 부분은 다투어보는 것이 중요하죠. 같은 지구인으로서 천문학자들은 우주 탐사를 함께 준비하고 있으니 서로 협력하는 모습을 지켜보면서 세계인의 마음속에 평화가 찾아오면 좋겠네요.

제동 이번 기회에 그리스·로마 신화도 다시 공부해봐야겠어요. 탐사선 이름을 이렇게 짓기도 하는군요?

채경 네. 나중에는 우리 신화 속 이름을 딴 우주 탐사선도 보고 싶어요.

제동 저도 그 얘기를 하고 싶었어요. 연오랑세오녀, 견우와 직녀 같은 우리나라 전통 신화의 구조도 그리스·로마 신화 못지않다고 생각하거든요.

채경 맞아요. 최근에 국내 천문학자들이 보현산천문대 망원경으로 발견한 외계 행성들의 이름을 짓는 이벤트를 진행했는데, 우리 국민들이 많이 참여해주셨어요. 그중에는 우리 지명도 있고 신화 속 인물도 있었는데, 투표를 거쳐 최종적으로는 백두(Baekdu)와 한라(Halla)라는 이름이 선정됐죠. 그런 투표를 진행

한다는 것 자체가 정말 좋더라고요.

제동 아, 좋네요.

채경 소행성 이름 중에는 장영실이라든지, 허준, 최무선, 홍대용처럼 우리 조상의 이름을 딴 것들도 있어요.

제동 꼭 유명하지는 않더라도 우리가 직접 이름을 붙이는 데 의미가 있는 거니까요.

채경 우리가 준비하는 달 궤도선은 '한국 시험용 달 궤도선(Korea Pathfinder Lunar Orbiter)'이라고 해서 'KPLO'라고 부르고 있어요.

제동 우리 이름이었어도 좋았을 텐데요.

채경 한 번에 와닿는 이름은 아니죠. 발사한 이후에라도 국민들이 우리말로 된 좋은 별명을 지어주시면 좋을 것 같아요. 정말로 KPLO의 별명으로 세오녀의 '세오'를 제안한 분이 계셨어요.

제동 아, 그래요?

채경 네. 공식적으로 이름을 모집한 건 아니고 그분이 워크숍 발표 중에 가볍게 제안하신 거라 특별한 이벤트로 이어지지는 않았지만요. 지금이라도 우리말로 된 좋은 별명이 있으면 좋겠어요.

제동 공식적으로 지으면 좋겠지만 지금 달 탐사를 준비하느라 바쁘셔서 이름 짓기 이벤트까지 할 여력이 없다면 우리가 각자 나름의 별명을 붙여도 좋을 거 같아요.

채경 네. 이름에 스토리가 있으면 더 좋겠죠. (웃음) 이런 이야기를 더 적극적으로 하지 못했던 게, 생각해보니 제가 우리 신화나 전래동화에 대해 아는 게 별로 없더라고요. 아이들 책 읽어주다가 흠칫 놀라곤 해요. 이런 것들을 많이 아시는 분들이 저희 대신 더 좋은 이름을 생각해주시면 좋겠어요.

제동 지금 여기서 한번 해보죠. 유명한 사람의 이름을 따도 좋지만 우리 국민들 이름 중 추첨을 통해 뽑아도 좋을 것 같아요. 예를 들어 이번 달 탐사선 이름을 '심채경호'라고 짓는 거죠. "무슨 기준으로 정했나요?" 물으면 심플하게 "무작위로 추첨했어요" 하는 거죠. 그럼 그분은 얼마나 좋으시겠어요.

채경 올해 가장 많이 등록된 이름, 이런 것도 괜찮겠네요.

제동 헌혈 제일 많이 한 사람 이름은 어때요? 올해 그렇게 정하면 갑자기 피 막 뽑고 쓰러지는 사람이 생길 수 있으니까 작년에 헌혈 제일 많이 한 사람

으로…. (웃음)

채경 그 아이디어도 좋네요. (웃음)

제동 오늘 채경 쌤이 우주와 세상이 생겨난 이야기, NASA와 함께 준비 중인 달 탐사 이야기, 그리고 쓸모없는 것들이 가진 가치까지 다각도로 이야기를 들려주셨는데요, 그게 앞으로 제가 살아가는 데 큰 힘이 될 것 같아요. 감사합니다. 혹시 마지막으로 하고 싶으신 이야기가 있을까요? 천문학자로서 쌤이 평생을 걸고 답을 구하기 위해서 애쓰고 있다든가.

채경 아뇨, 없어요.

제동 그럴 줄 알았어요. 나 이런 거 너무 좋아. (웃음)

채경 저는 오늘 열심히 했으면 만족입니다. 제가 아직 어린아이들을 키우다보니까 근무 시간이 좀 부족해서 집에서도 일을 많이 하는 편인데요, 남편이 가끔 그러거든요. "당신은 왜 안 쉬어?" 어

쩌다 심할 때는 초신성처럼 폭발할 때도 있어요. (웃음) 그런데 저는 저녁에 애들이 텔레비전을 보든 책을 읽든 각자 하고 싶은 거 하게 하면서 제가 하고 싶은 연구를 할 때 아주 행복하거든요.

제동 행성들이군요. 각자 자기 궤도를 돌고 있는…. (웃음)

채경 그렇죠. 한 공간에서 각자의 시공간을 점유하고 있으면서 그냥 존재하는 것, 저는 제가 하고 싶은 공부를 하는 것, 제 컴퓨터에 달 관측 사진이 떠 있는 것, 그런 시간이 소중하고 좋아요. 그러다보니 가끔 지금이 일하는 시간인지, 쉬는 시간인지, 육아하고 살림하는 시간인지 경계가 좀 모호할 때도 있지만 그래도 재밌게 잘 지내고 있어요.

제동 역시 마음이 우주적이셔. (웃음) 이제 진짜 마무리를 지어야겠네요. 소

질문이 답이 되는 순간

감 같은 거 있으세요?

채경　재밌었습니다.

제동　진짜요? 힘드신지 지금 웃음소리가 점점 사라지고 있어요. (웃음)

채경　보람 있었습니다. (웃음)

제동　저는 오늘 진짜 좋았습니다. 아마 독자분들도 그러셨을 거예요. 오늘 갑자기 점심 시간에 비가 왔는데, 지구별에서 함께 소나기를 맞은 인연을 오래오래 간직할게요. 감사합니다.

• • •

자그마한 지구별에서 사람들과 아웅다웅하다가

오늘은 심채경 쌤의 안내로 저 멀리 우주까지 날아가보았다.

잠깐이지만 지구인에서 우주인이 된 느낌이랄까.

덕분에 그동안 나를 감싸고 있던 고민들이 작게 느껴지기도 하고,

한 뼘쯤 커진 것 같은 느낌, 혹시 알까?

땅을 딛고 별을 바라보는 사람들이 왜 맑은지,

채경 쌤을 만나보니 알 것도 같다.

나도 오늘밤에는 별 좀 보고 눈 좀 맑게 해야지.

그리고 컴퓨터 바탕화면에 예쁜 달 사진 하나 띄워놔야지.

만약 이 글을 읽은 누군가가 나와 같은 생각을 했다면,

이번 인터뷰는 그걸로 충분하지 않을까 싶다.

네 번째 만남

×

경제전문가
이원재 대표

인생의 적자구간, 어떻게 메워야 할까?

얼마 전 후배에게서 이런 문자를 받았다.

"선배, 지금은 생존만으로도 칭찬받는 시대예요."

살아남는 것도 힘겨운 시대, 우리의 불안을 잠재우고

삶의 안정성을 확보하려면 어떻게 해야 할까?

신문기자에서 경제전문가로 변신한 이원재 대표는 기본소득제를

도입해야 한다고 주장해왔다. 그런데 그게 가능할까?

'영끌' 안 하고 내 '존재'에 충실하기만 해도 안정적인 삶을 보장받을 수

있을까? 하지만 누군가는 기본소득제가 공산주의라고 하던데….

일도 안 하는 사람들에게 다 퍼주고 나면 나라 쫄딱 망한다던데….

아, 헷갈려! 무슨 근거가 있겠지.

경제전문가 원재 쌤을 만나서 물어봐야겠다.

＊ ＊ ＊

랩2050,
우주선 이름은 아니죠?

제동 어떻게 불러드릴까요? 2050랩 대표?

원재 랩(LAB) 2050입니다.

제동 약간 우주선 이름 같기도 해요. (웃음) 2050년을 예측한다는 의미인가요?

원재 2050년에 우리가 좀더 나은 세상에 살기 위해서는 지금 어떤 정책을 펼쳐야 하는지를 연구하는 곳입니다. 2050년은 지금으로부터 30년 뒤니까 한 세대 뒤죠.

제동 이력이 독특하세요. 「한겨레신문」 기자였다가 미국에서 MBA를 하고 왔네요. 우린 늘 NBA하고 헷갈리는 거 아시죠? (웃음)

원재 네. 농구 아니고 경영학. (웃음) 경영전략을 공부했어요.

제동 한국에 돌아와서는 삼성경제연구소 수석연구원을 지내셨고, 현재는 대통령직속?

원재 대통령직속 저출산고령사회위원회 위원은 2년 임기라 2019년 말까지 했어요. 저출산고령사회위원회는 잘 모르시는 분들이 많을 텐데 대통령이 위원장이고, 7개 부처 장관과 민간 전문가들로 구성된 위원회입니다.

제동 규모가 큰 편이네요.

원재 노무현 대통령 때 만들어진 중량감 있는 위원회죠. 거기서 제가 가장 경량급 위원이었습니다. (웃음)

제동 저출산고령사회위원회는 미래를 예측하는 연구와 어떤 관련이 있는 건가요?

원재 미래를 예측할 때 세 가지 중요한 변수가 있어요. 이건 전문가마다 조금씩 관점이 다를 수 있는데, 첫 번째 변수는 인구예요. 사람 수도 중요하지만, 그 구성이 어떤지를 봅니다. 두 번째 변수는 기술이에요. 기술이 어떻게 변해가는지에 따라 미래사회를

질문이 답이 되는 순간

예측할 수가 있어요. 세 번째 변수가 요즘 많이 얘기되는 기후입니다. 인구, 기술, 기후 이 세 가지는 우리가 개입해서 바꿀 수 있는 여지가 별로 없어요. 단시간에 어떻게 해보기가 쉽지가 않은 것들이죠.

인구만 해도 사람이 태어나 결혼을 하고, 아이들을 낳기까지의 과정이 30년 넘게 걸리잖아요. 지금 개입했을 때 최소 30년 후에야 효과가 나타나요. 기술은 우리가 통제할 수 없을 정도로 너무 빨리 발전해서 문제죠. 기후도 마찬가지예요. 너무 거대해서 우리가 제어하거나 예측하기가 힘들어요.

저희 연구소는 이 세 가지를 변수로 놓고 연구를 해요. 다만 이 세 가지의 트렌드를 쫓아가지는 않아요. 연구하다보면 여러 가지 과제가 나옵니다. 그 과제들을 묶어서 우리가 무엇을 해결해야 하는지를 정의하고, 솔루션을 제안하는 것이 저희 연구소가 하는 일이에요.

예를 들어 사회구성원 중 젊은 세대가 대부분일 때는 이들이 아침에 출근해서 저녁에 퇴근하는 삶을 통해 가족을 부양하고, 나이가 들면 은퇴해서 그동안 저축해놓은 돈으로 살아가는 것이 생애주기였는데, '과연 이것이 인구 대부분이 고령자인 현대사회에서도 유효한가?' 이런 질문을 던지고, 그에 대한 대안을 제시하는 거죠.

우리는 여전히
19세기 유럽의 경제체제 안에서 살고 있다

제동 말씀을 듣다보니 연구하시는 방향이 지금 우리 사회가 맞닥뜨리고 있는 문제와 거의 흡사하네요.

원재 네. 그중에서도 저희가 가장 주목한 건 디지털 전환이었어요. 기술도 여러 가지가 있지만, 아날로그에서 디지털로 바뀌는 거대한 전환이 상당히 오랜 기간에 걸쳐 일어날 것으로 봤는데, 코로나 사태를 겪으며 우리가 20년, 30년에 걸쳐 일어날 것으로 예상했던 일들이 갑자기 날마다 일어나고 있잖아요.

제동 맞아요. 제가 매년 여름 4박 5일 정도 수련원에 모여서 명상을 했거든

질문이 답이 되는 순간

요. 올해는 코로나 때문에 집에서 화상으로 진행했는데, 아침에 일어나 화상 회의 앱(Zoom)을 열면 법륜 스님이 화면에 나와서 명상을 지도하시는 거예요. 저 같은 기계치가 일상에서 이렇게 사용할 정도니까 이런 변화가 크게 다가오더라고요.

원재 저희는 예전 같으면 국제 세미나 때문에 외국에 많이 왔다갔다했을 텐데 지금은 완전히 없어졌죠. 대신 비대면 회의를 많이 하는데 이제는 뒤풀이도 화상으로 해요. 진행자가 "마지막 세션 끝났습니다. 이제부터 뒤풀이하겠습니다" 하면 각자 와인이나 맥주를 가져와서 마시는 거죠. 어떻게 보면 이건 소비 내지는 지식 활동 형태의 변화지만, 여기서 가장 중요한 건 노동의 형태가 바뀌었다는 거겠죠.

경제적인 측면에서 보면 자본주의는 기본적으로 자본이 사람을 고용하는 구조예요. 다시 말하면 노동력을 구매해서 생산하고, 그 생산물을 적절하게 나눠 갖고, 그렇게 유지되는 사회거든요. 그러면 기업은 생산을 더 많이 하려고 투자를 하고, 투자하니까 고용이 생기고…. 이렇게 돌아가는 게 자본주의 사회의 핵심이에요.

제동 그 노동이 어떻게 바뀌었다는 건지 좀더 설명해주실 수 있을까요?

원재 경제적으로만 보면 우리는 여전히 19세기 유럽에 살고 있어요. 산업혁명 이후 19세기 유럽이 만들어놓은 경제체제가 아직 유지되고 있는 거예요. 무슨 얘기냐 하면, 18세기까지 유럽은 농업사회, 가내수공업 사회였어요. 아침에 일어나서 아버지가 "일하자" 하면 일을 시작하는 거예요. 그리고 "밥 먹자." 그러면 밥 먹고요. "오늘은 비가 오니까 쉬자." 그러면 쉬는 거예요. 사람들이 각각 자기 가족 사이클에 맞춰서 사는 거죠. 어떤 경우에는 기후 사이클, 자연 사이클에 맞추기도 했어요.

그러다 19세기에 공장이 생기니까 이제 사람들이 정해진 시간에 출근을 합니다. 기계 사이클에 맞춰서 일하게 되는 거죠. "지금부터 1시간 동안 기계 돌립니다." 그러면 1시간 동안 컨베이어벨트 앞에서 작업하다가 "5분 동안 기계 쉽니다." 그러면 사람도 5분 동안 쉬는 거예요. 그리고 "이제부터 24시간 기계를 돌려야 하니까 2교대 근무합니다." 그러면 12시간씩 나눠서 일하고, "3교대합니다." 그러면 8시간씩 나누어 일하는 거죠. 때로는 교대 없이 일하게 해서 심각한 노동착취가 벌어지기도 하죠. 어쨌든 이 모든 것을 기계가 통제했어요. 기계는 곧 자본이에요. 카를 마르크스가 『자본론』을 쓴 것도 노동자의 권리에 관심이 많아서잖아요.

제동 **저는 마르크스 이런 얘기를 조심해야 합니다. (웃음)**

원재 알겠습니다. (웃음) 어쨌든 19세기는 자본이 사람을 고용해서 일하는 체제가 된 거예요. 그게 지금까지 이어지고 있는데, 디지털 전환으로 이 체제가 바뀔 것인가? 이게 가장 중요한 질문이에요. 디지털 전환이 일어나면 아무래도 공장에 큰 기계를 두고 이곳에 사람들을 출근시켜 일하게 할 이유가 거의 없어질 거라고 생각해요. 자본의 관점에서 볼 때 별로 효율적이지 않거든요. 기계는 전부 자동화하고, 디자이너나 소프트웨어 개발자들은 각자 집에서 일하고, 일감만 보내면 되죠. 다시 말하면 사람을 고용해야 할 필요가 없어지는 거예요. 그동안은 사람들이 기계 사이클에 맞춰서 일하게 하려고 고용계약이란 걸 맺었어요. 그런데도 사람들이 너무 힘들다고 도망가고 저항하니까 그것을 막으려고 고용보험과 산재보험, 건강보험 같은 걸 만든 거거든요.

제동 **노동을 위해 복지를 제공한 거네요.**

원재 그렇죠. 노동자 중심, 그중에서도 고용된 노동자 중심으로 해왔던 거죠. 제가 좀 냉소적으로 보는 것일 수 있지만, 이게 다 노동자보다는 자본이 필요해서 제공한 거예요. 이윤을 많이 창출해서 자본을 계속 늘려야 하니까요. 그런데 기술이 발달해서 굳이 노동자를 고용할 필요가 없어지면 기존의 고용 중심 자본주의 시스템이 차차 와해될 거란 말이죠. 고용된 노동자 중심의 복지 같은 것은 필요 없는 제도가 될 테고요. 자본은 이미 그런 걸 피해갈 방법을 찾기 시작했어요.

플랫폼 노동으로의 전환
"아무나 들어와서 일을 구하세요.
원하는 만큼 연결해드립니다."

원재 요즘 많이 언급되는 플랫폼 노동 같은 게 대표적이죠. "고용할 필요 있나? 그냥 너도 사업자, 나도 사업자 하고, 너는 기계 사이클에 맞춰 일할 필요 없이 너 편할 때 너 편한 곳에서 일해." 자본은 이렇게 얘기하는 거죠. 그러면 노동자는 "그거 좋네. 나는 나 편할 때 일할게"라고 하는데, 그렇게 하는 순간 고용된 노동자를 위한 사회보장제도들이 적용이 안 돼요.

제동 그냥 자영업자가 되는 거네요.

원재 그렇죠. 자영업자는 일하다 다치면 자기 돈으로 치료해야 하잖아

질문이 답이 되는 순간

요. 반면에 기업에 고용된 노동자가 업무 중에 다치면 산재보험 처리를 해주죠. 예를 들어 디자이너나 소프트웨어 개발자의 경우 컴퓨터 앞에서 일을 많이 하니까 목이나 허리에 디스크가 올 수도 있잖아요. 이거 다 산 재죠. 하지만 프리랜서 디자이너들은 집에서 일하다 디스크가 생기더라 도 산재보험 적용을 못 받잖아요. 저희는 이렇게 고용 중심 복지체제가 무너지는 모습에 주목한 거예요.

제동 디지털 전환으로 인해서 사람들이 일하는 모습, 그러니까 고용되고 생 산하는 모습이 달라지면 어떤 일이 벌어질 것인지에 초점을 맞춘 거네요.

원재 맞아요. 그렇게 보니까 생각했던 것만큼 유토피아가 아니더 라고요. 디지털 전환으로 많은 것들이 더 생산되고 기술이 발전 해 더 좋아지는 것 같은데, 사람의 삶, 특히 노동자의 삶은 지금보 다 더 안 좋아질 수도 있겠다고 생각한 거죠. 그게 제 문제의식의 출발이었습니다.

제동 노동자이거나 씨앗 자본이 없는 사람들은 앞으로 더 어려움을 겪게 되겠네요.

원재 그렇죠. 똑같은 노동을 하는데, 고용계약을 맺지 않은 노동자가 되는 거죠.

제동 앞에서 고용계약이 무너진 사회가 유토피아가 아닐 거라고 말씀하셨는데, 사실 사람들이 꿈꾸는 것은 고소득 프리랜서잖아요. 고용보험이나 산재보험 같은 혜택을 못 받더라도 프리랜서로 일하면서 그 이상의 대가를 받을 수만 있다면 그게 더 낫다고 보기도 하고요. 그런데 현실은 그와 반대로 보호받지 못하는 비정규직이 늘어나고 있다는 거네요?

원재 맞아요. 요새 팬데믹, 즉 감염병의 세계적 대유행으로 집에서 일하는 사람들이 많아졌잖아요. 그러다보면 점차 고용이 불안해질 거예요. 재택근무를 한다는 것 자체가 사실은 고용을 안 해도 사업 관리가 가능하다는 것을 간접적으로 보여주니까요. 당연히 플랫폼 노동을 하시는 분들은 더 불안해지겠죠.

제동 여기서 궁금한 게 플랫폼 노동자는 파견 노동자와 다른 건가요?

원재 아, 먼저 그 차이점을 정리할 필요가 있겠네요. 지금 제동 씨가 얘기한 파견 노동자는 간접고용 형태죠. 원래 직접고용을 해야 하는데, 직접고용을 하면 4대 보험 가입이나 고용보장을 해줘야 하니까 기업이 그런 노동법상의 문제를 피하고 싶을 때 편법 내지 불법으로 하는 게 간접고용이에요. 기업이 노동자와 직접 계약하지 않고, 용역업체나 하청업체와 단기적으로 계약을 맺어 파견 노동자를 받는 형태죠.

플랫폼 노동은 달라요. 말 그대로 모두에게 플랫폼을 열어놓고 "아무나 들어와서 일을 구하세요. 일하고 싶은 만큼 연결해드립니다." 이렇게 얘기하는 거죠. 지금 고용 구조가 바뀌면서 플랫폼 기업과 플랫폼 노동이 급격하게 늘어나고 있어요. 예를 들어 아마존이나 인터파크 같은 쇼핑 사이트들 있잖아요. 이들은 직접 상품을 파는 경우가 거의 없어요.

대부분 누군가 그곳에 입점해서 물건을 팔 수 있도록 장을 열어주는 역할을 하는데, 입점하는 사람 입장에서 보면 옛날 장터 같은 개념이죠. 장터가 나를 고용하는 건 아니잖아요. 장터가 나에게 물건을 팔라고 시키는 것도 아니지만 거기에 가야 소비자들을 만날 수 있으니까 수수료를 내고 간단 말이죠. 이런 플랫폼 유통 구조가 플랫폼 노동으로 넘어온 것이 프리랜서들을 위한 비즈니스 플랫폼 업체인 '업워크(Upwork)'나 '크몽(Kmong)' 등이라고 할 수 있어요.

제동 **플랫폼 노동은 구체적으로 어떻게 연결되나요?**

원재 공급자에게는 "디자이너든, 소프트웨어 개발자든, 사교육 강사든 누구든 여기로 오세요. 여기로 오시면 고객이 있어요. 프로필과 함께 원하는 시간당 보수를 올려놓고 홍보하세요"라고 하고, 수요자들에게는 "여기 훌륭한 디자이너와 개발자, 강사들이 있어요"라고 알려서 양쪽을 연결하는 거죠. 그렇게 연결돼서 일하는 사람들의 상태를 한번 생각해보자고요. 예를 들어 저희는 연구소니까 연구 결과를 발표할 일이 많은데,

이때 주로 파워포인트로 프레젠테이션을 만들어요. 자료를 정리한 다음에 마지막에 보기 쉽고 깔끔하게 디자인을 하는 거죠.

15년 전, 제가 삼성경제연구소에 다닐 때는 연구소 안에 그 일을 전문적으로 하는 분들이 계셨어요. 그리고 통계나 수치 자료를 조사하는 부서도 따로 있었어요. 예를 들어 제가 아프리카 국가 중에서 소득이 가장 높은 10개 국가의 순위를 알고 싶다고 자료를 요청하면 그것만 따로 조사하는 분들이 있었는데, 모두 정년이 보장된 정규직 직원이었어요. 그들이 자료를 조사해서 넘겨주는 거죠. 이게 다 기업 내에서, 고용계약 안에서 이루어졌어요.

그런데 지금은 그렇게 하는 곳이 거의 없어요. 저희도 마찬가지고요. 예를 들면 제가 『소득의 미래』라는 책을 쓸 때 사용한 방법인데요, 먼저 '업워크'라는 글로벌 플랫폼에 들어가요. 그곳에서 "아프리카 국가 중에 디지털 관련 노동을 지원하는 정책을 제대로 펼치는 곳이 있는지 조사할 사람을 찾는다"라고 공고를 올렸더니 케냐에 계신 분도 지원하고, 파키스탄에 계신 분도 지원하고, 미국에 계신 분도 지원했어요. "100달러에 3쪽 분량의 보고서를 만들어주겠다"라고 얘기한 분도 있었고, "50달러에 10쪽짜리 보고서를 만들어줄 수 있다"라고 한 분도 있었어요.

제동 앞으로는 노동이 국경에 구애받지 않고 열린 구조 안에서 이루어지겠네요.

원재 그렇죠. 국경은 물론 시간의 구애도 덜 받게 돼요. 예전에 삼성경제연구소에 계셨던 조사원이나 디자이너는 아침에 출근해서 대기하고 있

질문이 답이 되는 순간

다가 업무 요청이 오면 일을 했어요. 정해진 근무 시간만 딱 일하고, 퇴근 후엔 요청이 오든 말든 신경 안 써도 됐죠.

반면에 플랫폼 노동을 하는 디자이너나 조사원들은 계속해서 일거리를 찾아야 해요. 예를 들어 아프리카 케냐에서 조사 업무를 지원한 사람이 있다고 가정해보죠. 만약 그 지원자가 학력이 높더라도 소득이 낮다면 24시간 일을 찾아야 해요. 왜냐하면 시차가 있는 한국에서 업무 요청이 올 수도 있으니까요.

결국 내가 선택해서 일할 순 있지만 당장 소득이 필요하면 끊임없이 선택을 해야 하죠. 이런 걸 '긱워크(Gig work)'라고 해요. 플랫폼 노동 중에서도 내가 원하는 만큼 업무를 선택해서 하는 노동 형태죠. 긱 노동이 사실은 4차 산업혁명 시대 노동의 주류라고 할 수 있어요.

긱워크,
자유롭지만 자유를 누릴 수 없는 '조각 노동'

제동 그런데 긱 노동의 '긱(Gig)'이 정확히 무슨 뜻입니까?

원재 작은 단위, 조각이라고 할 수 있죠.

제동 아, 조각. 앞으로 노동의 형태가 그렇게 변하게 될 거라는 얘기죠?

모든 사람이 긱 노동자로 살아가게 될지도 모른다는 게
노동에 대한 우리의 예측이에요.
전체 시장에 비춰보면 긱 노동의 규모는 아직 작지만,
점점 늘어나는 추세예요.
이것이 문제인 이유는 소득이 불안정하기 때문이에요.

질문이 답이 되는 순간

원재 그렇죠. 기업은 어떻게 보면 여러 업무의 모음이라고 할 수도 있잖아요. 예를 들어 연구소라면 조사 업무가 있고, 종합해서 기획하고 판단하는 업무도 있고, 보고서를 작성하는 업무도 있고, 파워포인트로 프레젠테이션을 만드는 업무도 있고요.

이렇게 다 모여 있던 업무를 하나하나 쪼개는 거예요. 그러면 연구소에는 연구소장 한 사람만 있어도 되는 거죠. 연구소장이 어떤 연구를 해야겠다고 생각하면 업무를 쪼개서 긱 노동자들에게 맡긴 다음, 종합해서 발표만 하는 거예요. 이런 일이 비단 연구소뿐만 아니라 모든 기업에서 가능해진다면 굳이 직원을 고용할 필요가 없어지는 거죠. 모든 사람이 긱 노동자로 살아가게 될지도 모른다는 게 노동에 대한 우리의 예측이에요.

제동 그러면 어떻게 됩니까?

원재 전체 시장에 비춰보면 긱 노동의 규모는 아직 작지만, 점점 늘어나

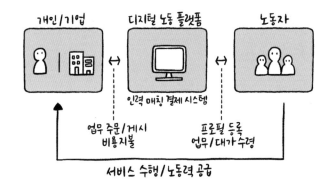

〈 디지털 노동 플랫폼과 긱 경제 〉

는 추세예요. 이것이 문제인 이유는 소득이 불안정하기 때문이에요.

제동 내가 원할 때 일거리가 있고, 내가 시간을 정해서 일할 수 있다면 그렇게 나빠 보이지는 않는데요?

원재 그렇죠. 만약 내가 그것을 정할 수만 있다면.

제동 이런 얘기 하면 '라떼 아저씨'라고 하던데, 제가 고등학교 3학년 때부터 아르바이트로 일용직 노동을 좀 했거든요. 새벽에 인력시장에 나가서 불 쬐고 있다가 공사장에 인부가 필요하다고 하면 가고 그랬어요. 저 대학 다니던 때가 1992년인데, 그때는 방학 때 열심히 일하면 1년 등록금을 벌 수 있었거든요. 제 기억에 한 학기 등록금이 90만 원이었으니까요. 그것도 긱 노동이라고 할 수 있는지는 모르겠지만, 그렇게 불 쬐며 기다리다보면 나름대로 인맥도 생겨서 나중에는 집에서 놀다가 연락을 받고 다음날 일하러 가기도 했어요. 사실 지금 당장 직장이 없어도 일거리만 많으면 불안하지 않거든요. 내가 며칠 쉬거나 한 달 정도 여행하고 돌아와도 다시 일할 수만 있다면 그렇게 나쁠 것 같지 않은데, 그렇게 되지 않을 거라고 보시는 거죠?

원재 이미 그렇게 되지 않았죠. 아까 말씀하신 고소득 프리랜서를 예로 들어보면, 코로나 사태가 발생하기 전과 비슷한 소득을 올린 프리랜서 비중이 얼마나 될까요?

제동 글쎄요, 많지는 않을 것 같네요.

원재 한 달에 1,000만 원 벌던 분이 한 달에 100만 원 벌까 말까 하는 상황도 비일비재해요. 강연과 행사가 줄줄이 취소됐으니까요. 문제는 이런 현상이 코로나 때문에 생긴 단발성 현상이 아니라는 거예요. 제동 씨가 아르바이트로 일용직 노동을 했을 때는 우리 경제가 탄탄하게 성장하고 있을 때였죠. 특히 건설업은 성장을 거듭하면서 계속해서 부가가치가 높아질 때라 그게 가능했던 거고요.

제동 맞아요. 그때가 1990년대 초니까 우리나라 경제가 계속 성장하던 시절이죠.

원재 그런데 지금 우리 사회는 이미 포화상태예요. 어제보다 오늘 조금 더 벌고, 내일은 더 많이 벌 수 있는 조건이 아니더라도 모든 사람이 정규직으로 고용돼서 안정적으로 일하며 살아갈 수만 있다면 괜찮아요. 하지만 긱 노동 형태로 일하는 사람이 많아지면 불확실성이 높아져서 경제가 성장을 못 하고 그래프가 살짝 꺾일 때마다 일거리가 우수수 떨어져나갈 거예요.

프리랜서 일이 확 줄어들 거고요. 한 달에 1,000만 원을 벌어도 다음달 소득이 0원이 될 수 있다고 생각하는 순간, 마음놓고 여행을 가지 못해요. '아파트 한 채 살 때까지는 계속 벌 거야. 그래야 일이 끊겨도 월세라도 받아서 먹고살지.' 이런 생각을 하게 되는 거죠. 제동 씨가 앞에서 얘기한 것처럼 사람들이 일하고 싶을 때 일하고, 벌 수 있을 때 많이 번 다음에, 쉴 때는 확실하게 쉬고 교육도 받으면서 자유롭게 살아가면 좋은데, 실제로는 불안해서 자유를 누리지 못하는 사회가 되는 거죠.

제동 맞아요. 불안감 때문에 제대로 쉬지도 못하게 되는 것 같아요.

제게 소득의 안정성을 두 글자로 표현해보라고 하면
'생존'이 아닐까 싶어요.
그런 의미에서 머릿속에 툭 떠오르는 것이 기본소득이고요.

질문이 답이 되는 순간

두 마리 토끼
기본소득과 전국민고용보험

원재 이미 이렇게 많이 진행됐고, 앞으로 점점 더 이런 방향으로 갈 것 같아요. 결국 소득의 안정성이 가장 큰 문제가 될 거예요.

제동 제게 소득의 안정성을 두 글자로 표현해보라고 하면 '생존'이 아닐까 싶어요. 그런 의미에서 머릿속에 툭 떠오르는 것이 기본소득이고요. 전국민고용보험 같은 것도 그런 맥락에서 나온 것으로 봐야 할까요?

원재 그렇죠. 최근에 복지를 확대하자는 논의가 진행되고 있어요. 전국민고용보험과 기본소득제, 이렇게 두 가지 흐름이 대표적이죠. 다만 전국민고용보험은 정확하게 짚고 넘어가야 할 점이 있어요.

앞에서 제가 "자본주의 사회의 핵심은 자본이 노동을 고용하는 것이다. 노동력을 구매하는 것이다. 그래야 생산이 이루어진다"라고 말씀드렸는데요, '집에서 내킬 때 일하고 안 내킬 때는 쉬고 싶다.' 이렇게 생각하는 사람들을 어떻게 공장에 붙잡아놓을지 자본이 연구를 많이 했어요. 처음에는 채찍으로 때리기도 하고 잡아 가두면서 일을 시키기도 했는데, 문제가 생긴 거죠. 아동노동, 강제노동 같은 문제가 생기면서 혁명이 일어난 거예요. 그래서 '아, 이렇게는 안 되겠구나!' 싶어 고안해낸 게 복지국가예요.

1800년대 말에 독일의 철혈 재상 비스마르크가 사회보험이란 것을 개발해서 도입했죠. 노동자들이 30년, 40년 꾸준히 출근해서 일하면 연금을 보장하겠다고 한 거예요. "이제는 부드러운 방법으로 가자. 강제노동을 시키는 대신 노동을 하면 복지를 보장하는 방식으로 가자." 그래서 도입된 게 지금 우리의 국민연금 같은 거죠. 그리고 고용보험이 생겼어요. 고용돼서 일정 기간 출근과 퇴근을 열심히 하면, 회사 사정이 어려워져서 당신을 해고하더라도 실업급여를 주겠다고 약속하는 거예요.

그러다보니 사람들이 농촌에서 작게 농사를 짓거나 기계 하나 가지고 가내수공업을 하는 것보다 공장에 나가는 게 더 안정적이겠다는 생각을 하게 된 거예요. 나 혼자 재밌게 일하면서 조금씩 벌어 살면 편하긴 한데, 경기가 안 좋아져 일감이 없어지면 가족이 다 굶어죽게 생겼잖아요. 그런 위험이 항상 있었는데, 회사에 고용되면 혹시나 회사가 망해도 실업급여를 받을 수 있을 테니까요.

그런데 지금은 긱 노동자나 프리랜서처럼 고용되지 않은 상태로 일하는 사람들이 점점 더 늘어나고 있어요. 자영업 하시는 분들도 있고, 조금 더 들어가면 아까 말씀하셨던 파견 노동자, 특수고용직 노동자들도 있어요. 요즘 많이 이야기되고 있는 전국민 고용보험은 현재 고용보험 대상이 아닌 분들에게까지 고용보험의 범위를 확대하자는 거예요. 원래 자본주의가 갖고 있던 고용의 정의를 넓히는 거죠.

얼마나 넓힐지는 모르겠어요. 정부에서는 특수고용직 노동자와 문화예술인 등 몇 개 업종까지 보장해주겠다고 소극적으로 얘기해요. 사실은 자영업 하시는 분들과 전업주부까지 다 포함해야 전국민고용보험인데, 그렇게 될 가능성은 크지 않죠.

제동 저는 개인적으로 가사노동의 가치를 빨리 인정해주면 좋겠어요. 집안 일 해보니까 진짜 힘들더라고요. 할머니 할아버지가 아이들을 돌봐주는 것도 포함시키고요.

원재 통계청에서 2014년 기준으로 가사노동의 부가가치를 계산해본 적이 있어요. 우리나라 국내총생산(GDP)의 24%, 약 4분의 1이 가사노동으로 창출한 부가가치라는 결론이 나왔죠.

제동 대기업이 얼마 정도죠?

원재 상장기업 1,500개 정도의 합이 15%쯤 됩니다. 삼성전자가 2~3%쯤 되고요.

제동 얼핏 봐도 가사노동의 부가가치가 삼성전자의 8~10배라는 얘기네요. 그리고 우리나라는 자영업자 비율도 꽤 높은 편이잖아요?

원재 네. 20%가 넘죠.

제동 동네 식당에 가보면 사실 자영업자라고 하지만 거의 본인을 고용한 노동 형태가 많잖아요. 그러니까 고용주이자 노동자인 분들도 포괄적으로 포함되면 참 좋을 것 같은데, 정부가 소극적으로밖에 할 수 없는 이유는 뭘까요?

원재 비유하자면 이런 거예요. 방 두 칸 있는 아파트에서 부부가 아이 둘을 키우면서 살았단 말이죠. 그런데 애들이 열일곱 살, 열여덟 살이 되니까 방이 비좁은 거예요. 그래서 말하자면 인테리어를 좀 바꾸는 게 전국민고용보험이에요. 반면에 기본소득제는 아예 집 구조를 고치자는 거죠. 완전히 다른 개념이에요. 기본소득제에 대해서는 나중에 자세히 설명드릴게요.

어쨌든 우리 사회는 고용된 노동자 중심으로 복지를 하고 있었어요. 그런데 고용되지는 않았지만 노동하는 사람들이 점차 늘어나니까 그 사람들도 고용 중심 복지체제에 좀 집어넣자는 거예요. 아파트 구조를 바꾸는 건 아니고, 인테리어를 좀 바꾸거나 약간 수리를 해보자는 거죠.

그러다보니 어떤 문제가 생기냐 하면, 고용된 노동자들이 보험에 가입하면 본인들이 내는 몫이 있고, 기업이 내는 몫이 있잖아요. 그런데 자영업자들은 말씀하신 대로 사업자이면서 노동자인 경우가 대부분이거든요. 아마 자영업자 600만 명 중에 400만 명이 그럴 거예요. 대부분 직원 없이 혼자서 혹은 가족끼리 돈을 받지 않고 운영하는 분들이죠.

제동 가게가 바쁘면 아이들이 학교 갔다 와서 책가방 던져놓고 배달하거나, 어머니가 집안일 해놓고 나와서 같이 일하는 거죠. 식당 하나에 서너 명이 일하고 있지만 전부 가족이고, 임금을 주고받지 못하는 형태가 많아요.

원재 그렇죠. 그래서 그분들을 고용보험에 가입시키려면 보험료를 누가 내야 하느냐는 문제가 생기는 거예요. 원래 기업과 노동자가 각각 부담해서 나중에 노동자가 받는 건데, 고용주이면서 동시에 노동자인 사람은 어떻게 해야 하는가? 이런 경우에는 고용주 몫도 내고 노동자 몫도 내면 이중으로 부담하게 되는 거죠. 그렇다고 수령액을 더 높일 수도 없거든요. 그러다보니 자영업자들을 가입시키기가 너무 어려운 거죠. 가사노동하는 분들로 가면 이 문제가 더 어려워져요. 명시적으로 소득이 없는데

질문이 답이 되는 순간

보험료를 내라고 할 수가 없잖아요. 그런데 보험료를 내지 않으면 나중에 보험금을 주기가 어려운 거예요. 보험의 구조상 그런 거죠. 만약 그냥 주면 지금 회사에 고용된 노동자들이 손해를 본다고 느낄 테고요. 이런 문제가 있어서 고용보험 대상을 과감하게 넓히기가 아주 어려워요.

기본소득의 개념
그리고 오해와 편견

제동 그러면 기본소득제는 다른 사회보장제도와 뭐가 다르죠? 예를 들면 기초생활보장제도 같은 것과요.

원재 기본소득은 국가가 조건 없이 모든 국민에게 개별적으로 지급하는 현금 소득을 의미해요. 즉 재산과 소득 수준에 상관없이 모든 국민에게 지급되는 현금이죠. 기초생활보장제도는 소득이 최저생계비에 미치지 못하는 사람들에게 생계급여를 지원하지만, 기본소득은 대기업 회장, 무직자, 기초생활수급자, 정규직 노동자, 비정규직 노동자 할 것 없이 모두에게 보편적으로 지급되는 거예요.

제동 우리나라에서 태어났다면 누구나, 존재하는 것만으로도 받는 거군요?

원재 그렇죠. 또한 기본소득은 가구 단위가 아닌 개인 단위로 지급돼요.

4인 가구라면 나이와 성별, 소득에 상관없이 4인에게 각각 지급하는 거죠. 게다가 받는 사람에게 일을 하라거나 구직 활동을 하라고 요구하지 않아요. 자원봉사자, 전업주부, 사회운동가들처럼 금전적으로 노동 가치를 인정받지 못해도 사회적으로 가치 있는 일을 하는 사람들이 있잖아요. 기본소득은 이들에게도 모두 지급되는 거예요.

제동 기본소득과 소득의 재분배를 얘기하면 늘 따라오는 말이 있잖아요. "그럼 공산주의 하자는 거냐?" "기본소득을 실시하면 누가 열심히 일하겠냐?" 이렇게 말하는 사람들도 있는데요, 여기에 대해선 어떻게 생각하십니까?

원재 공산주의와는 굉장히 다르죠. 공산주의는 모든 사람이 노동을 할 수 있도록 국가가 일자리를 다 보장하는 시스템이죠. 반면에 기본소득제는 지극히 시장경제적인 발상이에요. "아무 조건 없이 돈 드릴 테니 마음대로 하고 싶은 거 하세요." 그러면 기본소득이 생긴 사람은 그 돈을 가지고 시장에 가서 쓰기도 하고, 투자를 하기도 하고, 기부를 하기도 하고, 진짜 자기 마음대로 쓰는 거예요. 개인의 자유를 극대화하는 거죠. 지극히 시장경제적인 발상이에요.

제동 아, 둘이 완전히 다른 개념이네요.

원재 그리고 기본소득은 사회적 신뢰와 연대감을 형성하는 데 좋은 측면이 있어요. 예컨대 이런 거예요. 우리가 사회생활을 하다보면 어릴 때 굉장히 부유하게 지낸 사람도 만나고, 몹시 가난하게 지낸 사람을 만나기도 하잖아요. 재벌가 3세와 시골에서 나서 어렵게 자수성가하신 분이 같은 대학에서 동료 교수로 만날 수도 있고, 벤처 기업가로 만날 수도 있어요.

그때 서로 이런 얘기를 할 수가 있거든요. "아, 옛날에 우리 국민학교 때 난로에서 조개탄 때곤 했잖아. 차가운 도시락 갖고 와서 서로 맨 밑에 놓으려고 했다가 어떤 날은 불이 너무 세서 맨 밑에 도시락이 다 타버리기도 하고…" 같은 세대라면 이런 얘기를 공유할 수 있는 거죠.

제동 건축가 현준 쌤도 비슷한 얘기를 하셨어요. 공간적으로도 공통의 추억이 있어야 연대감이 생긴다고.

원재 그렇죠. 그런데 만약 초등학교 시절을 보내는 방식이 달라진다고 생각해보세요. 예를 들어 미국처럼 상위 10%는 아주 특별한 사립학교에 다니고 개인 교사가 있다면 사회에서 그렇지 않은 사람을 만났을 때 초등학교 시절 얘기를 꺼낼 수 없겠죠. 서로 경험이 너무 달라서 연대감을 형성할 수 없을 테니까요. 이것을 사회보장제도와 연결해 생각해보면, 코로나 사태 이후 전국민에게 긴급재난지원금이 지급되니까 사람들이 만나면 다 "나는 받아서 얼마 썼다." "미용실 갔다." "안경 맞췄다." "소고기 먹었다." 이런 얘기를 스스럼없이 했잖아요. 그러면서 연대감이 형성되거든요.

그런데 "나 이번에 실업급여 받아서 소고기 사먹었다." 이런 얘기 하는 거 들어보셨어요? "나 가난해져서 생계급여 받았거든. 그거 받아서 안경 맞췄다." 이렇게 얘기하는 거 못 들어보셨잖아요. 연대감이 형성이 안 돼서 그래요. 비슷한 경험을 가지고 있는 사람끼리 연대감이 형성되는 것

처럼 기본소득도 보편적으로 보장해야 연대감을 줘요. 반대로 차등을 두기 시작하면 연대감 형성이 안 되는 거죠.

제동 이렇게 좋은데 왜 도입을 안 하는 거죠?

원재 그러니까요. (웃음) 어쨌든 복지제도를 도입할 때는 가급적 보편적으로 비슷한 품질을 모든 사람이 누리게 해주는 게 좋다고 얘기해요.

새로운 일상, 뉴노멀
전환기 사회에서의 우리의 삶

제동 그런데 기본소득에 대해 반대하는 분들도 적지 않잖아요. 기본소득을 주장하는 원재 쌤 같은 사람을 이상주의자라고 생각하기도 하고요. 기본소득을 꼭 도입해야 하는 이유가 있을까요?

원재 저는 19세기 유럽이 만든 질서가 지금 전환기를 맞았다고 생각해요. 자본주의가 종말을 맞았다고 얘기하면 엄청 과격한 사람 취급을 받기 때문에 그렇게 표현하지는 않을게요.

제동 원재 쌤이 종말시킨 것도 아니잖아요. (웃음)

원재 물론 아니죠. (웃음) 저는 그냥 관찰하고 있는데, 그게 뭐냐면 19세기에 사회보험제도를 만들 당시에는 모든 사람이 고용된 상태가 가장 이상적이고, 장차 그렇게 될 거라고 예상한 거예요. 정확히 말하면 성인 남성의 완전 고용을 생각했던 거죠. 그때는 여성이나 청소년, 어르신은 고려하지 않았으니까요. 특히 어르신 같은 경우에는 지금처럼 고령화가 진행되지 않았기 때문에 전혀 고려 대상이 아니었지만 어쨌든 완전 고용이라는 개념이 있었죠. 그게 항상 정책의 목표였고, 경제는 완전 고용을 향해 달려가야 한다고 믿고 사회보험제도를 만든 거죠.

하지만 모든 사람이 완전 고용되는 것이 아닌 상태가 정상이 되면, 다시 말해서 정상상태가 완전 고용이 아닌 다른 형태로 바뀌면 이 제도가 작동을 안 하게 돼요.

제동 그게 새로운 정상, 좀 어려운 말로 '뉴노멀(New Normal)'이라고 하는 겁니까?

원재 네. 그래서 기본소득제 얘기가 나오는 거죠. 지금까지 나온 여러 가지 사회보험제도의 핵심은 고용된 사람 중심으로 유지되는 거였어요. 그런데 전국민고용보험이 확대돼서 문화예술인에게까지 적용이 된다면 공무원들이 찾아가서 소득을 조사하고, 보험료와 예상 수령액을 설명해야 하는데, 이런 식으로 접근하면 너무 복잡하고 행정적으로도 비용이 많이 드니까, 모든 사람에게 똑같이 일정한 급여를 보장하는 기본소득제를 도입하자는 거예요.

아이부터 어른까지 모든 개인에게 일정한 급여를 평생 보장하는 시스템을 만들면, 지금보다 고용이 불안정해질 것이 분명한 상황에서 모두가 고소득 프리랜서는 못 돼도 기본소득은 받는 프리랜서가 되는 거죠. 그러면 갑자기 상황이 안 좋아져서 아무 일도 못 하게 되어도 어느 정도 소득은 유지가 되는 거예요.

제동 누구나 생존의 기준이 되는 최저선 아래로 추락하지는 않을 거라는 안정감을 주는 게 목표인 거네요. 그래야 소득이 생기면 소비도 하게 될 것이고, 좀 쉬어도 덜 불안할 테니까요. 하지만 기본소득을 받으면 사람들이 일을 안 할 거라는 의견도 있잖아요?

원재 네. 게을러질 거라고 걱정하는 분들이 있죠.

제동 그런데 기본소득 좀 받는다고 사람이 갑자기 게을러지지는 않거든요. 당장 이번에 재난지원금이 지급됐을 때만 봐도 '돈 생겼으니까 평생 놀아야지.' 이렇게 생각한 사람이 얼마나 될까요? 꼼짝 안 하고 누워 있다가도 뭔가 하고 싶은 게 생각나서 일어나는 게 사람이잖아요. 인간의 기본적인 특성을 이해하지 못해서 그런 얘기를 하는 것 같아요. 아니면 이래서 제가 좌파 얘기를 듣는 건지도 모르겠네요. (웃음)

질문이 답이 되는 순간

원재 (웃음) 만나서 서로 이야기하다보면 괜히 걱정했구나 싶을 겁니다.

소록도에서의 어린 시절
그리고 IMF 기자 시절 알게 된 것들

제동 그런데 원재 쌤은 어쩌다 기본소득에 관심을 갖게 되셨어요? 원재 쌤 정도면 굳이 기본소득에 관심을 안 가져도 될 것 같은데요.

원재 제가 어떤 정도죠? (웃음)

제동 사실 가진 사람들 편을 들어도 되잖아요. 그러면 사는 게 좀 편하실 거고….

원재 제게는 좀 독특한 경험이 하나 있는데요. 꼭 그것 때문에 기본소득을 생각한 건 아니지만 이 경험이 시작이었던 것 같긴 해요. 제가 어릴 때 소록도라는 곳에서 살았어요. 전남 고흥군에 있는 섬인데, 지금 명칭은 국립소록도병원이고, 당시에는 국립나병원이라고 불렸어요. 한센병을 앓고 계신 분들이 치료받을 수 있도록 국가에서 만든 병원이자 마을인데, 초등학교에 들어가기 전에 거기서 2년 동안 살았어요. 아버지가 공무원이셨는데 그 병원 직원으로 일하셨거든요. 순환 근무 같은 걸 하신 거죠. 그때 인연으로 그후로도 소록도에 자주 가고, 방학 때 가서 친구들과 놀고 그랬어요.

한센병 환자 중에는 코가 없는 분도 계시고, 귀가 없는 분도 계시고, 피부가 화상 입은 것처럼 보이는 분들도 계셔서 처음 보면 거부감이 들 수도 있어요. 그런데 그때 어린 제 눈에는 다 똑같은 동네 어르신들이었어요. 성당에 가면 "아이고, 원재 왔네. 귀엽네" 하시면서 저를 위해 기도해 주시니까 제가 볼 때는 모든 면에서 다를 게 없는 거예요.

나중에 알게 된 사실이지만, 그분들은 딱 한 가지를 할 수가 없어요. 바로 노동이에요. 다른 분들이 함께 일하기 꺼리는 문제도 있고, 신체적인 결함 때문에 노동하기 어려운 부분도 있고요. 그러다보니 직장에 고용돼서 일을 할 수가 없는 거죠.

그런데 소록도에서는 어떻게 잘 사시느냐? 이유는 단순해요. 모든 게 보장돼요. 집, 식사, 의료가 다 제공됩니다. 그러니까 이분들은 노동으로 돈을 벌어야겠다는 생각은 없지만, 그래도 일을 해요. 소일로 밭을 일궈서 농작물을 팔기도 하고, 병원에서 허드렛일을 돕고 일당을 받기도 하고, 교회 가서 자원봉사도 하고, 절에 가서 종교 활동도 하고 다 하세요. 사람이 일자리가 없으면 나태해질 거라고 얘기하는 분들은 아마 이런 모습을 보지 못해서 그럴 거예요. 저는 노동하지 않고도 생활할 수 있도록 모든 게 다 보장돼도 사람들은 자기 할 일을 찾아서 한다는 것을 확인한 거예요.

제동 일찍부터 직접 목격하신 거군요.

원재 그렇죠. 나중에 그 모습이 자꾸 떠오르더라고요. 그래서 제게는 "기본소득제를 도입하면 사람들이 게을러지고, 집에 틀어박혀서 은둔형 외

질문이 답이 되는 순간

톨이가 될 것이다"라는 이야기가 아주 이상하게 들려요. 실제로는 안 그렇거든요. 제가 사례로 든 한센병 환자는 우리 사회에서 아주 극단적인 어려움에 처한 분들인데도 생존에 필요한 기본적인 여건을 보장해줬을 때 정상적으로 살아갔어요. 이런 경험이 지금의 제 생각에 영향을 많이 미쳤을 것으로 생각합니다. 물론 당시엔 그런 개념이 전혀 없었죠.

또 한 가지는 소득 자체에 대한 생각인데요. 우리나라가 IMF 구제금융을 받게 됐을 때 제가 마침 수습기자로 일하면서 충격적인 경험을 많이 했어요. 그때 새벽마다 경찰서에 다니는 게 일이었는데, 이틀이 멀다 하고 자살 사건이 벌어지는 거예요. 해고를 당한 가장이 자신의 처지를 비관해서 목숨을 끊거나 자식들이 모두 해고를 당하자 노모가 자살한 사건도 있었는데, 경찰 사건대장에 'IMF형 자살'이라고 기록되어 있었어요. 'IMF 구제금융 사태' 하면 은행이 망했던 걸 기억하는 분들이 많겠지만, 제게는 보통 사람들의 자살로 기억되거든요. '근본적인 문제가 뭘까?' 생각했을 때 제가 찾은 답은 소득이었어요.

하지만 정부에서는 그렇게 생각을 안 하는 것 같더라고요. 정부는 계속 "경제 살리자!" "일자리 만들자!" 그렇게 얘기를 했는데 실제로 사람들에게 심각한 문제는, 지출은 여전히 많고 가족도 부양해야 하는데 안정적인 소득을 벌 수 없다는 절망과 불안이었거든요. 소득과 소득의 안정성이 굉장히 중요한 거죠.

제동 흔히 우리가 추상적으로 생각하는 경제 살리기와는 좀 다른 차원에서

원재 쌤에게 영향을 많이 미친 거네요.

원재 맞아요. 그래서 이 두 가지를 조합해서 제도적으로 구현할 방법을 많이 생각했어요. 근로장려금이나 고용보험 같은 것도 많이 들여다봤는데, 기본소득제를 접하는 순간 '아, 이게 가장 효율적인 해결책이겠구나' 하는 생각이 든 거죠. 그래서 소득의 문제를 해결하는 도구로서 기본소득제에 관심을 두게 됐어요.

그러다 공교롭게도 2016년에 알파고와 이세돌 기사의 대국 이후 많은 사람이 "인공지능 때문에 내 일자리가 없어지면 어쩌지?" 하고 걱정하기 시작하면서 기본소득제에 관심을 가지더라고요. 그때부터 본격적으로 연구하기 시작했죠.

인간의 조건

제동 기본소득에 대해서 꽤 오래전부터 생각을 많이 하셨네요.

원재 어쩌다보니 그렇게 됐네요. (웃음) 그리고 한 가지 덧붙여 설명하고 싶은 게 있는데요, 앞에서 제동 씨가 인간의 기본적 특성에 대해 잠깐 얘기했잖아요. "기본소득을 받는다고 사람이 게을러지지 않을 것"이라고.

그것을 체계적으로 주장한 사람이 있어요. 바로 한나 아렌트*라는 철학자인데요, 『인간의 조건』이라는 책을 썼죠. 거기에 비슷한 얘기가 나와요.

제동 들어본 것 같은데, 읽어보진 않았어요.

원재 (웃음) 안 읽어보고도 얘기한 거니까 제동 씨가 한나 아렌트급이라고 생각하시면 돼요.

제동 그래요? 다 가졌네. 못 살겠다. (웃음)

원재 이 사람은 우리가 흔히 일이라고 얘기하는 것에 세 가지가 섞여 있다고 말해요. 첫 번째는 노동(Labor)인데, 해야 하니까 하는 일입니다. 해야 한다는 것은 개인의 생존을 위해서 해야 하는 일도 있지만, 우리 사회의 생존을 위해 해야 하는 일들도 있어요. 예를 들어 농사가 그런 거죠. 농사짓는 사람이 아무도 없으면 인류는 생존할 수가 없잖아요. 또 현대사회에 꼭 필요한 것들, 예를 들면 휴대전화 같은 것도 만들어야죠. 요즘 세상에 스마트폰 없으면 살기 힘들잖아요. 이렇게 반드시 해야 하는 일은, 자본이 사람들을 고용하든 어떤 방식으로라도 일을 시킵니다. 그렇게 하는 일이 노동이에요.

일이라고 하면 우리는 이 노동만 생각하는데, 한나 아렌트는 다른 두 가지를 더 생각해보자고 합니다. 두 번째가 작업(Work)

---

* 1906년 독일에서 태어난 한나 아렌트는 유대인으로 수용소에 갇히는 등 근대적 악을 몸소 경험했다. 1941년 미국으로 망명해 여성 최초로 프린스턴대 정교수가 되었다. 1958년에 펴낸 저서 『인간의 조건』을 통해 근대가 인간을 대체로 노동에만 몰두하고 이웃과 공동체를 돌보지 않는 '동물적인 삶'을 살도록 만들었다고 지적하며 현대를 대표하는 정치철학자로 자리매김했다.

노동 　　　　작업 　　　　활동

입니다. 말하자면 D.I.Y 같은 거예요. 가구점에서 사면 훨씬 더 싸고 튼튼한 책상을 구할 수 있는데 굳이 직접 만들 때 있잖아요. 한나 아렌트는 미래사회에는 작업의 가치가 더 커질 거라고 얘기해요.

제동 사실 혼자 사는 사람들은 밥도 나가서 사먹는 게 더 싸요. 식당에 가면 찌개 하나를 시켜도 계란말이도 나오고 다른 밑반찬도 나오는데, 그걸 집에서 다 만들어 먹으려면 돈이 더 들거든요. 그런데도 두부나 양파, 청양고추 같은 걸 사다가 된장찌개를 직접 끓여먹는 보람이 있잖아요.

원재 네. 그것도 작업에 가까울 것 같네요. (웃음) 현대사회에 오면 그게 점점 진화하죠. 3D프린터나 아두이노* 칩 같은 것으로 집에서 무언가를 만들 수도 있고요. 사실 저도 '세운상가 키드'라서 어릴 때 세운상가에서 컴퓨터 부품 같은 거 사다가 직접 조립하곤 했어요. 이런 걸 직접 만들 때의 기쁨이 있잖아요. 한나 아렌트는 그것을 작업이라고 말했어요. 당시에는

---

* 마이크로컨트롤러를 이용해 물리적인 환경과 상호작용하는 디지털 장치를 만들 수 있는 오픈소스 컴퓨팅 플랫폼의 일종.

이렇게 얘기한 것도 굉장히 파격적이었는데, 세 번째를 또 얘기해요.

세 번째는 활동(Activity)이라고 번역할 수가 있는데, NGO, 자원봉사, 정치 활동 같은 거예요. 이건 꼭 해야 해서 하는 것도 아니고, 하면 즐거우니까 하는 것도 아니에요. 사회 시스템이 바뀌면 좋겠다는 생각으로 하는 거죠. 당시 한나 아렌트는 "이것도 일이고 노동이지, 왜 노동이 아니냐?" 이렇게 얘기한 거예요. 우리가 반도체를 만드는 것도 중요한 노동이고 세상에 부가가치를 제공하지만, 반도체 공장 노동자들이 건강하게 일할 수 있는 환경을 만들어달라고 사회에 나가서 외치는 활동도 일이라고 말한 거죠. 생각해보면 미래에는 자동화가 빠르게 진행돼 노동은 상당 부분 기계가 대체할 수 있겠죠. 하지만 작업이나 활동은 사라질 리가 없고, 오히려 더 늘어날 거예요.

제동　우리가 해야 해서 하는 일이 있고 그 일을 잘해야 하지만, 이 일들이 해결되고 나면 인간은 누구나 자발성이 가미된 활동을 하고 싶어하거든요. 촛불집회나 광화문집회도 그런 관점에서 바라볼 필요도 있는 것 같아요. 촛불을 들었든, 태극기를 들었든 그분들 모두 우리 사회를 바꾸는 일을 한다는 어떤 사명감이나 보람 같은 감정을 느끼고 있다고 생각해요. 무엇이 옳고 그르냐를 떠나서요. 그렇게 생각하면 더 큰 공동체에 소속돼 있는 것 같기도 하고요. 기본소득의 목표는 이런 활동을 마음놓고 할 수 있도록 해주는 데 있겠다는 생각이 드네요.

원재　맞습니다. 기본소득과 노동의 연결고리를 제동 씨가 말한 방식으로 찾는 것이 가장 좋다고 생각해요. 그리고 이 활동이나 작업의 폭이 생각보다 훨씬 넓어요. 예를 들면 아파트 단지에서 어떤 어르신을 '아이들에게 상담을 잘해주는 분'이라고 공인해드릴 수 있거든요. 그러면 이분은 그게 본인의 일이라고 생각하고, 항상 비슷한 시간에 동네 놀이터 앞 정자에 나와서 아이들 얘기도 들어주시고, 고민이 있으면 상담도 해주시는 거죠. 이게 돌봄 활동인 거예요.

사실 이런 분을 사회에서 돈을 주고 고용할 수도 있죠. 예를 들어 학교 상담사선생님 같은 분들이 그런데, 그런 역할을 공동체 안에서 누군가 자원해서 맡을 수도 있거든요. 그 일을 통해 자신과 사회를 이롭게 하면 그게 활동이 되는 거죠. 비영리 활동, NGO 활동이라고 하면 거창한 것 같지만 마을공동체 안에서도 이와 비슷한 다양한 일들을 할 수 있는 거죠.

작업도 마찬가지예요. 우리가 취미로 집에서 혼자 뚝딱뚝딱 가구를 만드는 것만 작업이 아니에요. 마이크로소프트라는 기업은 원래 빌 게이츠라는 사람이 자기가 좋아서 소프트웨어를 만들다가 탄생했잖아요. 애플도 스티브 잡스와 워즈니악이 차고 안에서 개인용 컴퓨터를 만들다가 탄생한 거니까 어떻게 보면 미래에는 고용과 투자의 힘으로 뭔가 이루어지기보다는 사람들이 집에 약간의 장비를 갖춰놓고 그저 좋아서 무언가를 만들다가 그게 또 큰 사업이 되기도 하고 이렇게 바꾸어나갈 수 있겠다는 생각이 들어요.

그 동력은 어디에 있을까요? 바로 소득의 안정성이에요. 모두의 소득을 약간 높여주는 기본소득제가 그 동력이 될 수도 있다고 생각해요.

예전에 기계나 기술이 발전하기 전에는 모르는 거 있으면
고목나무 밑이나 당수나무 아래 앉아 계신 어르신들 찾아가서
여쭤봤거든요. "저 거름 어떻게 디벼야 됩니까?"
"저 소똥 비 맞았는데 우예 말려야 됩니까?" 그러면 어른들이
논일, 밭일 하시다가도 "아, 이거는 이렇게 해야 되고, 그거는
저렇게 해야 돼야" 하고 다 알려주셨어요. 사실 그게
돈 되는 일은 아니지만 거기서 얻는 보람이 있으니까요.
그런 게 권위가 되기도 하고 공동체를 형성하는 힘이었는데,
지금은 오히려 어른들이 아랫세대에게 물어야 하는
시대가 됐단 말이죠.

권위의 역전
그리고 사회적 신뢰

제동 예전에 기계나 기술이 발전하기 전에는 모르는 거 있으면 고목나무 밑이나 당수나무 아래 앉아 계신 어르신들 찾아가서 여쭤봤거든요. "저 거름 어떻게 디벼야 됩니까?" "저 소똥 비 맞았는데 우예 말려야 됩니까?" 그러면 어른들이 논일, 밭일 하시다가도 "아, 이거는 이렇게 해야 되고, 그거는 저렇게 해야 돼야" 하고 다 알려주셨어요. 사실 그게 돈 되는 일은 아니지만 거기서 얻는 보람이 있으니까요. 그런 게 권위가 되기도 하고 공동체를 형성하는 힘이었는데, 지금은 오히려 어른들이 아랫세대에게 물어야 하는 시대가 됐단 말이죠.

원재 그렇다고 할 수 있죠.

제동 연륜으로 자연스럽게 형성되던 권위가 디지털 시대를 맞으면서 완전히 역전되어버린 거죠. 저는 세대 간의 갈등도 이런 데서 원인을 찾을 수 있을 것 같아요. 내가 누군가에게 도움이 되는 사람이라고 느낄 때 맛보는 행복감과 보람이 크잖아요. 그러니까 어르신들이 가진 지혜와 정보를 안정적으로 전달할 수 있도록 우리 사회가 함께 고민해서 그분들에게 역할을 부여하고 소득으로까지 연결될 수 있게 해드리면 사회적 갈등이 해소되고 자발적인 활동이나 작업이 많아질 것 같다는 생각이 문득 들었어요.

원재 맞아요. 물론 소득만 보장된다고 해결되진 않겠지만, 소득마

질문이 답이 되는 순간

저 보장되지 않으면 너무 어려운 일이죠. 예를 들어 아파트나 건물 경비 업무가 아주 힘든 일인데도 경쟁률이 굉장히 높잖아요. 어떻게든 소득을 벌기 위해서 힘든 것을 감수하시는 거죠. 그러다 보면 자발적으로 하는 작업이나 활동 같은 건 더더욱 하기가 어렵죠. 그래서 대안으로 나오는 대표적인 것이 마을공동체 활동이에요.

사람들은 나이가 들고 정규 노동시장에서 은퇴하게 되면 보통 자기가 살던 곳, 자기가 속한 공동체로 돌아오고 싶어하잖아요. 그때 그 안에서 역할을 찾을 수 있도록 해주자는 게 마을공동체의 핵심이에요. 그게 가능하려면 지역 기반의 사회적 기업이라든지, 협동조합이라든지, 비영리 단체 같은 것들이 많이 나와야 하는데, 이런 활동만으로는 안정된 소득을 얻기 어려우니까 기본소득이 보장된다면 좀더 자유롭게 선택할 수 있겠죠.

제동 지금 내용과 별로 상관없는 얘기일지도 모르겠지만 문득 제가 혼자 유럽 여행을 갔을 때 일이 떠오르네요. 유럽에 소매치기가 많다는 얘기를 들어서 손에 가방도 안 들고 긴장한 채로 다니고 그랬어요. 그때 개인적으로 좀 힘든 일이 있어서 성당에 들어가 혼자 울고 있었거든요. 두 글자인데, 짐작하실 수 있으시겠어요? (웃음)

원재 혹시 이별? (웃음)

제동 아, 이별이라는 단어도 있었네요. 저는 항상 '실연'이라는 단어만 썼는데, 이별이 훨씬 어감이 좋네요. 고맙습니다. (웃음) 하여튼 혼자 울고 있었는데 누가 뒤에서 제 어깨를 쿡 찔러요. 성당에 저밖에 없는 줄 알았는데, 괜히 무섭잖아요. 뒤를 돌아봤더니 건장한 남자가 뭐라고 하는데 못 알아듣겠더라고요. 처음에는 돈을 달라는 얘긴가 싶어서 주머니를 뒤졌는데 잔돈도 없는 거예요. 제 기억에 커피 한잔 마시려고 비상금으로 20유로를 챙겨나온 것 같은데….

그때 그 사람이 웃으면서 제게 20유로를 건네주는 거예요. 얘기를 들어보니까 제가 성당에 들어오면서 그 돈을 떨어뜨린 걸 봤대요. 그걸 주워주려고 따라온 거예요. "이거 네 거 맞지? 너 여행 온 것 같은데, 이러다 굶어죽어. 돈 간수 잘해." 대충 이런 얘기를 한 것 같은데… 그게 기억에 남아요.

원재 그게 사회적 신뢰죠. 돈을 떨어뜨렸는데 사람들이 얼른 주워가지 않는 건 사회적 신뢰가 높으니까 가능한 일이에요.

제동 남을 도와주려는 마음이나 여유도 기본소득이 어느 정도 보장이 됐을 때 생기지 않을까 싶어요.

원재 맞아요. 이와 관련해서 재밌는 조사가 있어요. 불평등과 사회적 신뢰 사이의 관계를 조사한 건데, 유럽의 26개 나라에서 똑같은 질문을 던졌습니다. "거리에서 어려움에 처한 노인을 만나면 도와줄 의사가 있습니까?" 아주 단순한 질문이죠. 국가별로 도와주겠다고 대답한 비율이 30%대부터 70~80%대까지 다양했는데, 그 비율에 따라 국가들을 줄 세워보니 소득 평등도와 거의 비슷하게 나왔어요. 소득이 평등한 나라일수록 어려운 사람을 돕겠다는 비율이 높은 거예요.

질문이 답이 되는 순간

제동 소득 수준과 소득 평등도는 다른 거죠?

원재 다르죠. 사회적 신뢰는 소득 수준이 아니라 소득 평등도와 관련이 깊어요. 소득이 매우 높은 사람과 낮은 사람의 격차가 작은 나라일수록 어려운 노인을 돕겠다고 얘기하는 반면에, 소득 평등도가 낮은 나라에서는 그런 말이 쉽게 안 나오는 거예요.

조사에 따르면 많은 나라 중 스웨덴의 사회적 신뢰도가 가장 높아요. 스웨덴 사람들은 80% 가까이가 돕겠다고 얘기했고, 영국이 중간 정도, 그리고 에스토니아가 가장 낮은 30%대예요. 그리고 세 나라 가운데 스웨덴이 가장 발전한 복지국가이고 소득 평등도도 가장 높아요.

제동 스웨덴이 소득 분배가 잘되어 있는 나라군요.

원재 그렇죠. 영국도 원래는 소득 분배가 잘되는 나라였는데, 1980년대 이후 신자유주의 노선으로 가면서 소득 불평등이 심해졌어요. 구소련에서 독립한 에스토니아 같은 경우는 불평등도가 아직 높아요. 그러다 보니 신뢰도가 굉장히 낮게 형성돼 있더라고요.

그래서 기본소득 보장이 사회적 신뢰와 크게 상관이 없을 것 같지만 실제로는 상관성이 굉장히 높다고 알려져 있어요. "기본소득을 보장해주면 사람들이 서로 믿는다." 이런 말이 있어요.

제동 생활과 마음에 여유가 생기면 서로 돕고, 조금 덜 미워하고, 신뢰도 더 쌓일 것 같아요.

복지에서 권리로
"존재하면 무조건 보장받는다."

원재 여기서 중요한 것을 한 가지 짚고 넘어갈게요. 기본소득제는 재분배 제도가 아니라 선분배 제도예요. 선분배라니 이게 무슨 말인가 싶을 거예요. 예를 들어 월급은 후불제잖아요. 월급은 한 달 일하면 주죠. 일용직이라고 하더라도 그날의 일이 끝나야 일당을 주고요. 대부분의 분배가 그렇거든요. 경제에서는 보통 생산, 분배, 소비 이런 단계로 얘기를 해요. 생산은 기업에서 뭔가 만들어 팔아서 매출을 내는 것이고, 분배는 월급을 주는 거죠.

생산을 먼저 하고, 창출된 부가가치를 나눠주는 게 분배고, 분배받은 것을 쓰는 게 소비고, 소비에 맞게 또 생산하는 형태로 순환이 이루어지는 거죠. 이때 재분배라는 건 정확히 얘기하면 이 순환의 고리에 안 들어간 분들에게 해당되는 거예요. 생산과 분배를 마친 다음 세금 징수를 통해 다시 일부 거둬들여서 순환고리 밖에 있는 분들에게 나눠주는 거죠.

제동 아, 이 순환고리 안에 들어오지 못한 사람들에게 나눠주는 거군요?

원재 네. 그래서 보통 월급을 1차 분배라고 하고, 복지를 재분배라고 하죠. 잔여적 복지, 시혜적 복지, 한정된 영역에서의 복지를 재분배라고 해요. 기본소득을 선분배라고 하는 이유는, 비유적으로 말하자면 출근 첫날 주는 월급 같은 거예요.

질문이 답이 되는 순간

제동 가불과는 다른 거죠? (웃음)

원재 그렇죠. 기본소득은 앞서 제동 씨가 표현한 것처럼 내가 존재하면 받는 거예요. 마치 "만 6세가 되면 무조건 초등학교에 간다. 의무다. 무상이다." 이렇게 얘기하는 것과 비슷해요. "존재하면 무조건 보장받는다." 이런 개념이죠. 그러니까 재분배와는 달라요.

또 한 가지 다른 점은, 재분배를 받기 위해서는 자격을 획득해야 합니다. 자격이 있어요. 예를 들면 가난도 자격이에요. 내가 가난하다는 것을 증명해야 합니다. 실업도 자격이라 해고됐다는 걸 입증하고 구직 활동을 하고 있다는 걸 증명해야 실업급여를 받을 수 있어요.

반면에 기본소득제는 미리 줄 테니까 자유롭게 쓰라는 거예요. 왜냐하면 우리는 이미 생산해놓은 부가가치가 있어요. 그러면 사람들이 기본소득을 가지고 생산 - 분배 - 소비 사이클 안에 들어가는 것을 선택할 수 있게 되는 거죠. 그런 면에서도 사회주의와는 전혀 달라요. 미리 분배를 한다는 건 사회주의에 없어요.

제동 기본소득제는 눈에 보이지 않는 생산력을 인정해주는 거군요.

원재 네, 맞아요. "당신은 존재하는 것만으로도 가치가 있다"라고 얘기해주는 거죠.

제동 제가 기본소득제를 지지하는 한 가지 이유는 개별적이라는 점 때문이에요. 사람들을 한 묶음으로 퉁치지 않고 한 사람 한 사람에게 조명을 비춰

재분배를 받기 위해서는 자격을 획득해야 합니다.

자격이 있어요. 예를 들면 가난도 자격이에요.

내가 가난하다는 것을 증명해야 합니다.

실업도 자격이라 해고됐다는 걸 입증하고 구직 활동을

하고 있다는 걸 증명해야 실업급여를 받을 수 있어요.

반면에 기본소득제는 미리 줄 테니까 자유롭게 쓰라는 거예요.

그러면 사람들이 기본소득을 가지고 생산-분배-소비 사이클

안에 들어가는 것을 선택할 수 있게 되는 거죠.

그런 면에서도 사회주의와는 전혀 달라요.

질문이 답이 되는 순간

주고 집중해주기 때문이죠.

원재 맞아요. 개별적이죠. 보편성, 무조건성, 개별성 이 세 가지가 기본소득제의 가장 중요한 가치예요.

제동 듣다보니 기본소득이 인간의 존엄과도 밀접하게 연관돼 있는 것 같네요. 자격을 증명하지 않아도 되는 거니까 기본소득을 '의무소득'이라고 불러도 좋겠다는 생각이 드네요. 마치 의무교육처럼요. "의무소득 싫어요." 이렇게 말하는 사람에게 "당신, 이 정도 소비는 하고 살아야 우리 공동체가 유지되니까 받아. 그리고 쓰고 싶은 곳에 써." 이렇게 말하는 거죠.

원재 괜찮은 아이디어 같은데요. (웃음)

제동 그래도 안 받는 사람에게는 이렇게 전화하는 거예요. "요번에 의무소득 수령 안 하셨죠? 이거 두 달 이상 안 받으면 수배돼요. 어떻게 하려고 그러세요, 지금? 석 달 넘으면 구속이에요. 안 그래도 요번에 헌법 조항에 추가된다고 난리인데…. 아, 쫌!"

원재 의무소득이 기본소득보다 더 세네요. (웃음) 한때 무상급식을 의무급식으로 부르자고 했던 적이 있었죠.

제동 저는 개인적으로 무상급식이라는 말에 거부감이 있어서…. 애들 밥 먹이는데 부모님 소득은 왜 묻는 거죠? 그렇게 따져서 애들 밥 언제 먹이겠어요. 밥은 먹여놓고 생각해야죠. 그래야 애들이 똑같은 경험을 공유할 테니까요. 저 어릴 때도 "집에 텔레비전 없는 애들 이쪽으로 모여." 그러면 거기서 사탕을 준다고 해도 안 가고 싶어요. '됐고. 사탕 까짓것 안 먹으면 되지.' 이런 생각이 들어서…. 물론 결국엔 가요. 가긴 하지만 그런 생각이 든단 말이

죠. (웃음)

원재 맞아요. 사람은 그렇게 작은 걸로 마음이 상하기도 하죠. (웃음)

제동 어쨌든 "태어났고, 의무교육을 받았고, 누군가는 국방의 의무를 했고, 누군가는 태어나는 순간 이미 납세의 의무를 했고, 그리고 당신이 태어남으로 인해서 공동체에 준 기쁨이 얼마인지 생각하면 그것만으로 당신은 의무소득을 받을 자격이 충분해. 당신이 이 돈을 받아서 저축을 하든, 소비를 하든 해야 우리 사회가 돌아가." 이렇게 국가가 국민 개개인에게 말해줄 때 묘한 따뜻함이 있을 거잖아요. 감성적 접근일 수 있지만 저는 그런 날이 빨리 오면 좋겠어요.

매달 30만 원씩 모든 국민에게…
돈은 누가 낼 것인가? 그럴 돈은 있나?

제동 그런데 "그 돈은 누가 낼 거냐?" "그럴 돈은 있냐?" 여기서 중요한 문제가 재원 마련 방안이겠네요.

원재 제동 씨가 방금 질문한 그 부분은 저희가 재정 연구를 통해서 2019년 10월에 발표를 했어요. 2021년 기준으로 월 30만 원씩 모든 국민에게 기본소득을 지급하는 방안을 만들었죠.

제동 벌써요?

질문이 답이 되는 순간

국민기본소득제 6개 시나리오

연도	2021년		2023년		2028년	
인구	51,822,000		51,868,000		51,942,000	
월 기본소득 지급액	30만원	40만원	35만원	45만원	50만원	65만원
필요 재원	187조원	249조원	218조원	280조원	312조원	405조원

* 인구는 통계청의 장기인구특별추계(2019.3)에 따름

원재 2021년 재정 기준으로 연구해봤더니 1년에 187조 원 정도 들더라고요. 그리고 액수가 30만 원은 좀 적은 것 같아서 2028년까지 월 65만원으로 늘리는 방식으로 시뮬레이션을 해봤어요.

제동 매달 30만 원씩 전국민에게 지급하려면 187조 원이 든다고요?

원재 네. 187조 원이라고 하면 얼마인지 감이 안 오잖아요. 우리나라 GDP의 10%예요. 우리나라 GDP가 1,900조 원이거든요. GDP는 1년 동안 우리가 생산한 부가가치를 모두 합친 것이니까 나눌 수 있는 소득 전부죠. 월급과 이자 지급하고, 군대와 경찰 유지하고, 도로 짓고 하는 데 다 분배되거든요. 이중에 모든 사람에게 똑같이 보장할 수 있는 돈이 얼마나 되나 생각해봤을 때 10%는 된다고 본 거예요.

제동 우리나라 경제에 모든 사람이 똑같이 기여한 부분이 10%는 된다고 본 근거는 무엇인가요?

원재 빅데이터 시대니까 내가 숨 쉬는 것, 이동하는 것, 가게에서 물건 사

는 것, 신용카드 쓰는 것, 택시 타는 것까지도 다 수익화할 수 있는 자원이잖아요. 그리고 아까 제동 씨 말처럼 돈을 벌지 않지만 집에서 아이들과 대화하고, 청소하고, 눈 오면 집 앞에 쌓인 눈 치우고, 놀이터에서 우는 아이 있으면 달래주고 하잖아요. 그런 활동이 가치가 있다는 것에 많이 동의하시는 것 같아요.

그러면 그 가치가 얼마인가를 놓고 논쟁을 하면 된다는 거죠. 어떤 분들은 10%는 너무 많다고 생각할 수도 있고, 어떤 분들은 20%는 되어야 한다고 할 수 있는데, 어쨌든 우리 모두가 존재하는 것만으로 기여한 몫이 있다고 합의만 한다면 돈은 마련할 수 있다는 게 제 생각입니다.

제동 아이가 차에 끼였을 때 전부 다 몰려가서 차를 들어올린다든지 하는 이런 행위는 돈으로 환산해본 적 없는 가치들이잖아요.

원재 그렇죠. 예를 들어 제가 1시간 강의하고 30만 원을 받았다고 치죠. 그 1시간 동안 제가 얘기한 내용 중에는 돈 내고 학교 다니면서 들은 지식도 있고, 책을 사서 읽고 얻은 지식도 있어요. 하지만 어릴 때 부모님이 얘기해주신 것들도 있고, 친구들이랑 놀며 얻은 영감도 다 들어가 있거든요. 그런데 강의료는 저 혼자 챙기잖아요. 어릴 때 나와 놀았던 친구들이나 우리 부모님에게는 보상이 안 돌아가잖아요.

제동 아주 경제적으로 따지면 정확하게 정산해서 돌려줘야 하는데, 그걸 다 계산할 수 없으니까 모두의 몫이라는 게 얼마나 되는지 한번 정해보자, 이렇게 된 거군요.

원재 그렇죠. 이걸 확장해서 얘기하면, 회사가 물건을 생산할 때도 똑같은 거예요. 예를 들어 자동차 디자인을 할 때 거기에 들어가는 지식이 있어요. 그게 그 회사가 단독으로 만들어낸 것이 아니거든요. 디자인이라는 건 우리 역사 위에서 아름다움이 무엇인지를 계속 논의하는 과정에서 만들어진 거란 말이죠. 그것을 어느 순간에 자동차에 입히면 돈은 자동차회사가 버는 거죠.

또 무언가를 생산할 때 사용하는 물은 누구 거예요? 물은 누구의 것도 아니죠. 바람도 굉장히 중요해요. 맑은 공기가 들어와서 공장을 순환시켜줘야 해요. 이 공기는 누구 겁니까? 누구 건지 몰라요. 그렇지만 생산 과정에서 탄소도 배출되고, 오염물질도 배출되어 물과 공기가 오염되잖아요. 결국 생산품도 물과 바람, 공기 등을 사용해서 만든 거니까 그것을 함께 써야 하는 우리 모두에게 몫과 이익이 돌아가야 하는 거죠.

그런데 우리에게 아직 그런 시스템은 없죠. 물, 바람, 공기, 지식 이런 것도 다 자본이라고 한다면 우리가 공동으로 가지고 있던 자본이 투입된 것이 분명한데, 이 공동의 몫이 몇 퍼센트나 되는지 같이 얘기해보자는 거죠. 저는 10%라고 얘기했지만, 3% 정도라고 말하는 사람도 있고, 70% 정도라고 주장하는 사람도 있어요. 그 부분은 사회적으로 합의해서 똑같이 배당금을 주자는 게 제가 얘기한 몫의 개념이에요.

제동 전체 파이 중에 10%는 우리 몫이라는 데 합의하면, 전체 파이가 커지면 우리 몫도 커지는 거니까, 누가 좀 잘돼도 배가 덜 아플 수는 있겠네요. 이게 거창하게 얘기하면 사회통합이고, 좀 쉽게 얘기하면 사촌이 땅을 사면 배가 아플 게 아니라 '네가 잘되는 게 결국 나도 잘되는 것이구나!' 이렇게 생각하게 될 수도 있겠어요.

원재 그렇죠. 그게 굉장히 중요한 점이에요.

제동 언론에서도 이런 식의 접근 방법은 잘 못 본 것 같아요. 아직 공론화가 잘 안 된 건가요? 보통은 퍼주다가 나라가 망한다는 얘기만 하던데….

원재 세상일이라는 게 그렇잖아요. 미국에서 링컨이 노예 해방을 얘기하고 남북전쟁도 하고 그랬던 게 1800년대 중반인데, 실제 흑인과 백인이 버스에 같이 앉아도 되고 식당에서 같이 앉아 밥 먹어도 된다는 내용의 흑인 인권법이 통과된 건 100년 뒤인 1960년대예요.

제동 세상이 바뀌는 데는 시간이 필요한 거네요.

원재 맞아요. 게다가 사람들은 여전히 "일을 안 하는데 어떻게 소득을 보장하냐?" 이런 의문을 가지잖아요. 하지만 사람이 꼭 일을 해서 돈을 벌어야 한다는 생각이 자연적인 건 아니에요. 산업혁명 이후 19세기에 본격적으로 형성된 생각이 지금까지 이어져오고 있는 거죠. 이걸 깨는 게 쉽지 않죠. 통념이 쉽게 바뀌지 않아요. 그렇지만 저는 바뀔 수밖에 없다고 생각해요. 왜냐하면 이걸 만들어낸 기반 자체가 흔들리고 있기 때문이에요. 애초에 이런 생각이 만들어질 때는 자본이 돈을 주고 노동력을 사서 공장을 가동해야만 이윤을 얻을 수 있는 구조였지만, 그런 자본주의 시스템이 기술적으로 바뀌면 생각도 바뀌게 되죠.

노예제에서 노예 해방으로 바뀔 수밖에 없었던 것도 사실 미국

질문이 답이 되는 순간

에 제조업이 발달하기 시작하면서부터잖아요. 공장에 노동자들이 필요한데 노동력이 다 농장에 노예로 잡혀 있으니까 그 사람들을 해방시켜서 노동자로 편입하려고 한 거죠. 냉정하게 보면 자본이 기획한 것이라고 할 수 있어요. 그런 것처럼 지금의 시스템에 대한 생각도 바뀔 것으로 보는 거죠. 물론 시간은 좀 걸리겠죠.

제동 그러면 지금 이런 시스템의 전환도 자본의 탐욕에 유리한 방향이라고 봐야 하는 겁니까?

원재 여기서 제동 씨와 제가 다른 점을 발견했어요. 저는 자본이 어떤 도덕성을 갖고 있다고 생각하지 않아요. 자본이란 건 그냥 시스템이에요. 알고리즘 같은 거죠. 이윤을 극대화하기 위해 움직일 뿐이에요. 이윤을 극대화할 수 있다면 노예제도 도입할 수 있고 복지국가도 할 수 있어요.

제동 마치 자연계 같고 물리 법칙 같은 거네요?

원재 네. 좋다 나쁘다가 아닌 거죠. 중요한 건 우리가 어떻게 하느냐죠. "사람은 그저 존재하는 것만으로도 가져야 할 몫이 있고, 자본은 그 몫을 보장하기 위한 준비를 해야 해. 예를 들면 세금으로 기본소득을 도입해서 모든 사람에게 그 몫을 보장해줘야 해." 우리가 이렇게 생각을 바꾸면 자본은 거기에 맞춰 적응한다고 저는 생각해요.

제가 제안한 기본소득제의 핵심은 모든 사람에게 기본소득을 보장해 자유롭게 활동하도록 하면서도 자본은 자본 나름대로 이윤을 내는 그런 시스템을 만드는 거예요. 우리가 설정한 공동의 몫은 나눠야 하지만, 나누고도 남는 게 많으면 괜찮은 거잖아요. 이렇게 한번 미래를 만들어가보자는 거죠. 이렇게 가지 않으면 지금보다 훨씬 더 안 좋은 미래가 펼쳐질 테니까요.

제동 음, 길게 보면 결국 자본도 손해겠네요.

원재 그렇죠. 자본도 어려움을 겪을 수도 있고, 아니면 자본은 계속 이윤을 낼 수도 있어요. 반면 사람들은 산업혁명 이후 지금까지 누려왔던 노동권을 누리지 못한 채 어렵게 일하면서 살게 될 가능성이 높죠.

정부도 알고 학자들도 알지만
우리에게 알려주지 않는 것

제동 이런 가치를 다 합쳐서 연간 GDP 1,900조 원 중에 10%는 모든 구성원이 기여했다고 보고, 2021년부터 1인당 월 30만 원을 지급한다고 했을 때 4인 가족이면 120만 원이네요. 그런데 재정 건전성을 고려하면, 정부 1년 예산이 500조 원 정도니까 187조 원이면 3분의 1이 넘거든요. 그럼에도 불구하고 지금 당장 쓰고 있는 복지 예산으로 충분히 감당할 수 있거나 조금만 보태면 된다고 보는 거죠? 선별적 복지에 들어가는 행정비용을 줄이고 사회적 통합에 따른 이익까지 고려하면 187조 원 정도는 우리 경제력으로 소화해

낼 수 있다는 논리잖아요? 그런데도 극구 반대하는 사람들은 왜 그런 것일까요?

원재 그건 소득이 이미 분배되고 있기 때문이에요. GDP 1,900조 원은 지금도 어딘가로 다 나가고 있어요. 이 상황에서 기본소득제를 도입하려면 이 분배구조를 바꿔야 해요. 그러면 손해를 보는 사람들이 생기겠죠.

제동 예를 들면 어떤 사람들이 손해를 보게 되나요?

원재 고소득자들은 손해를 보겠죠.

제동 저 같은 사람? (웃음)

원재 그렇죠. 또 여기에도 해당될 것 같은데, 고액 자산가도 손해를 보겠죠. (웃음)

제동 고액 자산가도? 저는 기본소득에 반대합니다. (웃음)

원재 그리고 대기업 대주주들도요. 저희가 계산을 좀 세밀하게 해봤어요. 워낙 방대한 보고서라서 기술적인 부분들이 많지만 요약하면 이런 겁니다. 기본소득제 재원을 어디서 마련할 것인가를 두고 많은 논란이 있는데, 저는 기본적으로 이건 소득 문제이기 때문에 소득으로부터 나오는 재원으로 지급하는 것이 맞다고 생각했어요. 부동산에 세금을 많이 매겨서 재원을 마련하자는 분들도 계시고, 빅데이터 시대니까 데이터세 같은 것을 만들자는 분들도 계세요. 하지만 저는 그건 좀 먼 미래 일이 될 것 같고, 당장 소득을 나누려면 방법은 소득세라고 봤어요. 기본소득제를 도입하면 일단 모든 사람이 소득세를 낼 수 있게 되잖아요. 기본소득이 생기니까.

제동 네, 그렇게 되겠죠.

원재 현재 우리나라에서 소득세를 내는 사람이 인구의 40%밖에

질문이 답이 되는 순간

되지 않습니다. 아무리 높게 잡아도 절반 정도밖에 되지 않아요. 모두에게 기본소득이 지급되면 모든 사람이 평등과 연대의 기반인 납세자가 되는 거예요. 납세자로서의 시민권을 갖는 거죠. 그것을 기반으로 소득이 높은 분들은 더 내고 소득이 낮은 분들은 덜 내게 하면, 똑같은 기본소득을 지급해도 원래 소득이 높은 분들은 손해를 볼 수 있을 거예요.

제동 기본소득에 비해서 그렇다는 거죠? 그런데 그 액수가 크지는 않을 거 아니에요? 이 부분은 좀 자세하게 얘기해주세요.

원재 계산해봤더니, 액수와 재원을 조정하기에 따라서 변동이 있긴 한데, 상위 약 10~25% 정도는 손해를 봐요. 상위 10% 이상이면 틀림없이 손해를 보고요.

제동 상위 10%면 자산이 얼마 정도 됩니까?

원재 자산이 아니고 소득을 갖고 따졌어요. 연 5,000만 원 정도 됩니다.

제동 상위 10%가 소득 연 5,000만 원?

원재 국민 전체라는 데 주목하셔야 해요.

제동 연봉 5,000만 원이면 상위 10%에 들어간다는 얘기입니까?

원재 너무 낮은 거 같죠? 그런데 4인 가족이라고 생각해보세요.

제동 아, 4인 가족이면 2억이네요.

원재 아기부터 어르신까지 한 명 한 명의 소득을 모두 줄 세웠을 때 상위 10%가 연 소득 5,000만 원이에요.

제동 우리나라 인구 전체의 소득을 가지고 통계를 내는 거군요?

원재 그렇죠. 그런데 여기서 짚고 넘어갈 게 또 있어요. 제동 씨가 지금은 소득이 높은 편인데, 어릴 때는 어땠나요? 열 살 때 소득이 있었어요?

제동 아뇨.

원재 그럼 스무 살 때는요? 한 줄로 세우면 상위 몇 퍼센트쯤 됐을까요?

제동 그때요? 제가 방위, 그러니까 단기사병으로 군대를 다녀왔는데 그 이유가 아버지가 일찍 돌아가셔서 생계 곤란이었어요. 그러니까 아마 하위 3~5%쯤 됐겠죠.

원재 그러면 상위 10%에 진입한 시기가 언제쯤인 것 같으세요?

제동 아무래도 연예계 데뷔하고 난 다음일 테니까 30대 초반쯤일 것 같아요.

원재 그러면 소득 기준으로 그 상태를 몇 년 동안 유지할 수 있을 것 같으세요? 예순 살? 고령자가 되어서도 계속 비슷한 소득을 유지하기는 어렵잖아요.

제동 당장 내년부터, 아니 올해부터도….

원재 저는 이 말씀을 드리고 싶어요. 어떤 사람이 '나는 상위 10% 이니까 손해일 것 같다.' 이렇게 생각할 수 있는데, 지금 평균 수명이 80세, 앞으로는 90세, 100세도 될 수 있잖아요. 그중에서 상위 10%로 살아가는 기간이 몇 년이나 될까 생각해보자는 거예요. 수명의 30~40%? 길면 50%? 만약 평생의 절반 정도를 소득 상위 10%로 살아간다면 굉장히 부유한 사람이겠죠. 그런 사람들에게도 기본소득제를 도입하는 편이 그 기간을 제외한 나머지 기간은 이득인 거예요.

인생의 흑자구간과 적자구간

원재 사회생활을 하다보면 인생의 정점에 가까운 사람들만 만나게 돼 있어요. 하지만 그 잘나가는 사람들조차도 사실 인생의 많은 기간을 저소득자로 지냅니다. 특히 유년기와 노년기에는 그렇죠. 그 적자구간을 채워주는 제도가 기본소득제라고 생각하면 돼요.

일단 소득 분배 구조라는 게 본질적으로 부조리해요. 어릴 때는 소득이 계속 '0'이에요. 40대쯤에 잠깐 치솟았다가 뚝 떨어져

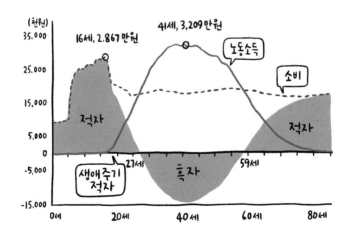

〈 1인당 생애주기적자 〉

한 사람의 생애를 놓고보면

평균적으로 소비보다 소득이 높은,

이른바 흑자구간이 전체 인생에서 절반이 채 안 돼요.

개인의 생애 소득과 지출을 모두 합산하면 사회 전체의

흑자구간과 적자구간이 나오는데, 통계청에서 주기적으로

발표를 해요. 29~59세 정도가 흑자구간입니다.

서 다시 '0'이 되거든요. 그래서 한 사람의 생애를 놓고 보면 평균적으로 소비보다 소득이 높은, 이른바 흑자구간이 전체 인생에서 절반이 채 안 돼요. 개인의 생애 소득과 지출을 모두 합산하면 사회 전체의 흑자구간과 적자구간이 나오는데, 통계청에서 주기적으로 발표를 해요. 29~59세 정도가 흑자구간입니다.

그 나이대에 있는 사람이 실제로 생산하는 부가가치와 소비하는 금액을 비교한 거예요. 예를 들면 41세가 최고점일 겁니다. 우리 국민 중에 41세인 사람 전체가 생산하는 부가가치, GDP에 기여하는 몫과 개인적으로 소비하는 내용을 비교하면 흑자 폭이 가장 크다는 거죠. 그러다 59세 이후에는 다시 적자로 돌아가요.

제동 제가 지금 거의 최고점 구간에 있는 거네요. (웃음)

원재 그렇죠. (웃음) 그런데 그 시점이 지나면 마치 낭떠러지에서 뛰어내리는 것처럼 소득이 뚝 떨어지거든요. 이것을 조정하는 것이 복지국가에서 하는 일이에요. 이 그래프의 치솟은 부분을 살짝 눌러서 양쪽으로 퍼지게 하는 거죠. 이렇게 안 하면 어떤 문제가 생기냐? 높이 치솟은 이 산 안에는 불평등이 있거든요. 소득이 많은 사람도 있고 적은 사람도 있어요. 하지만 나중에 적자구간으로 진입하는 건 모두 똑같아요.

이때 소득이 높은 사람들은 개인적으로 저축해뒀다가 나중에 쓰겠죠. 하지만 이때도 소득이 낮은 사람들을 그대로 두면 노후에 굶어죽으라는 소리와 같기 때문에 복지제도가 있는 거예요. 그래프가 치솟은 부분을 살짝 눌러서 양쪽으로 분배하는 거죠.

그것을 가장 효과적으로 할 수 있는 방법이 기본소득인 거예요. 왜냐하면 우리의 소비수준은 대체로 평생 일정하니, 모든 연령에 똑같이 기본적인 선분배를 하자는 거죠. 먼저 분배를 받으면 안정감이 생깁니다. 특히 노년기나 유아기, 아동·청소년기에는 상대적으로 소비가 덜해서, 기본소득을 조금만 보장해줘도 훨씬 더 안정감이 생깁니다. 그러면 아파트 경비 일을 해서 한 달에 200만 원씩 벌어야만 노후가 보장된다고 생각하는 분들이 줄어들어요. 또 어떤 효과가 있냐? 기본소득이 있으니 추가로 10시간만큼의 임금만 받아도 생계를 유지할 수 있거든요. 그러면 주 40시간짜리 일자리가 10시간짜리 일자리 4개로 나눠질 수 있어요. 그리고 10시간짜리 일자리를 가진 분들은 나머지 30시간의 자유가 생겨요. 일주일 평균 노동 시간이 40시간이라고 할 때 30시간은 자율적으로 뭔가 할 수 있는 거죠.

제동 공동체에서 자원봉사도 하고, 아이들도 돌보고, 취미생활도 하고, 이런 활동들을 할 수 있는 여지가 생기겠네요.

원재 그렇죠. 그런데 기본소득이 없으면 비참한 것이, 모두가 주 40시간짜리 일을 구하려고 노력하지만 모두에게 일자리가 주어지지는 않거든요. 그래서 고령화 사회의 중요한 해법 중 하나가 기본소득을 보장하는 것이고, 두 번째는 협동조합, 사회적 기업, 비영리단체 같은 것들을 만들어서 어르신들이 공동체에 기여할 수 있는 역할을 찾도록 하는 거예요. 이 두 가지가 중요하죠.

제동 기본소득이 고령화 사회를 대비하는 좋은 방법이 되겠네요. 우리는 모두 늙을 테니까요.

원재 그렇죠.

제동 또 지금 부모의 지원을 받는 20~30대가 많으니까, 기본소득이 생기면 부모세대의 부담을 덜어줘서 그분들이 노후를 대비할 수도 있을 테고요. 그런 측면에서 보면 그래프의 치솟은 부분을 조금 누른다는 게 어떤 의미인지 알겠네요. 그런데 기본소득제로 혜택을 받을 분들 중에서도 격렬히 반대하는 경우가 있잖아요. 세금폭탄을 맞게 될 거라고 걱정하면서….

원재 네. 그건 안타까운 일인데요, 잘 설명하면 이해하시리라 생각해요. 187조 원 중에서 40~45%, 약 80조 원 정도는 소득세 구조만 개혁해도 조성할 수가 있습니다. 예를 들면 소득세 비과세·감면제도라는 게 있어요. 쉽게 얘기하면 연말정산 때 교육비나 의료비로 소득 공제를 받잖아요. 이렇게 감면해주는 분야가 아주 다양하고 액수가 생각보다 어마어마하게 커요. 1년에 80조 원 정도 됩니다. 비과세·감면제도를 없애고 소득세만 제대로 받아도 80조 원을 채울 수가 있어요.

제동 그런데 감면될 수 있는 돈을 내라는 건 세금을 더 내라는 의미로 받아들일 수도 있을 것 같은데요?

원재 그렇죠. 그런데 소득세 비과세·감면제도를 없애면서 기본소득제를 도입하면 설득할 수 있어요. 1년에 60만 원 공제 못 받게 된 분에게 그 대신 월 30만 원의 기본소득을 지급하겠다고 하면 돼요. 이때도 고소득자들은 손해를 보겠지만 잘 설득해야죠.

제동 소득세 제도를 개편하는 거네요. 기본소득제와 병행하면 받아들일 수도 있을 것 같아요. 기본소득이 꾸준히 들어오면 당장 세금 감면을 못 받아도 억울하지 않을 테니까요. 고소득층도 당장은 손해처럼 느낄지 모르지만 장기적으로는 이렇게 가야 더 건강하고 안정감 있는 사회가 될 것 같아요.

원재 맞아요. 경제적 불평등이 심화되고 빈부격차가 커지면 사회가 불안정해지고 치러야 할 비용도 높아지니까요.

제동 사회에 기여하는 방법이 여러 가지 있는데 종합부동산세 같은 세금 내는 걸로 기여하면서 칭찬받으면 더 좋지 않을까요? (웃음)

원재 저는 그 입장은 안 돼봐서 잘 모르겠습니다만, 그렇게 잘 설득해주면 좋겠어요. (웃음)

정작 핵심적인 제도를
시행하지 않는 이유는?

원재 그리고 기본소득도 소득이니까 여기에도 세금을 매길 수 있어요. 연소득이 5억 원인 사람과 1,000만 원인 사람은 세율이 다르지 않습니까? 그러면 기본소득에 붙는 세율도 달라요. 예를 들면 기본소득이 100만 원일 때, 연소득이 1,200만 원 이하라 소득세 세율 6%를 적용받는 사람은 기본소득 100만 원의 6%인 6만 원을 다시 세금으로 내는 거죠. 그러면 순 기본소득은 94만 원이 됩니다. 하지만 소득이 높아서 세율 42%를 적용받는 사람은 58만 원만 수령하게 되죠. 그러면 즉각적인 분배 효과가 나타나요. 모든 사람이 세금을 내게 만들면서도 약간의 재분배 효과를 볼 수 있어요. 어쨌든 결과적으로 조정 효과가 있고, 재원도 한 15조 원 정도 확보가 됩니다.

제동   예를 들면 이런 건가요? 여기 컵이 있으면 연 소득 5억 원 이상인 사람은 이미 컵이 다 찼을 텐데, 거기에 기본소득 100만 원을 또 지급할 필요가 있냐는 생각을 할 수 있잖아요. 그런데 그게 아니라 일단 똑같이 지급하면 전체적으로 위에서 아래로 흘러넘치는 효과를 보는 거죠. 낙수효과가 현실 경제체제에서는 거의 실효성이 없다고 하지만 기본소득제는 즉각적인 낙수효과를 볼 수도 있겠다는 생각이 드네요. 물이 이미 차 있는 상태에서 물을 더 부으면 흘러넘칠 테니까요.

원재   네, 맞아요. 사실은 이런 재분배를 하려고 우리 사회가 굉장한 노력을 하고 다양한 복지제도를 만듭니다. 기초생활보장제도를 만들어서 생계급여도 드리고, 의료급여도 드리고, 지방자치단체에서 청년수당도 만들고, 저소득층 어르신들 찾아가 도시락 배달도 하는데 정작 핵심적인 것을 안 하는 거예요. 그 핵심적인 게 소득세를 가지고 하는 거죠. 기본소득제를 도입하면서 비과세·감면제도를 없애면 순수한 재분배 효과가 즉각적으로 나타나요.

제동   전국민이 납세자가 되는 보람도 함께 느낄 수 있겠네요. 하지만 "전국민이 납세자가 된다." 이렇게 말하면 "야, 이거 세금 더 걷어가는구나!" 이런 얘기로밖에 안 들려요. 무의식적인 저항이 일어나는 거죠. 그러니까 이런 설명을 조금 더 쉽고 알아들을 수 있게 전문가들이 해줘야 한다고 생각해요.

원재 네, 알겠습니다. (웃음) 그러니까 모든 사람이 조건 없는 월급을 받고, 그중에 약간씩 세금을 다 내는 거죠. 물론 세금 내는 것을 아까워하시는 분들이 많은데, 사실 잘 쓰는 것도 중요하거든요. 제가 디자인한 기본소득제 재원 마련 방안은 세금을 아끼고 지출을 줄이는 게 핵심입니다. 대표적인 것이 우리는 세금을 내면 정부가 그해에 세금을 다 쓸 거라고 생각하는데 그렇지 않은 경우가 정말 많아요.

예컨대 이런 경우죠. 한 지방자치단체가 장학사업을 하기로 했습니다. 정부에서 예산을 편성해 해당 시청에 1,000억 원을 보냈어요. 지출한 거죠. 그런데 시청에서 장학금을 집행하겠다고 하고 장학재단을 만들어서 장학기금으로 묶어둬요. 서류상으론 1,000억 원을 다 집행한 것으로 잡히지만, 실제로는 그 돈을 은행에 넣고 연 1% 이자인 10억 원을 받아서 월급도 주고 경비로도 쓴 다음에 남는 돈으로 장학금을 주는 거예요.

제동 지역 유력인사가 이사장 하면서 월급을 받아가기도 하고….

원재 그렇죠. 이런 게 드러나면 대개 부정부패라고만 생각하는데, 거액의 세금이 제대로 쓰이지 않고 통장에 묶여 있는 거예요. 이런 돈이 아주 많아요.

제동 더 문제는 그 돈을 다 쓴 것으로 처리하고 다음해에 그 많은 돈을 또 청구한다는 거잖아요. 그러다보면 사람들에게 안 돌아가고 은행에 쌓이게 되고요.

〈 2021년 월 30만 원으로 진행했을 시 재원 내역 〉

재원 마련 방안		금액
공정한 과세 약 83조원	소득세제 비과세·감면 정비 (명목세율 3%P 인하)	56.2조 원
	기본소득 과세	15.1조 원
	탈루 및 비과세 소득 적극 과세	11.6조 원
알기 쉬운 복지 약 50조원	유사성격 현금수당 통합	31.9조 원
	소득보전 성격의 비과세·감면 정비	18.3조 원
효율적 재정 약 54조원	기금 및 특별회계 정비	8조 원
	지방재정 지출 조정	6조 원
	융자사업을 이차보전으로 전환	15조 원
	재정 증가분의 일부를 활용	9조 원
	지방정부 세계잉여금을 활용	16조 원
합계		187.1조 원

원재 그렇죠. 이것을 기술적인 용어로 '기금'이라고 하는데, 이런 돈이 수십조 원입니다. 엄청나죠. 또 하나가 순세계잉여금(純歲計剩餘金)이라는 게 있는데 지방자치단체가 예산에서 지출할 것 다 지출하고 중앙정부에 보조금 잔액을 반납하고도 남은 돈이에요. 돈이 남는데도 예산은 줄지 않고 빠른 속도로 늘고 있잖아요. 그러니까 쌓인 돈은 다 쓰지도 않았는데 또 쌓이는 거예요. 2019년 기준으로 순세계잉여금이 30조 원 남아 있어요. 이거 다 풀자고 한 거죠. 추산이지만 기금이 대략 30~40조 원 쌓인 것으로 예상돼요. 이것을 전부 7~8년에 걸쳐서 국민에게 가도록 풀자는 계획을 짰어요. 그것으로 재원의 30~40%가 마련됩니다.

제동 들어보니 지방의 토호세력이 반발하는 이유가 거기 있겠네요. 자기들이 쓸 수 있는 자금이 줄어드니까 그럴 수밖에 없겠어요.

원재 잘 설득해야죠. 혹시 토호도 겸하고 계시지 않나요? (웃음)

제동 제가요? 고향에 땅이 좀 있긴 합니다. 경북 영천에 13평 정도 있을 겁니다. (웃음)

원재 아, 대지주이시네요. (웃음)

'동학 기본소득 개미운동'

제동 우리나라는 자원은 적고, 나눠가져야 할 사람은 많아서 문제 같은데, 원재 쌤 얘기를 들어보면 꼭 그럴지만은 않은 것도 같고….

원재 도둑놈들이 많은 거죠. 제동 씨도 예전에 정창수 나라살림연구소 소장님과 '밑 빠진 독상'* 이런 것에 대해서도 공부했다면서요?

제동 네. 우리 세금이 얼마나 낭비되고 있는지 알고 싶어서 한번 봤어요. 그것만 제대로 거둬도 수십조 원은 남겠던데요.

원재 사실 기본소득제는 그런 것과의 싸움일 수 있어요. 기본소득제를 반대하는 쪽에서는 "사람들이 게을러질 것이다." "일을 안하려고 할 것이다." 이렇게 얘기하지만, 그건 다 허상이고 진짜는

---

* 2000년 8월부터 시민단체 '함께하는 시민행동'에서 중앙정부와 지방정부의 잘못된 예산 배정과 예산 낭비 사례를 찾아 해당 기관에 수여하는 불명예상.

질문이 답이 되는 순간

공공의 세금으로 일부만 누렸던 부와 권력을 놓치고 싶지 않은 거죠. 연 1,900조 원의 GDP는 매년 다 어딘가로 가고 있는데, 국민 개개인의 주머니에 직접 돈을 넣어주는 방향으로 구조를 바꾸자는 게 기본소득제의 핵심이에요. 단돈 30만 원이라도 조건 없이 내 주머니에 들어오면, 모든 개인에게 월 30만 원만큼의 권한, 조금 거시적으로 보면 권력이 생기는 거죠.

제동 정치, 경제, 사회, 문화 모든 영역에 있어서.

원재 그렇죠. 모든 영역에 있어서 나한테 30만 원어치의 힘이 생기는 거죠. 그 힘은 조건이 없으니까 생기는 거예요. 만약 조건이 있다면 힘은 조건을 다는 사람한테 생겨요. 그러면 기존에 힘이 있던 처지에서 보면 불안하죠. 모든 국민이 월 30만 원어치의 힘이 생긴다고 하면 상대적으로 내 힘이 줄어들 것 같잖아요. 제가 보기엔 돈을 뺏기는 것도 억울하지만, 힘을 뺏기면 어떻게 하나 하는 불안감이 더 큰 것 같아요.

제가 기본소득이 근본적으로 복지제도와 다르다고 얘기하는 이유가 두 가지 측면이에요. 복지는 혜택을 주는 것이라 수혜자가 있지만, 기본소득은 모든 국민이 이 나라의 주주로서 배당금을 받는 것과 같아요. 또 하나는 이렇게 힘을 주는 거예요. 예를 들어 취업하려고 노력했다는 사실을 증빙하고 심사에 통과되면 30만 원을 주겠다고 조건을 달면, 받는 사람에게 힘이 없어요. 하지만 조건 없이 주는 돈은 받는 순간 힘이 생기죠. 지금까지 조건을 달려고 했던 사람들을 반대하는 데 이 돈을 쓸 수도 있잖아요. 그런 힘이 생긴다는 점에서 기본소득은 복지제도와 달라요.

제동 문득 이게 헌법 1조와도 연관되어 있다는 생각이 드네요.

원재 그래요?

제동 주권재민. "대한민국의 주권은 국민에게 있고, 모든 권력은 국민으로부터 나온다." 이것이 우리 헌법 1조 2항이니까 모든 국민의 몫을 돌려줌으로써 국민의 권력을 되찾아주는 기본소득제는 헌법 정신과 밀접한 관계가 있겠어요.

원재 확실히 헌법 책도 쓰시고 하니까 딱 연결이 되네요. (웃음) 저도 마침 민주주의를 얘기하려고 했어요. 기본소득이 보장되면 모든 사람에게 소비를 통해 투표할 수 있는 최소한의 힘이 생겨요. 정치에서 민주주의가 투표권으로 권리를 주장하고 언론의 자유를 행사하는 거라면, 기본소득은 경제적 민주주의의 도구가 될 수 있는 거죠.

제동 헌법 23조가 "모든 국민의 재산권은 보장된다"이잖아요. 기본소득이 보장되면 모든 사람에게 실질적인 재산권이 생기는 것이고, 헌법 119조가 경제민주화 조항이니까 다 연결이 될 수 있겠네요.

원재 헌법 조항을 다 외우셨나봐요? (웃음)

제동 네. 그래서 저는 헌법 개정에 반대합니다. 개정하면 다시 외워야 하니까요. (웃음)

버지니아 울프가 기본소득을 받았다고?

제동 포괄적인 질문이긴 한데 경제전문가로서 우리 사회에서 가장 중요한 건 뭐라고 생각하시나요? 그냥 딱 하나 떠오르는 게 있다면?

원재 가장 중요한 건 소득이죠. "소득의 안정성을 어떻게 확보할 것인가?" 지금뿐만이 아니라 앞으로 계속, 점점 더 중요해지고 있다고 생각합니다.

제동 소득이 안정되는 게 머릿속에 그려져야 행복의 출발점이 될 수 있을 테니까요.

원재 네. 불안이 사라져야 자유로워지겠죠. 우리 경제가 시장경제이고 자본주의라서 선택의 자유가 있다는 얘길 많이 하잖아요. 하지만 소득이 불안정하면 선택의 자유를 행사할 수가 없게 돼요. 물건을 소비하는 데도 제약이 따르고, 어디 가서 보람 있는 일을 하기도 어렵잖아요. 그래서 소득이 가장 중요한 문제인데, 소득은 결국 분배의 문제입니다. 어쨌든 경제가 생산-분배-소비의 사이클로 이루어지는데, 지금 생산과 소비보다 분배에서 문제가 생기면서 전체 사이클이 흔들리는 상황이니까요.

요새 이른바 '영끌', 즉 영혼까지 끌어모아 부동산에 투자하는 사람들이 다 불안해서 그렇거든요. '노후에 집 한 칸 없으면 어떻게 사나?' '자식도 없고, 자식이 있어도 부양할 능력이 안 될 것 같

은데 그러면 난 어쩌나?' 이런 생각 때문에 무리를 하는 거예요.

불안이 영혼을 잠식한다는 게 경제적으로 맞는 얘긴 거죠.

제동 "현재를 즐겨라." 이런 말도 미래에 대한 불안이 없어야 가능한데 지금

그게 안 되니까 영혼을 팔아서라도 내 집 마련을 하고 싶어하는 거죠. 그런

데 그런 욕망을 무조건 나쁘다고 할 수는 없는 거잖아요?

원재 그렇죠.

제동 "사람의 기본적인 욕구는 충족되어야 한다. 그래야 불안이 없다." 이렇

게 말하지만, 어디까지가 기본적 욕구에 해당될까 생각해보게 돼요. 기본적

으로 잘 데가 있고, 하루 세끼 정도는 먹을 수 있고, 계절별로 적당한 옷 서너

벌 정도는 있어야겠죠. 그리고 우리 헌법 전문에 "정치, 경제, 사회, 문화 모

든 영역에 있어서 각인의 균등한 기회를 보장하고, 능력을 최고도로 발휘하

질문이 답이 되는 순간

게 하며"라고 되어 있는데, 저는 그게 일정 수준의 욕망은 공정한 경쟁을 통해서 보장되어야 한다는 의미라고 받아들였거든요. 원재 쌤이 기본소득제를 지지하는 이유도 혹시 이와 관련이 있을까요?

원재 지금까지는 제동 씨와 제가 거의 비슷한 생각을 주고받았는데, 지금 말씀하신 부분은 조금 달라요.

제동 아, 조금 다릅니까?

원재 앞에서 제게 기본소득을 주장하는 이상주의자가 아니냐고 하셨는데, 사실 저는 현실주의자입니다. (웃음)

제동 아, 그래요? 그럼 제가 이상주의자 할게요. (웃음) 자세하게 설명해주시겠어요?

원재 현실주의자로서 보면 보장받는다는 말은 아름다운 말이고 중요한 말이고 좋은 말이지만, 보장을 하려면 보장의 원천이 있어야 하거든요. 그래서 저는 '보장'보다는 '몫'이라는 말을 더 좋아해요.

제동 아, 몫!

원재 그러니까 기본소득을 모든 사람에게 지급해야 한다고 할 때 이것은 '누구라도 하루 세끼는 먹고살아야 하기 때문인가?' 아니면 '우리 사회에서 생산된 모든 것들에 대해 누구나 어느 정도는 기여한 바가 있기 때문인가?' 여기에 따라서 기본소득을 보는 관점이 달라집니다.

제동 아, 그렇네요!

원재 저 같은 현실주의자들은 '세상에 있는 모든 것들 중에 10%

정도는 사회구성원 모두가 똑같이 기여했다고 볼 수 있지 않나?'
이렇게 생각해요. 그러니까 10% 정도는 다 같이 나눠가져야 한
다고 생각하는 거죠. 그렇게 된다면 사람들의 생각도 좀더 여유
로워지고 자유로워져서, 그냥 공무원 시험 준비하면서 계속 안
정적으로 소득을 벌 궁리만 하던 사람이 '한번 내 사업을 해보자.'
이렇게 도전해볼 수 있는 거예요. 왜냐하면 내 몫이 있으니까. 원
래 물려받은 유산이 있으면 사업을 하기가 수월하잖아요. 유산
이 없으면 당장 소득을 내는 일이 중요해지고요.

제동 원재 쌤 책에서 읽은 건데 버지니아 울프도 그랬다면서요?

원재 그렇죠. 버지니아 울프의 직업이 오늘날로 치면 과외 교사였
어요. 귀족 자제들에게 글쓰기를 가르치며 근근이 살다가 어느
날 갑자기 먼 친척의 유산을 상속받게 되면서 창작에 전념할 수
있었거든요. 버지니아 울프는 『자기만의 방』이라는 책에서 이렇
게 말해요. "사실 내가 위대한 작가가 될 수 있었던 데는 투표권
을 얻은 것보다 매달 수표를 받게 된 것이 훨씬 더 중요했다."

　울프는 매년 500파운드를 유산으로 받았는데, 유산은 조건 없는 고정
소득이잖아요. 만약에 울프가 받게 된 돈이 유산이 아니라 실업급여였다
면 구직 활동을 증명하느라 창작에 전념하지 못했을 거예요. 경제적 자
유가 그렇게 중요해요.

제동 우리 친척들은 어디에 있는 걸까요? (웃음)

원재 고향에 물려받은 땅이 있으시잖아요. (웃음)

제동 그게 예전에 저희 집이 철거당할 때 수용되지 못한 땅인데, 사실 정확히 몇 평인지도 모르는데 그냥 촌에 땅 좀 있다고 얘기하는 거죠. (웃음)

원재 그게 정확히 얼마인지 몰라도 내 몫이 있다는 게 안정감을 주잖아요. '우리나라에 땅이 몇 평이나 있지? 수천만 평? 수억 평일 텐데, 그중에 13평은 내 몫이야.' 이런 생각이 작은 위안을 주죠. 우리나라 GDP가 1,900조 원인데, 삼성전자나 현대자동차도 많이 기여했지만 나도 기여한 몫이 조금은 있어요.

그럼 국민으로서 내가 기여한 몫은 얼마일까? 1,900조 원의 10%는 5,000만 국민이 다 같이 만들어냈다고 볼 때, 나는 그중에 n 분의 1, 딱 1인분은 가져올 수 있다는 것만 보장돼도 창업에 도전할 수 있어요. 혁신도 할 수 있고. 그러면 결과적으로 GDP 자체가 늘어날 수 있는 거죠. 몫을 키워서 더 많이 나눠 갖게 되는 거예요. 이렇게 경제적으로 접근하는 게 현실주의적인 생각이죠.

제동 사실은 저도 원재 쌤과 같은 생각이었는데, 약간 시혜적 관점에서 접근했던 것 같아요. "내가 가진 걸 남들에게 나눠주는 거야." 이렇게 내 돈을 주는 것처럼 생각하니까 사람들이 무의식적으로 저항하게 되나봐요. 반성합니다. (웃음) 어쨌든 철저히 경제적 관점에서 봐도 기본소득은 우리 모두에게 이익이 된다고 이해하면 되는 거죠?

원재 네. 맞습니다. 만약 내가 주주라고 가정해보세요. 주식에 투자를 좀 했단 말이죠. 그런데 배당금도 안 주고, 주가는 안 오르고, 아무 이익이 없어요. 그러면 그 회사를 위해서 주주는 아무것도 하지 않아요. 그런데 내가 딱 10주 갖고 있지만, 매년 배당금이 1만 원이라도 들어오면 그 회사 제품 홍보하고 다닙니다. 그 회사가 잘돼야 주주로서 배당금도 더 받을 테니까요. 주주로서 권리 의식도 있지만 이제 그 회사를 잘 키워야 한다는 의무감도 생기는 거죠. 모두가 주인이 되는 거니까.

제동 그렇죠. 지금까지는 기본소득 하면 누군가에게 혜택을 준다고만 생각했는데 '내 몫'이라는 개념이 들어오니까 확 내 얘기처럼 다가오네요. 언론에서 보통 기본소득을 지급한다고 표현하니까 무의식적으로 우리가 누구한테 줘야 한다고 생각한단 말이죠. 하지만 이게 원래부터 우리 몫이라면 얘기가 달라지거든요. 내가 당연히 받아야 할 몫이라고 생각하면 편하겠네요.

원재 맞습니다.

경제 전문가의 일
분배의 고리를 만들고 사람들이 알기 쉽게 전달하고…

제동 세상을 보는 관점이 직업에 따라 다를 것 같은데요. 경제학자는 세상을 어떻게 보는지 문득 궁금해지네요.

원재 논문을 안 쓰니까 학자는 아니고 경제전문가죠. 저는 학문적인 논의를 진전시키기 위해서 뭔가를 쓰거나 하진 않아요. 그

질문이 답이 되는 순간

보다는 남들이 정리해놓은 여러 가지 논의들을 어떻게 현실에서 정책 대안으로 만들 것인가를 연구하거든요. 현실 적용이라는 것은 다양한 요소가 있어요. 현실에 적용하기 위해서는 딱 맞는 너트와 볼트를 찾아 조립하는 일만 있는 것이 아니고, 색깔은 어떻게 칠하고, 사람들에게 어떻게 전달할 것인가 하는 고민이 다 포함되거든요. 그래서 제동 씨하고 하는 일이 겹치는 부분이 있어요.

저는 소득 불평등이 심해지고 있는 상황에서 기본소득제가 정책 대안이 될 수 있겠다는 판단이 들면, 그다음엔 '이걸 사람들에게 어떻게 설명하지?' 이런 생각을 해요. 또 제동 씨 같은 분들이 여러 가지 얘기를 하면 '이걸 하나의 그래프 내지는 새로운 단어로 어떻게 설명하면 좋을까? 맞아 피케티가 이런 용어를 썼지.' 이런 각도로 보는 거죠.

제동 멋있네요. 저는 그동안 경제라고 하면, '경세제민(經世濟民)'의 약자로 세상을 경영하고 사람들의 고통을 덜어주는 일이라는 얘기가 와닿기는 했었어요. 오늘 원재 쌤 얘기 들어보면, 경제나 자본에는 그런 인간적인 속성은 없는 것 같은데 오히려 그렇게 냉철하게 이야기해주실 때 느껴지는 인간미가 또 있네요. 무슨 말인지 아시죠?

원재 감사합니다. 「겨울왕국」의 엘사 같은 느낌인가요? (웃음)

제동 아니, 그 정도까지는 아니에요. 엘사가 나올 줄은 상상도 못 했네요. 진짜 이건 사과하세요. (웃음)

원재 (웃음) 그런데 한 가지만 말씀드리면, 아까 경제 얘기를 하셨는데 저는 경제가 순환이라고 생각해요. 경세제민은 위에서 아래로 내려다보는 관점이잖아요. '나라를 어떻게 잘 다스려 백성을 구할 것인가?' '사람들을 어떻게 널리 이롭게 할까?' 이런 관점에서 보는 거잖아요. 하지만 경제를 그냥 아래에서 보면 이게 나한테서 나가고 나한테 들어오는…, 이렇게 순환하는 거예요.

내가 뭘 만들어서 팔면 돈이 들어오고, 그 돈으로 또 뭘 사고 이렇게 순환해요. 사람들 사이에서 돈이 순환하는 것도 있지만, 사람과 사물 내지는 인간과 자연 사이에도 순환이 있어요. 내가 나무를 가져다가 뚝딱뚝딱 뭘 만들어 팔아요. 그러면 돈이 들어오죠. 그 돈으로 또 나무를 사서 심어요. 이렇게 자연과 인간 사이에 순환이 잘 이뤄지도록 하는 게 경제인데, 이게 그냥 되지 않는 거죠. 사람이 만든 제도 위에서 이뤄져요. 예를 들어 생산에서 분배로 가기 위해서는 노동법을 비롯해 수많은 제도가 있잖아요. 이때 분배에서 소비로 가기 위해서는 노동자들이 임금을 받아서 써야 하는데, 노후 생활이 보장이 안 되면 돈을 안 쓰고 계속 저축해야 하잖아요. 그러면 소비가 일어나질 않고, 경제가 순환이 안 되니까 노후 대비를 위한 연금제도며 실업급여 제도를 촘촘하게 만들어요.

그럼에도 불구하고 이 순환은 항상 끊어질 위험이 있거든요. 더욱이 지금 같은 전환기에는 그 위험이 훨씬 커지죠. 저는 앞으로 이 순환이 상당히 많이 끊어질 것으로 보고 기본소득제 같은 제도로 분배의 고리를 만들어줘야 한다고 얘기하는 거예요.

제동 이번에 코로나 사태를 계기로 다른 사람의 생존이 내 생존과 밀접하게 연관되어 있다는 것을 피부로 느꼈어요. 그것이 바로 경제일 수도 있겠다 싶어요. 경제가 유지되기 위해서는 나도 다른 사람도 어느 정도 소득이 보장되어야겠구나 하는 생각이 들어요.

'빵 20개 먹는 사람이 10개 먹는 사람보다 더 성장한 사람인가?'

제동 그런데 경제를 하는 사람들은 아무래도 분배보다는 성장을 더 중시하잖아요. 원재 쌤은 분배 쪽에 관심을 두게 된 계기가 있나요? 물론 말씀을 들어보니 꼭 분배라기보다는 성장에 기반을 둔 분배에 관심이 더 많으신 것 같긴 해요.

원재 저는 성장이라는 말을 싫어하지 않아요. 성장은 필요해요. 다만 내용이 바뀌어야 한다고 생각해요. 개인도 성장해야 하고, 공동체도 성장해야 하는데, 지금까지는 빵의 크기나 개수가 커지는 것을 성장이라고 생각했어요. 하지만 빵을 아무리 먹어봐야 하루에 몇 개까지 먹을 수 있을까요? 10개 정도 먹을 수 있나요?

제동 저는 10개까지는 못 먹을 것 같아요.

원재 '빵 20개를 먹는 사람이 빵 10개를 먹는 사람보다 더 성장한 사람인가?' 이런 생각을 해볼 수 있잖아요. 물론 일정 단계까지는 빵이 중요하죠. 하루 세끼는 먹을 수 있어야 하는데, 하루에 열 끼를 소고기 구워 먹는다고 사람이 성장하는 건 아니거든요. 그건 삶의 질이 좋아졌다고 말할 수도 없는 거잖아요. 결국 일정한 단계를 넘어가면 성장은 가치를 추구하는 거라는 걸 알 수 있어요. 이웃으로부터 따뜻한 말을 듣고, 형편이 어려운 아이들을 돕고, 인격적으로 성숙해지고, 충분히 소통하고, 미래 세대에게 물려줄 환경을 보호하고, 이런 것들이 개인에게는 성장이거든요.

제동 그럴 때 보람되죠.

원재 그렇죠. 그런 사람에게 우리는 성숙한 사람이라고 얘기하지, 돈만 많이 번다고 성숙하다고 하지 않잖아요. 국가도 그래야 한다는 거예요.

질문이 답이 되는 순간

세계도 그래야 하고요. 그런데 국가나 세계는 아직 그 수준에 가 있지 못하는 게 문제입니다.

제동 그래서 국가가 할 일을 그렇게 강조하시는 거예요?

원재 그렇죠. 제가 『국가가 할 일은 무엇인가』라는 책을 내기도 했는데요. 지금 국가가 제일 중요하다고 얘기하는 성과지표는 GDP거든요. 경제성장률로 많이 표현되죠. 하지만 경제성장률이라는 개념 자체가 다시 생각해봐야 할 점이 있어요. 코로나19 영향이 컸던 2020년 2분기에 두 가지 방향의 지표가 발표됐어요. 하나는 경제성장률로, 대부분의 선진국에서 경제성장률이 -10%였어요. 한국은 다행히 -3.3%로 선방한 편이었는데, -10%면 국가 경제가 거의 무너질 정도로 심각한 상태라고 할 수 있어요.

또다른 지표는 탄소 배출량이에요. 탄소 배출량이 확연히 줄었어요. 기후위기가 다소 미뤄질 수도 있겠다는 희망을 얘기할 만큼이었죠. 인도에서 히말라야가 보이고, 이탈리아 베네치아의 물이 맑아져 물고기가 돌아왔다, 한국 서울에서 미세먼지가 없어졌다, 이런 뉴스가 많이 나왔잖아요. 이런 것들은 다 플러스 요인이란 말이죠. 그렇지만 우리는 이것들을 경제성장률처럼 표현하지는 않잖아요.

제동 지금까지 우리가 경제라고 생각해왔던 것에 대해 다시 한번 곱씹어보게 됐어요. 맑은 물, 깨끗한 공기, 울창한 숲, 이런 건 경제와 관련이 없다고 생각했는데, 그런 게 진짜 우리 삶의 기반이라는 생각이 드네요. 더 나아가서는 이웃 간의 정이나 단골집 사장님의 웃음, 후배들의 꿈과 희망, 이런 것도 포함될 수 있을 것 같아요.

원재 그렇죠. 하지만 국가는 "그래 좋아, 좋은데, 일단 경제성장률이 –10%니까 이것부터 회복해야 해." 이렇게 이야기하는 거예요. 떨어진 경제성장률을 회복하기 위한 전통적인 방법은 정부에서 돈을 써서 도로를 깔고, 댐을 짓고, 건물을 올리고 그런 일이죠.

제동 다시 탄소 배출량을 늘리고, 야생동물을 쫓아내고, 물을 또 흐리게 만들고….

원재 네. 그렇죠. 또 미세먼지를 만들면서 경제성장률을 복구하는 것이 전통적으로 국가가 할 일이라고 생각해왔어요. 그리고 다시 기후위기를 앞당기는 거죠. 이렇게 두 가지를 함께 보면 뭔가 이상하다는 생각이 바로 들잖아요. 누군가가 충분히 먹고살 만한데도 100만 원을 더 벌기 위해서 다른 사람을 기만한다면 그게 꼭 불법은 아니어도 사람들이 좋게

질문이 답이 되는 순간

보지 않잖아요. 그 사람이 성숙하다고 생각하지 않잖아요. 그런데 왜 국가는 기후를 파괴하면서까지 경제성장률을 높여야만 성장이라고 얘기하는 걸까요? 개념 자체가 잘못된 거죠.

제가 분배를 얘기하는 건 이제 성장은 그만하고 분배를 하자는 게 아니라, 우리가 왜 경제성장률이라는 수치에 집착하느라 지구 환경을 파괴해도 되고, 사회구성원 간에 신뢰가 무너져도 된다고 생각하기에 이르렀는지 돌아보자는 거예요. 왜 그러겠어요? 생계 고통이 극심하고, 공포스럽고, 불안하니까 집착하는 것이거든요.

제동 맞아요. 그런 건 진정한 경제성장이 아니죠. 경제성장이라고 착각하는 거죠. 그동안 우리가 잘못 알고 있었네요. 경제 지표는 성장했을지 몰라도 사람들은 더 불안해졌잖아요. 불안해서 그래요. 사람이 불안하지 않으면

굳이 '기후변화에 대처해야 한다.' '탄소 배출량을 줄이자.' 이런 얘기 안 해도 다 알아서 할 거예요. 예를 들면 화장실 딸랑 3개를 만들어놓고 3,000명에게 이용하라고 하면 새치기하는 사람도 있고, 그러다보면 싸우죠. 하지만 화장실 개수가 충분해지면 양보도 하고 그러잖아요. 그러니까 우리가 최소한의 몫만 보장받아도 아이들을 위해서 기후위기에 대처하고 그럴 수 있을 것 같아요.

원재 바로 그 얘기예요. 분배를 얘기한다고 해서 성장에 반대하는 것이 아니라 사람들에게 자기 몫을 챙겨주고, 자기 몫이 있다고 믿게 해줌으로써 불안을 없애주면 사람들은 저마다 가치를 추구할 수 있고, 그러면 지금과 다른 성장이 가능하다고 보는 거죠.

제동 사람들에게 자신의 정당한 몫을 받게 해서 그 사람들이 원하는 대로 스스로 성장하게 하는 것, 저는 그게 진짜 경제성장이라는 생각이 드네요.

"떼인 몫 받아드립니다, 기본소득"

원재 기본소득 논쟁이 정치적인 것 같지만 상당 부분 인간에 대한 관점의 차이이고, 어떻게 보면 윤리적인 거라고 할 수 있어요. "사람은 통제하지 않으면 타락할 거야." 이렇게 윤리적인 관점에서 접근하는 분들이 많아요.

제동 기본소득을 지급하면 무임승차하는 사람들이 늘어날 것으로 생각해서 반대하는 거잖아요. 일하지 않는 자 밥도 먹지 말라는 논리인데….

원재 "난 일하는 사람인데, 일하지 않는 사람한테 돈 주는 거 반대해." 이건 전통적 복지에 대한 반대죠. 기본소득은 모든 사람에게 조건 없이 주니까 일하지 않는 사람에게 주는 것과 다르죠. 모든 사람에게 지급하니까.

제동 그게 중요하네요. 기본소득은 모두에게 준다는 것. 그러니까 일하는 사람은 기본소득이 플러스 요인이 되는 것이고, 일하지 않는 사람, 또는 일을 구하지 못한 사람은 최소한의 기본 요건을 갖추게 되는 거네요.

원재 그렇죠.

제동 원재 쌤에게 배운 대로 하면, 일하지 않는 사람도 따져보면 기여한 게 있으니 그 사람에게도 최소한의 몫을 줘야 한다는 개념인 거잖아요. 제가 만약에 기본소득을 추진하는 정책 기관이라면 그런 문구 만들겠어요. "떼인 몫 받아드립니다." 저는 오늘 배운 기본소득제의 핵심이 이 한 문장인 것 같아요. 지금까지는 떼인 거예요. 우리 사회가 계산을 잘못해서 제대로 나눠주지 못했던 거죠. 저는 그런 관점에서 접근해보면 좋겠다는 생각이 드네요.

원재 그 주제로 강연 한번 해주세요. "떼인 몫 받아드립니다, 기본소득."

(웃음)

제동 내년에 안 그래도 무료 강의 100강을 계획하고 있어요. 먼저 연락 오는 100군데 정도 무료로 강의하려고요. 제일 첫 번째로 말씀하셨으니까 왔다갔다 차비만 주세요. 그런데 그게 강연이 됩니까? 지금 이 정도 알아서?

(웃음)

원재 "떼인 몫 받아드립니다." 이것만 가지고 1시간 얘기하실 수 있잖아요. 잘 알고 있습니다. 제 아내가 제동 씨 강연 영상을 계속 봐서…. (웃음)

제동 왜 다 결혼하고 보는 거죠? (웃음) 어쨌든 사람들이 기본소득제에 거부감을 갖는 이유는 세금만 더 느는 거 아닌가 싶어서인데, 기본소득 때문에 뭔가 더 부담해야 하는 건 없는 거죠?

원재 앞서 말씀드렸지만, 고소득자들은 세금을 더 내야죠.

제동 그분들도 당장은 순부담이 늘어나지만 적자구간에 진입했을 때 받을 수 있는 혜택까지 전체적으로 계산을 해봐야 한다는 거죠?

원재 그렇죠.

질문이 답이 되는 순간

제동 기본소득을 하위 70%에게만 주자는 주장에 대해서는 어떻게 생각하십니까? 왜 돈 많은 사람들한테까지 기본소득을 줘야 하는 거죠?

원재 하위 70%에게만 기본소득을 주자는 주장이 합리적인 것 같지만 실행하는 데 어려움이 많습니다. 일단 '왜 70%냐?' '70%에 딱 걸린 사람과 70.1%인 사람은 무슨 차이가 있느냐?' 여기서 공정성의 문제가 생기고, 어떻게 선별을 하느냐는 문제도 있죠.

이런 어려움을 보완하기 위해서 기본소득을 조건 없이 지급한 다음에 과세하자고 말씀드리는 거예요. 그러면 자연스럽게 소득이 높은 분들은 세금을 더 부담하게 되기 때문에 기본소득을 덜받는 효과가 나거든요. 세금 매길 때 소득에 따라 선별하는데 기본소득을 지급할 때도 또 선별하면, 행정비용도 더 많이 들고 선별의 어려움도 커지니까 이중으로 그럴 필요 없다는 거죠.

제동 아, 그렇군요. 의문이 좀 해소되네요.

문명의 대전환
나의 가치를 남들이 매기지 못하는 시대

제동 오늘 아주 많은 이야기를 들었는데, 지금 이 문제가 결국엔 문명의 전환과도 관계가 있다는 생각이 드네요. 자본주의가 좋고 나쁘고를 떠나서 이것이 과연 존속 가능한지 의구심이 들 때가 있어요.

원재 이렇게 설명해드리고 싶어요. 자본주의가 탄생했던 19세기 유럽 문명은 끝나가고 있어요. 자본이 노동력을 구매하는 노동의 상품화가 자본주의의 핵심이었죠. 또 한 가지, 19세기 유럽에서는 처음으로 지식을 상품화합니다. 도시와 도시를 잇는 철도가 깔리기 시작하면서 신문과 책이 배달될 수 있었거든요. 그전까지는 제동 씨가 아무리 유능한 작가라 하더라도 경북 영천 동네 사람들 약 100명, 많아도 200명밖에 상대할 수 없었을 거예요.

제동 교실에서 돌려보는 게 다겠죠. 그것도 아주 재밌는 소설을 써야 가능하고요. (웃음)

원재 그렇죠. 그런데 과학기술이 발달하면서 이제는 영천에서 쓴 책을 서울은 물론 전세계 사람들이 즐길 수 있게 된 거예요. 바야흐로 문화가 상품이 된 거죠. 앞서 말씀하신 문명의 전환이라는 건 아마 이런 걸 거예요. 19세기 이전으로 다시 돌아가는 거죠. 어차피 상품화한 것들은 있어요. 이건 계속 자본주의 형태로 굴러갈 수밖에 없는데, 만약에 인간이 노동력을 판매하지 않고도 살 수 있다면, 일자리가 없어지는 것이 꼭 나쁜 건 아니거든요. 일자리가 없어진다는 것은 반대로 얘기하면 노동력을 안 팔아도 된다는 거니까요.

　나를 팔지 않아도 삶을 보장받을 수 있다면 오히려 지역 안에서 더 많은 활동을 할 수도 있는 거죠. 내가 만약 노래를 부른다면 그 이유가 돈을 벌거나 이윤을 남기기 위해서가 아니라 그저

질문이 답이 되는 순간

좋아서인 거예요.

제동 제가 처음 기타를 배운 건 좋아했던 한 여학생에게 잘 보이기 위해서였죠. (웃음)

원재 그런 거죠. (웃음) 한 사람을 위해서 작곡하고, 노래하고, 연주하고 다 할 수 있는 거잖아요. 소비를 부추기기 위해 어떤 활동을 하는 게 아니라요. 이런 것이 근본적인 변화예요. '탈상품화'라고 표현하기도 하는데, 더는 상품이 되거나 상품화하지 않아도 되는 것, 이것이 아마 문명 전환의 핵심일 것 같아요.

제동 나를 팔지 않아도 되는 시대. 내 노동력을 팔지 않아도 되는 시대. 그게 가능할까요? 사람들은 그게 또 불안할 수 있거든요. 우리 윗세대는 워낙 치열하게 일해서 경제 기반을 닦고 나라를 성장시킨 경험이 있고, 우리도 그 세대의 영향을 받고 있으니까요.

원재 노동력을 팔지 않는다고 해서 그게 치열하지 않다고 말할 수는 없다고 봅니다. 한 사람을 위해서 작곡하고 노래하는 것도 충분히 치열하거든요.

제동 난 그때가 제일 치열했어요. 그리고 제일 웃겼어요. 그때는 마음만 먹으면 누구 하나 웃다 숨넘어가게 할 수도 있었죠. (웃음)

원재 그러니까요. 사람한테는 그런 자발성이 있고, 그것을 개발하는 게 어떻게 보면 진정한 문명의 전환이죠.

제동 그러다보면 거기서 또다른 것들이 분명히 나오겠죠?

원재 그런 활동이 사실 소비수준을 높이고, 그게 또 성장으로 이어지죠.

나를 팔지 않아도 되는 시대.

내 노동력을 팔지 않아도 되는 시대. 그게 가능할까요?

사람들은 그게 또 불안할 수 있거든요.

우리 윗세대는 워낙 치열하게 일해서

경제 기반을 닦고 나라를 성장시킨 경험이 있고,

우리도 그 세대의 영향을 받고 있으니까요.

질문이 답이 되는 순간

하지만 그때 소비수준은 내가 1개 먹던 빵을 3개 먹게 된다는 뜻이 아니고, 전에는 100만 명에게 팔려고 만든 노래를 들었다면 이제는 나 한 사람을 위해서 만든 노래를 들을 수 있게 되는 거죠. 우리 마을, 우리 10명의 공동체만을 위해서 만든 예술작품을 감상할 수 있게 되는 거예요. 이런 것들이 우리가 준비해야 할 진정한 성장 모델이라고 봅니다.

제동 다만 전제조건이 필요하죠. "생존이 보장되어야 한다."

원재 네. 보장되어야죠.

제동 코로나 사태 이후로 체감 경기가 너무 안 좋은데 전문가로서 현실적인 조언이 궁금합니다.

원재 국가가 좀 서둘러서 기본소득 실험을 하면서 국민에게 "당신 몫이 있다. 보장받을 것이다." 이런 신호를 주는 게 좋을 것 같아요.

제동 그 신호만 받아도 사실 불안감이 많이 줄어들 것 같아요. 자꾸 예전 얘기를 해서 좀 그런데 예전에 촌에서 산에 갔다가 길 잃었을 때 개 짖는 소리만 들려도 그렇게 위안이 돼요. 마을에 가까워졌다는 의미니까. 그때부터는 좀 희망이 생겨서 발걸음이 빨라지거든요. 사실 등대에 불을 밝히려면 지금 해야 하거든요. 더 늦으면 이제 사람들이 아예 등대가 안 보이는 데까지 밀려갈 수 있으니까.

원재 맞습니다. 맞아요.

제동 솔직히 저 같은 사람은 신호 안 받아도 삽니다. 하지만 사람들이 웃을 여유가 없으면 제 직업도 의미가 없거든요. 사람들이 분노해 있는데 코미디가 되겠어요? 오히려 어떤 재밌는 얘기를 해도 돌을 던질 가능성이 커요. 제가 진짜 하고 싶은 일은 사람들과 웃으면서 얘기하는 거예요. 사실 돈 받지 않고 강연할 때가 제일 행복해요. 그럼 안 웃겨도 되거든요. 희한한 게 그렇게 할 때가 저도 재밌고, 사람들도 훨씬 재밌어하는 것 같아요. 원래 돈 받고 하면 다 노동이고, 돈 내고 하면 놀이잖아요. 하지만 요즘은 돈 받고 노동도 하고 싶네요. (웃음)

원재 (웃음)

제동 모두의 생존이 보장된다면, 생활 자체가 놀이가 될 수 있다면, 그리고 내가 하는 일과 놀이의 경계가 흐릿해질 수 있다면 그거야말로 유토피아에 가까운 사회가 아닐까 싶어요. 끊임없이 연구해주세요. 설득도 해주시고.

원재 그게 진짜 어려운 일이긴 한데…. (웃음)

제동 원재 쌤 같은 전문가 분들이 해야죠. (웃음)

원재 제가 해야 할 일, 제동 씨가 해야 할 일, 회사가 해야 할 일, 정부가 해야 할 일이 있죠. 그게 조화를 이루려면 많은 사람이 억지로 노동을 안 해도 자유롭게 살 수 있는 그런 사회가 되어야 하고, 사람들이 정부와 기업에서 하는 일들을 마음으로 지지하고 지원할 수 있어야 하거든요. '정부가 기후위기를 해결하려고 그린뉴딜이라는 것에 투자하는구나!' '기업들이 GDP를 늘리기 위해 돈을 벌고 있구나!' 이렇게 생각할 수 있도록 소통이 되어야 하는데, 저는 그 통로가 기본소득이 될 수 있다고 믿어요.

새로운 사회계약이 필요한 시점

제동 마지막으로 출판사 질문입니다. 편집하기 편하려고 던진 질문 같습니다. (웃음)

원재 네, 계약서를 썼으니 이제 시키는 대로 해야죠. (웃음)

제동 지금까지는 자발적으로 했고, 마지막 질문은 노동입니다. 노동은 힘들어요. (웃음) 19세기 유럽의 방식이 끝난다는 건 사실상 자본 또는 사회가 사람과 맺는 계약의 방식이 바뀔 거라는 의미로 받아들여도 됩니까?

원재 그렇죠. 19세기 유럽의 사회계약은 "노동력을 팔아라, 그러면 보상해주겠다, 보상받은 것으로 소비를 해라" 하는 것이었죠.

제동 그러면서 사람들은 "난 1시간에 얼마짜리야." "나는 100시간에 얼마짜리야." 이렇게 얘기하게 됐죠.

원재 그렇게 19세기 유럽에서는 자본주의 사회계약이 만들어졌어요. 자본은 임금으로 노동력을 사서 생산을 하고, 노동자는 임금으로 상품을 소비하면 그 임금이 다시 자본에게 가는 게 하나의 계약이었어요. 정부는 노동과 자본이 만나서 생산하는 고용 관계가 잘 유지되도록 하고, 세금 받아서 그 시스템을 유지해주는 거였어요. 처음에는 강제노동 같은 것을 용인하다가 나중에는 복지국가로 얼굴을 바꿔가면서 그 역할을 했죠.

제동 노동자의 표가 필요할 때는 노동자 편을 들고, 자본의 표가 필요할 때는 자본 편을 드는 거죠.

원재 그렇죠. 그렇게 해왔는데 이제는 사회계약 자체가 바뀌어야 하는 상황이 온 것 같아요. 과거에 사람이 하던 일을 이제 기계가 대신하게 되면 우리는 다른 가치 있는 일을 할 수 있을 테니까요. "기본소득 받으니까 일 안 하고 편하게 살면 되겠네." 이런 게 아니라 개인들이 해야 할 다른 일이 있는 거예요. 이렇게 되면 일의 성격이 바뀌는 거예요. 돈 벌기 위해서 억지로 하는 게 아니라, 내가 좋아서 하는 일, 다른 사람에게 도움도 되고 그 과정에서 배움도 얻는 그런 일을 하도록 하는 새로운 사회계약을 협의할 수 있는 지점에 온 것 같아요. 앞에서 얘기하신 동네에서의 문화 활동도 좋은 사례죠.

제동 우리 사회가 이렇게 갈등이 첨예한 이유 중엔 축제가 적다는 것도 있어요. 축제라고 하면 거창한 것 같지만, 마을의 크고 작은 경조사도 사람들이 모여 오해와 갈등을 푸는 축제 역할을 할 수 있거든요. 그런데 지금은 마을의 자잘한 축제들이 모두 대규모 축제에 잠식당하고, 경조사가 다 기업화돼버렸어요. 지금은 장례식도 다 상조회사에 맡기잖아요. 예전에는 누가 돌아가시면 동네 주민들이 다 함께했거든요. 뭐가 더 옳다 그르다를 떠나서 그렇게 바뀌었다는 거죠.

그때 사흘간 밤새워 음식 하고 상여 메고 하면서도 돈을 받지 않았어요. 그냥 남은 음식 싸 가고, 상여 메시는 분들에게 막걸리 대접하고, 누구도 소외되지 않았던 것 같아요. 그래서 앞으로 문명의 전환이 온다면 그런 방식으

질문이 답이 되는 순간

로 전환이 되면 좋겠어요. 누군가는 그걸 퇴행이라고 받아들일 수도 있겠지만, 훨씬 더 풍요로워진 축제 안에서 우리도 조금 여유를 가질 수 있도록 정부나 힘 있는 사람들이 이런 논의를 서둘러주면 좋겠다는 생각이 들어요.

원재 그렇네요.

제동 그랬으면 좋겠어요. 제게 강연 부탁하세요. 오늘 원재 쌤이 얘기하신 것을 1시간 반 정도에 걸쳐서 다 제 얘기처럼 해드릴 수 있어요. 깜짝 놀라실 거예요. '저 인간이 내 일자리 다 뺏어가네.' 이렇게 생각하실 거예요. 오늘부터 한나 아렌트는 제 거예요. (웃음)

원재 괜찮아요. 전 동네에서 10명 대상으로만 하면 되니까요. (웃음)

제동 오늘 저희 처음 만나 이야기를 나눴는데요, 어땠습니까? 저희의 대화는 한나 아렌트가 말한 노동, 작업, 활동 중 어디에 가까웠습니까?

원재 저는 어느 순간부터 억지로 하는 일을 안 하게 된 것 같아요. 항상 작업이나 활동을 하는데, 오늘은 작업에 가까운 것 같은데요.

제동 활동은 없었어요? 약간 공동체 의식 같은 거? (웃음)

원재 있었죠. 그런데 재밌어서 다른 거 생각할 겨를이 없었습니다. (웃음) 지금까지 한 어떤 경제 대담보다 더 즐거웠습니다.

제동 그렇죠? (웃음) 저도 그랬습니다. 긴 시간 좋은 얘기 많이 나눠주셔서 정말 고맙습니다.

원재 감사합니다.

···

'기본소득'이라는 네 글자에 담긴 뜻을 생각해본다.

'경제'라는 두 글자에 담긴 뜻도, '우리'라는 두 글자에 담긴 뜻도.

원재 쌤과의 인터뷰는 전혀 관계가 없어 보이던 이 단어들을

함께 놓고 생각해볼 수 있는 기회가 됐던 것 같다.

쌤의 말처럼 '우리'가 함께 '기본소득'이라는

'경제'를 누릴 수 있는 날을 고대해본다.

존재한다는 이유만으로 할당된 '내 몫'을 받을 수 있는 날을,

추운 겨울에 다들 내 몫의 수면양말 하나 정도는 신고

따뜻하게 잠들 수 있는 미래를 기다리며….

원재 쌤, 무료 강의 하러 갈게요. (웃음)

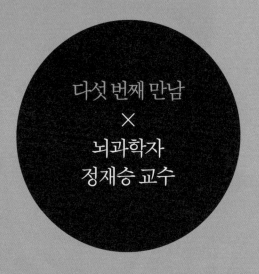

다섯 번째 만남
×
뇌과학자
정재승 교수

인간의 뇌와 의사결정의 비밀,
나는 왜 매번 '그런 선택'을 할까?

살다보면 누구나 유난히 불편해하는 얘기가 있다.

그래서 흥분하거나 발끈한다.

그런 후에는 이불킥을 날리며 자책하기도 한다.

그런데도 나는 왜 매번 '그런 선택'을 하는 걸까?

우리 뇌 구조와 의사결정의 비밀,

그걸 알고나면 내 몸과 마음을 내 의지대로 통제할 수 있을까?

그 비밀을 알면 내 안의 복잡한 생각을 정돈하고, 불안도 잠재울 수 있을 것

같은데….

정말 그렇게만 된다면 나다움을 찾을 수 있을 것도 같은데.

뇌과학자 정재승 쌤은 만나면 언제나 밥부터 먹자고 하지만,

오늘은 밥보다 답이 급하다.

• • •

내 안의 딜레마
규칙을 따를 것인가, 나만의 방식을 고수할 것인가?

제동 질문지를 덮고 시작하겠습니다.

재승 우리 서로 소개나 인사도 안 하고 바로 시작하나요?

제동 그동안 소개 이런 거 안 했어요. 헤어질 때도 그냥 갔어요.

재승 아, 아주 불친절한 대담이구나! (웃음) 그러니까 '갑자기 저 둘이 왜 이런 얘기를 하지?' 하는 독자의 궁금증을 끝까지 해소하지 않고 대화가 끝나나요?

제동 그럴 때는 뇌에서 어떤 반응이 일어나나요? (웃음)

재승 끝날 때까지 답을 안 해주면 아마도 의심과 짜증이 점점 더 깊어지다가 결국엔 분노가 폭발하겠죠. (웃음)

제동 그럼 얼른 소개해드려야겠네요. 오늘 모신 분은 뇌과학자 정재승 교수입니다.

재승 우리가 지금으로부터 10년 전쯤, 그러니까 2010년에 처음 만났잖아요.

제동 맞아요. 「경향신문」 인터뷰 때였죠. 정확히 기억나요. 서래마을 한 카페에 반바지 차림으로 나오셨죠. 그래서 첫인상이 '곰돌이 푸' 같다고 생각했어요.

재승 이렇게 둘이 테이블에 앉아 진지한 대화를 나누는 건 오랜만인 것 같네요. (웃음)

제동 그러게요. 지금까지 재승 쌤과 나눴던 대화와는 많이 다를 것 같긴 하네요. (웃음) 어쨌든 지금 제 뇌에서 계속 신경이 쓰이는 게 하나 있거든요. '나다움을 지킬 것인가, 아니면 상대방의 요구를 받아들일 것인가.' 아무래도 저희의 대화를 책으로 만들어야 하다보니 미리 준비한 질문지가 있단 말이에요. 그런데 제가 질문지를 덮고 시작하면 출판사 담당자가 불안해할 거란 말이죠. (웃음)

재승 당연하죠! (웃음)

질문이 답이 되는 순간

제동 예전에 제가 JTBC 「김제동의 톡투유」라는 프로그램을 처음 시작할 때도 대본 없이 진행하겠다고 했을 때 제작진이 굉장히 당황하고 불안해했거든요. (웃음)

재승 난리가 났었죠. (웃음)

제동 하지만 그때 제가 제작진에게 이렇게 얘기했어요. "무대 위에서의 내 판단과 본능을 믿어달라. 선수에게 시합 중에 축구하는 법을 알려주지 않잖은가. 나도 마찬가지다…." 물론 이 말이 잘난 척하는 것처럼 들릴 수도 있겠지만 사실 사람을 웃기는 데도 저만의 공식 같은 게 있고, 또 현장에서 본능적으로 느껴지는 게 있거든요.

재승 맞는 얘기예요. 그래도 그때 초반에 제가 없었다면 그 프로그램이 어떻게 됐을지 잘 생각해보세요. '톡투유' 아니고 거의 '톡투미' 수준에서 혼잣말하는 프로그램이 됐을지도 몰라요. (웃음)

제동 알겠습니다. (웃음) 어쨌든 제 뇌에서는 '출판사나 제작진의 요구를 받아들여야 할 것인가? 그러다보면 너무 진부한 이야기가 되는 건 아닐까?' 이렇게 갈등하고 있을 거잖아요. 저는 뇌과학자 정재승과 방송인 김제동이 만났다면, 다른 사람들끼리 만났을 때보다 훨씬 더 정재승답고, 김제동다운 이야기들이 오고가야 그 고유한 맛이 살아난다고 생각해요.

재승 그렇죠.

제동 그래서 다른 사람의 요구를 다 받아들이면 내가 너무 없어지는 것 같고, 반대로 내 뜻대로만 밀고 나가면 내가 너무 독선적인 게 아닌지 걱정이 되기도 해요. 결국 둘 사이에서 결정을 내려야 하는데, 이때 어떤 기준을 가지고 선택을 해야 하나요?

재승 대개 초기 경험이 이후의 판단과 결정에 상당한 영향을 미치거든요. 처음부터 잘 세팅된 스튜디오에서, 잘 짜인 대본을 충실히 이행하면서 가끔 애드리브를 넣는 식으로 방송을 한 사람은 이런 고민을 덜할 수도 있을 것 같아요. 하지만 제동 씨는 처음부터 대본 없이 광장에서, 야구장에서, 대학 캠퍼스에서 즉흥적으로 관객들과 소통하며 무대를 만들어왔던 경험으로 출발했잖아요.

제동 네. 스무 살 때부터니까, 벌써 20년이 넘었네요.

재승 그 성공 경험이 머릿속에 강력하게 남아 있는 거죠. 그러다가 방송으로 넘어왔는데 이때도 즉흥성을 요구하는 프로그램을 많이 했잖아요. 그렇게 대본 없이 혼자 마음대로 해보라고 멍석을 깔아준 자리에서 나다움을 내세워 성공을 끌어냈는데, 세상에는 그런 자리만 있는 게 아니잖아요. 때로 전문가와 대담을 해야 하는 경우도 있고, 라디오처럼 큐시트를 소화하면서 광고까지 해야 하는 경우도 있고, 진행 중간에 뉴스를 들어야 하는 프로그램도 있을 테니까요.

제동 내가 진행했던 방송들을 참 꼼꼼히도 봤네. (웃음) 고마워요.

재승 (웃음) 지금처럼 계속 내적 갈등을 하며 '내가 전에 하던 방식을 여기에 어떻게 접목할까?' 그런 고민을 하는 건 자연스러운 거라고 생각해요. 그리고 제가 관찰해본 결과, 제동 씨는 하고 싶은 대로 하면서도 결국 제작진의 요구도 들어줬잖아요. 매우 투덜거리면서. (웃음) 어쨌든 오늘 대담이 가장 정재승다우면서도, 동시에 제동 씨가 어떤 사람인지 이해하는 과정을 통해, 이 책을 읽는 분들 또한 스스로를 이해하는 시간이 되었으면 좋겠습니다.

복잡한 신경회로,
도대체 그것들은 어디서 왔을까?

제동 오늘 오는 길에 노래 한 소절이 계속 떠오르는 거예요. "뒷문 밖에는 갈잎의 노래. 엄마야 누나야 강변 살자~~." 재승 쌤을 만나러 오는데, 왜 이 노래가 갑자기 떠올랐을까요?

재승 제동 씨가 저랑 강변에서 같이 살고 싶나봐요. (웃음) 이 노래는 강변의 땅값이 오를 것으로 예측하고 엄마와 누나에게 그 땅을 사야 한다고 하는 밝은 노래인데 제동 씨가 지금 장송곡같이 부르고 있어요. 어쩜 모든 노래를 이렇게 슬프게 부르는지….

제동 제가 쌤 책에서 본 짧은 지식에 의하면 혹시 가소성*의 원리 때문일까요? (웃음)

---

* 뇌세포와 세포들 간의 연결이 유동적으로 변하는 것을 뇌 가소성이라고 한다. 기존에는 뇌가 성장하면 신경세포가 그대로 고정되고 안정화된다고 생각했으나, 최근 연구 결과에 따르면 학습이나 여러 환경 변화에 따라 신경세포들은 서로 연결을 달리하면서 유연하게 대응한다.

재승   오, 제동 씨 입에서 가소성이란 단어가 나오다니, 뇌과학자로서 행복합니다. (웃음)

제동   재승 쌤 책 좀 읽고 왔습니다. (웃음) 수천억 개의 신경세포(뉴런, Neuron)들이 전기 신호를 주고받으면서 서로 자극하며 만들어내는 게 생각이라고 볼 수 있는 거죠?

재승   그렇죠.

제동   그리고 사람들이 자주 다니는 곳에 길이 생기고 또 넓어지듯이 긍정적인 생각을 많이 하면 생각도 그쪽으로 발달한다는 거죠, 마치 물길처럼?

재승   맞아요.

제동   그럼 제가 무의식중에 흥얼거린 이 노래 가사는 어떤 물길을 타고 와서 갑자기 맴도는 걸까요?

재승   제동 씨가 말한 것과 비슷한 경험을 다들 한 번쯤은 한 적 있을 거예요. 정확한 답은 뇌과학자들도 잘 모르는데, 서양 사람들은 그것을 뇌 안쪽에 벌레가 돌아다닌다고 표현해요. 브레인웜(Brainworm 혹은 Earworm)이 돌아다녀서 계속 같은 노래가 떠오르는 거라고 얘기하죠.

특정 노래를 강박적으로 되풀이하는 경험을 전세계 인구의 90% 이상이 경험해본 적 있다고 하니, 뇌의 보편적인 현상인 건 맞는 것 같아요. 그 노래를 되풀이함으로써 안정감을 느끼려고 하는 것 같은데, 아직 원인은 잘 몰라요.

제동   왠지 노래를 흥얼거리는 동안 마음이 편안해지고 행복감을 느끼는 것

질문이 답이 되는 순간

제동 씨가 말한 것과 비슷한 경험을

다들 한 번쯤은 한 적 있을 거예요.

정확한 답은 뇌과학자들도 잘 모르는데,

서양 사람들은 그것을 뇌 안쪽에 벌레가 돌아다닌다고 표현해요.

브레인웜(Brainworm 혹은 Earworm)이 돌아다녀서

계속 같은 노래가 떠오르는 거라고 얘기하죠.

같아요.

재승 특정 노래에 꽂혔다는 얘기는, 그 음악을 들으면 도파민이 분비될 정도로 좋은 거예요. 원래 음악은 기쁨이자 보상이니까요. 그러니까 계속 듣고 흥얼거리게 되는데, 그게 어느 한 대목에 꽂히면 그 부분만 무한 반복하게 되죠.

제동 두 번째 질문은, 그렇게 문득 떠오른 감정들을 어떻게 다스려야 할까요? 예를 들면 저는 평소에는 마이크를 잡는 게 자연스러운데 특별한 일정이 잡히면 불안하거나 초조할 때가 있거든요. 또 특정 지역에 가면 두려움이 확 올라오기도 해요. 제가 알기로 재승 쌤은 개를 보면 무섭다면서요? (웃음)

재승 무섭죠. 저는 소리를 내는 모든 동물들이 다 무서워요. (웃음)

제동 저는 뇌과학자라면 그런 감정을 다 잘 다스릴 수 있을 줄 알았거든요. 이렇게 우리 의지와 상관없이 그런 감정들이 올라올 때, 우리 뇌에서는 무슨 일이 벌어지고 있는 거죠? 제 경험을 말하자면, 참외를 보면 어떤 한 사람이 생각날 때가 있거든요.

재승 옛날에 프로이트나 융 같은 심리학자들은 그것이 사람의 의식을 이해하는 중요한 단서라고 생각해서 '도대체 그것들이 어디서 기원했을까?' 이렇게 자꾸 캐물었어요. 그게 우리 안의 아주 깊은 곳에 있던 어떤 불안으로부터 출발해 굉장히 다양하고 복잡한 감정들을 불러일으킬 수도 있다고 해석했어요. 나도 모르게 툭툭 떠오르고, 심지어 나와 전혀 상관없는 것들로부터 출발해서 꼬리에 꼬리를 물고 일어나는 것들의 기원을 알아내고 이

해하고 그것을 통해서 사람을 치유하려고 시도하기도 했는데,
요즘은 좀 바뀌었죠.

왜 우리는 흥분할까?
어떤 오해를 피하고 싶은 걸까?

제동 바뀌었어요? 어떻게요?

재승 앞서 말한 대로 우리 뇌는 수천억 개의 신경세포들이 서로 복잡하
게 가지를 뻗어서 연결돼 있고, 그러다가 좀더 자주 신호를 주고받고 함
께 반응했던 세포들끼리는 서로 가지가 연결되기도 하지만, 별로 상관없
는 것들끼리는 가지치기를 하는 방식으로 뇌가 서서히 성장과 변화를 겪
거든요. 그게 뇌 가소성이잖아요. 그러니까 복잡하게 뻗어 있는 가지들
로 인해 어떤 생각들이 갑자기 툭 튀어나오는 건 지극히 자연스러운 거
예요.

같은 자극에 대해서도 다른 반응이 만들어지는 것이 복잡한 신경
회로의 경이로움이죠. '왜 갑자기 이런 생각이 났을까?' 하고 억지
로 그 의미를 찾으려고 애쓸 필요는 없어요. 다만 평소 걱정하고
불안해했던 생각이 좀더 자주 떠오를 가능성이 높긴 하겠죠.

제동 아, 그래요?

재승 네. 굉장히 자연스러운 일이에요. 그 사람이 평소 이성을 많이 생각한다고 해서 참외를 봐도 이성이 생각나고, 물을 봐도 이성이 생각나고, 마이크를 봐도 이성이 생각나는 건 아니라고나 할까요? (웃음)

제동 서로 약간의 오해가 있는 것 같은데, 참외를 보면 문득 어떤 한 사람이 떠오른다는 뜻이에요. 참외를 좋아했던 사람인데, 주려고 샀다가 못 줬던 기억이 있어서….

재승 그분이 남자는 아니죠? (웃음)

제동 네. 그래도 이상하잖아요. (웃음) 이성을 많이 생각해서 물을 봐도 참외를 봐도 이성이 떠오르고 그런 건 아니란 거예요.

재승 그 정도는 아니다? (웃음)

제동 그 정도는 아니라뇨, 여기에 완전히 심각한 오해가….

재승 그렇군요. 알겠습니다. 오늘은 여기까지. (웃음)

제동 특정한 이름을 가진 사람이 떠올랐다는 거예요. 물론 이성이긴 하지만요.

재승 네, 알겠습니다. (웃음) 제동 씨가 이렇게 강력하게 부정과 거부의 손짓을 하는 모습을 끌어내고 싶었어요. 사람들이 자연스럽게 자신의 생각을 드러내도록 해서 그것이 무엇을 의미하는지 밝혀내는 게 제가 하는 연구 방법 중 하나거든요. 제동 씨도 지금 알게 됐잖아요. '내가 왜 이렇게 흥분하지? 나는 어떤 오해를 피하고 싶은 걸까?' 이것들에 대해 곰곰이 생각하다보면 자연스럽게 '그게 진정 오해인가?'와 같은 질문으로 돌아가게 되잖아요. 그런 생각들을 우리가 함께 대화해볼 수 있겠죠.

제동 이렇게 시작되는 거군요. (웃음)

재승 어떤 영상이 떠오를 때 그것에 너무 큰 의미를 부여할 필요는 없어요. 오히려 무작위적으로 생각이 떠오를 때 '어, 이런 방향으로 생각의 가지가 뻗어나가네!' 하면서 그 생각이 또다른 생각으로 뻗어나가는 과정 자체를 즐기시면 됩니다. 다만 기승전 다음에 늘 똑같은 하나의 결론에 이른다면, 그때부터는 좀더 흥미로운 대화가 가능하죠. (웃음)

제동 그럼에도 불구하고 사람들은 뭔가를 완성하고 싶어하잖아요. 그래서 어떤 생각이 떠오르면 왜 그런 생각을 하게 되었는지 알고 싶은 거죠. 그걸 모르면 왠지 화장실 갔다가 뒤처리를 안 한 것 같기도 하고요. 하지만 세상에는 꼭 의미 있는 일만 일어나는 것은 아니니까 지나치게 의미를 부여할 필요는 없다는 거죠?

재승 맞습니다. 꿈이 현실에 대한 암시라고 생각해서 '이게 아무 이유 없이 꿈에 나타날 리 없어. 뭔가 의미가 있을 거야.' 이렇게 믿었던 적도 있었어요. 그래서 실제로 맞으면 '예지몽', 틀리면 '역시 꿈은 반대'라고 해석하고요.

그런데 요즘 최신 수면 연구를 보면, 꿈이라는 건 논리적 개연성 없이 무작위적인 이야기구조를 가지고 있으며, 그것이 꼭 현실을 반영하고 있다거나 그 사람의 무의식을 지배했다고 과도하게 해석할 필요는 없다는 쪽으로 기울고 있어요. 다만 내적 불안을 시뮬레이션하는 경우는 종종 있지만요.

'요즘 내 뇌에 무슨 문제가 생긴 걸까?'

제동 재승 쌤 얘기를 듣다보니 마음이 좀 편해지네요. 그리고 생각난 김에 물어볼게요. 가끔 저는 '요즘 내 뇌에 무슨 문제가 생겼나?' '왜 이렇게 깜빡깜빡하지?' '나이가 들어서 그런가?' 싶을 때가 있거든요. 그런데 10대, 20대들도 그럴 때가 있대요. 저번에는 제가 저희 개와 산책을 하는데 학원에 다녀오던 민서라는 아이가 이러는 거예요. "아저씨, 제가 요즘 자꾸 깜빡깜빡해요. 지난번에 알려주셨는데, 이 개 이름이 뭐였죠?"

재승 그런데 그 두 현상은 되게 달라요. (웃음)

제동 혹시 저는 퇴화 쪽인가요? (웃음)

재승 민서라는 아이가 보여주는 것은 청소년기의 특징이에요. 집중력이 다양한 곳으로 분산되어서 하나에 오래 집중하지 못해요. 그런데 제동 씨가 깜빡깜빡하는 건 자연스러운 노화로 인해 뇌 용량이 조금씩 줄어들어서 현재에만 집중하고 있는 거예요. 그러니까 세상을 하나의 스포트라이트로 한 지점만 비추고 보는 거라고나 할까요? (웃음)

제동 범위가 좁아진 거군요.

재승 맞아요. 그런데 저도 마찬가지고, 누구나 겪는 일이에요. 예를 들어 우리가 꿈에 대해 얘기하고 있었는데, 제동 씨 뇌에서 그 꿈을 비추고 있던 빛이 잠시 다른 데로 옮겨가면서 그전에 우리가 나누고 있던 대화 내용을 잠시 잊은 것도 같은 맥락이죠.

제동 아, 그렇죠. 저희가 꿈에 대해 얘기하고 있었죠. (웃음)

재승 하던 얘기는 마무리해야겠죠? 우리의 꿈이 각별한 의미가 있거나 예지력이 있는 건 아니니 간밤의 꿈에 너무 사로잡힐 필요는 없다, 좋지 않은 꿈을 꿨다고 불안해하거나 좋은 꿈을 꿨다고 너무 충동적으로 일을 벌이지는 말자는 거죠. 좋은 꿈이 고백을, 로또를, 사업을 성사시켜주지는 않는다!

제동 어미 돼지가 새끼 돼지들을 막 몰고 들어오는 꿈을 꿨다고 복권을 사러 가는 건 어떤가요?

재승 사도 되죠. 그런데 1만 원어치만 사자. 그리고 그것이 당첨되기를 기대하는 일주일을 즐기자. 당첨이 되면 좋고, 안 되더라도 '다른 좋은 일

지금 하신 얘기는 재승 쌤이 의도하지는 않았겠지만
현자의 말씀처럼 들려요. (웃음)
법륜 스님도 "꿈은 다만 꿈일 뿐, 악몽이나 길몽으로 의미를
부여하려고 하지 마라." 이렇게 얘기하시거든요.

질문이 답이 되는 순간

이 있으려나보다.' 이렇게 생각하면 좋죠. 어차피 당첨은 수학적 확률이니까요.

제동 지금 하신 얘기는 재승 쌤이 의도하지는 않았겠지만 현자의 말씀처럼 들려요. (웃음) 법륜 스님도 "꿈은 다만 꿈일 뿐, 악몽이나 길몽으로 의미를 부여하려고 하지 마라." 이렇게 얘기하시거든요.

재승 그분은 현대 과학이 수십억 원의 장비와 수천억 원의 예산을 들여 연구해서 겨우 알아낸 사실을 수행을 통해 혼자 깨달으셨군요. 저는 학자들의 연구를 이해하고 전달하지만 실천은 늘 어려운 평범한 존재죠. 그래서 개가 저를 보고 갑자기 공격하지 않을 거라는 걸 머리로는 알지만 실제로 개를 쓰다듬으려고 하면 긴장되어 손이 마구 떨리는 그런 사람입니다. (웃음)

제동 그런데 그것도 무의식적으로 안전을 확보하려는 긍정적인 신호로 받아들여도 되지 않을까요?

재승 그것조차 알고 있지만 전 개가 여전히 무서워요. (웃음)

자발성,
인식의 확장을 위한 전제조건

제동 그렇게 말씀하시니까 한 가지 궁금한 게 떠올랐는데요, 사람들 중에는

'내가 이렇게 개를 무서워하면 안 돼. 고쳐야지.' 이렇게 스스로를 다그치기도 하잖아요. 그런 건 그냥 성격 차이일까요?

재승 그렇죠. 어떤 사람은 평소 개를 좋아하지 않지만 일단 키워보면서 완전히 새로운 세상을 경험하기도 하잖아요.

제동 저 같은 경우가 그랬어요. 개를 좋아하지도 않고 더욱이 큰 개는 좀 무서워했는데 지금 개를 키우고 있거든요. 처음 만났을 때보다 조금 더 컸는데 다른 사람이 보는 것과 제가 보는 건 좀 다른 것 같아요. 저한테는 그렇게 커 보이지 않거든요.

재승 현재 내 삶의 진폭이 이만큼인데, 더 많은 걸 경험해서 그 진폭을 늘려보려는 노력인 거죠. 그러면 내 인식체계가 더 확장될 수 있잖아요. 그런 맥락에서 삶의 한계를 극복하려고 노력하는 것은 좋은 태도라고 할 수 있겠죠. 그렇지만 오로지 자발적이어야 가능한 일이에요. 예를 들어, 아이들이 싫어하는 음식이 있으면 부모가 억지로 그것만 계속 먹이는 교육을 하던 시절도 있었잖아요. 그런데 아이들이 채소를 싫어하는 건 지극히 자연스러운 일이에요. 채소가 스스로를 보호하기 위해 가진 독이 아이들의 입에는 쓰거든요. 어린 시절에는 미각이 발달해서 어른들이 느끼지 못하는 쓴맛을 느끼기 때문에 채소를 거부하는 거죠.

아이는 그냥 써서 뱉었을 뿐인데 "너 지금 반항하는 거야?" 하면서 어른들이 자의적으로 해석할 때가 있어요. 인간에 대한 몰이해가 폭력적인 강요로 이어지고, 심지어 "다 너를 위해서야"라고 말하기도 해요.

질문이 답이 되는 순간

제동 저는 그게 가장 폭력적인 말 중에 하나라고 생각해요.

재승 그래서 인식체계를 확장하는 건 중요하지만 오로지 자발적인 깨달음과 자발적인 노력이 전제되어야 해요. 주위에서는 그 노력을 응원해주고 지켜봐줘야 하고요. 예를 들면 당사자가 다른 사람과 만나 대화를 하거나 책을 통해 간접 경험을 하거나, 여행을 하면서 더 넓은 세상을 받아들이는 방식으로 자발적 동기들을 키워야 하는 거죠.

제동 그런데 자발성이라는 게 왜 그렇게 중요한 걸까요?

재승 지난 100년간 뇌를 연구했던 많은 학자들은 뇌를 입력에 대한 결과값을 뱉어내는, 그러니까 자극에 반응하는 블랙박스쯤이라고 생각해왔어요. 안에서 무슨 일이 벌어지는지는 모른 채 그랬죠.

제동 그게 지금 인공지능의 모태가 된 건가요?

재승 맞아요. 그런데 아주 작은 동물, 하다못해 쥐도 그렇게 행동하지 않는 거예요. 거대한 뇌를 가진 동물들은 스스로 질문하고 답을 찾도록 설계되어 있어요. '이거 뭐지? 여긴 어디지?' 하다못해 물을 마셔도 '이 물 맛있네, 어디 거지?' 이렇게 자신이 의식하지 못하는 순간에도 끊임없이 질문을 던지고 스스로 답을 찾아요.

제동 심지어 동일한 자극을 받아도 나오는 질문은 매번 다르죠.

재승 놀라운 건 그렇게 질문하고 답을 얻는 순간 기뻐한다는 거예요. 궁금했던 것에 해답을 얻으면 우리 뇌에서는 도파민이 분비돼요. 보상의 회로에서 쾌락을 느끼게 하는 신경전달물질이 분비되는 거예요.

제동 그래서 어딘가에 갇혀 있으면 괴롭지만, 자발적으로는 방탈출게임 같

지난 100년간 뇌를 연구했던 많은 학자들은

뇌를 입력에 대한 결과값을 뱉어내는, 그러니까

자극에 반응하는 블랙박스쯤이라고 생각해왔어요.

안에서 무슨 일이 벌어지는지는 모른 채 그랬죠.

그런데 아주 작은 동물, 하다못해 쥐도 그렇게 행동하지

않는 거예요. 거대한 뇌를 가진 동물들은

스스로 질문하고 답을 찾도록 설계되어 있어요.

질문이 답이 되는 순간

은 것을 하면서 문을 찾아내는 거군요?

재승 그렇죠. "그거 알면 뭐가 좋아?" "그거 어디에 쓸모가 있어?"라고 물으면 사실 유익할 건 별로 없는데, 그냥 질문하고 답을 구하는 과정 자체가 우리 뇌의 기능이고, 답을 얻으면 그 자체가 보상인 거예요. 그것이 유익하거나 필요해서가 아니라요. 우리 뇌는 세상을 그런 방식으로 이해하도록 디자인되어 있어요. 그랬더니 어떤 일이 벌어졌냐면, 가만 놔둬도 돌아다니며 탐색하고, 그렇게 세상에 대한 이해가 넓어지니 어떤 사건에 대해 적절한 다음 행동을 취할 수 있고, 그 이후의 상황도 예측할 수 있게 됐어요. 값을 입력한 후 출력값을 내라고 열심히 학습시키지 않아도 질문하는 능력과 답을 얻었을 때의 기쁨을 경험하게만 했더니 스스로 똑똑해지고, 세상에 대한 이해가 깊어지게 된 거죠. 그렇게 세상을 더 알고 싶어서 안달 난 동물이 바로 우리 인간들인 거예요.

제동 공자님이 하신 말씀이 생각나네요. "배우고 때로 익히니 기쁘지 아니한가."

재승 그런 거죠. 그리고 우리가 그것을 '호기심'이라고 정의한 거죠. 그러니까 인간을 포함한 세상의 모든 고등한 동물들은 호기심을 장착한 존재인 거예요. 전에는 몰랐던 것을 알게 되는 경험 자체가 기쁨이라는 걸 알게 되니, 그렇게 배운 것은 그냥 외운 것보다 뇌에 훨씬 더 오래 저장돼요. 궁금해하던 질문에 답을 얻으면 그것이 장기기억으로 저장될 가능성이 3배나 더 높아져요. 학습 능력도 훨씬 좋아진다는 의미죠.

그런데 우리가 학교 다닐 때 들었던 수업을 생각해보세요. "저거 정말 궁금한데, 왜 그러는 거예요? 교과서 ○○쪽에 나온 이건 왜 이래요?" 이렇게 아이들이 배우고 싶어 안달 나게 하지는 못하잖아요. 그러니까 요즘 아이들에게 "학교생활 재밌어? 공부 재밌어?" 하고 물으면 돌아오는 대답이 다 똑같아요. "어떻게 공부가 재밌겠어요?" 도파민 과정이어야 할 공부가 요즘 아이들에겐 코르티솔(Cortisol, 스트레스 호르몬) 과정이 되어버린 거죠.

제동 그렇게 물어보는 것 자체가 스트레스를 주기도 하죠.

재승 맞아요. 요즘 아이들에게 "학교는 어때?" 하고 물어보면 "학원보다는 나아요." 이렇게 대답해요. 하지만 학교는 배우는 곳이고, 배운다는 것은 굉장히 재미있는 일이거든요. 우리는 모두 질문을 품고 살아가는 존재이니까요.

우리도 스스로 세상에 질문을 던지고, "우리가 원하는 대로 한번 세상을 살아보자!" 이럴 수 있거든요. 똑같이 『정재승의 과학콘서트』 개정증보 2판을 읽어도 자발적으로 읽으면 학교 과제로 읽고 독후감을 써야 할 때보다 훨씬 즐겁잖아요. (웃음)

제동 그럴 것 같아요. 그런데 지금 깨알같이 책 홍보하시는 거예요? 귀여우셔. (웃음)

재승 네. (웃음) 그리고 여행도 평소 내가 관심 있던 곳으로 간다면 모든 게 궁금해지고, 매 순간이 질문에 대한 대답이기 때문에 도파민이 충만한 상태가 되어서 그 기억은 잘 잊히지 않잖아요. 장기기억으로 남을 수밖에 없죠. 결국 우리 삶을 얼마나 그런 경험들로 채우느냐가 중요한 거죠.

우리가 인생 전체를 그렇게만 살 수 없다면, 일부 시간이라도 스스로 선택하고 그런 것들로 채워보면 좋을 것 같아요. 결국 삶이 얼마나 그런 경험들로 채우느냐에 따라 삶의 질이 결정되고 행복과 만족감을 느끼게 되니까요. 이때 중요한 게 자발성이라는 걸 다시 한번 강조하고 싶어요. 그래야 답도 찾고 그 과정도 즐기게 될 테니까요.

알면서도 왜 우리는 바꾸지 못하는 걸까?

제동 그런데 우리는 무엇이 옳은 줄 알면서도 왜 그런 결정을 내리지 않는 걸까요? 교육은 이런 방향으로 가야 한다고 하면서 왜 그런 의사결정을 내리지 않는 걸까요?

재승 뇌과학적으로 보면 우리 뇌에 인슐라(Insula)라는 영역이 있어요. 뇌섬이라고도 하는데, 역겨움을 표상하고 공정함을 측정하는 뇌 영역이에요. 공정하지 못한 대우를 받거나 그런 상황을 보면 분노 반응을 일으키는 곳이죠.

제동 아, 뇌섬이라는 곳에서 분노를 느끼게 하는군요?

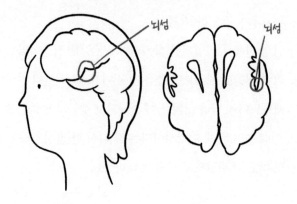

재승 　네. 시상하부와 함께요. 예를 들어 어렸을 때 부모님이 형이나 언니에게만 잘해주거나 막내만 예뻐해서 화가 날 때가 있잖아요. 그 분노의 반응을 만들어내는 뇌 영역이 바로 인슐라예요. 어미 새가 벌레를 물고 와서 딱 한 마리 새끼한테만 계속 벌레를 준다고 생각해보세요. 그때 나머지 새끼 새들의 뇌섬은 난리가 나요. 어미가 첫째에게만 계속 먹이를 준다면 나머지 새들은 자기도 달라고 지저귀어야 하나라도 얻어먹을 수 있잖아요.

만약 "제가 봐도 첫째가 예쁘니 첫째만 주세요." "먹이가 남거든 그때 주세요." "전 안 주셔도 돼요" 이렇게 쿨하게 반응하면 굶어죽어요. 불공정함에 대한 분노 반응은 원하는 것을 최대한 얻으려는 전략이기도 한 거죠. 안 그러면 굶어죽을 수도 있으니까요. 그래서 차별과 불공정한 대우를 받는 사람이 내가 되었든 내 주변 사람이 되었든 그것에 분노하는 뇌가 있는 거예요.

제동 그게 생존과 관련된 아주 원초적인 욕구인 거네요.

재승 그렇죠. 그래서 부모는 "열 손가락 깨물어서 안 아픈 손가락이 어딨어? 다 똑같이 대했어" 해도 아이들은 다 기억하고 있는 거예요. 부모가 언제 나를 차별했고 상처를 줬는지를. 왜냐하면 아이들은 그걸 너무나 잘 기억하는 뇌 영역을 가졌기 때문이에요.

제동 특히 시기별로 예뻐한 아이가 다를 수도 있으니까요.

재승 그런 거죠. 잘해주는 방법도 아이들에 따라 다를 수 있고요. 부모 입장에서는 어떤 시기에는 첫째를 예뻐하고, 어떤 시기에는 둘째를 좀더 예뻐할 수 있잖아요. 인생의 큰 틀에서 보면 얼추 비슷하게 예뻐했다 해도 냉정하게 얘기하면 그때그때 좀더 예쁘고, 덜 예쁜 자식이 있을 수 있죠. 그리고 똑같이 예뻐하더라도 잘해주는 방식이 조금씩 다를 수 있고요. 그런데 부모는 윤리적 죄책감 때문에 그걸 인정하지 못하는 거죠. 그러면서 "애들은 다 똑같이 예쁘죠." 이렇게 얘기해요.

제동 사실 인간이 그러기 힘들죠.

재승 자녀들은 부모의 양육 태도를 무엇보다 중요한 기억으로 간직하고 있어요. 특히 불공정한 대우를 받은 경험은 오랫동안 기억하게 돼요. 더 나아가, 사회 특권층이 특혜를 받거나 사회적 약자가 부당한 대우를 받을 때 우리가 거리로 나가 같이 싸우고 연대하는 건 인슐라 덕분일 수 있어요. 불공정에 대해 분노하는 영역으로서요.

자녀들은 부모의 양육 태도를 무엇보다
중요한 기억으로 간직하고 있어요. 특히 불공정한 대우를 받은
경험은 오랫동안 기억하게 돼요. 더 나아가, 사회 특권층이
특혜를 받거나 사회적 약자가 부당한 대우를 받을 때
우리가 거리로 나가 같이 싸우고 연대하는 건
인슐라 덕분일 수 있어요.
불공정에 대해 분노하는 영역으로서요.

질문이 답이 되는 순간

그런데 우리가 나이가 들어 부모가 되고, 회사에서 신입사원이 아니라 어엿한 임원이 되면, 한마디로 약자에서 강자로, '을'에서 '갑'의 위치로 옮겨가면 이 인슐라에서는 공정함을 다른 방식으로 해석하고 받아들여요. '월급은 똑같이 주는데 왜 얘는 놀고 쟤만 일하지?' 이젠 노는 사람을 보면 공정하지 않다고 감지하고 뇌섬이 분노 반응을 유발하게 됩니다. 노는 꼴을 못 봐요.

제동 맞아요. 부모가 집에서 공부 안 하는 애들을 봐도 마찬가지고요.

재승 그렇죠. 같은 자식이라도 한 명은 열심히 공부하고, 한 명은 놀면 부모도 속이 뒤집히는 거예요. 나이가 들면 인슐라가 받아들이고 표출하는 방식이 그렇게 달라져요. 뇌과학적 입장에서 이런 뇌를 가진 교장선생님은 이렇게 분석해볼 수 있을 거예요. 아이들이 자발적으로 공부한다는 것은 자율적으로 시간을 쓰도록 허용한다는 뜻이기 때문에 인슐라가 발달한 교장선생님이라면 뭔가 정돈이 안 되어 있고, 제멋대로고, 통제하기 어렵고, 자유롭게 노는 학생들을 지켜보는 게 힘든 거죠. 그래서 뇌속 인슐라에서 이렇게 판단하는 거예요. "안 되겠어. 얘네들 운동장 얼마나 뛰었는지 보고, 누가 결석했는지 체크하고, 누가 지각했는지 알아보고, 점수로 매겨야겠어." 그래서 자발성을 없애고 아이들이 규율에 맞춰서 일사불란하게 움직여야 비로소 공정함의 뇌가 흐뭇한 거예요.

제동 저희가 학교 다닐 때 자주 볼 수 있었던 모습이네요. (웃음)

재승 그렇죠. 이때 누군가가 "이런 상황에서는 아이들이 창의적으로 사고하거나 다양성을 추구하기가 어렵습니다"라고 지적하면 "혁신이나 창의적 사고 같은 거 안 해도 좋아. 나는 이렇게 열심히 하는 모습을 보는 것만으로도 흡족해." 이렇게 말하는 어른들의 뇌가 있는 거예요.

학교 공부가 아이들을 옥죄고, 학교 수업이 끝나면 다시 학원에 가는 삶이 이어지고, 누군가는 이런 삶을 견디지 못해 자살까지 하는데도 "저 때는 다 그렇지" "노력한다는 것 자체가 의미가 있는 거야"라고 말하는 거죠. 물론 아이들이 이렇게 공부하는 게 스스로에게 의미 있다고 생각하고 스스로 원해서 하는 거라면 응원해줘야죠.

그런데 지금 아이들에게 주입하는 공부 방식은 머릿속에 정확한 지식을 토씨 하나 안 틀리게 집어넣고, 실수 없이 뱉어내고, 주어진 시간 안에 문제를 다 풀어야 하는 거잖아요. 우리는 왜 그래야 할까요?

제동 그러게요. 그래야 할 이유를 저도 모르겠네요.

재승 제 둘째 딸이 수학 시험에서 몇 문제를 틀렸어요. "딸, 왜 이렇게 많이 틀렸어?"라고 물었더니 "시간이 부족해서 뒷장에 있는 문제를 못 풀었어. 그런데 시간만 넉넉히 주면 다 풀 수 있는 문제들이야." 이러는 거예요. 그래서 제가 "그래? 그러면 좀 빨리 풀지 그랬어?" 했더니 딸이 되묻는 거예요. "그런데 아빠, 이 문제를 왜 50분 안에 다 풀어야 해? 빨리 풀어야 할 이유가 있어? 세상에 나가면 그런 능력이 필요해?" 부드럽게 조곤조곤 물어보는데, 제가 할 말이 없더라고요.

제동 당연히 할 말이 없었겠네요. (웃음) 틀린 게 없어 보여요.

재승 "인생에서 이 문제를 50분 안에 다 풀어야 할 이유는 없어." 제가 해줄 수 있는 말은 그것뿐이었어요. '좋은 대학을 가기 위해서는 남들보다 더 높은 점수를 받아야 하고, 그러기 위해서는 평소에 연습문제를 많이 풀어보고, 학원에서 문제 빨리 푸는 훈련을 받아야 해'라는 말을 차마 할 수 없었어요. 학자로서도 교육자로서도 부모로서도요. 실제로 그래야 할 이유가 하나도 없으니까요. 그래서 "네가 다 풀 수 있다면 그걸로 됐다"라고 말해줬죠.

제동 오, 멋진데요.

재승 우리가 아이들에게 그런 교육을 하는 이유는, 모두가 열심히 하는 모습을 보면 어른들의 뇌에서 마치 대단한 교육을 하는 것 같은 뿌듯함을 느끼고, 아이들이 공부 안 하고 딴청 피우면 답답하고 불안해서죠.

지금 어른들이 아이들에게 시키는 이 공부가, 정말 우리 사회가 응원할 만한 공부인지 진짜로 재고해봐야 할 때라고 생각해요. 아무런 호기심 없이 왜 배워야 하는지도 모르겠는 것을 단지 경쟁에서 이기기 위해, 실수하지 않기 위해, 주어진 시간 내에 빨리 풀기 위해 연습하는 이 교육으로 가장 예민하고 감수성 풍부한 사춘기 아이들을 옥죄고 있는 것은 너무 마음 아픈 일이잖아요.

제동 맞아요. 모두의 머릿속에 똑같은 내용을 집어넣는 것은 좀 폭력적이라는 생각이 들어요. 우리가 교육을 너무 어른들의 시선으로 바라보는 건 아닌가. 아이들에게 좋은 교육을 해야 하는데, 가르치기 편한 교육, 평가하기 편한 교육, 한 줄 세우기 편한 교육을 어른들끼리 하고 있는 건 아닐까 싶어요.

재승 지금 모든 학교의 평가제도는 경쟁을 기반으로 하고 있어요. '학생 A가 학생 B보다 1.2배 똑똑하다' '1.3배 똑똑하다'라는 것을 증명하는 과정인데, 세상에 나가면 누가 누구보다 1.2배 똑똑한 게 중요한 게 아니라 수천 명이 모여서 하나의 결과물을 만들어내는 게 중요한 거잖아요. 그러면 다른 사람을 설득하고 함께 협업해서 세상에 의미 있는 성과를 내놓아야 하는데, 지금의 경쟁 중심 교육방식은 별로 도움이 안 되죠. 모두를 열심히 달리게 하지만 의미 있는 결과물을 만들어내지 못하고 있거든요.

제동 도착하면 이미 다 지쳐 있죠.

재승 네. 그리고 아이들을 열심히 한 줄 세우기 하지만, 앞으로는 그 줄 맨 앞에 인공지능이 서 있을 텐데 그게 무슨 의미가 있나 싶기도 해요. 주어진 지식을 머릿속에 집어넣고 계산하고 뱉어내는 건 인공지능이 제일 잘하는 거니까요.

고정마인드셋 VS 성장마인드셋

제동 그러면 이렇게 변해가는 시대에 우리 아이들에게 진짜 필요한 교육은 무엇일까요? 인공지능은 할 수 없는 것, 뭔가 좀 기쁘고 행복한 방법이 필요

질문이 답이 되는 순간

할 것 같은데요.

재승 저는 우리 아이들에게 중요한 건 다양성에 대한 존중과 협업 그리고 마인드셋(Mindset)이라고 생각해요. 마인드셋은 고정마인드셋과 성장마인드셋이 있는데, 고정마인드셋은 자신의 능력이 고정되어 있다고 보는 사고방식이에요. 칭찬받거나 인정받는 결과물을 중시해요. 그래서 어렸을 때부터 뭘 잘한다고 칭찬받으면 그것만 하려고 하고 못하는 건 아예 시도조차 안 하려고 하죠.

제동 못하는 건 해도 칭찬받을 가능성이 없으니까 그런 건가요?

재승 그렇죠. 그런데 세상에 나가보면 내가 잘하는 것만 하고 살 수도 없고 내가 잘하는 영역에는 한계가 있잖아요. 그래서 고정마인드셋을 가진 사람은 언젠가는 실패를 경험하게 되고 그 실패로부터 헤어나오지 못할 가능성이 있어요. 반면 성장마인드셋은 자신의 능력이 성장할 수 있다고 보는 사고방식이에요. 이런 사람들은 한 번 실패했던 것도 방법을 바꿔서 다시 시도해보고 배우는 것을 좋아해요. 어려운 것에 도전하고, 처음 시도했을 때 못하는 것을 당연하게 받아들여요. 그리고 성장했을 때 그걸 뿌듯해하고 자랑스러워해요.

제동 그런 사고방식이라면 못해도 본전이니까 두려울 게 없겠어요.

재승 네. 그러다보니 그런 사람이 세상에 나가면 뭐든지 필요한 역할을 해요. 처음엔 미숙해도 점점 잘하게 되겠죠. 열심히 해서 성장하는 데 보람을 느끼고 그게 잘하는 거라고 격려받아왔으니까. 이제 학교도 아이들

이 성장하는 만큼 칭찬해주는 제도로 바뀌어야 한다고 생각해요.

제동 그건 우리 사회도 마찬가지여야 할 것 같아요.

재승 네. 대학도 입학이 중요한 게 아니라 학생을 얼마나 성장시켰는지
에 따라 좋은 대학을 판가름해야 해요. 그런데 우리는 여전히 시험 봐서
들어가기 어려운 대학을 좋은 대학이라고 평가하잖아요.

제동 학생이 입학 후 2년 뒤에 얼마나 성장했는지, 4년 뒤에는 어떻게 바뀌
었는지를 봐야겠죠.

재승 네. 그런 프로세스를 갖춰야 아이들이 성장마인드셋을 가지
고 세상에 나가서 어려운 문제에도 도전해보고, 혹시 실패하고 좌
절해도 다시 일어설 수 있는 회복탄력성을 가질 수 있을 거예요.

제동 어쨌든 우리 뇌도 우리가 익숙했던 방식 안에서 발달할 거잖아요?

재승 그럼요. 나이 드신 분들은 요즘 젊은이들이 어려운 일에 도전을 안 한다면서 "패기 있게 도전 좀 하지. 나 때는 말이야"라는 얘기를 많이 하는데, 사실 옛날에는 모두가 형편이 어려웠고 출발선이 낮았어요. 열심히 노력하면 성취를 맛볼 수 있는 시절이었죠. 그런데 지금은 조금만 삐끗하면 뒤처지고, 패자부활전도 없어요. 좋은 고등학교를 가려면 초등학교 때부터 준비해야 하고, 뒤늦게 공부에 재미를 붙여서 뭘 좀 해보려고 하면 그런 사람들에게는 기회를 주지 않아요. 붉은 여왕 가설*이라고도 하는데, 열심히 뛰어야만 도태되지 않고 겨우 제자리를 지킬 수 있는 시

---

* 미국의 진화생물학자 밴 베일런의 가설. 적자생존의 환경에서는 계속해서 발전(진화)하는 경쟁 상대에 맞서 끊임없는 노력을 통해 발전(진화)하지 못하는 주체는 도태된다는 것이다. 루이스 캐럴의 동화 『이상한 나라의 앨리스』의 속편 『거울 나라의 앨리스』에서 앨리스가 붉은 여왕과 함께 나무 아래에서 계속 달리는 장면에서 유래해 붉은 여왕 효과라고도 한다.

대에 우리가 살다보니 조금 쉬거나 방황하는 순간 뒤로 확 처지는 거예요. 이런 상황에서 실패를 두려워하지 말고 뭐든 도전해보라는 건 안 먹히는 얘기죠. 실패를 두려워하며 조심스럽게 남들과 보폭을 같이했던 아이들만 지금 살아남았거든요.

제동 아이들도 그걸 보면서 본능적으로 알게 되는 거죠. 우리가 실패했을 때 뇌에서 어떤 반응이 일어나고, 회복탄력성을 키울 방법은 무엇인지. 미리 받은 독자 질문 중에도 그런 것이 있었어요.

재승 회복탄력성과 성장마인드셋은 타고나는 것이 아니라 길러지는 거예요. 어린 시절 어떤 격려를 받으며 자랐는지, 어떤 기회를 얻으며 자랐는지가 중요하죠. 결과를 칭찬받기보다 과정과 노력을 칭찬받은 아이들이 성장마인드셋을 가질 가능성이 높아요. 실패한 것에 대해 야단치기보다 실패했을 때 어떤 태도를 보이는지에 따라 평가한다면, 새로운 기회

질문이 답이 되는 순간

가 주어졌을 때 아이들의 회복탄성력은 더 좋아질 겁니다. 부모와 선생님이 각별히 이런 부분을 신경써주시면 좋을 것 같아요.

'갓 헬멧'
신이 뇌를 만든 것인가, 뇌가 신을 만든 것인가

제동 참, 얼마 전에 가수 이효리 씨와 통화했는데, 뇌과학자 재승 쌤에게 '뇌 테스트' 한번 받아보고 싶다고 하던데요. (웃음)

재승 이효리 씨 얘기는 좀 자세히 해주세요. (웃음)

제동 자기가 어떤 생각을 할 때 뇌에서 일어나는 변화가 궁금하대요.

갓헬멧
(God Helmet)

재승 아, 제가 「뇌로 보는 인간」이라는 EBS 다큐멘터리 기획과 진행에
참여한 적이 있는데, 이효리 씨가 그걸 본 게 아닐까 싶어요. 사람들이 신
을 영접한다고 할 때 뇌에서 활성화되는 영역들이 있어요. 그래서 역으
로 그 부위를 자극하면 신을 만날 수 있지 않을까 싶어서 만들어진 '갓 헬
멧(God Helmet)'이란 게 있는데, 제가 그걸 쓰고 실험을 해봤죠.

제동 헬멧 사이즈가 맞는 게 있었어요? 미안해요. (웃음)

재승 (웃음) 있더라고요. 그래서 그걸 쓰고 신을 기다려봤죠.

제동 아, 그랬더니?

재승 45분을 기다렸지만 신을 만나는 경험은 하지 못했고 깜빡 잠이 들
어 잤어요. (웃음) 제가 잠든 부분은 방송에서 편집됐지만…, 신을 영접한
다고 할 때 활성화되는 뇌 영역을 자극하니, 제 곁에 뭔가가 있는 듯한 느
낌이 들긴 했어요.

질문이 답이 되는 순간

제동 그 뇌 영역이 뭐예요?

재승 여러 영역이 있는데 특히 측두엽을 많이 자극했죠. 전두엽과 측두엽, 그리고 두정엽도요. 이 영역들을 자극해서 신을 만날 수 있는지 실험한 거죠. 그때 신을 만나지는 못했지만 마음이 좀 차분해지면서 곁에 누가 있는 듯한 느낌을 받았다는 게 방송에 소개되었는데, 아마도 이효리 씨가 요가와 명상에 관심이 많으니까 그렇게 얘기한 게 아닐까 싶어요.

제동 좀 민감한 주제일 수 있는데, 정말 신이 있어서 우리 뇌가 그것을 인지한 것인지, 뇌가 신을 만들어낸 것인지 궁금하긴 하네요. 예전에 이런 주제를 담은 유명한 다큐멘터리를 본 적이 있는데, 뭐였더라….

재승 「스토리 오브 갓(Story of God)」이라는 다큐멘터리가 있었죠. 모건 프리먼이 전세계를 돌아다니면서 종교지도자와 학자들을 만나 신은 과연 존재하는지, 있다면 어디에 있을지 인터뷰했죠.

제동 저도 그걸 봤어요.

재승 그때 모건 프리먼이 한국에서 저를 인터뷰하고 싶다고 제작진한테 연락이 왔는데, 제가 그 시기에 한국에 없어서….

제동 제정신이에요? (웃음)

재승 아, 저도 무척 만나고 싶었는데 그분이 워낙 바쁘셔서요. 해외 출장만 아니었다면 저도 정말 나가고 싶었어요. 나중에 다큐멘터리를 봤는데 좋더라고요.

제동 맞아요, 저도 좋았어요.

재승 사실 저도 모건 프리먼이 던진 질문과 같은 궁금증을 갖고 있었거든요. 그래서 제가 이번에 참여한 다큐멘터리 5부작 「뇌로 보는 인간」 중에 한 회가 종교였어요. 저도 세계 곳곳의 종교 지도자들을 만나고, 신을 영접했다는 사람들을 인터뷰한 학자도 만나고, 영적 체험을 하는 순간의 뇌를 연구하는 학자도 인터뷰했어요. 그런데 영혼의 존재를 확신하는 사람들, 사후세계를 다녀왔다는 사람들을 인터뷰한 전문가들의 이야기를 종합해보니, 그게 사실이라고 믿을 만한 결정적인 증거는 단 하나도 없었어요.

제동 아, 그래요? 과학적으로 그렇다는 거죠? 믿음의 영역은 또 다를 수 있으니까요.

재승 네. 재현이 불가능할 수도 있고 공교롭게 그 증거를 대지 못했을 수도 있지만, 제가 인터뷰한 바에 따르면 그랬어요. 신을 영접하는 순간 뇌에서 어떤 일이 벌어지는지를 보면 딱 정해진 영역들이 활성화돼요. 측두엽과 두정엽. 놀랍게도 거기에 사람을 인지하는 영역도 항상 포함돼 있어요. 가만 보면 우리는 신을 의인화하는 경향이 있죠. 우리가 형상화한 신은 사람의 모습을 하고 있고, 신도 사람처럼 기뻐하거나 노한다고 생각하잖아요.

제동 신에게도 인간처럼 희로애락이 있을 거라고 묘사하죠.

재승 신을 믿는 사람들은 이렇게 이야기해요. "신이 너무 바빠서 미처 거기까지는 신경을 못 썼나보다." 신이라면 전지전능해서 동시에 여러 일을 완벽히 처리할 수 있을 텐데, 인간처럼 너무 바빠서 신경을 못 썼을 거라고 말하는 거죠. 신을 형상화한 고대 작품을 보면 손을 여러 개 그리기도 하잖아요.

제동 예를 들면 천수관음보살 같은 건가요?

재승 네. 다른 사람들을 도와주려면 사람의 형상을 하고 손이 많이 필요할 것 같다고 생각한 건데, 사실 이건 지극히 인간적인 사고잖아요. 그렇게 인간적으로 신을 그리고 있다는 건 진짜로 어떤 신을 만나보았다기보다는 절대적으로 의지하고 싶은 존재가 있고, 그 형상이 사람과 같기를 간절히 바라는 마음일 수도 있을 것 같아요. 제가 만나본 전문가는 이렇게 말하더라고요. "우리는 신도 사람의 형상을 하고 있기를 바라기 때문에 우리와 비슷한 신을 스스로 만들어낸 것이 아닐까." 저도 이 말에 동의하게 되더라고요.

그런데 제가 인도 수도승에게 이렇게 물은 적이 있어요. "신이 존재한다는 결정적 증거가 없음에도 불구하고, 세상은 왜 이렇게 많은 종교로 넘쳐나는가?" 그때 그분이 이렇게 답하시더라고요. "증거가 있어서 믿는 것이 아니라 믿음이 신이라는 존재의 출발이다." 이런 경우엔 대화를 계속 이어가기가 어렵죠. 서로 다른 기반 위에 서 있으니까요.

제동 저는 조금 감성적인 편이라 수도승의 말에 약간 뭉클해지는데요. (웃음)

재승 저도 이해는 돼요. 하지만 과학자로서 받아들이기는 어렵더라고요.

몸의 반응이 먼저일까,
마음이 먼저일까?

제동 그러면 사랑을 할 때 우리 뇌에서는 어떤 변화가 일어납니까? 우리가 달리기를 하고난 뒤에 이성을 보면 사랑의 감정을 느낀다고 착각한다던데요. 심장이 두근거리니까요.

재승 맞아요.

제동 보통은 뇌가 몸을 움직이는데, 반대로 몸의 작동을 뇌가 착각한 거네요?

재승 네. 이와 관련해서 실제로 진행됐던 흥미로운 실험이 있어요. 외국에서 한 실험인데요, 실험자가 피험자에게 이성의 사진을 보여주고 그 이성이 얼마나 매력적인지 숫자로 표시하게 해요. 가슴이 뛰는 강도를 기준으로, 전혀 안 뛰면 0, 굉장히 매력적이어서 설레면 7 이런 식으로.

제동 논란의 여지가 좀 있는 실험이네요.

재승 그렇긴 한데, 이 실험의 핵심은 사진이 아니에요. (웃음) 실험 내용을 자세히 살펴보면, 먼저 피험자의 가슴에 심장박동 측정기를 달고 그것을 스피커에 연결해서 피험자가 자신의 심장박동 소리를 들을 수 있게 해줘요. 이성의 사진들을 볼 때마다 달라지는 심장박동 소리를 들으면서 그 이성의 매력도를 표시하는 거죠.

질문이 답이 되는 순간

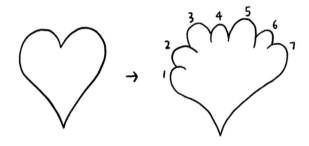

　그런데 흥미로운 것은 스피커에서 흘러나오는 심장박동 소리는 진짜 피험자의 심장박동 소리가 아니라 사전에 녹음해놓은 거예요. 그러니까 이성의 사진을 본 피험자의 반응과는 아무 상관 없는 거죠. 피험자는 심장이 그렇게 빨리 뛰지 않아도 빠르게 뛰는 소리를 듣게 되고, 실제로는 심장이 두방망이질을 하는데도 느리게 뛰는 소리를 듣게 되는 거예요. 그러고는 그 소리가 실제 자신의 심장 소리라고 알고 있는 거죠. 그러면 어떤 결과가 나올까요? 미리 녹음된 심장박동 소리가 피험자들의 평가에 영향을 미칠까요?

제동　글쎄요. 혹시 소리를 듣고 사랑이라고 착각하나요?

재승　놀랍게도 피험자가 표시한 숫자를 보면, 실제 심장박동도 아니고 순전히 뇌만의 판단도 아닌, 스피커로 들려준 심장박동 소리와 깊은 상관관계가 있었어요. 본인의 실제 심장박동보다 스피커로 들려준 가짜 소리와 더 깊은 상관관계가 있었다는 건, 뇌가 몸의 변화를 판단해 해석하는 경향이 매우 강하다는 걸 보여주는 것 같아요. 다시 말해, 피험자들은 사진을 보고 느껴지는 대로 숫자를 표시했다기보다 몸의 변화에 주목해서 표시했다고 보는 게 맞죠. 심지어 몸에 대한 잘못된 정보를 줬음에도 불구하고 '왜 이렇게 심장이 빨리 뛰지? 내가 이 사람을 좋아하나?' 하면서 점수를 높게 줄 정도로 사랑을 포함한 많은 감정이 몸의 변화를 먼저 읽고 판단해서 유발된다는 거예요. 결국 우리는 뇌로만 사고하는 것이 아니라, 몸이라는 촉수로 세상을 더듬고 오감으로 받아들이면서 해석한다고 할 수 있죠.

제동 그러면 사랑이란 감정은 믿을 수 없는 건가요? 사랑의 유효기간이 3년이라는 건 사실이에요? 재승 쌤은 어때요? (웃음)

재승 저는 지금도 아내를 보면 떨려요. (웃음)

제동 무서워서 떨리는 거예요, 사랑해서 떨리는 거예요?

재승 무서워서요. (웃음)

제동 제가 두 분을 저희 집에 초대한 적이 있는데, 친구처럼 너무 좋아 보여서 제가 '와, 결혼하면 저렇게 친구처럼 잘 살 수 있겠구나!' 생각한 적이 있어요. 어쨌든 사랑의 유효기간이 3년이라는 건, 사람에 따라 더 짧을 수도 더 길 수도 있지만 평균적으로 그렇다는 얘기겠죠?

재승 네. 도파민 분비 상태, 즉 '낭만적 사랑'이라는 관점에서 보면 통상 연인들에게 사랑의 유효기간이 있어 보여요. 하지만 그다음 옥시토신이라는 애착관계, 즉 '정(情)'의 시기가 기다리고 있어서, 다행히 사랑이라는 통조림은 유통기한이 많이 지나도 몸에 유익해요. 서로 오래 나누어도 돼요.

제동 아, 그래요?

재승 예를 들면 육체적으로 갈망하는 시기가 있고, 깊은 관계를 맺은 후 느끼는 기쁨과 그보다 더 큰 것을 바라는 갈망이 공존하는 시기도 있어요. 그런데 그 시간마저 지나면 꼭 뭔가를 같이하지 않아도, 함께 있는 것만으로 정신적으로 안정이 되고 마음의 평온을 느끼는 시기가 오죠. 옥시토신이 분비되는 정의 단계예요. 그냥 각자 자기 공간에서 자기 할 일을 하고 있어도 마음이 편한 단계죠.

"사람이 어떻게 한 사람만 사랑해요?" 테이블 위에 올릴 수 없었던 이야기

제동 하지만 사랑했던 연인조차도 같은 공간에 함께 있는 것만으로도 끔찍한 관계로 변하기도 하잖아요?

재승 물론 그렇죠. 그래서 저는 '일부일처제'가 지금 시점에 한 번쯤 재고해봐야 할 제도라는 생각은 들어요. 우리나라는 이혼율이 약 30% 정도, 미국 같은 경우는 거의 50%거든요. 여기에 미혼이나 자발적 비혼 비율까지 고려하면 사실 가정을 이루고 있는 비율은 생각보다 낮아요. 유럽

은 동거를 하다가 아이를 낳기도 하고요.

오늘날 사회구성원의 50%도 못 지키는 제도라면 '과연 이 제도가 적절한가? 이게 옳다고만 말할 수 있나?' 사회규범으로서의 일부일처제를 재고해볼 필요도 있다는 거죠. 인간은 지금의 결혼 방식이 아니더라도 행복할 수 있을 테니까요. 다음 세대에게는 "반드시 결혼해라." "애는 꼭 낳아라." "이게 행복한 가정의 전형적인 모습이다." 이렇게 사회규범으로서 부부와 자녀로 구성된 가족을 말하는 대신, 일단 개인이 독립적인 존재가 되라고 가르치고, 누군가를 온전히 사랑하려면 자기 자신을 먼저 사랑하고, 스스로의 삶을 잘 추스를 수 있어야 한다고 가르쳐야 해요. 그리고 결혼제도에 대해서도 다양성을 존중하는 열린 태도가 필요하다고 생각해요.

질문이 답이 되는 순간

아직도 아내가 없어서 밥을 못 먹었다느니, 주말 부부를 하니까 집이 엉망이라느니, 이런 얘기를 하는 남자들이 있잖아요. 그건 그 사람이 온전히 홀로서기를 못한 거죠. 자기 삶을 충실히 살아내면서 혼자서도 행복할 수 있어야 누군가를 사랑할 준비가 된 거죠.

누군가를 사랑하는 건 정말 좋은 거죠. 그러나 그게 꼭 일부일처의 결혼이라는 제도 안에서 이루어져야 하는지, 자식을 꼭 낳아야 하는지, 이 문제는 두 당사자가 결정할 일이지 주변에서 사회적 규범이라는 잣대를 들이대고 훈수 두지 않으면 좋겠어요.

제동 재승 쌤 얘기는 꼭 일부일처제에 관한 이야기라기보다 어떤 형태로 사랑하고 살아갈 것인지에 대한 결정은 본인들에게 맡겨야 한다는 얘기 같네요.

재승 맞아요. 우리 호모사피엔스의 본성상 일부일처제가 절대적으로 지켜야 할 제도처럼 보이지 않을 때가 종종 있어요. 물론 인간은 양육기간이 길어 일부일처제가 필요한 면도 있지만, 절대적인 건 아니라는 거죠. 예를 들어 중국 모수오족처럼 여성이 가정의 중심인 모계사회 전통을 이어가기도 하고, 또 어떤 곳에서는 전쟁 같은 극한 상황이 벌어지면 한 남성을 여러 여성이 공유하기도 하고, 인간은 그동안 결혼제도를 유연하게 적용해왔더라고요.

제동 문화니까요.

재승 그렇죠. 우리는 일부일처제를 절대적으로 당연하고 자연스러운 것으로 여기는데, 이제는 좀 떨어져서 객관적으로 볼 필요가 있어요. 인도의 어느 국회의원은 '결혼 20년 계약'이라는 공약을 내걸었다고 하더라고요. 순전히 사고 실험(Thought experiment)*을 해보자면, 20년마다 한 번씩 재계약하는 방식의 결혼제도를 떠올려보면 어떨까요? 10년마다 한 번도 괜찮고요.

좀 과격하게 상상해보자면, 부부가 10년마다 재계약을 해야만 함께 살 수 있다면, 사는 동안 그 10년을 진짜 열심히 사랑하며 살 것 같거든요. 현재 배우자와 재계약을 위해 성실하게 가정생활에 임할 것 같기도 하고요. 또 계약 기간이 끝나고 새로운 짝을 찾아 다시 결혼해야 한다면, 몸도 좀 만들고 건강하게 살려고 애쓸 것 같기도 해요.

제동 만약 지금의 상대를 여전히 사랑한다면 당연히 재계약할 수도 있을 테고요.

재승 그렇죠. 이런 결혼제도가 현실이 되려면 가장 중요한 근간은 사회적 보육과 연금이에요. 애를 키우는 것을 온전히 가족에게만 맡겨놓으면 10년 후 재계약 시점에 굉장히 복잡한 사회적 문제가 벌어질 테니까요. 우리 사회가 보육을 적극적으로 돕지 않으면 10년 계약결혼은 불가

---

* 아직 실행에 옮기지 않은 상황을 머릿속으로 그리면서 논리와 추론만으로 결과를 예측하는 실험.

질문이 답이 되는 순간

능하겠죠. 경제력도 마찬가지예요. 배우자에게 경제적으로 의존하지 않고 모두가 기본적인 생활이 가능해야 배우자를 온전히 함께 살아갈 동반자로 판단할 수 있을 테니까요. 인생에서 결혼을 대여섯 번 할 수 있다고 생각하면 인간 사회는 어떤 모습이 될까요? 전 우리가 완전히 다른 삶을 살게 될 것 같아요. 인생도 사랑도 다른 관점으로 바라볼 수 있을 것 같고요.

제동　그렇겠죠.

재승　누군가는 굳이 재계약을 하지 않고 혼자 사는 시간이 필요하다고 생각할 수도 있을 거예요. 마치 자유계약(FA) 자격을 얻은 선수처럼 누군가와 재계약하기를 꿈꾸는 그런 느낌도 들 수 있고요. 문제점도 많은 제도겠지만, 이런 상상도 가능하다는 얘기를 드리고 싶었어요.

제동　앞에서 언급한 다큐멘터리를 찍으면서 든 생각이지, 개인적인 심경의 변화라든가 그런 건 아니죠? (웃음)

재승　네. 그렇지만 지금 제 나이가 이런 문제를 한 번쯤 돌아볼 시기이기는 하죠. (웃음)

제동　재승 쌤 얘기를 들으면서 조금 놀랐어요. 그동안 당연하다고 생각해왔던 것들이나 우리 사회가 완고하게 고집해온 관습에 대해서 이렇게 솔직하게 이야기할 수 있다는 게.

재승　아, 그래요?

제동　네. 사실 말씀하시는 동안 '이런 얘기를 공개적으로 해도 괜찮겠어요?'

하고 묻고 싶은 걸 꾹꾹 참았거든요. 보는 시각에 따라 논란의 여지가 있을 수 있고, 특정 부분만 발췌하면 오해받을 수도 있을 텐데….

재승 이래도 되나 싶어요? (웃음) 저도 '생각'만 그렇게 해봅니다.

제동 맞아요. 이래도 되는 건가 싶죠. 그러면서 '아, 내가 굉장히 보수적인 사람이구나. 겁이 많구나!' 이런 생각도 들었어요. 한편으로는 '재승 쌤의 마음속에서는 이런 내적 갈등이 없었을까?' 하는 궁금증도 있었고요.

재승 (웃음) 개인적인 얘기를 좀 하자면, 저는 어릴 때 거의 '걸어다니는 교과서'였어요. 어른들이 시키는 대로 사는 모범생이었죠. 술, 담배 정도가 아니라 탄산음료나 커피 같은 것도 전혀 안 마시고, 청소년기에 오락실이나 만화방을 가본 적도 한 번도 없었어요. 학원, 과외, 독서실도 안 가고, 그냥 집에서 교과서를 중심으로 예습 복습 하면서 살았죠. (웃음)

제동 정말요?

재승 네. 그렇게 세상이 살라는 대로 살아왔는데, 막상 대학교에 진학해서 책도 읽고 이런저런 경험을 해보니, 그동안 사회가 내게 요구했던 말들이 얼마나 위선적인가 싶더라고요. 실제로 하지 말라는 많은 것들을 한다고 해서 세상이 무너지는 것도 아닌데 말이죠. 그래서 그후로는 누군가 제게 어떻게 살아야 한다고 말하면 무조건 받아들이는 대신 다시 헤집어보고 의심하는 사고를 하게 되었어요. 지금도 누군가가 강력하게 "이건 절대, 꼭." 이렇게 얘기하면 할수록 '왜 꼭 그래야 하지?' 하고 의심을 하면서 살고 있어요.

사랑도 마찬가지인데,「그녀(Her)」라는 영화 있잖아요. 인공지능과 사랑하게 되는 내용의 과학영화이면서도 사랑의 본질에 대해 중요한 철학적 질문을 던지잖아요. 인공지능이 내 마음을 이해해주고 공감해준다면 '설령 사람의 형상을 하고 있지 않더라도 사랑을 할 수가 있구나! 사랑이라는 것은 생각보다 훨씬 더 폭이 넓구나!' 이런 생각이 들었는데, 마지막에 그 인공지능 운영체제(OS)가 동시에 수만, 수백만 명과 사랑을 나눈다는 사실을 알고 주인공이 큰 상처를 받잖아요.

제동 그러니까요. 저도 슬프더라고요.

재승 사랑은 그 대상이 로봇이거나 동물이거나 심지어 형체가 없는 것이어도 상관없을 정도로 상당히 열려 있음에도 불구하고, "넌 나만 사랑해야 해" 하는 배타성과 독점성만은 우리 인간이 양보하지 못하는 '사랑의 본질' 안에 포함되는 것인가, 이런 생각이 들었어요. '우리는 동시에 여러 명을 사랑할 수 없는가?' '사랑은 질투라는 감정을 동반할 수밖에 없는가?' '이런 감정들이 우리 뇌에서 벌어지는 일인가?' 이런 수많은 질문이 생겼는데, 사실 유럽이나 미국의 젊은 세대들 사이에서는 '오픈릴레이션십(Open Relationship)'이라는 걸 한다고 하더라고요. 오픈릴레이션십은 한 사람이 여러 사람과 동시에 사랑을 하는 거예요. 그리고 그 관계를 서로에게 숨기지 않고 모두 공개해요.

이들에게 "어떻게 그렇게 다 열어두고 관계를 맺을 수 있냐?"라고 물으니 오히려 이렇게 대답하는 거예요. "사람이 어떻게 한 사람만 사랑해요?" 저는 그 말이 충격적이었어요.

제동 우리는 그러면 안 된다고 교육받아왔는데….

재승 오픈릴레이션십을 하는 사람들이 우리 사회에 새로운 관계, 새로운 관점을 실천으로 보여주기 시작한 거죠. "사람이 어떻게 한 사람만 사랑해요?" 그동안 아무도 테이블 위에 올려놓지 못했던 말을 들으니까, 그때 약간 뒤통수를 세게 얻어맞은 것 같았어요. '사람이 한 사람만 사랑하고 한 사람과 평생 사는 것이 정말 인간의 본성일까?' 이런 질문을 스스로에게 하게 되더라고요.

제동 "나는 한 사람하고만 사랑하는 게 가능하다고 생각하는데." 이렇게 말하고 나 혼자 어떻게 빠져나갈까 잠깐 고민했어요. (웃음)

재승 치사하다. (웃음) 그들에게 이런 것도 물어봤어요. "그러면 질투라는 감정은 어떻게 다스리냐?" 이것이 오픈릴레이션십에 가장 중요한 부분이잖아요.

제동 아, 그렇죠.

재승 그들 모두 질투를 느낀대요. 그렇지만 이들은 질투심을 느끼지 않기 위해 독점적인 관계를 요구하는 일부일처제에 얽매이는 것보다 차라리 질투심에 시달리는 것이 더 낫다고 생각하는 것 같아요.

제동 아, 그 사람들은 그렇게 생각하는군요.

재승 그런가봐요. 그들도 질투를 완전히 다스리지 못하지만 그럼에도 불구하고 여러 사람과 관계를 유지하는 게 더 중요한 가치라고 보는 것이고, 현재 우리 사회는 다른 사람과 관계를 맺고 싶더라도 자제하면서 독

질문이 답이 되는 순간

점적 가족을 꾸리는 것이 더 중요한 가치라고 믿는 거죠.

제동 그렇게 결정한 거죠.

재승 네. 그게 바로 문화라고 할 수 있겠죠. 따라서 어떤 것이 옳고 그른지의 절대적인 문제라기보다는, 시대적인 상황이나 사회적 합의에 의해 결정될 수 있는 거죠. 다만 우리가 '가족이란 이런 모습이야'라고 굳게 믿고 배워온 것에 대해 좀더 열린 태도를 가지면 좋을 것 같아요. 우리가 실천해온 삶을 다음 세대에게도 강요하기에는 사람들의 가치관과 시대정신 그리고 그 사회의 상황과 환경들이 끊임없이 변하니까요. 그러니 각 세대들이 스스로 판단하고 결정할 수 있도록, 다양성을 존중하는 열린 태도가 필요한 것 같아요.

과학은 사사롭지 않다!

제동 그런데 이런 얘기를 하면 "정재승 쌤은 결혼생활이 행복하지 않은가봐?" 이렇게 말하는 사람들이 있을 것 같기도 해요. (웃음)

재승 과학적 태도는 개인적 경험이나 내 주변에서 벌어지는 단편적인 에피소드를 사회 전체로 일반화하지 않는 태도예요. "내가 살아보니 어떻더라." 이런 말은 누구나 할 수 있어요. 반면 과학자라면 "어떤 한 사회, 혹은 세대의 집단적 행동에 대한 통계를 보니 이렇더라. 비록 내 경험과는 다르지만 이런 통계 수치가 나왔다니 우리가 재고해봐야 하지 않을까?" 이런 논의를 할 수 있어야 사적인 공격을 받지 않겠죠.

제동 아, 이렇게 들으니까 굉장히 멋지네요. 그동안은 이런저런 말이 나올까봐 겁나서 못한 말들이 있었거든요. 이렇게 과학과 과학적 태도가 주는 안온함이 있네요.

재승 제가 느끼기에 과학의 매력은 '사사롭지 않다'는 거예요. 빌딩에서 돌이 떨어지든, 내가 사랑하는 사람이 떨어지든 똑같은 중력의 법칙이 적용돼요. 저에게는 완전히 다른 사건들인데 말이죠.

제동 아…, 이런 예는 들지 맙시다.

재승 생각만 해도 끔찍하지요. 빌딩에서 돌이 떨어지는 것과 내가 사랑하는 사람이 떨어지는 것은 내게는 완전히 다른 사건이잖아요. 하지만 지구는 그것을 똑같이 받아들여요. 그래서 너무 냉혹하지만, 그런 사실을 아는 순간 인간도 사사롭지 않게 세상을 바라볼 수 있어요. 운이나 재수 같은 것에 연연하지 않고요. 저는 어렸을 때 왠지 제가 특별한 사람일 거라고 생각했어요. 슈퍼히어로물을 너무 많이 봤나봐요. (웃음) 보자기만 두르고 2층 옥상이나 나무 위에서 뛰어내리기 일쑤였죠. 여지없이 아프고 다치더라고요.

제동 저도 「슈퍼맨」 보고는 보자기 두르고 높은 데서 뛰어내리고 그랬어요. 하나, 둘, 셋, 점프.

재승 어렸을 때는 상상의 관객이 있는 연극 무대에 내가 주인공이라는 세계관을 가져요. 그 절정이 '중2병'이고요. 자기 허세로 가득 차 있는 그 시기에 전전두엽이 서서히 발달하면서 내가 연극 무대의 주인공이고, 상상의 관객이 있고, 세상은 나를 위해 돌아가고, 나는 특별한 존재라는 생각에 말도 안 되는 허세를 부리는 거예요. 나는 특별하니까.

그런데 전전두엽이 충분히 발달하게 되면 나 또한 그저 수많은 사람들 중 한 명일 뿐임을 알게 되고, 내 주변에서 벌어지는 개별 사건을 가지고 쉽게 무언가 결론을 내리기에는 내 경험이 너무 적다는 걸 깨닫게 되죠. 이 지구와 우주를 생각하면 내 삶이 사사로운 거예요. 도도히 흐르는 중력의 법칙이 내가 너무나 사랑하는 것에도 전혀 개의치 않고 똑같이 적용된다는 걸 알게 되죠. 그게 제가 과학을 하면서 얻은 깨달음이에요. 내가 경험하는 사랑은 특히나 더 소중하고 특별한데, 알고보면 수많은 사람들의 사랑이 다 비슷한 패턴인 거예요. 그래서 그 안에 보편성과 특수성이 함께 존재한다는 사실을 깨닫게 되죠.

제동 보편성과 특수성을 함께 깨닫는 건 중요한 것 같아요.

재승 맞아요. 사랑에 빠지면 뇌가 어떻게 변한다는 보편성이 있지만 그 세세한 방식은 저마다의 삶에서 다르게 구현되니까요. 그래서 특수성이 함께 존재하게 되는 거죠. 이러한 사실을 알게 되면 좀 의연해지고, 앞에서 제동 씨가 말한 안온함 같은 것도 느끼게 돼요. 저 또한 죽으면 먼지로 돌아간다는 걸 아니까.

전전두엽이 충분히 발달하게 되면
나 또한 그저 수많은 사람들 중 한 명일 뿐임을 알게 되고,
내 주변에서 벌어지는 개별 사건을 가지고 쉽게 무언가 결론을
내리기에는 내 경험이 너무 적다는 걸 깨닫게 되죠.
이 지구와 우주를 생각하면 내 삶이 사사로운 거예요.
도도히 흐르는 중력의 법칙이 내가 너무나 사랑하는 것에도
전혀 개의치 않고 똑같이 적용된다는 걸 알게 되죠.
그게 제가 과학을 하면서 얻은 깨달음이에요.

질문이 답이 되는 순간

또 진짜 이 우주의 법칙은 등골이 오싹할 정도로 서늘하고 냉혹해서 『시크릿』*에서 주장하는 것처럼 내가 간절히 바란다고 뭔가 이루어지지도 않고, 내가 돈을 기분 좋게 쓴다고 더 큰 돈이 들어올 리도 없다는 걸 아니까 그런 얘기에 쉽게 넘어가지 않게 되죠. 그저 하루하루 담담하게 살아내는 것이 인생이라는 생각이 들어요.

제동 '아, 과학자와 구도자가 닮은 점이 참 많구나!' 문득 이런 생각이 들었어요.

재승 네. 그럴 수도 있을 거 같아요. 물론 전 그렇게 훌륭한 사람은 아닙니다만.

제동 노자의 『도덕경』에 이런 말이 있더라고요. "천지불인(天地不仁)." 즉 "천지는 만물을 만들고 키우는 데 있어 어진 마음을 쓰는 것이 아니라 자연 그대로 행할 뿐이다." 이 문장을 읽고 몹시 충격을 받았던 기억이 있어요. 물리학자 상욱 쌤도 이와 비슷한 얘기를 하더라고요. "세상은 그냥 아무 의미 없이 자연의 법칙대로 돌아가는데 그 안에서 인간이 의미를 부여하는 것이다."

재승 네. 그런 거죠.

제동 그러고보면 과학이란 게 참 희한하네요. 냉정한 듯하면서도 뭔가 설명하기 힘든 안온함을 줘요. 재승 쌤과 이런 진지한 얘기를 하고 있으니 어색하기도 하지만 좋기도 해요. 근래 쌤과의 만남 중에 제일 멋있는 모습이에요. 왜냐하면 지금까지는 저 보자마자 하는 말이 항상 "밥은 언제 먹어?"였는데, 이

---

* 우리 내면에 잠재된 비밀의 힘을 이용하면 부와 성공을 거머쥘 수 있다고 조언하는 자기계발서. 미국은 물론 전세계에서 큰 화제가 되며 베스트셀러가 되었다.

말과 "과학은 사사롭지 않다"라는 말이 쌍벽을 이루는 것 같아요. (웃음) 사실 재승 쌤 되게 겁 많고, 다른 사람들과 그렇게 많이 다르지도 않잖아요?

재승 그럼요. 사실 저도 제 삶을 아주 의연하게, 너끈히 살아내는 사람은 아니에요. 겁도 많고 종종 불안해하기도 하고. 다만 과학이라는 학문을 연구하다보니 앞서 말한 사실들을 조금 엿보게 되었는데, 그게 실천으로까지 이어지려면 수행자만큼은 아니더라도 더 구체적인 노력이 필요하겠구나, 이런 생각을 해요. 그래서 저도 모두 지키지는 못하지만 제가 알고 있는 사실들을 세상과 공유하려고 노력하고 있고, 다른 분들은 또 각자의 전문 분야에서 저보다 훨씬 더 훌륭하게 해낼 수 있기를 바라고 있어요. 그럴 수 있으면 정말 좋겠어요.

제동 재승 쌤, 오늘 너무 멋있는 거 아니에요? 아, 짜증나! (웃음)

사랑의 대차대조표
그리고 손익분기점

제동 그래서 결국 사랑할 때 뇌에서 일어나는 변화는 행복인가요?

재승 우리가 행복하려고 사랑을 하지만 사실 사랑하는 동안 행복에 관한 대차대조표를 그려보면 손익분기점을 못 넘는 경우가

질문이 답이 되는 순간

많아요. 제동 씨는 혹시 이런 걸 다 알고 선택적으로 사랑을 거부하는 건가요? (웃음)

제동 그런 의미에서 저를 뇌과학의 선두주자라고 해주세요. (웃음)

재승 (웃음) 사랑을 하면 큰 기쁨과 쾌락을 느끼기도 하지만 그로 인해서 생기는 숱한 실망과 좌절이 있죠. 너무나도 고통스럽기까지 한….

제동 맞아요. 질투, 의심, 실망….

재승 그리고 분노와 외로움. 제동 씨는 언제 가장 외롭다고 느끼나요?

제동 이거 혹시 아까 말한 그 실험이에요? 무슨 실험을 준비해왔다면서요?

재승 아직 아니에요. (웃음)

제동 다행이에요. 저는 저를 아껴주고 사랑해주는 사람이 없을 때 외로워요.

재승 그런데 혼자일 때 느끼는 외로움이 있고, 둘이 있지만 내 기대만큼 상대가 공감해주거나 내 마음을 알아주지 않을 때 느끼는 외로움이 있어요. 어떤 외로움이 더 클까요?

제동 우리가 흔히 "혼자 있을 때 외롭지만 둘이 있어도 외로워." 이런 말을 하잖아요.

재승 그렇죠. 그런데 혼자 있을 때 느끼는 외로움과 둘이 있을 때 느끼는 외로움의 성질이 서로 달라요. 그래서 둘 중에 어떤 외로움이 더 크냐고 묻는다면 쉽게 답하기 어려워요. 혼자일 때 무척 외로울 것 같지만 오랫동안 혼자 지낸 사람은 이 외로움을 감당하는 '자기만의 삶의 태도'가 있어요. 타인에게 지나치게 기대하지 않죠.

반면, 누군가와 함께 살았던 사람들은 상대에게 항상 기대하고, 그 기

대가 커질수록 기대와 현실의 격차는 더 벌어지기 때문에 혼자인 사람보다 더 깊은 외로움에 빠질 수도 있어요. 옆에 누가 있다고 반드시 덜 외로운 건 아니라서 외로움의 본질이 무엇인지 잘 생각해볼 필요가 있는 거죠.

사랑이라는 것도 마찬가지예요. 행복하려고 사랑했지만, 사랑이라는 건 본질적으로 욕망이고, 욕망이라는 건 완전히 채워져야 만족스러운 것이거든요. 욕망이 채워지지 않을 때의 그 괴로움이 너무 커서 종교는 아예 욕망을 죄악시하고 욕망하지 말라고 가르치잖아요.

제동 기대하지 말고 무조건적인 사랑을 하라고 하죠.

재승 네. 기대를 내려놓으라고 하죠. 반면에 자기계발서는 열심히 노력해서 욕망을 채우는 성공적인 삶을 살라고 하지만, 우리 대부분은 그 중간쯤에 있잖아요. 욕망을 떨칠 수도 없고, 이룰 능력도 부족한….

제동 "혼자 있으면 혼자 있는 대로 자유롭고, 함께 있으면 서로 조화로우라." 법륜 스님이 제게 이렇게 말씀하시기에 "네. 알겠습니다" 하고 대답했지만, 솔직히 우리 같은 보통 사람은 혼자 있으면 외롭고, 함께 있으면 싸우잖아요. 우리 수준이 그렇잖아요. (웃음)

재승 그렇죠. (웃음) 그래서 사실은 결혼이 마치 그 사랑의 성공적인 결실인 것처럼 얘기하지만 그때부터가 본격적인 시작이고, 향후 결혼생활을 하는 동안 행복의 손익분기점을 넘기는 삶을 살아야 하는데…, 그러려면 진짜 각별한 노력이 필요한 것 같아요.

제동 늘 머릿속으로만 생각해왔는데, 이제 사랑도 좀 부딪혀보고 해야겠어요. 가끔 그런 생각 하거든요. '내 얼굴도 그렇고 생활방식도 그렇고, 나는 한 50년 앞서간다.' (웃음)

재승 자유로운 해석이네요. 어쩌다 그런 독특한 결론에 도달했어요? (웃음)

제동 독특하다니요? 50년 후에는 어떻게 될지 모르잖아요!

재승 50년 후엔 혼돈의 시대로 바뀌나요? (웃음)

제동 지금 제 얼굴이 무정부상태라고 얘기하는 거예요? 유재석 씨가 비슷한 얘기를 한 적 있어요. "왜 신호등 없는 사거리처럼 생겼냐." 저보고 혼돈의 시대처럼 산다고 그랬는데…. 어쨌든 저는 제 얼굴에 대해 근본적인 자신감이 있어요. 두 사람이 어떻게 얘기하든. (웃음)

뇌과학자의 어떤 실험
"당신에게는 무엇이 가장 중요한가요?"

재승 애기가 나온 김에 제가 오늘 제동 씨와 함께 해보려고 준비한 실험을 지금 한번 해볼까요?

제동 지금 여기서요? 아직 물어봐야 할 질문들이 있는데?

재승 실험부터 하고 질문해도 돼요. (웃음) 우선 가벼운 질문으로 시작해볼게요. 제가 방금 제 소셜미디어에 "제 주변에 있는 사람들 중에서 가장 못생긴 사람한테 10만 원을 주고 오겠다"라고 공표했다고 가정해봅시다. 그리고 그 돈을 여기서 제동 씨에게 주고 싶어요. 이 돈을 받으시겠어요? 제동 씨가 이 돈을 받겠다고 하면, 제 소셜미디어에 "제동 씨에게 돈을 줬다"라고 글을 올릴 거예요. 그렇다면 이 돈을 받겠습니까?

제동 지금 엄청나게 고민이 되긴 하네요. 음, 순간적으로 드는 생각은 기분 나빠서 안 받을 것 같긴 해요. 나 안 받을래요.

재승 안 받아요? 못생기지 않았기 때문에 인정 못 하겠다는 거죠?

제동 아니, 저는 진짜 동의가 안 돼요.

재승 자, 그럼 100만 원으로 금액을 올려볼까요? 100만 원이라면 어떠시겠어요?

제동 10만 원 줄 때 안 받았으면 100만 원도 안 받죠.

재승 그럼 1,000만 원.

제동 아니, 진짜 1,000만 원은….

재승 자, 1억.

제동 진짜 그 돈 있어요? (웃음)

재승 준다고요. (웃음) 제동 씨가 1억 원을 받으면 제 소셜미디어에 "제 주변에 있는 못생긴 사람에게 1억 원을 주기로 했는데, 제동 씨에게 주고 왔습니다." 이렇게 올릴 거예요.

제동 그러니까 내가 못생겼다는 걸 인정했다, 이걸 알릴 예정이군요?

재승 인정을 할 수도 있고, "나는 인정은 안 하니까 너희들끼리 좋을 대로 생각해." 이럴 수도 있죠.

제동 그 표현 좋네요. 당신들끼리 해요. 전 안 받아요.

재승 진짜? 그럼 10억.

제동 나는 이런 실험에 말려들고 싶지도 않고, 그 돈은 나한테 원래 없던 돈이고….

재승 오케이, 100억. 100억까지만 물어볼 거예요.

제동 100억 원이면… 순간적으로 '해야지' 하는 생각은 드네요. 100억 줘요. 그래요, 나 못생겼어. (웃음)

재승 100억 원 정도면 생각해보겠다는 거네요? 좋아요. 자, 이제 제가 SNS에 "제 주변에 있는 굉장히 어리석은 사람에게 10만원을 주겠다"라고 공표를 하고, 제동 씨에게 10만 원을 드리려고 합니다. 제가 만나본 사람 중 가장 어리석은 사람이라서요. 10만 원 받으시겠습니까?

제동 이거는 뭐…, 받을게요. 사람은 다 어리석으니까.

재승 그래서 10만 원을 받겠다? 스스로 어리석음을 인정하기 때문에?

제동 인정한다기보다 '어리석다고 10만 원을 주는 사람이 오히려 어리석은 거 아닌가? 받아버리지, 뭐.' 이런 생각이 들었어요.

재승 오케이. 그러면 제가 "제 주변에 굉장히 나쁜 사람, 부도덕한 사람에게 10만 원을 주고 오겠습니다"라고 SNS에 올린 뒤에 제동 씨를 찾아가서 "내 주변에 있는 못되고 이기적인 사람에게 10만 원을 주기로 했는데, 받을래요?" 하면 받겠어요?

제동 네. 원래 아는 사이라면 그것도 뭐….

재승 받아요? 왜요? 못되고 이기적이라고 인정하는 거예요?

제동 인정한다기보다 "그건 당신들 생각이고, 나는 뭐 그렇게 부도덕하지 않고 당신들한테 피해준 것도 없는데, 그렇게 생각한다면 어쩔 수 없지" 하고 10만 원 받으면 되죠.

재승 자, 그럼 어떻게 대답했는지 잘 기억해두시고, 두 번째 실험으로 넘어가볼까요? 만약 제가 소셜미디어에 올리지 않고, 그냥 못생긴 사람에게 10만 원 주기로 혼자 마음먹었다면 그 돈을 받을 거예요? (웃음)

제동 우리 둘만 알기로 하고? 그럼 줘요. 친한 사이라는 걸 전제하는 거니까.

(웃음)

질문이 답이 되는 순간

선택과 가치판단

재승 이제 이 실험이 제동 씨에 대해 무엇을 말해주는지 생각해볼까요?

제동 심리테스트 같은 거예요?

재승 의사결정, 가치판단에 대한 질문인 거죠. 이 실험은 평소 자신의 생각, 판단, 심지어는 신념에 대한 가치를 얼마나 높게 평가하는지에 대해 가격을 매겨보는 실험이에요. 절대로 바꿀 수 없는 가치일수록 많은 돈을 준다고 해도 제안을 받아들이지 않겠지요. 이번 실험에서 저는 제동 씨에게 외모, 어리석음, 인성 중 무엇이 중요한지를 물어본 건데, 제동 씨는 3개의 가치에 대해 사람들의 평판을 그렇게 중요하게 생각하지 않는 것 같아요. '나는 특별히 못생기지도 않았고, 어리석지도 않고, 나쁘지도 않다. 그래, 내가 어리석긴 하지만 사람이 다 어리석지 않나?' 이렇게 생각하는데, 왜 유독 못생겼다는 말에 대해서는 10억을 줘도 인정하지 못하고 100억 원은 줘야 받아들일까요?

제동 재승 쌤이 날 이렇게 만들었다고요! (웃음) 어쨌든 이상하긴 하네요. 그런데 저는 못생겼다고 하면 기분이 좀 안 좋아요. 뭔가 모욕적인 느낌이에요. 마치 제 존엄을 침해당하는 느낌이랄까?

재승 어리석은 건 그렇지 않기 때문에 상관없는 건가요?

제동 상관없어요. 그러면 저는 외모를 중요시하는 사람인가요?

재승 나쁘다거나 어리석다고 하는 건 제동 씨 마음을 건드리지 않았잖아요. 거기에는 돈과 상관없이 나를 꿋꿋하게 지켜주는 자존감 한 덩어리가 있는 거죠. 그런데 외모에 대해서는 흔쾌히 받아들일 수 없는 어떤 면이 있나보네요. 물론 좀더 들어가봐야 알겠지만요.

제동 아니, 저는 제가 그렇게까지 못생겼다고 생각한 적이 없다니까요.

재승 그러니까요. 그런데 소셜미디어에 올린다는 걸 전제로 실험했을 때 "자존심은 조금 상하지만 1,000만 원을 벌 수 있다면 할 수 있다." 이렇게 얘기하는 사람들이 많아요. 그런데 제동 씨는 "나는 소셜미디어에 올리는 건 중요하지 않다"라고 했잖아요. 남이 제동 씨 외모를 어떻게 생각하는지가 별로 중요하지 않아요? 아니면 중요해요?

제동 아니, 누가 나한테 "너 못생겼어"라고 얘기하면 당연히 기분이 안 좋죠.

질문이 답이 되는 순간

재승 그렇구나! 그럼 SNS에 올리지 않고 둘이만 얘기를 하더라도 그런 가요?

제동 장난이 아니라 진지하게 "넌 내 주위에서 제일 못생겼어"라고 얘기하면 못 받아들이죠.

재승 그런데 SNS에 올릴 거냐, 올리지 않고 둘만 알고 있을 거냐 했을 때, 둘만 알고 있겠다고 하면 많은 사람들이 10만 원, 심지어 5만 원에도 "그래, 나 못생긴 거 인정할게"라고 말해요. 결국 우리는 그만큼 남의 이목을 중요하게 생각한다는 뜻이죠.

종교, 신념, 명예, 외모…, 살면서 절대 포기하지 못할 것들

재승 그러면 이제 세 번째 실험으로 넘어가볼까요? "제동 씨, 신의 존재를 믿습니까?"

제동 아, 아직 실험이 계속되고 있는 겁니까?

재승 네. 물어보는 거예요.

제동 이게 뭔가 약간 말린 거 같은데…. (웃음)

재승 생각나는 대로 대답하면 돼요. (웃음)

제동 저는 신을 믿어요. 그런데 "야, 무슨 다큐멘터리를 찍는데 사람들한테 얘기를 해야 되니까 그냥 신은 없다고 한번 말해줘. 그럼 내가 10만 원 줄게." 누가 이러면 "뭘 10만 원까지, 그냥 3만 원만 줘." 저는 이렇게 말할 것 같아요. 내가 어떻게 말하든 어차피 신을 믿는 사람들은 믿고, 안 믿는 사람들은 안 믿을 거니까요. 그냥 제 생각은 그런 거예요. '내 의견이 뭐 그렇게 중요하겠어?'

재승 그렇지만 내가 사람들한테 어떻게 받아들여지느냐에 영향을 미칠 거 아니에요?

제동 나중에 사람들이 저한테 와서 "너 왜 신은 없다고 그랬어?"라고 물으면 "아, 그거? 그냥 아는 사람이 3만 원 준다고 해서 그랬어." 이렇게 말하면 되니까요.

재승 아, 그건 제동 씨에게 그렇게 중요한 문제가 아니군요?

제동 네. 그리고 누가 "너 보수라고 얘기해줘." 또는 "진보라고 얘기해줘." 그러면 "필요해? 알았어. 해줄게"라고 할 수 있어요. 그렇게 말했다고 제 신념이 바뀌는 것은 아닐 테니까요.

재승 자기 신념에 반하는 질문을 하더라도 해줄 수 있다는 거네요?

제동 네. 그런데 이게 만약에 어떤 한 부분, 예를 들면 이게 세월호 아이들을 추모하는 집회에 관한 것이라면 이거는 안 되는 거죠. 이건 못생겼다는 차원을 넘어서는 거니까요.

재승 그거는 제동 씨에게 10억, 100억 원을 줘도 안 되는 거군요?

제동 네. 그건 절대 양보할 수 없는 신념을 건드리는 문제 같아요.

재승 아, 지금 제동 씨가 중요하게 생각하는 가치가 뭔지를 되게 잘 보여

누가 "너 보수라고 얘기해줘." 또는 "진보라고 얘기해줘."

그러면 "필요해? 알았어. 해줄게"라고 할 수 있어요.

그렇게 말했다고 제 신념이 바뀌는 것은 아닐 테니까요.

그런데 이게 만약에 어떤 한 부분,

예를 들면 이게 세월호 아이들을 추모하는

집회에 관한 것이라면 이거는 안 되는 거죠.

이건 못생겼다는 차원을 넘어서는 거니까요.

주네요. 특정 정당의 가치보다는 아이들의 생명 같은, 좀더 보편적인 가치를 훨씬 더 중요한 문제라고 인식하는 거잖아요?

제동　네. 물론 제가 생각하는 게 일반 상식은 아닐 수 있겠지만….

재승　일반적으로 사람들은 종교적 신념에 대해서 큰 금액을 제안하더라도 쉽게 받아들이지 않고요, 그다음이 정치적 신념이에요. 가족에 대한 언급도 마찬가지고요. 자, 이렇게 제가 지금까지 던진 질문들은, 우리가 중요하게 생각하는 가치가 무엇인지와 관련이 있어요. 그리고 그 내용을 그냥 두 사람만 아는 것과 SNS에 공개하겠다는 것은, 제3자가 나를 어떻게 보느냐와, 이걸 스스로 인정하느냐, 안 하느냐와 맞닿은 거예요. 많은 사람들이 남이 나를 어떻게 보는지를 굉장히 중요하게 생각해요. 그런데 그게 진실이 아닌 경우, 진실이 아니기 때문에 다른 사람 앞에서 인정할 수 없다고 말하는 사람도 있죠.

그리고 진실이 아니기 때문에 중요하지 않아서 원하는 대로 말해줄 수 있다는 사람이 있는 거죠. 그 사람의 경우에는, 제가 설령 이기적이라고 말해도 "그래, 난 좀 이기적이다"라고 그걸 쿨하게 말할 수 있는 다른 자존감이 있는 거죠. 사실 지금 우리가 나눈 모든 이야기들이 제동 씨를 잘 반영해주고 있다고 할 수 있어요. 제동 씨가 외모에 대한 질문에서만 되게 방어적으로 반응했잖아요. 제동 씨가 10억 원을 줘도 나는 못생겼다고 인정할 수 없다고 했을 때 저는 약간 놀랐어요. 소셜미디어에 알리는 게 영향을 미치지 않는다는 것도 놀라워요. 많은 사람들은 대외적인 평판에 신경쓰거든요.

제동 이게 뇌과학이랑 관계가 있는 거예요? 뇌의 어떤 영역에서 불쾌감을 자극하는 건가요?

재승 관계가 있어요. 이 모든 판단이 뇌에서 벌어지니까요. 예를 들면 나는 원래 파란색을 좋아하는데, 누가 제게 "제가 1만 원 드릴게요. 카메라 앞에서 빨간색을 좋아한다고 말해주세요"라고 제안해요. 그 영상을 방송에 쓰겠다고 해도 사람들은 보통 "네, 알겠습니다. 저는 빨간색이 좋습니다." 이렇게 얘기를 한다는 거예요. 그 정도 선호는 1만 원, 3만 원, 5만 원의 돈과 맞바꿀 수 있다는 거죠.

그런데 제가 앞서 드렸던 질문은 자기 자신에 대해서 누군가에게 인정하거나 신념을 바꿔야 하는 부분이었어요. 예를 들어 저는 제가 어리석다고 생각하지 않는데, 누군가 "어리석다고 좀 얘기해주세요" 하면, 차마 그렇게 말하지 못할 것 같거든요. 물론 세상의 진리 앞에서야 한없이 어리석지만, 저한테는 진실을 알고, 세상을 많이 이해한다는 것이 중요한 가치니까요. 그래서 내가 남 앞에서 어리석다고 얘기하는 게 모욕적이에요. 그런데 제동 씨는 그런 부분에서 열려 있고 또 겸손한 거고요.

제동 뭐, 실제로 많이 배우지도 않았고….

재승 그러니까요. (웃음) 남들 앞에서 "나는 나쁜 사람이다"라고 말하는 것도 별로 개의치 않는 것 같고. 그런데 많은 사람은 자신을 도덕적으로 비난하는 것에 아주 민감해요. 그래서 10만 원에 인정하는 경우는 거의 없고, 100만 원이나 1,000만 원쯤 준다고 해야 그때는 좀 생각해보겠다고 하거든요.

제동 아, 그렇군요. 그런데 또 모르죠. '만약 현금이 눈앞에 있다면 1,000만 원 정도면 외모에 대해서도 동의할 수 있겠다, 어차피 장난이니까.' 이런 생각이 들긴 해요.

재승 맞아요. 돈을 진짜 줄 때와 준다고 얘기만 할 때 사람들의 답이 많이 달라요. 그래서 실험을 할 때는 진짜 돈을 쌓아놓고 하거든요. 1,000만 원만 해도 지폐가 수북하게 쌓여 있기 때문에 사람들의 판단이 완전히 달라져요. 그런 상황에서도 바꾸지 않는 것들은 진짜 강한 신념인 거죠. 제동 씨의 경우 그 안에 외모가 포함된다는 게 좀 놀라워요.

콤플렉스,
내 안의 복잡하거나 민감한 신호

재승 제가 주로 하는 연구 주제 중에 경제적인 가치와 인간관계가 주는 가치가 있어요. '남들이 나를 어떻게 보느냐?' 이런 것이 경제적 이득과 상충하는 상황에서 어떤 의사결정을 하는지를 통해 그 사람이 추구하는 삶의 가치가 어디 있는지, 무엇을 더 중요하게 생각하는지 알 수 있어요. 그런 맥락에서 보자면 인간은 경

제학자들이 얘기하는 것처럼 단순히 자신의 이득을 극대화하는 방식으로만 의사결정을 하는 존재는 아니에요. 함께 더불어 살아가는 사람들을 고려하고, 다른 사람들이 나를 어떻게 보는지도 중요하게 생각해요. 지적으로 보이는 게 중요한 사람이 있고, 외모가 중요한 사람이 있고, 좋은 사람이라는 평판이 중요한 사람이 있는 거죠. 제동 씨가 외모에 민감했다면 '그동안 우리 사회가 이런 면에서 제동 씨를 불편하게 했나?' 이런 생각도 좀 드네요. (웃음)

제동 그게 단순히 외모 문제라기보다 제가 타고난 것에 대해 무의식적으로 많은 의미를 부여하고 있었나봐요.

재승 그럴 수 있죠. 콤플렉스라는 말이….

제동 **아, 이게 콤플렉스군요! (웃음)**

재승 콤플렉스라는 게 열등감이 있다는 뜻이 아니라, 어떤 말을 들었을 때 단순하게 반응하지 못하고 복잡한 감정을 일으켜 민감하게 반응하거나 비정상적인 행동을 하게 하는 강박관념인 거죠. 누구나 콤플렉스를 갖고 있어요. 종류가 다를 뿐이죠.

예를 들어 어떤 단어와 연상되는 다른 단어들을 말해보라고 하는 실험에서, 누군가에겐 '아버지'라는 단어가 갑자기 눈물을 주르륵 흘릴 만큼 아주 복잡한 생각을 하게 할 수 있어요. "당신에게 아버지는 어떤 존재였나요?"라고 물어보면, 한마디로 설명을 못하고 아버지가 엄마와 나를 때렸던 이야기부터, 어린 시절 아버지와 있었던 일들을 토해내기도 하면서 여러 가지가 한꺼번에 '아주 복잡한(Complex)' 생각을 만들어내는 것, 그것을 '콤플렉스'라고 부르거든요. 이게 엉킨 실타래 같아서 건드리고 싶지 않은 부분이긴 한데, 다 털어내고 나면 속이 시원하기도 하죠. 그래서 심리학에서는 이런 것들을 많이 건드리죠.

제동 그러고보면 심리학도 뇌과학과 아주 밀접한 관계가 있는 거죠?

재승 그렇죠. 다만 뇌과학은 콤플렉스 같은 복잡한 개념을 다루기에는 아직 뇌에 대한 연구가 부족한데, 저는 복잡한 사고를 다루는 연구자이니까 '추상적이거나 고등하거나 복합적인 양가감정 같은 것까지도 뇌과학으로 설명할 수 있다면 얼마나 좋을까' 하는 생각으로 연구하는 거죠.

제동 **쌤이 말씀하신 것처럼 분명 제 안에 복잡한 감정들이 있어요. 항상 모**

두를 만족시키려고 하면서도 끊임없이 흔들리고 불안해하는 여러 감정들이 있더라고요. 그리고 '나로 인해 누구도 불편하지 않았으면 좋겠다.' 이런 마음이 끊임없이 작동하는데, 이게 제 직업 때문인지, 아니면 누구한테 싫은 소리를 듣고 싶지 않기 때문인지는 잘 모르겠어요.

영화 「21그램」그리고 영혼의 존재

제동   지난번에 상욱 쌤에게 물었더니 재승 쌤이 대답해줄 수 있을 거라고 한 질문이 있어요. 「21그램」이란 영화를 보면 "사람이 죽으면 영혼이 빠져나간 무게만큼 줄어든다"라는 내용이 나오잖아요. 그게 진짜인가요?

재승   그런 영화가 있었죠.

제동   우리가 죽고 육체가 썩어 없어지면 우리의 감정이나 의식도 싹 다 없어지는 건지 궁금해요. 뇌과학에서는 이것을 어떻게 봐요?

재승   인간의 정신작용이라는 것이 온전히 생물학적인 뇌 활동만으로 설명 가능한 것이냐? 아니면 영혼 같은 비물리적인 개념을 도입해야 가능한 것이냐? 이런 질문인 거죠?

제동   맞아요. 그런 의미예요. (웃음)

재승   영화 「21그램」에는 사람이 죽는 순간에 체중계 위에 올려놓았더니 무게가 21그램이 줄어들더라. 그러니 "그 21그램은 영혼의 무게다"라고 주장한 어느 학자의 연구가 인용이 돼 있어요. 그런데 그 연구는 재현되지 않았어요. 다른 사람이 실험해보니 21그램이 줄지 않은 거예요. 그러니까 그건 믿을 수 없는 얘기라고 할 수 있어요.

하지만 조사에 따르면 전 세계 78억 인구 중에 "영혼이 있다"라고 믿는 사람이 약 93%쯤 돼요. 종교적 이유든 다른 이유로든 대부분의 사람들은 영혼의 존재를 믿는 거죠. 그리고 약 7% 정도만 영혼이라는 것은 없고, 당연히 사후세계라는 것도 존재하지 않는다고 생각해요. 이들은 생물학적인 뇌가 소멸하면 정신도 소멸하는 것이라고 보죠. 저는 이 7%에 속한 사람이고요.

제동 저도 사후세계 같은 건 없으면 좋겠어요. 지금의 아픈 기억과 외모에 대한 콤플렉스 같은 것을 가지고 또 어떻게 살아요. 싫어요!

재승 뒤끝 있으셔. (웃음)

제동 네, 저 뒤끝 있어요. 나 그 실험은 꼭 다시 할 거야! (웃음)

재승 어쨌든 우리가 늘 누군가에게 비교당하고 평가받으며 살았는데, 사후에도 누군가에 의해 심판받고 누구는 지옥 가고, 누구는 천당 가고 이런 건 너무 힘들 것 같긴 해요.

제동 만약에 지옥에 가더라도 친구랑 가야 해요. (웃음)

재승 가면 대부분 거기 있을걸요? (웃음)

제동 예전에 제 친구가 저한테 "야, 지옥 가면 너 다시 만날 거 같은데." 이런 얘기를 하더라고요. (웃음)

재승 천국은 외롭겠죠. 예수님이나 부처님 같은 성자들만 계실 거잖아요.

제동 가면 아무래도 시끄럽게 떠들지도 못할 것 같아요.

재승 그래서 죽으면 깨끗이 끝나는 게 어쩌면 더 나은 것 아닌가 싶어요. 그런데 뇌과학자의 관점에서는 영혼이라는 개념을 도입하지 않고 "생물학적인 뇌로 인간의 모든 정신작용을 다 설명할 수 있다." 이렇게 말하기에는 증거가 부족해요. 그렇다고 영혼이란 개념을 반드시 도입해야만 하는 근거도 없어요. 그러니까 지금은 뭐가 맞는지 좀 어정쩡한 상황이라 각자의 믿음으로 탐구를 하고 있어요.

예를 들어 우울감에 시달리던 사람이 뇌 속 세로토닌 수치를 높이는 약을 먹었더니 우울증이 낫고 기분이 좋아졌다든가, 망상에 사로잡혀 환청에 시달리던 정신분열증 환자가 약을 먹은 뒤 망상이나 환청에서 벗어나는 것을 보면 그전까지 전부 영혼의 문제라고 설명했던 것들도 뇌의 생물학적, 물리학적, 화학적 작용으로 설명할 수 있지 않을까 싶은 거죠.

제동 그러면 좀 허무하기도 해요. 내 뇌의 어떤 부분을 자극하면 내가 전혀 사랑하지 않던 사람을 사랑하게 될 수도 있는 거잖아요?

재승 이론상으로는 그렇죠.

제동 그러면 헤어진 사람에게 구질구질하게 매달리지 않고도 그 사람의 마음을 되돌리거나, 처음 만난 사람도 나에게 빠지게 만들 수 있는 거예요? 지금은 인간이 짐승 세계에서도 찾아보기 힘든 잔인한 폭력성으로 얼룩져 있지만, 인류 전체의 뇌를 일정 부분 자극하면 평화로운 상태로 만들 수도 있나요? 더 나아가 남북통일이나 남북평화도 기대할 수 있을까요?

재승 네. 옳고 그름을 떠나서 그게 기술적으로, 원론적으로 가능한지를 묻는다면 가능할 것 같아요. 우리는 이미 누군가를 사랑하는 회로, 누군가를 미워하고 차별하고 혐오하는 회로를 알고 있거든요. 심지어 그 회로는 가까이에 붙어 있어요. 놀랍게도.

제동 마치 행복과 불행처럼?

재승 네. 완전히 동전의 양면 같은 거죠. 하나의 영역에서 만들어지니까요. 그래서 그 사랑의 회로에 어떤 자극을 주는지에 따라 지금 내 앞에 있는 사람을 사랑하게 만들 수 있을 것 같아요. 예전에 실험용 쥐의 뇌 속 쾌락 중추에 칩을 삽입하는 실험을 한 적이 있었어요. 안쪽앞뇌다발(Medial forebrain bundle)이라는 영역에 전류를 가해 쥐가 오르가슴을 느끼도록 한 거예요. 두 개의 레버를 설치해 쥐가 직접 조작할 수 있게 해놓고, 한쪽 레버를 누르면 먹을 것이 떨어지고, 다른 레버를 누르면 쥐가 오르가슴을 느끼도록 했어요. 실험 결과 쥐는 먹을 것보다 오르가슴 레버를 훨씬 더 많이 눌렀고, 대략 열 마리쯤 실험하면 두세 마리는 오르가슴 레버만 누르다 굶어죽더라는 거죠.

제동 쾌락에 빠져서 행복한 상태로 떠난 거네요.

재승 네. 이게 1954년에 캐나다 맥길대학 심리학과의 제임스 올즈(James Olds)와 피터 밀너(Peter Milner)라는 연구진이 했던 실험인데, 저명한 과학저널에 실린 이 논문을 보고 사람들이 엄청난 충격을 받았어요. 그러면서 '혹시 인간도 먹는 것보다 성적 쾌락을 더 추구할까?'라는

질문이 답이 되는 순간

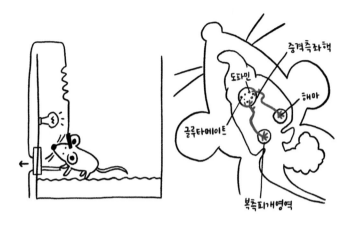

의심을 하게 됐죠.

그 논문에 영향을 받아서 쓰인 소설이 베르나르 베르베르의 『뇌』예요. 그 소설의 주인공은 뇌의 쾌락 중추인 측좌핵(Nucleus accumbens)을 자극하는 장치를 몸에 장착하고 자신의 동료에게 그것을 조작할 수 있는 리모컨을 넘겨줘요. 그리고 자신이 무언가를 이뤘을 때 그 보상으로 쾌락을 조작해달라고 하는데, 나중에는 리모컨 조작이 아니라 다른 사람 때문에 쾌락을 느낀 거라고 착각하죠. 그런 것처럼 반대로 다른 사람 뇌에 칩을 심어놓고 마주칠 때마다 내가 리모컨을 조작한다면 그 둘은 사랑에 빠질 수 있죠.

제동 그걸 진짜 사랑이라고 볼 수 있을까요?

재승 리모컨 조작을 중지한 뒤에도 사랑을 유지할 수 있다면 그것도 충분히 사랑이라고 볼 수 있을 것 같은데, 물론 논란이 있겠죠. 그게 적절한지와 상관없이 생물학적으로 가능하다는 얘기예요. 한편으로 그런 생각도 들어요. 리모컨으로 성적 쾌락을 해결할 수 있는 세상이 되면 우리는 타인을 사랑하려고 노력할까?

앞에서 말씀드렸듯이 사람들이 사랑을 할 때 행복의 대차대조표를 그려보면 마이너스인 경우가 많다고 했잖아요. 누군가를 사랑한다는 것은 그만큼 힘들고 감정 소모가 심한 일인데, 그런 경험을 몇 번 하고 나면 그냥 리모컨으로 해결하려고 할 수도 있잖아요. 가상현실(VR) 같은 장치들을 통해서 실제보다 더 큰 쾌락을 경험하게 될 수도 있고. 그렇다면 인간은 또다른 인간을 원할 것인가? 아주 근본적인 질문에 봉착하는 거죠. 어쩌면 인간은 자유를 원할지 모르죠. 다른 사람들과 적절한 거리를 유지하면서 홀로 있는 것을 원할지도 몰라요.

제동 비대면 형식의 사랑?

재승 아뇨. 가끔 만나 우정을 나누지만 서로의 삶에 개입하는 것은 거부하는 거죠. 앞으로는 이런 삶의 방식이 늘어날 수도 있을 것 같아요. 어떻게 생각해요? 성적 욕구를 기술적으로 해결할 수 있다면 '어차피 인간은 모두 외로우니 내 행복을 남에게 의지하지 않겠다' '나는 홀로서기를 하겠다'라고 생각하는 사람들이 많아질 것 같지 않나요?

제동 반대로 이럴 수도 있을 것 같아요. 성적 욕구는 성가시고 괴롭기만 하니 뇌의 특정 부분을 자극해서 그 욕구를 아예 제거한다든지, 다른 욕구로 대체한다든지….

재승 음, 참신한데요. 그럴 수도 있겠네요.

인간은 왜 특별한 존재가 되었나?

제동 인간의 감정이나 욕구를 이런 식으로 통제할 수 있다고 생각하면 허무하다기보다는 뭐랄까…, '인간이 고작 이 정도인가?' '우리도 별로 특별할 게 없구나!'라는 마음이 들면서 좀 겸손해지는 것도 같아요.

재승 인간은 그 정도 존재인 것 같아요. 냉정하게 뇌를 들여다볼수록 인간이라는 포유류, 호모사피엔스라는 종이 그렇게 특별하지 않다고 느껴져요. 지금 제가 쓰고 있는 책도 사실 그런 질문에 답을 해보려고 시작한 거예요. '인간은 왜 이렇게 특별한 종이 되었나?' 책 제목이 『참 희한한 종』이에요. 인간은 다른 종보다 더 특별하거나 고등한 게 아니라 그냥 좀 희한한 종인 것 같아요. 자기들이 살아갈 건축물들을 온 지구에 도배하듯 지어놓고, 그냥 자도 되는데 희한한 옷으로 갈아입는다든지 하는 것들은 다른 어떤 동물도 하지 않는 행위잖아요. 그렇다면 무엇이 우리를 이렇게 만들었을까요? 추적해보니까 결국은 다른 동물들과 크게 다르지 않은 욕망들이 밑바닥에 있는 거예요.

제동 생존과 번식을 위해서.

재승 그런 거죠. 공작새의 꽁지깃 같은 거죠. 물론 그것도 그 자체로 의미가 있고, 우리는 그것을 아주 숭고한 영역까지 끌어올려서 해석하기도 하지만 한편으로 인간이 명품을 두르고 허세를 부리는 것과 공작이 화려한 깃을 자랑하는 것이 뭐가 다른가 하는 생각이 드는 거죠. 그 안에 의미를 부여하고, 브랜드를 새롭게 해석하고, 엄청난 돈을 쏟아붓지만 결국 본질은 같은 것 아닌가요? 그런데 그런 사실을 깨닫지 못한다면 공작새와 무엇이 다른가요? 누군가는 깨달아서 '아, 이런 거 사실 그렇게 의미 있는 건 아니야' 하고 홀홀 털어버릴 수 있으면 그나마 고등한 뇌를 가졌다고 할 수 있겠죠. 그런데 그런 줄도 모르고 계속 그것을 추구하면 불에 뛰어드는 나방과 뭐가 다른가 싶은 거죠.

제동 그러나 나를 꾸미고 싶은 기본적인 욕구나 욕망은 존중받아야 하는 거죠?

재승 물론이죠.

제동 "나를 좀 꾸미고 싶다." 이런 마음 전체를 비난하는 건 아니시잖아요?

재승 그런데 왜 자꾸 제동 씨가 저를 방어해주는 것 같죠? (웃음)

제동 제가 두 가지가 자꾸 헷갈려서 그래요. (웃음)

재승 네, 물론 비난하려는 건 아니에요. 그런 욕구가 당연히 존재하죠.

제동 존재하는데, 들여다보면….

재승 그 욕구를 좀 내려놓을 수 있게 되죠. 우주가 138억 년 동안 존재했는데, 우리가 그중에 100년을 사는 거잖아요. '이 100년을 어떻게 살아야 할까?'라는 스케일로 생각하면 삶을 보는 관점이 좀 바뀌겠죠. 그리고 '내가 죽는 순간 정말 끝이다'라고 생각하면 앞에서 10년마다 결혼 재계약을 해야 하는 상황하고 비슷하게, 삶과 우리가 맺은 계약이 거기서 끝나는 거니까 각자의 삶을 새로운 시각으로 보게 되겠죠.

제동 후대가 살아갈 세상까지도 생각하는 게 우리 뇌인데….

재승 그게 인간의 뇌가 가진 위대함이죠. 미래를 상상하는 것. 미래를 상상할 수 있다보니까 곧잘 불안해지기도 하지만요. 사자나 호랑이는 당장의 배고픔만 해결되면 편히 자잖아요. 그런데 인간은 미래를 대비하기 위해 임팔라를 계속 사냥해요. 평생 다 먹지도 못할 임팔라와 사슴 같은 식량을 냉장고에 쌓아두는 어리석은 존재잖아요. 이걸 또 어떻게 하면 남에게 안 뺏기고 내 자식에게 물려줄 수 있을지 고민하면서….

모든 자살은 사회적 타살
스스로 죽는 사람은 없다

재승 저는 지금 우리 사회가 당면한 가장 심각한 문제가 양극화와 불평등이라고 생각해요. 그래서 연구 방향을 그쪽으로 옮겨가려고 해요. 그전까지 우리 연구실에서 진행하던 중요 연구 중 하나가 자살 문제였어요. 우리 사회에서 가장 치명적인 의사결정이 구성원들의 자살이잖아요.

제동 네, 우리나라가 자살률이 전세계적으로 가장 높기도 하고.

재승 그렇죠. 특히 65세 이상 노인 자살률은 압도적인 1위고, 청소년 자살도 너무 많죠. 살아 있는 생명체가 스스로 생명을 끊는다는 건 그 정도로 이 사회가 더는 살 가치가 없다고 판단한 거잖아요.

제동 죽는 것보다 사는 게 더 괴롭다는 뜻이기도 하고.

재승 사회구성원들이 그런 의사결정을 할 정도로 사는 게 힘들다면 그건 우리 모두의 문제라고 생각해요. 자살이라는 건 굉장히 개인적이고 내밀한 의사결정이면서도 굉장히 사회적인 의사결정이거든요. "세상의 모든 자살은 사회적 타살"이라고 할 수 있어요. 그래서 우리 사회의 자살률을 줄이려면 무엇이 어떻게 바뀌어야 할지를 연구해온 거예요. 사실 스스로 목숨을 끊는다는 건 아주 무서운 일이거든요. 그런데도 내가 더 살아서 얻게 될 행복과 여기서 삶을 마감함으로써 얻는 혜택을 비교했을 때 삶을 끝내는 게 조금이라도 더 낫다고 생각하면 자살을 결심하게 되는 거죠.

그런 점에서 우리 사회가 주목해야 할 사건들 중 하나가 일가족 자살이에요. 정확하게는 친족 살인 후 자살이죠. 요새 그런 뉴스가 눈에 띄잖아요. 한번 상상해보세요. 그들이 그 결정을 하고 함께 보냈을 며칠을, 그리고 진짜로 그 일을 벌일 때 그들이 겪었을 시간을 생각하면 너무너무 가슴 아프고 끔찍하잖아요. 자식의 생명은 부모의 것이 아니거든요. 그런데도 부모 없이 자식들만 세상을 살아가느니 차라리 함께 죽는 게 낫다고 부모가 판단하고 그런 끔찍한 일을 저지른 건데, 그렇다면 우리 사회가 그만큼 사회적 보육이 안 되어 있다는 뜻이에요. 이 사회에 대한 일

종의 사형선고와도 같은 거죠.

그런 일이 종종 벌어진다는 이유로 우리가 무덤덤하게 넘기고 있지만 저는 이게 우리 사회가 해결해야 할 가장 시급한 문제 중 하나라고 생각해요. 사람들이 버티고 살아갈 최소한의 사회적 안전망이라는 게 있어야 해요. 예를 들면 기본소득이 보장되어야 하고, 그들이 손을 내밀 때 잡아주는 곳이 있어야 하고. 그래서 스스로 목숨을 끊거나 일가족이 살인 및 자살을 하는 그런 의사결정만큼은 하지 않는 사회여야 하는 거죠.

제동 어쩌면 우리는 다른 사람들의 의사결정을 비판하는 데 익숙해져 있는 것 같아요. 앞뒤 맥락이나 사회적 여건 같은 건 고려하지 못하고….

재승 네, 맞아요. 그러면서 이렇게 얘기하죠. "그래도 죽으면 안 되지. 귀한 목숨이고, 하늘이 주신 생명인데…."

제동 "죽을 용기로 살아야지." 그렇게 얘기하는데, 벼랑 끝까지 떠밀려본 사람들의 심정을 함부로 판단할 수는 없잖아요. 도저히 자기 힘으로는 버틸 수

그런 일이 종종 벌어진다는 이유로
우리가 무덤덤하게 넘기고 있지만 저는 이게 우리 사회가
해결해야 할 가장 시급한 문제 중 하나라고 생각해요.
사람들이 버티고 살아갈 최소한의 사회적 안전망이라는 게
있어야 해요. 예를 들면 기본소득이 보장되어야 하고,
그들이 손을 내밀 때 잡아주는 곳이 있어야 하고.
그래서 스스로 목숨을 끊거나 일가족이 살인 및 자살을 하는
그런 의사결정만큼은 하지 않는 사회여야 하는 거죠.

없을 것 같을 때, 안전망이 있다면 그것에 기댈 수 있을 텐데요. 그런데 이런 얘기를 하면서도 '내가 이런 얘기를 할 자격이 있나? 내가 이 사회의 양극화를 만든 주범은 아닌가?' 하는 생각이 들기도 해요.

재승 네. 자살의 많은 부분이 경제적 궁핍, 특히 양극화와 불평등에서 비롯되기 때문에, 기성세대라면 다 그에 대한 책임감을 느껴야죠, 저를 포함해서. 1960년대에 비하면 우리는 모두 풍요로워졌지만 양극화는 더 심해졌어요. 경제협력개발기구OECD 기준으로, 소득의 불평등도를 나타내는 지니계수만 놓고보면 대한민국은 평균 정도지만, 양극화 정도가 평균 이상인 나라들은 대개 사회적 안전망이 우리보다 잘 구축돼 있거든요.

제동 우리는 압축 성장을 해오는 과정에서 사회적 안전망을 구축할 시간이 없었고, 그런 와중에 탈락하고 밀려나는 사람들이 너무 많았던 거죠. 이제라도 우리가 서로에게 약간이라도 관심을 기울여주면 좋겠어요. 우리 모두 연결된 존재들이잖아요.

재승 맞아요. 물질적 풍요는 원래 우리의 행복을 위한 것인데, 경쟁적으로 빠르게 시스템을 구축하다보니 행복을 희생하면서까지 물질적 풍요로움을 만들어왔고, 어느새 그것을 당연하게 생각해왔어요. 이제 이런 가치관의 변화를 어떻게 이끌 것인가를 고민하는 게 시급하죠.

자각,
좋은 의사결정의 첫 단계

제동 그런데 그런 책임감을 갖는 게 훈련을 통해서 가능할까? 이런 의구심이 들기도 해요.

재승 좋은 의사결정의 첫 단계는 지금 내가 왜 이런 생각을 하는지를 스스로 이해하는 거예요. 내가 당장 죽을 것처럼 괴로워서 자살 충동을 느낀다면 '나만 이런 게 아니라 이런 상황이면 누구나 그럴 수 있어' 하고 생각하는 것. 그리고 또다른 누군가도 나와 같은 상황에 놓일 수 있다는 걸 아는 것. 잘 살고 있는 사람들이나 자살을 비난했던 사람들도 이런 상황에 놓이면 생각이 어떻게 바뀔지 모른다는 것을 알아야 해요.

내 뇌에서 벌어지고 있는 일을 이해하면 '내가 이래서 지금 이런 생각을 하고 있구나' 하고 알게 되면서 자제하기도 더 쉬워요. 예를 들어 놀고 싶어하는 아이를 보고 분노가 치미는 것이 뇌섬, 인슐라 때문임을 알면, 화내기 전에 나를 한 번 더 돌아보고, 아이에게 자발성을 부여했을 때 얻는 교육 효과가 화를 내거나 자발성을 빼앗을 때보다 더 크다는 것을 인지하겠죠.

제동 결국 그거네요. 개인은 뇌과학의 도움을 받아 스스로를 객관적으로 인식하고 행복해지기 위해 노력하고, 사회는 든든한 안전망을 구축하고, 그런 의사결정을 우리가 내려야 하는 거네요.

재승 네, 맞아요. 나이가 들수록 뇌섬을 억제하기가 어렵고 인지적 유연성도 떨어진다고 하니까, 내가 자꾸 옛날에 했던 성공 방식을 요즘 아이들에게 강요하려 한다면 '지금 내 나이가 어떻게 되지?' 이렇게 돌아보고, '이제 슬슬 이럴 때가 됐네. 자제해야겠다' 하고 고쳐나갈 수도 있는 거죠.

제동 보통은 주위에 꼰대 한두 명은 있다는데 만약에 자기 주위에 꼰대가 한 명도 없다면 자기 자신을 의심해봐야 한다는 얘기도 있죠. (웃음)

재승 네. 그런 자각이 좋은 의사결정의 출발점이라고 생각해요. 뇌과학자에게 주어진 가장 중요한 미션은 우리 사회를 늘 깨어 있게 만들고 이런 불행한 상황을 모두가 자각하게 돕는 것, 그리고 그때 뇌에서 어떤 일이 벌어지는지 알려주고, 이때 현명한 선택은 무엇인지를 개인적 차원에서부터 사회적 시스템에 이르기까지 다양하게 논의하는 거라고 생각해요.

양극화와 불평등을 해결하려면 나 혼자 다 먹지도 못할 임팔라 같은 먹잇감을 동굴에 쌓아두지 말고, 지금 굶고 있는 사람들에게 좀 나눠주는 거죠. 그런 사회여야 내가 굶을 때 누군가 나에게 먹을 것을 나눠주리란 걸 깨닫게 되겠죠. 이런 자각은 가난한 사람도, 넉넉한 사람도 모두 해야 해서 과학적 접근이 필요해요. 그래서 실제로 돈이 지나치게 많거나 지나치게 없으면 뇌에 어떤 영향을 미치는지 연구하는 학자들이 많고, 저도 그중에 한 명이에요. 그런 연구들을 통해서 결핍이 우리의 인지 과정에 안 좋은 영향을 미치기도 하지만 지나친 풍요 역시 인간의 뇌에 부정적인 영향을 미칠 수 있다는 걸 밝혀내고 있어요.

제동 그동안 잘 몰랐는데, 뇌과학자로서 굉장히 중요한 역할을 하고 있었네요. (웃음) 아까 재승 쌤이 임팔라를 예로 들어서 얘기했는데, 심지어 임팔라를 자기 동굴에 잔뜩 쌓아놓고는 벌판에 뛰어노는 녀석들을 모조리 몰살시켜서 가격을 올리기까지 하는 게 지금의 현실이잖아요. 오로지 자기 이익만 생각하는 거죠. 그런데 결국 그 사람도 그런 시스템에서는 언젠가는 희생당하잖아요.

재승 네, 맞아요.

제동 재승 쌤 얘기 들으면서 이런 생각이 들었어요. '깨어 있다는 것이 옳고 그름을 얘기하는 것이 아니구나! 누구는 깨어 있고, 누구는 잠자고 있고, 누구는 잘하고 있고, 누구는 못하는 것이 아니라 내 뇌의 전두엽에서, 측두엽에서 또는 후두엽에서 무슨 생각들이 일어나고 있는지를 알아야 한다는 얘기구나!' 아마도 이것을 불교 용어로 표현하면 "알아차림"이고, 예수님 말씀으로 하면 "깨어 있으라. 새벽이 언제 올지 모른다"와 같은 의미겠네요. 그러니까 내가 어떤 생각을 하고, 어떤 마음으로 이웃과 나 자신을 대하는지 살펴보라는 거죠. 결국은 "스스로를 해치지 마라. 나 자신을 미워하는 건 스스로를 해치는 것이고, 남을 미워하는 건 남을 해치는 거니까 그 정도까지는 가지 마라." 뇌과학을 마음과 연결한다는 것도 이렇게 언제나 깨어 있으라는 말로 이해하겠습니다. 말이 길었는데 이렇게 찰떡처럼 받아주고 들어주다니 고마워요, 재승 쌤! (웃음)

재승 네. 좋은 말이네요. (웃음)

몇 걸음만 떨어져서 나를 바라보자. 그리고 악수하자!

제동　꼭 물어보고 싶었던 게 있었어요. "우리는 왜 웃는가?" "웃을 때는 뇌의 어떤 부분이 자극을 받는가?" "보통 의외성을 웃음의 포인트라고 여기는데, 웃음을 전문적으로 다루는 사람은 뇌에서 어떤 판단을 내리는가?" 예전에 암스테르담을 여행할 때 길거리 공연 하는 예술가를 만났는데, 영어로 말해서 다 알아듣지는 못했지만 들으면서 가슴이 찡했던 기억이 나요. 당시 그 예술가가 막 공연을 마친 후에 이런 얘기를 했어요. "많은 사람들이 공연장에서 100유로, 150유로씩 내고 공연을 보는 건 당연하게 생각하면서 40분 넘는 길거리 공연을 보고난 후에 1유로, 2유로 내는 건 아깝다고 생각한다."

재승　진짜 그러네요.

제동　"오늘 내 공연이 당신들에게 분명히 만족스러웠을 거라는 걸 나는 알고 있다. 그럼에도 불구하고 내가 내민 이 모자에 한 푼도 내지 않는 사람들이 있을 것이다. 그런 분들은 오늘의 이 공연이 지구별에서 우연히 만난 한 사람이 베푼 선의로 생각해달라. 나는 그걸로 족하다. 다만 내가 돈을 벌지 못한다면 나는 예전에 하던 일로 돌아갈 수밖에 없다. 내가 예전에 하던 일은 유감스럽게도 사람들에게 술과 마약을 파는 일이었다."

재승　아이구야!

제동　다들 그 예술가의 말을 가벼운 농담으로 받아들였어요.

재승 그럴 가능성이 높죠.

제동 그 예술가의 말은 그게 끝이 아니었어요. "자, 지금 옆을 한번 봐라. 각기 다른 인종, 각기 다른 피부색, 그리고 아마 이야기해보면 각기 다른 정치색을 가졌을, 전세계 각지에서 온 다양한 사람들이 모여 모두 웃고 있다. 정치는 싸우게 만들지만 내 일은 서로 마주보며 웃게 한다. 그래서 나는 이 일이 너무 좋다. 내 일을 계속할 수 있게 해달라." 그러면서 마지막으로 모자를 가리켰어요.

재승 유럽의 거리에서 흔히 볼 수 있는 풍경이네요.

제동 저는 그때 그가 해준 말이 되게 좋았는데, 그 이유는 결국 나만 행복할 때 느끼는 불안감 같은 것 없이, 나도 좋고 너도 좋을 때 행복을 느끼는 뭔가가 있는 게 아닐까, 이것이 지속 가능한 행복이 아닐까 하는 생각을 하게 했

질문이 답이 되는 순간

기 때문이에요. 제가 궁금한 건, 어떻게 하면 지속 가능한 행복을 찾을 수 있을까요.

재승 쾌락을 달성하는 순간 우리는 더 큰 쾌락을 욕망하게 되고, 아무리 떨쳐내려고 해도 쉽지가 않아요. 그래서 쾌락을 잘 다스리는 게 중요한데, 인간의 뇌가 할 수 있는 가장 높은 수준의 의식 활동이 자기객관화인 것 같거든요. 내가 나를 한 발짝 떨어져서 바라보고 성찰하는 거죠.

그래서 뇌과학자로서 우리 사회가 자기객관화를 잘할 수 있도록 도와주고 싶어요. 우리 사회의 민낯은 이렇고, 우리가 이런 의사결정을 통해서 지금과 같은 모습을 갖게 됐다는 것을 알려주고 싶어요. 물론 저도 이 사회의 구성원으로서 책임감을 느끼고 나름대로 자기 삶을 객관화하면서 성찰해야죠. 그러면 나뿐만 아니라 우리 모두가 더 합리적인 의사결정을 하는 데 도움이 될 것 같아요. 그렇게 해서 만들어진 결과물이 웃음이고, 지속 가능한 행복이죠.

우리 뇌는 모두 본능적으로 그것을 추구하도록 설계되어 있는데, 왜 어떻게 그런 일들이 일어나고, 우리는 그 의외성이라는 것을 어떤 식으로 받아들여 웃음을 터트리는지는 『질문이 답이 되는 순간 2』에서 얘기하죠. (웃음) 그것만 가지고도 2~3시간 이야기할 수 있으니까요.

제동 자기객관화가 인간이 할 수 있는 최고의 의식 활동이고, 그것을 통해서 우리 사회 또한 조금 더 나은 의사결정을 할 수 있다는 얘기를 들으면서 제가 결심한 게 있습니다.

재승 뭡니까?

제동 1만 원만 줘요. 나 못생겼다고 해도 인정할게요. 이제 자기객관화가 되네. (웃음)

재승 소셜미디어에 안 올리고 우리끼리 조용히 거래합시다. 제동 씨가 앞으로 이런 만남과 대화를 공개적으로 많이 하면 좋을 것 같아요. (웃음)

제동 의사결정을 그렇게 해야 하나요?

재승 그럼요.

제동 아참, 마지막으로 독자 질문을 해야 하는데 백서향 님이 이런 질문을 남겨주었습니다. "제동 씨한테 연애세포가 아직 남아 있는지 검사해주세요. 혹시 많이 손상되어 있다면 재생(혹은 소생) 가능한지 궁금합니다." 이건 재승 쌤 말고 제가 답변드리겠습니다. 뭐, 충분합니다. 충분하니까 제 연애세포는 걱정 안 하셔도 됩니다.

재승 (웃음) 그렇답니다.

제동 이제 가세요. 저희는 인사 이런 거 없어요.

재승 알겠습니다. 밥 먹읍시다.

· · ·

과학이란 게 참 희한하다.

냉정한 듯하면서도 뭔가 설명하기 힘든 안온함을 준다.

내 마음 깊은 곳에 있던 나를 잠시 만나게도 해주고,

그런 나를 만나 악수하고 와락 안아주게도 한다.

'난 왜 매번 이런 결정을 내릴까?'

'나는 왜 이런 것에 분노할까?'

늘 답답했던 오랜 궁금증에 대해 오늘 비로소 답을 찾은 것 같다.

자기가 가진 지식과 정보를 기꺼이 나눠주는 멋진 과학자 재승 쌤 덕분이다.

무엇보다 "형이 필요해요"란 전화 한 통에 한걸음에 달려와

한참을 서로 눈 맞출 수 있게 긴 시간 내어준 그 마음이 가장 고맙다.

(네, 맞아요. 제 뇌는 그런 것에 움직여요. ^^;)

그래도 아직 자기객관화는 잘 안 되네. "나 그렇게 못생기지 않았다!"

……

그러고나서 우린 밥을 먹었다.

여섯 번째 만남
×
국립과천과학관
이정모 관장

인류는 탄생과 멸종 사이
어디쯤 와 있을까?

코로나 사태로 답답한 일상이 이어지고 있지만

한편에선 그 덕분에 공기가 맑아지고

야생동물들이 활기를 되찾았다는 소식도 들린다.

지구에 해준 것도 없이 이용만 한 것 같아 늘 미안했는데,

누군가는 지금이 심각한 위기라고 하고, 누군가는 그 정도는 아니라고 한다.

누구 말을 믿어야 할까?

아, 답답해! 그래도 이럴 때 물어볼 사람이 있어 참 다행이다.

만물박사이자 만담꾼이자 과학커뮤니케이터 이정모 쌤.

그분은 무슨 얘기든 재미있게 쏟아낼 게 분명하다.

그럼, 궁금증 해결하러 국립과천과학관으로 함께 가볼까요?

• • •

과학관, 더 재미있어질 거야!

제동 일찍 도착해서 잠깐 둘러봤는데, 과학관이 정말 크네요. 공룡 전시도 굉장히 실감나고요. 아이들이 정말 좋아하겠어요.

정모 국립과천과학관은 우리나라에서 가장 규모가 큰 과학관이죠. 지금 원래 애들이 막 뛰어다녀야 하는데 코로나 때문에 계속 휴관이네요.

제동 코로나 사태 전과 과학관 상황이 많이 다른가요?

정모 큰 변화가 있었죠. 과천과학관 취임 후 저의 첫 번째 결재 사안이 '무기한 휴관'이었어요. 코로나 사태가 터지면서 휴관을 하긴 했는데 이렇게 길어질지 몰랐어요. 제가 2020년 2월 24일에 부임했는데, 지난 6개월 동안 무엇을 했는지 돌아보면 끊임없이 계획을 변경한 거예요.

제동 어쩌면 과학관 관장의 본래 업무보다 그게 더 힘들지도 모르겠네요.

정모 맞아요. 과학관의 기본 기능은 연구예요. 연구를 하려다보니 자연스럽게 쌓인 표본을 전시하게 되고, 전시를 하다보니 시민을 위한 다양한 교육 프로그램도 기획하게 되죠. 사업 계획과 예산은 다 짜여 있는데 계속 변수가 생겨서 변경을 거듭하고 있어요. 우리 직원들이 온라인 전문가가 다 됐어요.

처음에는 카메라 앞에서 뭘 하는 게 낯설었는데, 이제는 다들 촬영도 잘하고 편집도 잘해요. 일이 많고 힘들어졌지만 이럴 때일수록 최대한 창의성을 발휘할 필요가 있죠. 저는 이 코로나 사태가 앞으로 계속 간다고 보거든요.

제동 세계보건기구(WHO) 사무총장은 "2년 안에 코로나19가 종식되길 바란다"라고 얘기한 것 같은데요.

정모 지금의 팬데믹 상태는 2021년 말경에 종식되겠지만 코로나는 우리가 계속 안고 살아가야 할 것 같아요. 우리의 모습도 많이 변해야겠죠. 저희가 지난 6월에 온라인으로 일식(日蝕) 생중계를 했어요. 예전 같으면 과학관에 2,500명 정도가 모이는데, 이번에는 온라인으로 무려 39만

명이 봤어요.

제동 온라인으로 생중계를 했군요. 멋진데요.

정모 우리나라뿐만 아니라 태국과 대만도 연결해서 생중계로 같이 진행했어요. 일식은 보는 위치에 따라 모습이 다르잖아요. 우리나라는 부분일식이었는데 대만은 금환일식이라고, 해의 가운데 부분이 가려지고 테두리만 남아서 반지처럼 보이더라고요. 이런 경험을 통해 앞으로는 온라인이 플랜B가 아닌 플랜A가 될수도 있겠다고 생각했어요. 그게 이 시대에 더 맞을 수도 있겠다는 생각이 들더라고요.

제동 저처럼 컴퓨터를 잘 모르는 사람은 큰일이네요. (웃음) 어쨌든 가상공간
(온라인)을 기본으로 하고, 과학관을 열 수 있으면 직접 보는 것도 함께 해보

면 좋겠어요.

정모 그렇죠. 반드시 과학관에 와야만 하는 일들이 있을 거예요. 예를 들어서 DNA를 추출해서 증폭하고 복제하는 실험 같은 건 과학관에서 진행하고, 나머지는 온라인으로 할 수도 있을 것 같아요. 단순히 전시를 보기 위한 목적이라면 굳이 과학관에 오지 않아도 되도록 다양한 방식으로 고민하고 있어요.

'공룡 발밑에서의 하룻밤' 그리고 사랑꾼 공룡

제동 전시는 영상으로 봐도 되니까, 과학관에서는 아이들이 전시품도 직접 만져보고, 만지다가 떨어뜨려도 보고, 부러뜨려도 보는 그런 체험을 할 수 있으면 좋겠다는 생각이 들어요. 지금은 늘 조심해야 하니까 아이들이 실수나 실패를 맘껏 경험해볼 공간이 없잖아요.

정모 제가 서대문자연사박물관에 처음 부임했을 때, 거기 아이들이 전시물을 껴안을 수 있고 올라탈 수도 있어서 촉각 경험을 하게 해주는 프로그램이 있었어요. 저는 거기서 '떠들지 마시오' 팻말을 없앴어요. 보통 과학관에 2시간은 머무르는데 애들이 떠들지 않기가 얼마나 힘들어요. 그리고 애들이 좀 떠들면 어때요.

제동 그럼요. 우리 어른들도 모이면 다 떠들잖아요. (웃음)

정모 서대문자연사박물관에서 '공룡 발밑에서의 하룻밤'이라는 1박 2일 프로그램을 진행한 적이 있거든요. 박물관에 여러 가족이 모여서 게임도 하고, 교육도 하고, 마지막에는 아크로칸토사우르스(Acrocanthosaurus) 공룡 발밑에서 텐트를 치고 자는 프로그램이에요.

제동 아이들에게는 굉장히 특별한 경험이겠어요. 말 그대로 자연사를 온몸으로 체험하는 거니까요.

정모 한 번에 13~14가족을 모집하는데 순식간에 마감됐어요. 프로그램을 마치고 아이들한테 뭐가 가장 재미있었는지 물어보면 다른 건 다 잊어버리고, 공룡 발밑에서 잤다는 것만 얘기해요. 얼마나 멋지겠어요. 아침에 눈을 딱 뜨면 공룡의 턱이 보이니까, 마치 1억 년 전 어딘가에 와 있는 듯한 느낌인 거죠. 그동안 박물관은 조용히 보고만 와야 하는 공간이었는데, 그런 경험을 했을 때 자연사박물관은 전혀 다른 의미로 다가올 거예요.

제동 그 아크로….

정모 아크로칸토사우르스.

제동 아크로칸토사우르스. 이름이 낯선데요. 왜 하필 그 공룡을 전시하신 거예요?

정모 아크로칸토사우루스는 '높은 가시 도마뱀'이란 뜻을 가진 정말 멋진 공룡이에요. 하지만 얼마 전까지만 해도 그야말로 '듣보잡'이었어요. 그래서 전시 초기에는 "무슨 듣도 보도 못한 공룡을 갖다 놓았나!" 하고 항의를 받기도 했죠.

제동 우리가 직접 보고 들은 공룡이 있긴 한가요? (웃음)

정모 그러니까요. 그러다 2016년 1월에 「네이처」의 자매지인 「사이언티픽 리포트」에 육식공룡들이 구애 행위를 한 증거로 보이는 흔적화석이 발견됐다는 논문이 실려서 화제가 됐어요. 마치 수컷 타조가 둥지를 만들 수 있는 능력을 과시하기 위해 암컷 앞에서 구덩이를 파는 것처럼 수컷 공룡이 지름이 2m가 넘는 구덩이를 발로 파낸 흔적을 발견했다는 발표였죠. 그 흔적을 남긴 공룡이 바로 아크로칸토사우루스였어요.

제동 아주 사랑꾼이네요. (웃음)

정모 네. 덕분에 아크로칸토사우루스는 더이상 '듣보잡 공룡'이 아니라 공룡에 관한 책이나 강연에서 반드시 거론되어야만 하는 '공룡계의 셀레 브리티'가 되었어요. (웃음)

제동 그걸 보려면 서대문자연사박물관에 반드시 방문해야겠네요.

탄생과 멸종 사이, 인류는 지금 어디쯤 와 있을까?

제동 저는 자연사박물관과 과학관이 이렇게 우리 가까이에 있다는 걸 잘 몰랐거든요.

정모 아직도 우리나라에 자연사박물관이 있는지조차 모르는 사람이 더 많을 거예요. 가끔 자연사박물관이라고 적혀 있는 제 명함을 받고서 이렇게 묻는 분들이 있었어요. "자연사가 뭐예요?" 그러면 제가 이렇게 대답했어요. "사고사나 병사가 아니라 자연사(自然死)한 생물을 전시하는 곳입니다." (웃음)

제동 농담이시죠? (웃음)

정모 네. (웃음) 물론 이 농담을 곧이곧대로 받아들이는 사람은 없어요. 자연사는 자연사(自然死)가 아니라 자연사(自然史)를 의미

하죠. (웃음) 많은 분들이 제 농담을 재치 있게 받아줘요. "자연사
좋네요. 저도 자연사하고 싶어요." 그러면 저는 정색을 하며 말해
요. "정말로 자연사하고 싶으세요? 동물의 세계에서 자연사는 잡
아먹히는 것 아니면 굶어죽는 것인데요?"

제동 동물의 세계에서 자연사란 그렇겠네요.

정모 우리가 생각하는 자연은 평화롭고 아름답잖아요. 푸른 초원과 꽃,
사슴과 폭포수, 이슬을 먹고 있는 달팽이 등등. 그런데 과연 그럴까요?
멀리서 본 풍경은 아름다울지 모르지만 들여다보면 잔혹한 곳이에요.

제동 「동물의 왕국」 같은 프로그램을 보면 오직 서열 1위만 행복한 것 같더
라고요.

정모 맞아요. 사자를 예로 들면 암사자들이 지칠 때까지 사냥을 하다가

어쩌다 한 번 성공하면 수사자가 나타나 가장 맛있고 소화 잘되는 내장을 파먹어요. 암사자와 새끼 사자들은 어찌하지 못하죠. 그러다보면 수사자와 다른 사자들의 영양 상태는 점점 차이가 나고요. 하지만 수사자도 언젠가는 이빨이 빠지고 말죠. 이빨 빠진 수사자는 하이에나 떼의 먹잇감일 뿐이에요. 자연에 평화로운 죽음이란 없어요. 그것이 바로 자연사죠. 서열 1위도 언젠가는 처참하게 자연사하고 서열 2위가 그 자리를 차지하는 역사가 끝없이 반복돼요. 인간 사회가 동물의 왕국과 다른 것은, 서로 존중하고 공정한 규칙 안에서 경쟁하고 협력하기 때문일 거예요.

제동 그렇죠, 인간 사회가 항상 그런 건 아니지만…. (웃음) 그런데 자연사박물관을 세워 굳이 멸종한 생명을 전시하는 이유는 뭘까요? 공룡들이 살다 간 것과 인간이 사는 게 무슨 연관이 있길래 우리는 이미 멸종한 공룡의 생애를 보며 궁금해하고 좋아하는 걸까요?

정모 우리가 공룡을 왜 연구하겠어요? '옛날에 살았던 짐승들'이라고 생각할 때는 몰라도 진화라는 걸 알고부터는 그들과 우리 인간 사이에 어떤 관계가 있을지 궁금하잖아요. 그리고 생각할 게 또 하나 있어요. 그들이 왜 멸종했을까? 이걸 알고 반면교사 삼으려는 거예요. '삼엽충은 왜 멸종했을까?' '공룡은 왜 멸종했을까?' 그들의 멸종을 교훈 삼아 우리 호모사피엔스는 어떻게 하면 조금이라도 더 지속할 수 있을까를 따져보는 거죠. 우리가 역사를 배우는 이유랑 똑같아요.

제동 아, 생명의 역사네요. 규모도 크고 범위도 훨씬 넓은.

정모 우리가 역사를 배우는 이유는 과거의 찬란함을 배우려는 게 아니거든요. 역사를 배우는 것은 망한 역사를 배우는 거예요. 한나라도 망했고, 로마도 망했어요. 통일신라, 고려, 조선 다 망했어요. 왜 망했을까? 그 망한 이유를 알고 '우리 대한민국은 어떻게 하면 조금 더 지속할 수 있을까?'의 답을 찾기 위해서 역사를 배우는 거죠.

자연사도 마찬가지예요. 그들이 왜 멸종했는지를 알아보고, '그렇다면 환경이 이렇게 변할 텐데 우리는 어떻게 해야 할까?'에 대한 답을 찾기 위해서 자연사를 배우는 거죠. 인류라고 영원히 존재하지는 못할 거예요. 다만 생명체가 평균적으로 130만 년쯤은 존재해야 하는데, 호모사피엔스는 30만 년밖에 안 됐어요. 그런데도 지금 생물이 멸종되는 속도가 워낙 빠르니까 '여섯 번째 대멸종 위기'라고 얘기해요. 지금까지 다섯 번의 대멸종이 지나갔고, 현재 여섯 번째 대멸종이 이뤄지는 중이라는 거죠. 대멸종은 지구상의 모든 생명체 중 70~95%가 사라지는 것인데, 그때마다 최상위 포식자는 반드시 멸종했어요.

제동 현재 최상위 포식자가…?

정모 제 질문에 먼저 대답해주세요. 지구에서 가장 많은 개체가 무엇일까요?

제동 이건 상욱 쌤에게 배웠어요. 닭이 가장 많고, 그다음이 인간이라고.

정모 맞아요. 그런데 무게(kg)로 따진다면 인간이 가장 많아요. 박테리아가 더 많다고 하는 사람도 있는데, 사람은 하나의 종이지만 박테리아는 수만 종을 합친 거예요. 지난 다섯 차례 대멸종을 보면 사람은 결코 여섯

질문이 답이 되는 순간

지구의 역사

고생대	캄브리아기	5억 4,100만 년 전	
	오르도비스기		1차 대멸종
	실루리아기		
	데본기		2차 대멸종
	석탄기		
	페름기		3차 대멸종
중생대	트라이아스기	2억 4,500만 년 전	4차 대멸종
	쥐라기		
	백악기		5차 대멸종
신생대	제3기	6,600만 년 전	
	제4기		

번째 대멸종에서 살아남을 수 없을 거예요. 자연사가 가르쳐준 진리예요. 과학자들은 여섯 번째 대멸종이 짧으면 500년, 길면 1만 년 안에 완성될 것이라고 말해요. 여섯 번째 대멸종이 이미 시작됐다면 인류의 수명이 짧으면 500년, 길면 1만 년밖에 안 남았다는 거예요. 몇 년 전까지만 해도 '500년은 짧고, 1만 년은 너무 긴데, 몇천 년은 되지 않겠어?' 이렇게들 생각했는데, 지금처럼 기후위기가 급격화된다면 정말 500년이 맞을지도 모르겠다는 생각이 들더라고요.

제동 아니면 더 짧아질 수도 있는 건가요?

정모 10년 전에도 제가 기후위기를 얘기했지만, 지금과 달랐어요. 10년 전만 해도 약간 여유가 있었어요. 지금은 정말 급박함이 느껴질 정도로 빠르게 변하고 있거든요.

제동 **지금 지구상에는 생물이 몇 종이나 되나요?**

정모 약 2,000만에서 1억 종이라고 알려져 있어요. 굉장히 많은 것 같지만 지금까지 지구에 등장했던 생물의 1%에 불과해요. 나머지 99%는 이미 멸종했어요. 자연의 역사란 결국 멸종의 역사를 의미해요. 사라져버린 것들의 역사라고나 할까요. 혹시 과학 시간에 배웠던 종-속-과-목-강-문-계를 기억하세요?

제동 외우라고 해서 외웠던 기억은 있는데, 정확히 어떤 의미인지는 여전히 잘 모르겠네요. (웃음)

정모 종-속-과-목-강-문-계에서 문(門)은 생명의 설계도에 해당돼요. 지금까지 지구상에 등장했던 동물문은 38가지로, 그 38문 중 하나가 오파비니아예요. 눈이 다섯 개나 있고 코끼리 코처럼 기다란 주둥이 끝에 집게 손이 달려 있던 오파비니아가 후손을 남겼다면 지금 눈이 다섯 개 달리고 기다란 주둥이를 가진 생물들이 땅과 바다에 득실거렸을지도 몰라요. 하지만 오파비니아는 후손을 남기지 못한 채 사라지고 말았죠. 그런 탓에 현재는 37가지 문이 남아 있어요.

오파비니아가 처음 생겼을 무렵 척추동물의 조상 격인 피카이아라는 바다 생물도 생겨났어요. 만약에 오파비니아 대신 피카이아가 후손을 남기지 못하고 사라졌다면 어떤 일이 벌어졌을까요? 등뼈 속에 신경이 흐르고 있는 동물, 그러니까 어류, 양서류, 파충류, 조류, 포유류는 지구상에 등장하지 못했을 거예요.

제동 그러면 포유류에 속하는 인류도 없었겠네요?

정모 맞아요. 인류도 지구상에 출현하지 못했을 거예요. 피카이아가 멸종하지 않고 살아남은 것은 등뼈가 있는 모든 동물들이 함께 기뻐해야 할 일이라고 할 수 있어요. (웃음) 물론 피카이아도 곧 멸종했어요. 다만 다른 종류의 동물로 진화한 후손을 남긴 거죠.

제동 어떻게 생긴지도 모르는 피카이아들에게 포유류를 대표해서 제가 감사해야겠네요. (웃음)

정모 그렇죠. 그래도 모든 생물은 결국 멸종해요. 3억 년 동안 고생대 바다를 지배했던 삼엽충도 멸종했고, 1억 5,000만 년 동안 중생대 육상을 지배했던 공룡들도 소행성 충돌 단 한 방에 멸종했죠. 물론 공룡의 멸종에 대한 이론은 100가지가 넘지만요.

　‘공룡’ 하면 사람들이 가장 많이 하는 질문이, 공룡은 왜 멸종했느냐는 거예요. 그런데 사실은 공룡이 멸종한 이유가 아니라, 공룡이 어떻게 살았는지를 궁금해해야 하는 거잖아요. 마찬가지로 우리 인간도 혹시 멸종되는 거 아닐까를 걱정하는 대신, 어떻게 살아남을까를 같이 고민하고 방법을 찾으면 좋겠죠.

그 많던 '공룡 덕후들'은
다 어디로 갔을까?

제동 맞아요. 우리가 어떻게 하면 잘 살아남을까, 그런 얘기를 나누려고 관

장님을 모셨는데…. (웃음) 이제 조금 가벼운 질문을 드릴게요. 관장님이 제

게 공룡 피규어를 선물로 주셨잖아요. 제가 조르긴 했지만…. (웃음) 근데 이

공룡 이름은 뭐예요?

정모 트리케라톱스(Triceratops)라는 공룡인데, 여기서 '트리'는 '3개', '케

라'는 '뿔', 그리고 '톱스'는 '얼굴'을 의미해요. 그래서 트리케라톱스는 '얼

굴에 3개의 뿔을 가지고 있는 공룡'이라고 할 수 있죠.

제동 이렇게 간단한 설명만 들어도 벌써 트리케라톱스를 보면 마음이 좋아

지는 것 같아요. 다들 어렸을 때는 공룡 인형 가지고 놀고, 공룡 나오는 만화

영화 보고 그랬는데, 왜 우리는 어른이 되면서 공룡을 잊어버리는 걸까요?

정모 제가 보기에 사람들이 공룡을 좋아하는 데는 크게 세 가지 이유가

있어요.

제동 이유가 세 가지나 있나요? (웃음)

정모 네. 일단 커요.

제동 맞아요. 뭔가 장엄해서 좋아요.

정모 우리가 좋아하는 현생 동물도 보세요. 고래, 코끼리, 기린, 코

뿔소, 하마 등등 주로 큰 동물을 좋아하잖아요. 심지어 사람도 키

질문이 답이 되는 순간

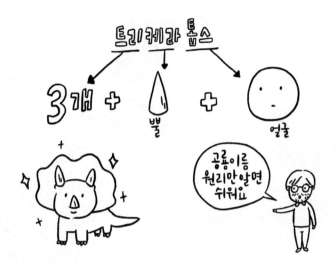

큰 남자, 어깨 넓은 남자 좋아하고요. 물론 과거엔 키 크고 어깨 넓은 남자가 유용할 때가 있었어요.

제동 원시시대에는 그랬겠죠.

정모 구석기시대엔 뭔가를 잡아와야 하고 다른 동물로부터 자신을 보호해야 했지만, 지금 뭐 잡아와야 하나요? 사자가 와서 덮치나요?

제동 지금은 사과나무도 개량돼서 키 큰 사람이 굳이 필요 없어요.

정모 그럼요.

제동 여성과 남성의 전통적 역할론도 이제는 안 맞죠.

정모 그래서 저는 여성들에게 이 얘기를 꼭 해주고 싶어요. "아직도 키 큰 남자를 좋아한다는 건 구석기시대를 살고 있다는 뜻이다. 당신이 21세기를 산다면 키 작은 남자를 좋아하시라." (웃음)

제동 그런데 관장님 이런 말은 좀 위험한 거 아시죠? (웃음)

정모 어쨌든 사람들이 공룡을 좋아하는 첫 번째 이유는 크다는 건데, 사실은 오해예요. 우리가 발견한 공룡이 1,000종쯤 되는데, 그중에 500종은 저나 제동 씨 무릎 높이보다 작았습니다. 작은 게 훨씬 더 많았음에도 불구하고 우리가 큰 걸 좋아하니까 큰 것만 전시하는 거죠.

제동 봐요, 어쩔 수 없잖아요. 관장님과 제가 아무리 이렇게 얘기해봐야 1억 년쯤 뒤에는 조인성, 강동원처럼 키 크고 잘생긴 화석만 전시될 거예요. 우리는 안 돼요. 될 거라고 생각하세요? (웃음)

정모 저는 그런 건 상상조차 하기 싫어요. (웃음) 사람들이 공룡을 좋아하는 두 번째 이유는 괴상하게 생겼다는 거예요. 지금 생존하는 동물들과

질문이 답이 되는 순간

다르게 생겼다는 거죠. 세 번째는 지금 없다는 거예요. 공룡은 크고, 이상하게 생기고, 지금 없어요. 여기서 오는 경이로움과 신비함이 있어요. 그리고 이름도 아주 특이해요. 트리케라톱스, 티라노사우루스, 브라키오사우루스….

제동 아이들끼리 공룡 이름 외우기 경쟁 같은 것도 많이 하잖아요. 이 공룡의 키는 얼마고, 몸무게는 얼마고, 초식공룡인지 육식공룡인지 그런 얘기 하면서 놀죠. "아니거든, 걔는 풀 안 먹거든~" 이러면서요.

정모 맞아요. 그러다가 보통 13살 정도가 되면 공룡과 헤어지기 시작하죠. 왜냐하면 더이상 질문을 못 찾아서 그래요. 어린아이들이 좀 커서 공룡에게 갖는 최후의 질문이 뭐냐면 "공룡은 왜 멸종했어요?"예요. 공룡이 멸종한 건 다 아는 사실이잖아요. 문제는 그 이상의 질문을 못 찾아낸다는 거예요. 질문거리가 없으니까 멀어지는 거예요. "공룡은 왜 없어졌어요?"라고 물어보는 사람들이 "공룡은 왜 생겼어요?"라고는 안 물어봐요.

브라키오사우루스(Brachiosaurus)처럼 목이 긴 공룡은 물을 어떻게 먹었을까요? 고개 숙여서 먹었을까요? 생각해보세요. 브라키오사우루스는 목이 길잖아요. 머리는 저 위에 있고 심장은 이 아래 있어요. 저 위까지 피를 뿜어올리려면 심장박동이 얼마나 세야겠어요. 근데 물을 먹겠다고 고개를 숙이면 어떻게 될까요?

제동 음, 어지러울 것 같은데요.

정모 맞아요. 뇌 혈압이 높아져서 혈관이 다 터질 수도 있어요. 그러면 브라키오사우루스는 다 뇌출혈이었을까요? 그래서 사람들은 이렇게 추측할 수도 있어요. "깊은 물속에 들어가서 먹었을 거야." 그런데 물속 깊이 들어가면 압력 때문에 허파가 눌려서 숨을 못 쉬어요.

제동 그랬겠네요. 저도 그런 생각은 못 해봤는데, 브라키오사우루스에게 좀 미안해지네요. 지금까지 이름의 의미도 안 물어보고, 살아온 날에 대해 궁금해하지도 않았던 것들이요. 얘도 엄청 고생했을 텐데. 브라키오사우루스는 어떤 공룡이에요?

정모 브라키오사우르스는 긴 앞다리를 가졌다는 뜻이에요. 브라키오사우루스의 혈압을 걱정한 이유는 목을 곧추세우고 꼬리를 질질 끌고 다니는 모습을 상상했기 때문인데, 최근 연구에 따르면 브라키오사우루스 같은 목이 긴 공룡은 평소에 목과 꼬리를 수평으로 유지했을 것으로 보여요. 그렇다면 중력에 대항할 만큼 혈압이 강하지 않아도 된다는 거죠. 이렇게 별의별 질문을 던져야 해요. "공룡도 파충류니까 변온동물이었을까?" "그럼 그 큰 몸이 햇볕을 받고 따뜻해져서 움직이려고 할 때쯤 해가 져버릴 텐데?" 이렇게 흥미로운 질문들을 찾아낼 수 있으면 계속 좋아할 텐데, 어른들이 사실만 알려주니까 아이들이 재미도 없고 더이상의 호기심도 못 느끼게 되면서 그 많던 공룡 덕후들이 다 사라지게 되는 거죠.

생명의 역사를 이해하면
알게 되는 것들

정모 여기 국립과천과학관이 개관할 때 찰스 다윈 특별전을 열었어요.
『종의 기원』을 쓴 유명한 분 있잖아요. 개관 전날 제가 특별 초청을 받아
서 가족과 함께 왔었거든요.

제동 아, 그래요? 이 과학관과 인연이 깊으시네요.

정모 네. 당시 딸이 유치원생이었는데 안내하시는 선생님이 아이
들에게 "침팬지가 사람이 되기까지 시간이 얼마나 걸릴까요?"
하고 물어본 거예요. 그래서 애들이 "100년이요" "1,000년이요"

"1억 년이요" 하고 대답하는데, 그때 선생님이 뭐라고 하셨냐면, "아니야. 침팬지가 사람이 된 게 아니라 침팬지와 사람은 700만 년 전 공통 조상에서 갈라졌고, 그 이후로 계속 다른 생물로 진화한 거야. 하나의 생명체로부터 갈라지고 갈라지고 갈라져서 지금은 사람과 침팬지로 따로 진화한 거지. 그러니까 사람도 침팬지도 모두 진화의 끄트머리에 있는 거야." 이렇게 친절하게 설명을 해주셨어요. 이 이야기가 우리 딸에게는 아주 인상 깊었나봐요.

그런데 공교롭게도 바로 다음날 교회에서 동물원으로 소풍을 간 거예요. 그때 전도사님이 똑같이 물어본 거죠. "저 침팬지가 사람이 되려면 시간이 얼마나 걸릴까요?" 그러니까 우리 딸이 "전도사님, 침팬지는 사람이 될 수 없어요"라고 대답했어요. 전도사님은 "역시 과학자 안수집사님 딸은 다르군요. 맞아요. 하나님이 따로 만드셨기 때문에 침팬지는 사람이 될 수 없어요"라고 하셨어요. 칭찬만 듣고 말면 좋았을 텐데 제 딸은 바로 전날 들은 얘기가 너무 강렬하니까 이렇게 대답한 거예요. "아니에요, 침팬지와 사람은 공통 조상에서 갈라지고 갈라지고 갈라져서 지금은 다 진화의 끄트머리에 와 있는 거래요."

바로 다음날 전도사님이 깜짝 놀라며 저를 부르시더니 "안수집사님, 아이가 어제 제게 진화론에 대해 얘기하던데, 어디서 들었을까요?" 하고 물으시더라고요. 그래서 제가 전날 있었던 일을 얘기해줬죠.

제동 아…, 전도사님이 많이 놀라셨구나. (웃음) 무엇이 옳고 그른지는 사람마다 판단기준이 다르겠지만, 그럴 때 안수집사이자 과학자로서 어떤 마음

질문이 답이 되는 순간

이 드세요?

정모 네. 처음에는 저도 과학자와 신앙인 사이에서 고민하던 때가 있었는데, 어느 순간 괜찮아졌어요. 복음에 대한 신뢰가 있으면 과학적인 사실을 두려워할 필요가 전혀 없거든요. 신앙인들이 과학적인 사실에 두려움을 갖는다면, 그건 성서에 대한 신뢰가 약해서 그런 거라고 생각해요. 신뢰가 있으면 얼마든지 상상력을 발휘할 수 있고 바꿀 수도 있거든요.

제동 그래요? 좀더 자세히 말해줘봐요. (웃음)

정모 예를 들면 옛날 사람들은 천동설을 믿었잖아요. 지동설로 바뀔 때 얼마나 혼란스러웠겠어요. 그런데 지금은 천동설, 지동설로 고민하는 사람은 없잖아요.

제동 그렇죠. 갈릴레오 갈릴레이 같은 과학자들 덕분이죠. (웃음)

정모 1992년 10월 31일이 아주 중요한 날이에요. 혹시 그날 무슨 일이 있었는지 아세요?

제동 1992년이면 제가 대학교 1학년인데, 분명 술 먹고 있었을 거예요. (웃음)

정모 그날 요한 바오로 2세 교황께서 갈릴레오의 후손들에게 사과문을 발표합니다. "360여 년 전 우리 로마 교황청이 당신들의 조상인 갈릴레오 갈릴레이 선생님을 부당하게 핍박했습니다. 알고봤더니 지구는 우주의 중심이 아닌 태양계 변방의 작은 행성에 불과하더군요. 용서해주십시오. 그리고 전세계 만방의 가톨릭교도들에게 알려드리오니, 오늘부터 지구의 자전과 공전을 인정합니다."

제동 1992년에 그런 발표를 했군요.

정모 네. 물론 그전에도 알았지만 그들의 잘못을 고백하면 가톨릭과 교황청의 권위가 무너질 거라고 생각한 거죠. 그런데 만약 교황청에서 아직도 지구가 우주의 중심이라고 주장했다면 누가 교황청의 권위를 인정했겠어요? 교황 요한 바오로 2세가 얼마나 훌륭한 분이었느냐면 지동설뿐 아니라 빅뱅이론과 진화론에 대해서도 받아들이자고 진지하게 권유를 하십니다.

제동 아, 저는 오늘 처음 알았어요.

정모 제 큰딸이 독일에서 초등학교를 다녔는데 신부님한테 진화론을 배웠거든요. 저는 진화가 창조의 아주 좋은 방법이라고 생각해요.

제동 제가 알아듣게 좀 얘기해줘봐요. (웃음)

정모 만약 자식을 키우는 부모라고 한다면, 일정을 다 짜놓고 자식에게 "이대로 해" 하고 강요하는 부모가 좋은 부모인지, 아이들에게 자유와 선택권을 주는 부모가 좋은 부모인지 우리는 구분할 수 있잖아요. 그러니까 저도 묻고 싶은 거예요. "당신이 믿는 하나님은 어떤 하나님이냐? 성경의 틀 안에 고정된 하나님이냐? 성경이 하나님을 다 담지 못할 수도 있고, 진짜 하나님은 그보다 더 넓고 깊을 수도 있지 않냐?" 그렇게 생각해본다면 저를 포함해 신앙인들이 창조와 진화를 받아들이는 게 그렇게 고민할 일은 아닐 수 있겠다는 생각이 들어요. 그런데 어디 가서 쉽게 얘기는 못 하죠.

제동 여기서 얘기하셔도 괜찮으시겠습니까? 책으로 나갈 건데? (웃음)

정모 제가 다니는 교회에서도 이미 한 차례 고백했어요. 최초가 아니니까 너무 걱정하지 마세요. (웃음)

제동 여기서 얘기하신 게 처음이 아니라서 다행입니다. (웃음)

정모 어쨌든 그러고나니까 제 마음이 좀 편해지더라고요. 갈릴레오 갈릴레이는 교황청과 계속 충돌했지만 자신의 신앙을 부정한 적은 없어요. 갈릴레오가 「카스텔리에게 보내는 편지」라는 소논문에서 "성경은 오류가 없으나 주석가는 실수를 할 수 있다"라고 했거든요. 그 편지 말미에는 "만약 과학자들이 성경과 다른 것처럼 보이는 어떤 사실을 증명한다면 그때 신학자들이 해야 할 일은 성서를 재해석하는 일이다"라고 적습니다. 이게 어떤 의미냐면 과학자들은 자연현상을 가치판단 없이 보여주는 일만 해요. 그걸 재해석하는 건 신학자들의 일인 거죠.

과학 논문에서는 '인종(Race)'이라는 단어를 쓰지 않는다

제동 앞에서도 잠깐 얘기했지만, 지구상에서 인류는 어떤 존재이고 어떻게 생존해나갈까요? 관장님은 어떻게 생각하세요? 인간이 생겨난 지 얼마나 됐나요?

갈릴레오 갈릴레이는 교황청과 계속 충돌했지만
자신의 신앙을 부정한 적은 없어요.
갈릴레오가 「카스텔리에게 보내는 편지」라는 소논문에서
"성경은 오류가 없으나 주석가는 실수를 할 수 있다"라고
했거든요. 그 편지 말미에는 "만약 과학자들이 성경과
다른 것처럼 보이는 어떤 사실을 증명한다면
그때 신학자들이 해야 할 일은 성서를 재해석하는 일이다"라고
적습니다. 이게 어떤 의미냐면 과학자들은 자연현상을
가치판단 없이 보여주는 일만 해요.
그걸 재해석하는 건 신학자들의 일인 거죠.

질문이 답이 되는 순간

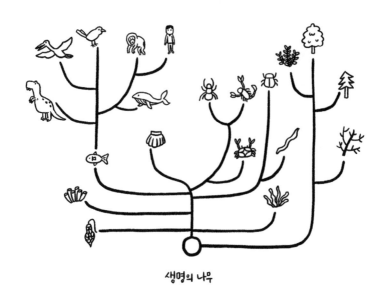

생명의 나무

정모 어디부터를 인간으로 치느냐 하는 문제가 있지만, 침팬지와 인간이 갈라진 건 700만 년, 호모사피엔스는 30만 년 정도 됐죠. 생명의 역사는 38억 년쯤 되고요. 생명의 역사를 1년 열두 달로 치면 인간은 12월에 태어난 거라고 할 수 있어요. 12월 31일 밤 11시 40분쯤 태어났다고 볼 수 있겠네요.

제동 공룡은요?

정모 공룡은 12월 10일쯤.

제동 12월 10일이요? 얘도 12월생이네요?

정모 네. 얼마 안 돼요. 삼엽충이 11월 4일쯤 되겠네요. 나무는 한 11월 25일.

제동 그렇게 비유를 해주시니까 서열 정리가 잘되는 것 같아요.

정모 이해하기 쉽죠.

제동 앞에서 침팬지와 인간의 공통 조상이 있었다고 하셨잖아요.

정모 그렇죠. 그 공통 조상은 침팬지도 아니고 인간도 아니에요. 그 조상의 자식 중 하나는 침팬지의 조상이 되고, 다른 자식 중 하나는 인간의 조상이 된 거죠.

제동 그러면 침팬지나 오랑우탄이 우리의 조상이라고 할 수는 없는 거네요? 저는 이게 항상 헷갈렸어요.

정모 전혀 없죠. 심지어 교과서에 그런 그림 있었잖아요. 네 발로 걷던 침팬지가 점점 두 발로 걷는 사람이 되는 그림이요. 그게 아주 큰 오류인 거예요. 지금이라도 교과서 내용을 바꾸면 후세가 공부하기 편할 텐데, 못 바꾸고 있어요.

그 그림을 보면 침팬지가 오스트랄로피테쿠스가 되고, 그게 호모에렉투스가 되고, 네안데르탈인이 된다고 그러는데, 우리는 그렇게 직선으로 진화한 게 아니라 계속 갈라서고, 갈라서고, 갈라선 거예요. 나무에서 가지들이 이쪽저쪽으로 갈라져 쫙 뻗어 나간 것처럼 그 나뭇가지 끝에는 사람, 침팬지, 원숭이, 지렁이, 풍뎅이 들이 있는 거죠. 지금 살아 있는 생명체는 다 진화의 끄트머리에 있는 거예요. 이제까지 우리는 지렁이는 진화가 덜 된 하등한 생물이라고 생각했잖아요. 우리가 진화에 대한 개념이 없다 보니까 다른 동물들을 하찮게 여기는데, 진화를 제대로 이해하면 다른 생명들이 우리와 함께 생태계를 이루고 있는 동반자라는 걸 알게 돼요.

제동 듣고보니까 정말로 겸손해지네요.

정모 그렇죠. 이 지구의 모든 생명체는 하나의 세포로부터 시작됐어요. 빅뱅의 순간에 수소가 생겨났어요. 또 별에서 다양한 원소가 생성되고, 초신성이 폭발하면서 이 원소들이 다 흩어졌는데 그중 어떤 건 단백질이 되고, 어떤 건 지방이 되면서 우리 몸에 들어와서 생명체를 구성하고 있는 거죠.

제동 과학을 제대로 알면 차별하는 마음이 사라지겠네요. 특히 인종차별은 할 수 없을 것 같은데요.

정모 과학 논문에서는 'Race(인종)'라는 단어를 쓰면 안 돼요. 과학적인 단어가 아니에요. "인종(Race)은 없다. 인종주의(Racism)만 있을 뿐이다." 이런 말도 있죠.

제동 와, 좀 멋있는데요? 있어 보이고, 사실이어서 더 좋고요.

정모 생물학적으로는 모든 인간이 단일 종(種, Species)인 호모사피엔스(Homo sapiens)에 속한다고 표현하면 되죠. 하지만 찰스 다윈도 'Race'란 단어를 썼어요. 물론 1800년대 얘기죠. 찰스 다윈도 어마어마한 인종차별주의자였다고 알려져 있어요. 그렇다고 지금 우리가 찰스 다윈을 비난하기는 힘들어요. 그 당시 과학 상식의 기준으로 용인됐던 부분이니까요. 당시의 본능과 지식의 한계였던 거죠. 그렇지만 지금은 그 한계를 뛰어넘었기 때문에 내가 존경하는 사람이 그랬다고 나도 그런 태도를 가지면 안 되겠죠.

제동 관장님과 이야기를 하다보면 과학 이야기가 아니라 역사 이야기 같고, 인류 이야기 같아서 좋아요. 죄송해요, 과학자한테 이런 얘기를 해서….

정모 저는 이제 과학자는 아니에요. 과학자였죠. 이제 과학행정가, 과학 커뮤니케이터죠. 제가 과학자라고 얘기하면 진짜 과학자들은 기분 나쁠 거예요. '저 사람은 실험도 안 하고 논문도 안 쓰는데 무슨 과학자인 척을 하고 있어?' 하고요. 적어도 최근 한 10년 정도는 과학자가 아니었던 거죠.

제동 과학자에서 과학 소통자로 전업(轉業) 중이시네요. (웃음)

정모 뭐 그렇다고 할 수 있죠. (웃음) 요즘 과학 지식을 전달받을 수 있는 데는 많잖아요. 저는 과학과 우리 삶이 너무 분절된 것 같아서 그 둘을 좀 연결을 시켜주고 싶어요. 예를 들어 사람들은 상대성이론이나 중력 자체에는 관심이 없는 경우가 많지만 그것이 우리 삶과 직접적인 관계가 있거나 쓸모가 있다는 걸 알게 되면 그때부터는 관심을 보이기 시작하잖아요. 그래서 과학과 세상 문제를 연결해서 이야기하고 싶어요. 최근에 나온 제 책들은 대부분 세상 이야기를 과학의 눈으로 바라본 거예요.

제동 과학이라는 안경을 끼고 바라본 세상 이야기겠네요.

정모 맞아요. 저는 모든 과학자가 다 세상에 나와서 얘기해야 한다고 생각해요. 현대의 모든 과학 연구는 거의 세금으로 운영되거든요. 이제는 자기 돈으로 혼자 할 수 있는 과학 연구가 없어요. 돈이 많이 들어요. 그러다보니 과학자들이 하는 연구는 대부분 세금으로 진행되죠. 예를 들어 제가 논문을 발표했다면 논문에

질문이 답이 되는 순간

는 제 이름만 나가지만 연구 결과의 궁극적인 소유주는 국민이기 때문에 연구 결과를 사람들에게 전달해야 하는 거죠. 그런데 과학자들은 연구하느라 너무 바쁜 경우도 많고, 또 그들이 사용하는 언어와 일상 언어가 달라요. 그래서 바쁜 과학자들을 대신해서 일상의 언어로 이야기해주는 저 같은 '과학커뮤니케이터'가 필요한 거죠.

제동 번역가 같은 역할이네요.

정모 번역가일 수도 있고, 복덕방 아저씨나 거간꾼쯤 되는 것 같아요. (웃음) 과학을 좋아하는 사람뿐만 아니라 과학에 전혀 관심 없는 사람들에게도 과학으로 세상을 보는 안경을 씌워주고 싶어요. 더 나아가 세상의 안경을 통해서 과학을 볼 수도 있겠죠. 그러면서 세상과 과학이 더 가까워지고 우리도 좀더 과학적이고 합리적으로 생각하며 명랑하게 살 수 있지 않을까요.

"기다리세요.
때가 되면 누구에게나 화학반응이 일어나요.
꼭 산소 원자를 만나게 될 거예요."

제동 전에 관장님이 우리 몸은 커다란 화학공장 같은 거라고 말씀하셨던 게 기억나요. 사람의 피부도 세포들이 죽고 새로 만들어지는 과정을 반복하는

거라고 하셨잖아요.

정모 서로 다른 반응물이 만나서 반응하고 쪼개지고 합쳐지고 하면서 덩달아 에너지도 발생하죠.

제동 수많은 반응과 여러 과정을 통해서 새로운 생명체와 새로운 관계가 탄생한다고 하셨는데, 그런 반응들이 왜 어떤 때는 일어나고, 어떤 때는 일어나지 않는 건가요? 예를 들면 '왜 저 사람은 나랑 사랑에 빠지지 않지?' '그 이유는 뭐지?' 이런 걸 과학자는 어떻게 설명하나요?

정모 조건이 다른 거죠. 환경이 다른 거예요. 무인도에 단둘이 있었으면 분명히 사랑에 빠졌을 거예요. 열렬히 사랑했을 겁니다.

제동 그래요? 그런데 그런 것도 사랑이라고 할 수 있을까요?

정모 그럼요. 사랑이죠.

제동 선택의 여지가 없는데요?

정모 아니죠. 사랑을 할 거냐 말 거냐 하는 큰 선택이 있죠.

질문이 답이 되는 순간

제동 아, 그렇구나! 오래된 예능의 유치한 질문 같지만 이런 질문을 하잖아요. "세상에 남자가 이정모와 김제동 둘밖에 없어. 그럼 어떡할 거야?" 그러면 이렇게 대답하는 사람 많아요. "그냥 사랑을 안 하고 말지." (웃음)

정모 놔둬봐요. 실제로는 그러지 않을 거예요. 놔두면 선택을 안 할 리가 없어요. (웃음)

제동 자연상태에서 그렇게 된다고요?

정모 네. 한곳에 여러 가지 물질을 놔두면 반응이 일어나는데, 그 반응이 대부분 무작위로 일어나요. 예를 들어 A와 B가 섞여서 AB가 되면, A와 B가 없어지고 AB가 되는 게 아니에요. A와 B 각각을 이루는 분자들이 여러 개가 있잖아요. A가 100개, B가 100개 있었다고 치면, A와 B에서 각각 50개 분자가 결합해서 AB라는 게 생기고, 나머지 A와 B는 그냥 각각 존재하는 거예요. 온도를 조금 더 높이면 추가로 반응이 일어나서 AB가 80개가 되고, A와 B가 각각 20개만 남아요. 조건이 달라지면 이렇게 평형이 달라지는 거예요. 여기서 A와 B가 AB로 합쳐지는 것뿐만 아니라 A와 B로 다시 끊어지기도 해요. 조건에 따라서는 B와 C가 결합할 수도 있고요. 남녀 관계도 조건에 따라 달라지는 거예요.

제동 잠깐만요. (웃음) 갑자기 A, B, C의 결합과 반응으로 설명하셔서….

정모 제동 씨가 제 말을 아직 못 믿는 것 같으니 제 경험담을 들려드릴게요.

제동 아니, 그러실 필요까지는 없어요. (웃음)

정모 일단 들어보세요. (웃음) 사실 저는 고등학교 때까지 이성에 별 관심이 없었어요. 그런데 어느 날 갑자기 세상이 바뀌었어요. 세상이 바뀌고 나의 조건이 바뀌었어요. 남녀 관계도 영원히 AB가 짝이 아니잖아요. 짝이 깨지기도 하고 다른 사람이랑 사귀기도 하잖아요. 조건들이 계속 바뀌는 거죠. 그러다 언젠가는 크게 기회가 와요.

제동 지금 제 개인적인 질문을 드린 건 아니에요. (웃음)

정모 저도 제동 씨 개인에게 답변을 드린 건 아니에요. 각 분자들에게 얘기한 거예요. (웃음)

제동 각 분자들에게 얘기하신 거라고요?

정모 네. 누구에게나 언젠가는 기회가 온다는 거죠. 저는 되게 일찍 왔어요.

질문이 답이 되는 순간

제동 **지금 각 분자 얘기하는 거 맞죠? (웃음)**

정모 그럼요. 각 분자 얘기죠. (웃음) 물이 수소와 산소로 이뤄져 있지만, 수소랑 산소를 그냥 놔둔다고 물이 되지는 않거든요. 엄청난 화학 조건이 필요해요.

제동 **지금 여기 과학관에도 수소가 많을 거 아니에요?**

정모 별로 없어요. 우주에는 수소가 많은데, 공기 중에는 별로 없어요. 공기 중에 수소가 많으면 '번쩍번쩍' '펑펑' 해야죠. 수소가 많은 조건이면 우리가 살지 못해요. 태양은 수소가 많아요. 수소가 많으니까 사방에 불이 나서 따뜻하게 하는 거죠.

제동 **아, 그렇구나!**

정모 이렇게 조건이 다른 거예요. 태양에서는 생명체가 생길 수가 없어요. 반면 지구는 생명이 살 수 있는 조건이죠. 그러니까 어떤 건 화학반응

이 일어나고, 어떤 건 일어나지 않는 이유는 분자의 잘못이 아니라 환경의 문제인 거예요.

제동 뭔가 원인이 있었기 때문에 지금 이 결과가 있는 거겠죠?

정모 그렇죠. 제가 아내와 교회에서 만났거든요. 고등학교 2학년 때였는데, 저보다 어려 보이는 여자애가 다가오더니 편지를 주고 가더라고요. 편지에 이렇게 적혀 있는 거예요. "오빠랑 사귀고 싶어요."

제동 그 교회는 어떤 조건이었습니까? (웃음)

정모 그때는 같이 성가대 활동을 하고 있었죠.

제동 성가대에서 활동하는 교회 오빠였군요.

정모 맞아요. (웃음) 사실 그전까지만 해도 저는 그 여자애가 누군지도 몰랐어요. 그다음 날 줄 서 있는 모습을 보고 '아, 쟤구나. 귀엽네' 하고 비로소 알았던 거죠. 제가 만약에 다른 교회에 나갔다면, 성가대 활동을 안 했

다면, 아니면 그 여자애에게
이미 남자친구가 있었다면
저한테 편지를 안 보냈겠죠.
그리고 저에게 여자친구가
있었다면 편지를 받아도 무
시했겠죠. 그때 당시 우리 둘
은 서로 남자친구 여자친구
가 없었고, 마침 같은 교회에
서 성가대 활동을 했으니까
그 조건 안에서는 제게 딱히
다른 선택의 여지가 없었던

거죠. 만들어지기 어려운 환경이 만들어진 거예요. 당시 제가 아무런 노
력을 하지 않았음에도 툭 보였어요. 운이 좋았던 거죠. 제가 '정은영'이라
는 여자를 애써서 찾아다니지 않았지만 만날 수 있었잖아요.

제동 지금 아내분 얘기하시는 거 맞죠? (웃음)

정모 네. 제 아내 이름이에요. (웃음) 분자의 경우도 마찬가지예
요. 수소와 산소가 있는데 어떤 수소 분자와 산소 분자는 부지런
해서 물이 된 게 아니란 말이에요. 운이 좋았던 거예요. 제가 서
울시립과학관 관장으로 갈 수 있었던 것도 마침 서대문자연사박
물관 관장 임기가 끝날 무렵에 거기 관장을 뽑은 거예요. 더 일찍
뽑았거나 늦게 뽑았다면, 아니면 더 훌륭한 사람이 있었다면 거

기에 못 갔겠죠.

제동 그래서 지금 저희에게 하고 싶은 얘기의 핵심이 뭐예요? (웃음)

정모 "언젠가 조건이 만들어질 것이다. 모든 수소 원자는 기다리면 언젠가는 산소 원자를 만날 수 있다." 이런 말씀을 드리고 싶네요. (웃음)

제동 알겠습니다. 문득 이런 생각이 들었어요. '실패해도 지나치게 자기를 탓할 필요 없고, 성공해도 모두가 자신의 성과라고 말할 수는 없겠구나! 그러니 어떤 상황에서도 당당하되 겸손해야겠다.'

정모 맞아요. 제가 가끔 강의를 가면 아이들이 많이 물어보거든요. "관장님은 어떻게 관장님이 됐어요?" "어떻게 이것도 하고 저것도 하시게 된 거예요?" 아마도 질문한 아이나 옆에 있던 선생님은 제가 얼마나 치열하게 살았는지, 얼마나 노력을 했는지, 그런 대답을 기대한 것 같아요.

제동 그렇죠, 그렇죠.

정모 그런데 제가 그때 이렇게 얘기했어요. "나는 운이 좋았어." 예전에 이영표 선수가 해준 얘기가 있어요. "아무리 재능이 있는 사람도 열심히 한 사람은 못 이긴다. 아무리 열심히 한 사람도 즐기는 사람은 못 이긴다." 이 얘기를 듣고 학생들이 감동했죠. 그런데 제가 그랬거든요. "이영표 선수의 얘기가 얼마나 좋냐. 하지만 아무리 즐기는 사람도 운 좋은 사람은 못 이긴다."

제동 아니, 그게 아이들에게 하실 얘기예요? (웃음)

정모 전 솔직하게 한 얘기예요. 그런데 반응이 안 좋긴 하더라고요. (웃음)

질문이 답이 되는 순간

학부모들과 선생님들뿐만 아니라 질문한 아이도 '내가 기대한 대답은 이게 아닌데' 하는 표정이었어요.

제동 관장님은 정말로 운이 좋아서 여기에 있다고 생각하세요?

정모 네, 정말 그렇게 생각해요. 그래도 요즘엔 대상에 따라 다르게 답변하긴 하죠. 청소년들에게는 이렇게 말해요. "내게는 노력이라는 참 좋은 스승이자 친구가 있어서 여기까지 올 수 있었단다." 그런데 제 또래 사람들에게는 "100% 운"이라고 이야기하죠.

제동 무슨 말씀인지 알겠습니다. 어쨌든 관장님도 상황에 맞춰서 계속 변하고 있으신 거네요. (웃음)

과학자는 의심을 촉진하는 사람

제동 우리는 '과학'이라고 하면 절대 불변의 진리처럼 생각하기도 하는데, 과학도 변화의 가능성을 계속 열어두는 거죠?

정모 그럼요. 사람들이 오해하는 게 "과학은 진리잖아. 진리가 어떻게 변해?" 그러는데요. 과학은 계속 변해요. 우리가 천동설에서 지동설로 넘어올 때 아주 중요한 사건이 있었는데, 그게 갈릴레오가 목성에서 위성 4개를 발견한 거예요. 그 당시만 해도 아리스토텔레스 선생님 말씀은 모두 진리였어요. 아리스토텔레스가 틀렸다고 하면 나쁜 놈이 되는 때였어요. "야, 너 제동이랑 놀지 마." "왜?" "제동이가 아리스토텔레스 선생님을 의심했어." "저런, 나쁜 놈일세. 나도 제동이랑 안 놀게." 이런 식이었죠.

당시 아리스토텔레스가 뭐라고 했냐면, 모든 천체는 지구를 중심으로 완벽하게 원운동을 한다고 그랬어요. 그런데 목성에 위성 4개가 있다는 건 모든 천체가 지구를 중심으로 도는 게 아닌 거잖아요. 적어도 4개는 목성을 중심으로 돌고 있다는 거잖아요.

제동 아리스토텔레스의 주장을 의심해볼 근거가 발견된 거네요.

정모 그렇죠. 그런데 그때 이후로 지금까지 우리가 발견한 목성의 위성이 무려 79개예요. 과학은 진리가 아니에요. 끊임없이 변해요. 아리스토텔레스는 우주의 중심이 지구라고 했고, 갈릴레오는 태양이라고 했어요. 그런데 지금 우리가 아는 우주의 중심이 지구인가요? 태양인가요? 아니잖아요. 태양은 우리 은하 변두리에 있는 작은 별에 불과한 거죠.

결국 우리가 알고 있는 과학은 진리가 아니라 우리의 의심에 대한, 우리의 질문에 대한 잠정적인 답일 뿐이에요. 우리가 일시적으로 인정해준 답이죠. 그래서 저는 천동설도 좋은 과학이라고 생각해요. 천동설은 아리스토텔레스 때부터 갈릴레오 때까지 아주 합리적인 답이었어요. 아리스토텔레스가 어리석어서 그렇게 주장한 게 아니거든요.

제동 당시에는 세상을 가장 합리적으로 설명할 수 있는 이론이었겠네요.

정모 그렇죠. 지금 가장 합리적이라고 생각하는 답은 '우리는 우주의 중

질문이 답이 되는 순간

심이 어디인지 모른다'예요. 언젠가는 알 수도 있겠죠. 저는 개인적으로 과학은 절대 불변의 진리가 아니다, 계속 의심해봐야 한다는 것을 확실하게 깨달은 계기가 있었어요.

제가 독일로 유학을 갔는데, 지도교수님이 당신의 박사 논문을 주시면서 "이거 읽어 와라" 하시는 거예요. 그때가 첫 만남이었는데 얼마나 감동적이에요. 그래서 열심히 읽는데, 첫 페이지부터 틀린 게 보이더라고요. 말도 안 되는 얘기가 막 쓰여 있어요. '옛날 거니까 그럴 수도 있지.' 이렇게 생각하면서 읽는데, 틀린 게 너무 많이 보이는 거예요. 나중에는 '내가 이분한테 계속 배워도 될까?' 하는 생각까지 들더라고요. 하지만 독일에서 누가 날 받아주겠나 싶어서 교수님 뵈러 가서는 좋은 얘기만 했어요. "정말 감동적이었고, 통찰력 있는 논문이고, 교수님처럼 열심히 해보겠습니다." 교수님이 되게 좋아하시더라고요. (웃음)

제동 아이고, 독일 유학까지 가셨는데, 그대로 돌아올 수도 없고…. (웃음)

정모 그러니까요. 그런데 거기서 끝나면 날 바보 취급할 것 같아서 조심스럽게 덧붙여서 말씀드렸어요. "그런데 서문에 있는 내용은 사실과 좀 어긋나는 것 아닙니까?" 그러자 교수님이 그렇다고, 심지어 교수님의 지도교수님도 그렇게 지적했다고 하시는 거예요. "그땐 그랬어. 우리가 잘 몰랐던 거지."

분위기가 좋기에 제가 조금 더 얘기했어요. "그것뿐만 아니라 이것도 틀렸고, 저것도 틀렸고, 그것도 틀렸다." 그랬더니 교수님

표정이 싹 바뀌는 거예요. 그러고는 "그런 자질구레한 것 말고 굵직굵직한 것만 얘기해" 하시기에 '아! 나는 이제 틀렸구나. 이분 밑에서 공부 못 하겠구나!' 싶더라고요. 그래서 어차피 그렇게 된 거 확 다 얘기해버렸어요. "이거, 이거, 이거, 이거 7개 틀렸네요!" 그랬더니 교수님이 웃으시면서 "3개 더 찾아와. 너 이것도 모르면서 어떻게 시작하겠다는 거야? 일주일 시간 줄게." 이렇게 말씀하시더라고요.

제동 　지도교수님도 오류를 지적받고 불편하셨을 수도 있을 텐데 요즘 말로 좀 쿨하셨네요. (웃음)

정모 　맞아요. 그래서 그때부터 일주일을 붙잡고 있었는데 도저히 못 찾겠더라고요. 결국 실험실 선배들한테 물어서 겨우 찾은 다음 교수님을 찾아뵈었어요. 그제야 교수님이 이제 실험을 시작해도 좋다고 하시면서 말씀하시더라고요. "넌 나한테 배우려고 한국에서 독일까지 왔잖아. 그런데 너 나를 항상 의심해야 한다. 나도 널 의심할 거야. 네가 제시하는 모든 데이터를 의심할 테니까, 데이터를 정리하되 원데이터도 다 갖고 와. 너도 내가 하는 말을 다 의심해야 해. 그게 과학이야." 그때 과학자는 '의심을 촉진하는 사람'이라는 걸 깨달았어요.

제동 　진짜 있었던 얘기예요? 저 지금 관장님의 얘기를 의심하는 거예요. (웃음)

정모 　지도교수님과 제 얘기예요. 제가 이 에피소드를 한국에 있는 친구에게 전화로 자랑했거든요. 그 친구도 감동했는지 자기 지도교수님이 주지도 않은 논문을 직접 찾아서 읽고 빨간 줄을 쭉쭉 쳐서 교수님에게 가

"넌 나한테 배우려고 한국에서 독일까지 왔잖아.

그런데 너 나를 항상 의심해야 한다. 나도 널 의심할 거야.

네가 제시하는 모든 데이터를 의심할 테니까,

데이터를 정리하되 원데이터도 다 갖고 와.

너도 내가 하는 말을 다 의심해야 해. 그게 과학이야."

그때 과학자는 '의심을 촉진하는 사람'이라는 걸 깨달았어요.

져갔다고 하더라고요. "교수님, 이것도 틀렸고, 저것도 틀렸고…." 그랬다가 욕만 바가지로 먹었다면서 울면서 제게 전화를 했어요.

제동 울면서? 진짜요?

정모 어느 날 밤에 자고 있는데 독일의 하숙집 아주머니가 갑자기 깨우더니 "한국에서 전화가 왔는데 막 울더라. 어서 받아봐라" 하시더라고요. 그래서 받았더니 친구가 "너 때문에 큰일났다"며 자초지종을 얘기하길래 제가 그랬죠. "야, 과학자는 의심을 촉진하는 사람인데, 너희 지도교수가 그렇게 말했다면 그 사람에게 뭘 배우겠냐? 당장 때려치우고 나와!"

제동 너무 과격하신 거 아니에요? (웃음)

정모 다행히 제 친구가 소심해서 그렇게 못 하더라고요. 지금은 그분의 후계자가 됐죠.

제동 이 얘기의 핵심은 또 뭐예요? (웃음)

정모 좋은 사람이든 좋은 말이든 의심하라. 어쨌든 의심하라는 거죠. (웃음)

아무리 메시지가 좋고, 메신저가 좋아도
일단 의심할 것!

정모 '세상에 못 믿을 놈 천지인데, 의심하는 게 뭐가 어려워?' 이

질문이 답이 되는 순간

렇게 생각하시는 분도 있겠지만, 사실 의심이 쉬운 게 아니에요. 오히려 세상에 믿을 사람이 너무 많아서 어려울 때가 많아요.

제동 아, 그럴 수도 있겠네요.

정모 제가 우리 아파트 엘리베이터에서 한 초등학생을 만났는데 애가 텀블러를 꺼내면서 저한테 이렇게 말하는 거예요. "공룡아저씨." 제가 EBS 「점박이 공룡 대백과」라는 프로그램을 진행한 적이 있어서 동네 초등학생들은 저를 '공룡아저씨'라고 불러요. "공룡아저씨, 제가 이 물에 대고 '엄마 사랑해'라고 100번 얘기했어요. 이걸 얼리면 아름다운 결정이 생긴대요. 엄마 몰래 냉동실에서 얼렸다가 어버이날 선물로 주려고요." 애가 어떤 책을 읽었는지 아시겠죠?

제동 그거 일본 사람이 쓴 『물은 답을 알고 있다』라는 책 아니에요? 물한테 좋은 말을 하면 예쁜 물 결정이 생기고, 욕이나 안 좋은 말을 하면 못생긴 결정이 생긴다는? 텔레비전에서 특집 다큐멘터리도 하고 그랬잖아요.

정모 네. 맞아요. 그 책에는 다양한 얼음 결정 사진이 나오잖아요. 저자는 물에 여러 단어를 보여주고 소리도 들려준 후에 얼려서 얼음의 결정구조를 관찰해요. 클래식 음악을 들려주거나 '사랑' '감사'처럼 긍정적인 단어를 보여준 물의 결정은 아름다운 모습을 띠었고 반대로 헤비메탈 음악을 들려주거나 '망할 놈' 같은 부정적인 단어를 보여준 물의 얼음 결정은 대칭성이 깨져 있었다고 주장했어요. 그 책이 우리나라에서 70만 권이 팔렸대요. 그 정도였으니, 제가 엘리베이터에서 만난 그 아이만 그런 게 아니라 우리 동네 많은 애들이 물에다 대고 "엄마 사랑해. 엄마 사랑해." 이렇게 말한 거예요. 왜 그랬을까요? 메시지가 좋아서잖아요. 항상 예쁘고 좋은 말을 써야 한다는 거죠. 누가 들어도 맞는 말 같지만 먼저 의심을 해봐야 해요. '물이 사람 말을 어떻게 알아들을까?' '내가 하는 말이 좋은 말인지, 나쁜 말인지 어떻게 알까?' '그렇다면 물은 전세계 말을 다 알아듣는 걸까?'

제동 그러니까 무조건 믿지 말고 먼저 의심을 해봐야 한다는 거군요.

정모 맞아요. 또 사람들은 메신저가 좋아도 잘 믿어요. 내가 존경하는 선생님, 나를 악의 구렁텅이에서 구원해주신 목사님, 내가 어려울 때 자비를 베풀어주신 스님, 이런 분이 말하면 막 믿고 싶어져요. 어쨌든 좋은 사람, 존경하는 사람이 얘기했으니까요. 그런데 이런 경우에도 의심을 해야 하는 거죠.

제동 네. 지금 들은 쌤 말도 일단 의심할게요. (웃음)

정모 의심할 때 중요한 게 숫자예요. 숫자로 의심해야죠.

제동 숫자요? 그건 또 무슨 말이에요?

정모 2017년에 '살충제 달걀 파동'이 있었잖아요. 일부 양계장에서 피프로닐(Fipronil)이라는 살충제를 막 뿌렸던 거예요. 피프로닐은 간, 신장, 갑상선을 손상시킬 수도 있는 독성 물질이에요. 그 당시 거의 모든 언론이 '달걀이 피프로닐에 오염돼서 큰일이다'라는 식의 보도를 했어요. 그리고 2018년 말에는 신생아들이 맞는 결핵 예방용 백신에서 비소 성분이 검출됐다는 언론 보도가 나오면서 전국의 부모들이 아이들에게 백신을 안 맞히려고 했던 일도 있었어요. 비소가 뭐냐면 사약의 주성분이에요. 그런데

따져봐야죠. 설마 멀쩡한 백신에 비소를 넣었을 리는 없잖아요.

알고보니 전에도 비소가 있었는데 너무 적은 양이라 있는지도 몰랐다가 과학기술이 발달하면서 그것을 검출할 수 있게 된 거예요. 그만큼 적은 양이었어요. 우리가 매일 먹는 밥에도 비소가 들어 있거든요. 백신에는 밥 한 숟가락에 있는 양만큼의 비소가 들어 있었어요. 제가 지금 50대 중반이고 50년 동안 밥을 먹었지만 아직 비소에 중독되지 않았거든요.

제동 **대신 밥에 중독되셨잖아요. (웃음)**

정모 그렇죠. 밥에는 중독됐지만, 비소에 중독되지는 않았어요. 그래서 중요한 건 숫자인데, 피프로닐도 마찬가지였어요. 60g짜리 달걀에 0.002mg쯤 검출됐던 것 같은데, WHO가 정한 일일섭취허용량(ADI),

급성독성참고량(ARfD)에 따르면 체중이 60kg인 사람이 평생 매일 5.5개를 먹어도 되는 양이에요.

제동 하루에 5.5개를 먹어도 아무런 문제가 없다고요?

정모 네. WHO 기준으로 계산해보면 체중이 60kg인 사람이 하루에 246개를 먹으면 문제가 생겨요. 그러면 간이나 신장, 갑상선에 독성이 생긴다는 거예요. 그런데 실제로 하루에 달걀 246개를 먹으면 어떻게 될까요?

제동 배불러서 죽을 것 같아요.

정모 네. 해부학적인 문제가 생겨서 진짜 죽을 수도 있어요. 배 터져 죽는 거죠. 여기서 제가 하고 싶은 말은 달걀이 오염돼도 괜찮다는 게 아니에요. 문제가 생기면 올바른 정보를 알려주고 얼른 조치하면 되지, 온 국민이 패닉에 빠져서 달걀값은 치솟고, 빵집이 망하고, 수십 개의 양계장이 파산해서 그걸 다시 살려내기 위해 어마어마한 세금을 쏟아부을 필요는 없었다는 거죠. 우리가 숫자로만 계산해보면 문제를 좀더 정확하게 파악할 수 있고 불필요한 혼란을 줄일 수 있어요. 물론 돈도 절약할 수 있고요.

이렇게 과학적 태도의 시작은 의심인데, 의심은 모두에게 해야 해요. 좋은 사람도 의심하고 좋은 말도 의심하는 거예요. 이때 그 의심에 답해주는 과학자의 태도는 겸손함인 것 같아요. 저를 포함해서 대부분의 과학자들은 정말 겸손하거든요. (웃음)

제동 알겠습니다. (웃음)

정모 한스 로슬링이 쓴『팩트풀니스』라는 책에 보면 '겸손함'에 대해 세 가지로 정리되어 있어요. 겸손함이란 첫째, 자신의 지식과 본능의 한계를 인정하는 것이고, 둘째, 모른다고 말하는 데 거리낌이 없으며, 셋째, 새로운 사실이 밝혀지면 기존에 갖고 있던 생각을 과감히 버리는 것이다. 우선 자기 지식과 본능의 한계를 인정한다는 건, '나는 천재가 아니야. 내가 아는 게 다가 아니야'라고 인정하는 거예요. 그리고 두 번째가 과학적으로 제일 중요한데, 모른다고 말하는 걸 꺼리지 않는 거예요. 과학자들은 모른다는 말을 정말 잘하거든요. 과학에서는 모르는 게 부끄러운 일이 아니니까요. 마지막으로 세 번째가 더 어려운데, 새로운 사실이 밝혀지면 그전에 갖고 있던 생각을 버리는 거죠.

제동 그게 참 어렵죠.

정모 네. 이게 참 어려운데 과학의 기본이에요. 과학에서는 기본적으로 스승의 이론을 더 풍성하게 하는 많은 데이터를 만든 제자가 좋은 제자인데, 스승이 틀렸다는 사실을 밝혀내면 더 좋은 제자이고 더 좋은 과학자인 거죠. 아까 과학은 진리가 아니라고 그랬잖아요. 새로운 사실을 밝히는 거예요. 그러니까 계속 역전되는 거고, 틀린 점을 밝혀냈을 때 다른 분야보다 저항도 적어요.

제동 천문학에서 명왕성 날리는 것 보세요. 행성의 지위 하나 정도는 그냥 보내버리더라고요. 이건 천문학자 심채경 쌤에게 들었어요. (웃음)

정모 (웃음) 그러니까요. 그래서 과학적인 태도는 의심과 겸손함이 기본이에요. 의심하되 겸손한 태도를 유지하고, 그 의심에 대해 해명할 때도 겸손하게 하는 거죠.

그렇게 마음이 열려 있어야 대화가 잘되거든요. 자연과학학회에 가면 노벨상 수상자나 석사 과정에 있는 대학원생이나 똑같아요. 나이가 벼슬이 아니고, 학위가 벼슬이 아니에요. 적어도 질문하고 답할 때는 대등해요.

과학자들이 노벨상 수상자의 논문을 팔랑팔랑 흔들면서 "당신이 논문에 이렇게 주장했는데 맞습니까?" 하고 따져요. 그러면 노벨상 수상자가 땀을 삘삘 흘리면서 설명해요. "자네가 그렇게 생각한 건 이해하네. 그런데 자네가 못 본 부분이 있어. 이걸 봐야지." 그러면 또다른 사람이 일어나서 "아닌 것 같은데요" 하면서 또 따져물어요. 처음에는 저도 '노벨상 수상자한테 어떻게 저럴 수 있지? 무례하다' 싶었는데, 학회만 딱 끝나면 팔랑팔랑 흔들던 논문에 사인해달라고 줄을 쫙 서요. "선생님, 저랑 악수해주세요." "사진 한번 찍어주세요" 하면서요. 노벨상의 권위를 인정하지만, 권위주의에 빠지지 않는 거죠.

제동 특히나 자기가 좋아하고 존경하는 사람의 말을 조금 더 의심해봐야겠네요. 저한테 세상은 온통 의심거리이고 이해 안 되는 것투성이였는데, 관장님 얘기를 들으니 마음이 좀 편해지는 건 있어요. '왜 이렇지?' 이해가 안 되던 것도 '지금 내 본능과 지식으로는 여기까지구나' 하고 인정하면 되겠네요.

정모 내 본능뿐만 아니고 이 세상 모든 본능의 총합, 이 세상 모든 지식의 총합으로도 모르는 게 아직 많아요.

제동 그걸 인정하면 당연히 겸손해질 수밖에 없고, 모르니까 모른다고 하는 것에 부끄러움이 없겠네요. 어쨌든 새로운 진실이 밝혀졌을 때 지금까지 가

질문이 답이 되는 순간

져왔던 생각을 과감히 버리는 것만 돼도 우리 사회의 여러 가지 갈등이 조금

이나마 해결될 수 있겠네요.

대기 온도의 임계점까지
우리에게는 얼마의 시간이 남아 있을까?

제동 그건 그렇고 원소 주기율표가 변하는 것도 새로운 게 발견돼서 그런 건

가요?

정모 제가 고등학교를 졸업할 땐 주기율표에 103번까지 있었는데, 지금

은 118번까지 있어요. 사실 원래 우주에는 94번까지밖에 없어요. 95번

부터는 인간이 원소 만드는 원리를 깨닫고 하나씩 만든 거예요. 주기율

표는 멘델레예프라는 사람이 발명했는데, 그 사람이 훌륭한 건 주기율표

를 발명한 것보다 주기율표를 만들면서 빈자리를 뒀다는 점이에요. 우리

가 아는 게 다가 아니라는 사실을 인정하고 빈자리를 둔 거죠.

제동 당시 과학기술의 한계를 인정한 거네요.

정모 그렇죠. 호모사피엔스가 정말로 대단한 존재인 게 뭐냐면,

우주는 138억 년 동안 존재하면서 빅뱅 때 생긴 원소, 별 안에서

만들어진 원소, 별이 핵융합을 하거나 초신성으로 폭발할 때 생

겨난 원소 등등 다 해도 94개밖에 못 만들었어요. 반면 우리 인

간은 실험실에서 118번까지, 그 나머지를 다 만든 거예요. 얼마나 훌륭해요. 나는 호모사피엔스가 그렇게 하찮은 존재라고 생각하지 않아요. 호모사피엔스는 정말로 위대하고 꼭 있어야 하는 존재예요.

제동 그런데 호모사피엔스가 잘못하는 것도 많잖아요. 특히 요즘은 자연과 환경 분야에서 죄책감을 느껴야 할 것 같아요. 근데 저번에 관장님이 북극 빙하가 녹는 것과 해수면이 높아져서 도시가 물에 잠기는 건 상관이 없다고 말씀하시는 걸 얼핏 들은 것 같은데, 그건 확실한 겁니까?

정모 이런 거예요. 빙하는 해수면 위로 요만큼만 나와 있고, 그 아래 더 많은 부분은 물에 잠겨 있잖아요. 신기하게도 다른 물질은 고체가 되면 부피가 줄어드는데, 물은 고체가 되면 부피가 커져요.

제동 그래서 물을 꽉 채워서 얼리면 그릇이 터지죠?

정모 네. 터져요. 그러니까 생각해보세요. 대부분의 빙하는 물속에 잠겨 있잖아요. 얼음이 해수면을 높여놨는데 빙하가 녹으면 부피가 줄어들겠죠?

제동 그러면 오히려 해수면이 낮아진다는 얘기예요?

정모 낮아져야죠.

제동 그런데 왜 빙하가 녹아서 해수면이 높아지면 저지대 국가들이 침수된다, 자연재해가 생긴다, 하는 말들이 나올까요?

정모 북극 바다에 있는 빙하가 다 녹으면 해수면은 낮아집니다. 문제는 빙하가 바다에만 있는 게 아니에요. 육지에도 어마어마한 빙하가 있고

질문이 답이 되는 순간

호모사피엔스가 정말로 대단한 존재인 게 뭐냐면,
우주는 138억 년 동안 존재하면서 빅뱅 때 생긴 원소,
별 안에서 만들어진 원소, 별이 핵융합을 하거나 초신성으로
폭발할 때 생겨난 원소 등등 다 해도 94개밖에 못 만들었어요.
반면 우리 인간은 실험실에서 118번까지, 그 나머지를
다 만든 거예요. 얼마나 훌륭해요. 나는 호모사피엔스가
그렇게 하찮은 존재라고 생각하지 않아요.
호모사피엔스는 정말로 위대하고 꼭 있어야 하는 존재예요.

남극 빙하는 다 육지에 있어요. 그린란드나 캐나다도 마찬가지예요. 이 게 녹으면 그대로 바다로 가는 거예요. 그러니까 남극 대륙에 있는 빙하가 녹으면 해수면이 높아지고, 북극의 빙하가 녹으면 오히려 해수면이 낮아지는 거예요.

제동　아, 빙하가 녹는 것이 위험하지 않다는 게 아니라, 지구온난화가 진행되면 북극이고 남극이고 죄다 녹아버리니까 경각심을 가져야 한다는 거군요. 요번에 뉴스 보니까 시베리아에 있는 동토층이 녹아서 엄청난 양의 이산화탄소와 메탄가스가 나온다고 하던데요. 메탄가스와 이산화탄소는 다른 거죠?

정모　이산화탄소는 CO_2고 메탄가스는 CH_4인데, 우리가 죽으면 대부분 이산화탄소가 돼요. 우리 몸이 탄소(C)로 이루어졌잖아요. 박테리아가 탄소화합물인 시체를 다 분해하면 우리 몸에 있던 탄소가 공기 중의 산소(O)와 만나서 이산화탄소(CO_2)가 되는데, 깊은 바다나 땅속에는 산소가 없으니까 탄소와 수소(H)가 만나서 메탄(CH_4)이 돼요. 그런데 바다에 있는 메탄은 주로 물 분자 속에 갇혀 있어요. 이를 메탄하이드레이트라고 하는데, $0℃$ 이하의 저온이나 30기압 이상의 고압 상태에서 물과 결합해 고체 상태로 있는 거예요. 그러다 땅이 더워지면 메탄하이드레이트가 떠올라서 메탄이 공중으로 나가버리겠죠. 시베리아 툰드라 동토층에도 엄청나게 많은 메탄이 갇혀 있는데, 이게 녹으니까 메탄이 바깥으로 배출되는 거예요. 그런데 문제는 메탄이 이산화탄소보다 80배 이상 강력한 온실가스거든요. 툰드라가 녹는 게 그래서 문제인 거예요.

제동 지구온난화가 문제다, 이렇게만 알고 있었는데 생각보다 심각한 것 같
네요. 우리가 이미 한계를 넘은 것처럼 보이기도 하고요.

정모 다행히 아직은 한계를 안 넘었어요. 산업화 이후에 대기 온
도가 1.35도쯤 올랐는데, 한계가 어디냐면 2도예요. 기온이 2도
높아지는 순간 대기가 건조해지면서 사방에 산불이 나고 사태가
정말 심각해지는 거예요.

제동 요번에도 캘리포니아, 호주, 시베리아 등지에서 어마어마한 산불이 있
었잖아요.

정모 산불의 원인은 주로 이산화탄소 때문인데, 산불이 나면 또다시 엄
청난 양의 이산화탄소가 배출돼요. 그러면 대기 온도가 2도 오르기까지
는 그래도 시간이 좀 걸렸는데, 2도가 되는 순간 급속도로 오를 수 있어
요. 그럼 걷잡을 수 없게 돼요. 그때 가서 이산화탄소 배출을 막아도 소용
없어요.

제동 이미 올라간 2도 때문에 툰드라의 동토층이 녹고 메탄이 나오는 거군요.

정모 네. 2도가 임계점인데 지금 1.35도예요. 100년 만에 1.35도
가 올랐어요. 얼마 안 남았어요. 근데 2도에서 막다가 실패하면
그때는 진짜 위험하잖아요. 그래서 지금 1.5도에서 막아보자는
거예요. 2015년 파리기후변화협약 때도 2도에서 막자고 했어
요. 그러니까 그린피스 같은 환경단체에서 반대했죠. 2도에서 막
다가 실패하면 어떻게 하냐고. 너무 여유가 없잖아요. 그때 1.5도
를 저지선으로 합의를 한 거죠. 1.5도까지는 이제 0.15도밖에 안

남았는데 남은 시간은 약 10년 정도 돼요. 그 사이에 이산화탄소 배출량을 획기적으로 줄이지 않으면 안 돼요. 지금 우리나라처럼 해서는 불가능해요.

당신은 어디까지 준비되었나요?

제동 그럼 우리는, 아니 저는 기후위기를 막기 위해 뭘 어떻게 해야 합니까?

정모 제동 씨는 개인적으로 실천하는 게 있으세요?

제동 글쎄요, 제가 환경을 위해서 몇 년 동안 하고 있는 건 샴푸 안 쓰기 정도….

정모 샴푸 안 쓴다고 기후위기를 막을 수가 있을까요? 샴푸를 안 쓰면 수질 오염을 막을 수는 있겠죠. 우리가 한 가지 놓치는 사실 중 하나는 기후위기가 심각하다고 말하면서도 '기후'와 '환경'을 하나로 뭉쳐버리는 경향이 있다는 거예요. 기후문제와 환경문제는 달라요. 물론 연결된 부분도 있지만 수질이 깨끗해진다고 기후위기가 사라지는 건 아니거든요. 기후위기의 원인은 우리가 화석연료를 너무 많이 써서 그런 거예요. 그러니까 기후위기를 막기 위해서는 화석연료 사용을 줄여야 하는 거죠. 그런데 이게 정말 큰 딜레마예요. 우리는 에너지 없이 살 수가 없잖아요.

그래서 많은 분들이 에너지 전환을 하자고 이야기하죠. 이산화탄소를 배출하지 않는 에너지로 빨리 전환해야 한다고요. 당연한 답이에요. 당연한 답인데, 전환만 한다고 될까 싶은 거죠. 지금은 사용량이 너무 많아요. 사용량을 어떻게든 줄여야 하는 거예요. 근데 문제가 뭐냐면, 우리는 대부분 석유에 중독되어 있어요. 안경테, 스타킹, 칫솔, 치약 다 석유로 만들어요.

제동 그러네요. 볼펜도 그렇고, 포장재, 아스팔트….

정모 우리가 먹는 약들도 대부분 석유로 만들고요.

제동 약도 그렇습니까?

정모 아스피린의 재료인 아세틸살리실산을 비롯해서 상당히 많은 약품의 원재료가 석유에서 오거든요. 그러니까 우리가 지금 쓰고 있는 것들 없이 과연 살 수가 있는가 하는 질문에 선뜻 그렇다고 답하기가 어려우니 에너지 전환도 필요한데, 근본적으로는 에너지를 덜 쓰는 방법이 필요해요. 생태 쪽에 관심이 있는 분들은 기술 개발에 적대적인 경우가 많은데, 사실 기술 없이는 이 위기를 극복해나가지 못해요. 어차피 벌어진 이 문제를 해결하기 위해서 우리가 기댈 수 있는 것 중에 가장 큰 게 바로 과학기술이에요. 에어컨만 봐도 요새 나오는 에어컨은 전기를 훨씬 적게 써요. 과학기술로 에너지 효율을 높이지 않으면 해결이 어려워지는 거죠. 오히려 지금이 더 과학기술이 필요한 때일 수도 있어요.

올해 코로나 때문에 수많은 사람이 경제적 부담을 느끼고 있잖아요. 코로나 바이러스 하나에도 이런 상황인데, 기후위기는 견

딜 수 있는 게 아니잖아요. 대기과학자 조천호 박사님이 그런 말씀을 하시더라고요. "미세먼지가 뒷골목 깡패라면, 기후위기는 핵폭탄이다." 우리는 뒷골목 깡패에 대해서는 그렇게 관심을 두고 두려워하면서 왜 핵폭탄에 대해서는 무감하냐는 거죠.

제동 이럴 때야말로 변화의 움직임이 있어야 할 텐데, 우리가 기후위기를 막기 위해 일상생활에서 제대로 실천할 수 있는 일들은 어떤 게 있을까요?

정모 제가 선택한 방법은 자동차를 집에 두고 대중교통으로 출퇴근하는 거예요.

제동 아. 대중교통 이용하기.

정모 제가 대중교통을 이용하면 집에서 직장까지 1시간 반 정도 걸려요. 자동차를 타고 오면 45분쯤 걸리고요. 처음에는 이런 생각이 들기도 했죠. '1시간이면 내가 사회에 기여할 수 있는 일이 얼마나 많은데…' 그러다 문득 이런 생각이 들더라고요. '내가 차를 두고 옴으로써 온실가스 사용을 줄이는 것보다 더 사회에 기여할 수 있는 게 뭐가 있을까?' 그래서 시작하게 되었죠. 조금 부지런해지면 되거든요.

제동 그럼 전기자동차는 어떻습니까? 전기차로 바꾸면 도움이 될까요?

정모 전기자동차는 대기오염을 막는 데는 도움이 돼요. 그런데 이 차도 충전하려면 어딘가에서는 전기를 만들어야 하잖아요. 그러니까 내가 전기자동차를 타면 우리 동네 공기가 괜찮아지는 것뿐이지 지구 전체로 보면 미세먼지와 이산화탄소 배출량은 변화가 없어요.

제동 그래도 석유를 직접 태워서 자동차를 움직이는 것보다는 훨씬 낫지 않나요? 그러니까 전기차를 '친환경 자동차'라고 부르는 거 아닌가요?

정모 한번 따져볼까요? 에너지를 한 번 전환할 때마다 효율은 떨어지잖아요. 예를 들어 석유를 태워서 자동차를 움직이면 효율이 50%라고 합시다. 근데 전기차를 운행하려면 먼저 석유로 전기를 만들어야 해요. 효율이 50%였어요. 이 전기로 자동차를 돌리면 한 번 더 전환되니까 효율은 25%로 더 떨어져요. 저도 전기차를 타지만 사실 전기차를 탄다고 기후위기에 도움이 되는 건 아니에요.

제동 그래요? 몰랐네요.

정모 화석연료 대신 풍력과 태양광으로 발전(發電)하는 방식이 있기는 하지만 풍력과 태양광은 전기 생산량이 일정하지가 않아요. 그래서 우리나라는 기본적으로 원자력발전에 의존하는데, 덕분에 지금은 전기가 남아돌아요. 제주도에 가면 풍력발전기가 거의 멈춰 있잖아요. 그게 바람이 안 불어서 멈춘 게 아니라, 전기가 남는데 그것까지 돌리면 과부하가 생기니까 멈춰놓은 거예요. 전기가 남는다고 원자력발전소를 멈췄다가 다시 가동하려면 힘드니까 남는 전기로 양수발전을 해요. 양수발전이 뭐냐면 물을 거꾸로 퍼올리는 거예요.

100이란 전기를 써서 물을 퍼올렸다가 다시 떨어뜨리면 전기가 생기는데 70밖에 안 생겨요. 30을 손해 보는 거예요. 그런데도 이렇게 하는 이유는 우리 현대인들은 정전된 삶을 감수할 수가 없잖아요. 우리가 100만큼의 전력이 필요하다고 정확하게 100을 생산하면 자칫 정전이 될 수도 있으니까 전기는 항상 남아야 하는 거예요.

제동　개개인의 에너지 사용량을 줄이는 게 가장 시급하겠군요. 보통 전기는 사업체에서 많이 쓴다고 생각하잖아요. 근데 가정에서의 전기 사용량이 가장 많다는 말을 듣고 저도 좀 놀랐어요.

정모　1970년대까지는 산업 핑계를 댈 수 있었는데 지금은 완전히 역전돼서 가정에서 사용하는 전기, 가정에서 나오는 쓰레기, 가정에서 배출하는 환경유해물질이 제일 많아요.

제동　이걸 개인에게만 떠맡길 게 아니라 제도화할 필요성도 있겠네요. 예를 들면 자가용의 편리함을 포기한 사람들에게는 뭔가 다른 이익을 준다든가. 물론 지금의 환경문제는 이타와 이기를 따질 정도를 넘어선 것 같기는 해요. 본인을 위해서라도 환경운동은 해야 하는 상황인 거잖아요.

정모　대부분 그렇게 생각은 하지만, 당장 내 눈앞에 잘 안 보이니까 편한 쪽을 선택하게 되죠. 예를 들면 미세먼지를 제거하겠다고 집마다 공기청정기를 놔요. 그게 효과가 있을까요? 공기청정기를 만들기 위해 화력발전소 돌리느라고 미세먼지가 더 발생해요. 내가 있는 이 공간, 우리 아이가 공부하는 이 교실, 우리 식구들이 사용하는 이 거실의 공기를 깨끗하게 하려고 지구 전체로 보면 더 많은 미세먼지를 만들고 있는 게 바로 우리예요. 우리가 기후위기나 미세먼지의 해결책으로 찾아낸 방법은 대부분 '나한테만' 괜찮고 지구 전체로 보면 해결책이 아니에요.

　그런데 왜 거기에 대해서는 이야기하지 않는 걸까요. 도덕적인 책임을

지고 싶지 않기 때문이에요. 따라서 큰 틀에서는 해결책이 보이지만 구체적인 방법을 얘기하다보면 결코 단순하지가 않아요. 결국 이 문제는 정치가 해결해야 한다고 생각해요. 해결할 의지가 있는 사람들을 국회로 보내고, 계속 데이터를 주면서 알려줘야 하는 거죠.

제동 그리고 우리 같은 개인들은 환경을 위해 불편을 감수하겠다는 마음을 먹어야겠네요.

핵, 당신의 선택은?

제동 그러면 핵의 위험성은 어떻게 봐야 합니까?

정모 핵의 위험성이 제일 크잖아요. 그렇다고 핵이 위험하니까 10년 안에 원자력발전소 가동을 다 멈추겠다고 하면 그 삶을 감당할 수 있냐는 거예요. 그래서 우리가 좀더 터놓고 대화를 해야 하는데, 그러려면 원자력발전을 찬성하는 쪽과 반대하는 쪽 사이에 접점이 필요하거든요. 그런데 '탈핵'이라는 단어가 대화의 층을 다르게 만드는 것 같아요. 차라리 '에너지 전환'이나 '에너지 변환' 이런 주제로 얘기하면 좀더 편하게 하지 않을까, 하는 생각이 들어요.

제동 에너지 전환이라는 게 어쨌든 조금 더 안전한 에너지로 바꿔나가자는 거죠.

정모 그렇죠. 거기에는 다 동의한단 말이에요. 그런데 '탈핵'이라고 하니까 수십 년 동안 원자력을 했던 사람들은 억울한 거예요. 30년 동안 원자력발전소에서 일하면서도 건강했는데 그 동네에는 암 환자도 많고 기형아도 많다면서, 삼중수소가 떠다니고 있으니 숨도 쉬면 안 된다는 식으로 얘기하니까 화가 나고, 섭섭하죠.

지금은 정부의 기조 자체가 탈핵이에요. 이럴 때일수록 정확한 데이터를 가지고 이야기할 필요가 있는 거죠. 해결점을 찾아야 하는 거예요. 지난번에 대통령께서 신고리 5·6호기 건설 문제를 놓고 공론화위원회를 만들어 숙의하게 했는데, 결국 공사 재개로 결론이 났잖아요. 저는 기본적으로 탈핵을 지지하는 사람으로서 우리가 이 문제에 얼마나 단순하게 접근했는지 반성하게 됐어요. 이게 얼마나 위험한지 설득하지 못하고, 오히려 이게 안전하고 꼭 필요하다는 설득에 넘어간 거잖아요. 그러니까 원전이 필요하다고 말하는 사람들은 데이터를 가지고 과학적으로 접근하고, 반대편 사람들은 데이터 없이 이념적으로, 도덕적으로 접근한 거예요. 이념적, 도덕적으로 접근하면 한 번은 잘 들어요. 그런데 질문이 거듭되면 한계에 봉착하는 거예요.

저는 중도인 척했지만 사실 탈원전 쪽이었단 말이에요. 최근 한 달 동안 원전을 지지하는 다양한 분들을 만나서 이야기를 들어보니까 내 마음속 추가 9 대 1에서 5 대 5, 6 대 4까지 움직이는 것 같더라고요. 원전을 지지하시는 분들은 과학자의 자세로 겸손하고 성실하게 설득을 하세요.

반면에 원전을 반대하는 쪽은 약간 감정적으로 윽박지르는 경향이 있어요. "너네 혹시 연구비 받고 돈 버는 거 아니야?" 그런 식이죠. 저 자신을 돌아보게 됐어요. '내가 과학적인 태도 운운했지만 의외로 환경이나 원자력 문제에 대해서는 이념적으로 접근했구나' 반성하는 중이에요. 그러니까 오히려 환경운동 하시는 분들이 과학적인 태도를 보일 필요가 있어요.

제동 모든 것에 과학적 태도가 필요한 거네요.

정모 좀더 과감하게 얘기하면 일상적인 정전 사태를 받아들일 수 있어야 해요. 정전이 없다는 건 항상 전기가 과잉생산되고 있다는 뜻이거든요. 그래서 이산화탄소 배출량을 줄이려면 1인당 사용할 수 있는 전기량을 정하고, 그 양을 초과하면 정전되는 것을 일상화해야 한다고 생각해요. 예를 들어 이 아파트 단지에서 하루에 쓸 수 있는 전기량이 정해져 있는데 집집마다 에어컨을 틀어서 그날 할당된 전기가 밤 9시에 소진되면 다음날 새벽 5시까지 이 아파트에서는 전기를 못 쓰는 거죠.

제동 꼭 탈핵이 아니더라도 기후위기를 막기 위해서는 불편함을 감수할 수 있어야 한다는 거군요.

정모 그렇죠. 우리 생활의 불편함을 감수해야 하는 거죠.

채식주의를 선언한 이유

제동 고기는 언제부터 안 드신 거예요?

정모 고기를 언제부터 안 먹었냐면, 오늘 아침부터 안 먹었어요.

제동 에이, 됐어요. (웃음)

정모 어쨌든 저는 채식주의자이고, 채식이 옳다고 생각해요. 세상 사람들이 모두 채식을 하면 이 세상이 훨씬 좋아질 거라고 믿고요. 다만 아직도 제 몸이 고기를 잊지 못해서 제 생각대로 살기가 어려울 뿐이에요.

제동 그런데 어쩌다가 채식주의자 선언을 하게 되신 거예요?

정모 제가 1992년에 독일로 유학을 가서 처음 채식주의자들을 만났어요. 채식주의자들은 가젤이나 영양처럼 초식동물 같은 고요한 분들일 줄 알았는데 안 그렇더라고요.

제동 채식하는 분들 중에 예민하고 성질 급한 분들 의외로 많아요. (웃음) 가젤하고 토끼가 얼마나 예민한지 아세요?

정모 성격이 어우. (웃음) 그때 어떻게 채식을 하게 됐는지, 언제부터 하게 됐는지 하는 얘기를 나눴는데, 다들 결단의 계기가 있었더라고요. 주로 환경문제에서 시작했던 거죠. 예를 들어 곡물 25kg을 얻을 수 있는 땅에서 고기는 겨우 1kg 얻을 수 있다든

질문이 답이 되는 순간

어쨌든 저는 채식주의자이고,

채식이 옳다고 생각해요.

세상 사람들이 모두 채식을 하면

이 세상이 훨씬 좋아질 거라고 믿고요.

다만 아직도 제 몸이 고기를 잊지 못해서

제 생각대로 살기가 어려울 뿐이에요.

지, 우리가 앞서 이산화탄소와 메탄에 대해 이야기했지만, 메탄의 상당량이 소나 염소, 양에서 나와요.

제동 방귀에서 나온다고 들었어요.

정모 네, 방귀나 트림에서 나오는데 10억 마리도 넘는 덩치 큰 애들이 계속 내뿜으니까 그 양이 어마어마해요. 그러니 우리가 고기 소비를 줄이면 가축을 통해서 배출되는 이산화탄소와 메탄의 양도 줄어들 테고, 또 그만큼 숲이 늘어날 수 있죠. 소를 많이 키우려면 초지가 필요한데 초지가 늘어나는 만큼 숲은 줄어드니까요. 그래서 저도 "나도 이제 채식주의자야!" 하고 선언을 했는데, 몸은 여전히 고기를 원하는 거예요. 우리 딸이 저한테 "아빠, 남들은 목숨 걸고 채식하는데, 장난하는 거야?" 하고 한마디한 적도 있어요. 그런데 기후문제가 심각해지기 전이라고 우리가 고기를 안 먹었던 게 아니잖아요. 그러니까 고기를 먹더라도 필요한 만큼만 먹자, 그렇게 하면 식량 문제도 식량 문제지만 기후문제도 해결할 수 있다는 거죠.

제동 저는 다행히 고기가 당기질 않아요. 어렸을 때부터 그랬으니까 참 다행이죠. 근데 요즘 식성이 조금 변하는지 아주 가끔 바짝 구운 돼지고기에 김치 싸서 먹어보고 싶다는 생각이 들기도 하더라고요. 그런데 채식주의자라고 선언해놓고 고깃집에서 사진이라도 찍히면 큰일나요. 그러니까 관장님은 채식주의자가 되기로 했다기보다 '고기를 좀 덜 먹기로 결심한 사람' 그 정도로 합의하시죠. (웃음)

정모 네. 고기를 덜 먹기로 결심한 정도예요. (웃음)

제동 저도 그래요. 원래 질문을 드리려던 건, 지금 곡물 생산을 더 늘리지 않아도 전세계 인구가 충분히 먹을 수 있는 만큼의 곡물이 생산되고 있는 거죠?

정모 먹고도 남죠. 프리츠 하버(Fritz Haber)라고, 유태인임에도 제1차 세계대전 당시 독가스 개발과 살포를 주도해서 '독가스의 아버지'라고도 불리는 사람이 있어요. 이 사람이 질소와 수소로 암모니아를 합성하는 방법을 연구해서 1918년에 노벨 화학상을 받았는데, 그 덕분에 질소 비료를 만들게 되면서 지금 70억 명이 먹고살 수 있을 만큼의 식량이 생산되고 있죠. 한쪽에서는 썩어나갈 정도인데, 또다른 한쪽에선 굶어죽는 사람들이 있으니까 지금의 문제는 생산이 아니라 분배가 안 되는 거잖아요.

그런데 이 문제가 단순하지 않아요. 어떤 나라는 곡물이 썩어나니까 식량이 부족한 나라에 싸게 주면 좋은데, 세계무역 체제에서는 국가 간 식량 이동에 걸림돌이 많아요. "너 그 식량 왜 줘? 우리가 그 나라에 팔려고 했는데, 네가 싸게 줘버리면 우리가 못 팔잖아. 시장 질서에 어긋나는 거잖아." 이런 식인 거죠. 그렇다고 우리가 자본주의를 당장 없앨 수 있는 것도 아니니까 어찌 됐건 생산량을 늘려야 하는 거예요. 각 나라에서 다른 나라에 손을 벌리지 않아도 될 만큼의 식량을 생산할 수 있는 과학적인 농업기술이 필요한 거죠.

제동 분배와 기술 개발, 이 두 가지 길로 가야 한다는 거죠?

정모 그렇죠.

제동 아까부터 말씀 중에 중요하게 들리는 한마디가 '단순하지 않다'거든요.

정모 우리가 다 한마음이 아니라는 거예요. 아프리카에서 굶어죽는 아이를 보면 당장 달려가 도와주고 싶은 사람이 있는가 하면, 어떤 사람은 무엇을 얼마에 팔 수 있을까, 얼마나 남길 수가 있을까를 생각한다는 거죠. 이게 현실이에요. 이런 현실을 어떻게 잘 조정해나갈까는 또다른 문제인 거예요.

제동 이야기를 들으면 들을수록 과학적 태도를 유지하고 산다는 것은 우리가 떨어져서 존재하는 게 아니라는 걸 인정하는 것 같아요. 그러니까 우리는 각자 입자이기도 하고, 파동이기도 하고, 서로 간섭하기도 하고, 독자성도 띠고 있고 뭐 그런 거 아니에요?

정모 그렇게 어려운 얘기 하면 내가 너무 힘들어지죠. 갑자기 물리학 얘기가 막 나오면. (웃음)

제동 나중에 제가 물리학에 대해서 설명을 좀 해드릴게요. (웃음) 아무튼 관장님 말씀처럼 필요한 만큼만 고기를 먹는다면 그건 지역 축산 농가에도 도움이 될 것 같아요. 수요가 많지 않으면 수입을 안 해도 될 테고, 그럼 적정 가격을 유지하게 되고, 숲이 더 생기면 아무래도 산소도 늘어나겠네요.

정모 산소는 충분해요. 대기 중에 21%나 되니까. 문제는 이산화탄소죠. 이산화탄소는 대기 중에 0.02%였다가 요즘은 0.04%까지 올라갔는데, 그 영점 영 몇 퍼센트때문에 기온이 오르락내리락하는 거예요. 중세 시대 때 흑사병으로 인해 사람들이 많이 죽었잖아요. 농사를 지을 사람이 줄어드니까 농경지가 줄면서 숲이 많아지고 이산화탄소 농도가 줄어서 전세계적으로 기온이 낮아졌어요. 흑사병으로 인해 농사를 못 짓게 된 것이 지구 전체 기온을 떨어트릴 정도의 영향이었던 거예요. 그러니까 이게 굉장히 위협적으로 들리지만, 한편으로 우리가 자동차를 덜 타고 고기를 덜 먹는 것만으로도 기온 상승을 저지할 수가 있다는 거예요.

제동 **고기 섭취를 조금만 줄이고 그 지역에서 생산한 걸 소비할 수 있는 정도로만 먹으면 된다는 거죠. 근데 우리나라 같은 경우는 식량 자급도가 지나치게 낮긴 하잖아요.**

정모 그 이유는 노동 인구가 도시로 대거 이동했잖아요. 경제 발전을 위해서는 농촌을 못살게 만들어서 도시로 몰린 저임 노동자를 이용해 산업을 발달시키는 과정을 전세계 어느 나라나 똑같이 거쳐요. 우리도 그렇게 해서 산업을 고도로 발전시켜왔는데, 이제는 그 시기가 다 지났어요. 그러면 다시 농업을 해야 하는 것 같아요.

저 선진국이라고 하는 독일에 10년이나 살아봤거든요. 미국을 비롯한 선진국의 특징이 뭐냐 하면 농업 국가예요. 많은 분이 선진국은 초고도 산업국가라고 생각하는데, 전세계에서 농업이 가장 발달한 나라가 미국이고, 유럽 국가들도 농업 생산량이 많아요. 그러니까 정작 선진국들은 농업에 종사하는 사람이 많은데 우리는 산업화 과정을 거치면서 아예 농업을 버린 거죠. 농촌에 젊은 사람이 없잖아요. 우리나라 농업 인구의 평균 나이가 매년 1.7세쯤 높아진다고 하더라고요. 농업 지식은 수십 년 동안 몸으로 배워야 하는데 농업 지식이 사라지고 있는 거예요.

제동 제가 요즘 아주 조금씩이지만 농사를 배우고 있거든요. 고추와 상추를 상자에 담아서 조금씩 키우고 있어요. 그런데 고추가 이렇게 나는 건지 처음 알았다는 사람이 있더라고요. 가지가 땅속에서 나는 줄 알았다는 사람도 의외로 많고요.

정모 본 적이 없으니까요.

제동 저도 농사를 배우면서 '내 입에 들어가는 음식이 어디서 어떻게 나는 줄도 모르고, 이걸 어떻게 키우는지조차도 모르고 살았으니 이런 게 진짜 무식한 거구나!' 하는 걸 느껴요.

테슬라의 일론 머스크, 아마존의 제프 베이조스 500살까지 살겠다고?

제동 인류는 어쨌든지 이기적인 마음으로 내가 속한 인간이란 종이 좀더 오래 살아남도록 애쓰고 있잖아요. 인류는 계속 이렇게 생존해나갈까요? 쌤 어떻게 생각하세요?

정모 우리가 살아 있는 동안에는 일단 엄청나게 긴 수명을 갖게 될 것 같아요. 「내셔널지오그래픽」 2013년 5월호 표지에 이런 글귀가 실렸어요. '이 아기는 120살까지 살 거야(This baby will live to be 120).' 이때 조동사 will을 썼는데, 2015년에 「타임」 표지에는 조동사 could를 썼어요. '이 아이는 142살까지 살 수도 있을 것 같은데(This baby could live to be 142 years old)'라고 한 거죠. 2013년, 2015년에 이미 사람들은 2000년대에 태어난 아이들은 120살, 140살까지 살 거라고 생각을 했단 말이에요. 지금 테슬라 사장 일론 머스크나 아마존 사장 제프 베이조스 같은 사람들이 꿈꾸는 게 500살까지 사는 거잖아요. 그만큼 돈도 투자하고 연구 개발을 한단 말이에요.

제동 일론 머스크가 500살까지 살겠다고 그랬어요?

정모 500살까지 살겠대요. 제가 볼 때 500살은 잘 모르겠는데 아주 긴 수명을 갖게 되긴 할 것 같아요. 의학과 과학은 나날이 발전하고 있고, 식량도 나름대로 조절이 될 것 같고, 기후문제는 어떻게든 극복할 거라고 기대를 한다면요. 하지만 우리가 100살까지 산다고 해도 그때까지 관절이 멀쩡하진 않을 거잖아요.

제동 그러면 로봇 팔다리 끼고 그러겠네요.

정모 정재승 교수와 김탁환 소설가가 함께 쓴 『눈먼 시계공』이라는 소설이 있는데, 2050년쯤이 배경이에요. 사람들이 몸을 기계화해요. 그래서 신체가 70% 이상 기계화되면 인간으로 인정해주지 않아요. 투표권도 없어지고, 보험도 못 드는 거죠.

제동 2050년이면 그리 멀지 않았네요.

정모 2050년도 멀리 보는 것 같고 훨씬 더 짧은 시간 안에 우리는 기계인간, 사이보그로서 살게 될 거예요. 그럴 수밖에 없는 게 수명은 길어지는데 그 아픈 팔다리를 끌고 수십 년을 더 살고 싶지는 않을 테니까요. 그러니까 우린 사이보그의 길을 걸을 수밖에 없겠다는 생각이 들어요. 정작 인공지능을 연구하는 사람들은 너무 나간 것 아니냐고 하는데, 인공지능은 전문가들이 예상하는 것보다 훨씬 빠르게 발전했거든요. 발전은 항상 기하급수적으로, 변곡점이 생기면 확 올라가더라고요.

제동 무엇보다 우리 다음 세대들에게 중요한 문제겠네요.

정모 맞아요. 엄청나게 빠른 속도로 발전하는 과학기술을 쫓아갈 수 있어야 해요. 우리가 자원과 에너지를 아껴야 하는 또 하나의 이유가 바로 급속도로 발전하는 과학기술을 구현하기 위해서는 에너지와 자원이 필요하기 때문이에요. 과학기술이 아무리 발전한다 해도 에너지와 자원은 한계가 있잖아요. 석유가 가장 많이 나는 사우디아라비아에 이런 격언이 있어요. '내 아버지는 낙타를 타고 다녔다. 나는 자동차를 타고 다닌다. 내 아들은 제트 여객기를 타고 다닌다. 내 아들의 아들은 [   ]를 타고 다닐 것이다.' 이 네모 안에 들어갈 말이 뭘까요?

제동 다시 낙타를…?

정모 맞아요. 석유가 가장 많이 나는 나라에서도 이미 이런 생각을 하고 있단 말이에요. 그나마 지금까지는 세계에서 인구가 가장 많은 13억 중국인들이 쓰는 에너지와 자원이 그렇게 많지 않았어요. 하지만 2014년에 중국의 연구 개발비가 독일, 영국, 한국, 일본뿐만 아니라 유럽 28개국보다도 많아졌어요. 이미 에너지와 자원의 소비가 정점에 달해 있는데, 미래에도 이것들이 남아 있을까 생각하면 전망이 어둡죠. 아무리 과학과 기술이 발전해도 그것을 구현하기 위한 밑천은 있어야 하잖아요. 우리의 다음 세대들은 뭔가를 할 수 있는 기술이 있음에도 불구하고 그걸 못 하고 100년 전, 200년 전과 같은 삶을 살아야 할지도 몰라요. 그러면 더 답답하겠죠.

제동 그렇죠. 할 수 있는데도 못 하는 거니까요.

정모 우리가 이 친구들에게 조금 더 남겨줘야 하는 이유죠. 다음 세대가 남이 아니에요. 내 딸, 내 아들이에요. 우리가 뭔가를 해결해주고 가야 한다는 생각을 내려놓고 휴지기를 가져보자, 아무래도 이 친구들이 우리보다 훨씬 똑똑한 것 같은데 이 문제를 다음 세대들한테 맡겨보는 건 어떨까 싶은 거죠.

제동 예전에 영화나 만화책에서 봤던 2020년대 모습은 두 가지였던 것 같아요. 하나는 첨단 기술의 발달로 사람들이 알약 하나를 먹으면 몇 달간 아무것도 안 먹어도 되고, 하늘 위로는 자동차가 다니고, 교통사고가 사라지고, 집안에 있으면 추위와 더위를 모른 채 지내는 안락한 미래. 반면에 완전히 폐허가 된 환경에서 거의 원시 상태로 돌아가서 때로는 원숭이들의 지배를 받기도 하고, 혹성 같은 데로 잡혀가기도 하고, 방독면을 쓰지 않으면 돌아다닐 수 없는 암울한 미래도 있었는데, 어쩌다보니 지금 마스크를 쓰지 않으면 다닐 수 없는 상황이 왔잖아요.

정모 그래서 절제하자는 거예요. 공상과학 소설이나 영화는 유토피아도 그리고 디스토피아도 그리잖아요. 거기에는 기본적으로

함께 살고 있어요.

인간의 오만이 깔려 있어요. 인간이 선택하기에 따라 미래를 만들어갈 수 있다는 거니까요. 하지만 요즘은 그런 것과 상관없이 디스토피아를 맞을 수도 있겠다는 생각이 들어요. 우리가 핵전쟁을 일으키지 않고 환경을 아끼려고 하지만, 이미 쓸 수 있는 게 없어져서 그냥 가난해져버리는 거예요.

제동 그럴 수 있겠네요. 이제는 섣불리 뭘 하려고 달려들기보다 안 쓰고 절제하는 미덕을 발휘해야 할 것 같네요.

어른들을 위한 과학관

제동 쌤은 지금 공무원이신 거죠?

정모 네. '어공'이라고 어쩌다 공무원인데, 10년 동안 공무원이었으니까 오래했네요.

제동 그렇다면 헌법 제7조 1항 "공무원은 국민전체에 대한 봉사자이며, 국민에 대하여 책임을 진다." 이것을 열심히 수행하고 있으신 거죠? (웃음)

정모 헌법 독후감 책을 썼다고 하더니 헌법 조항을 다 외우시네요. (웃음) 더 열심히, 즐겁게 일하겠습니다.

제동 헌법 전부는 아니고요. (웃음) 혹시 과학관 관장님으로서 새롭게 시도해보고 싶은 거 있으세요?

정모 사실 많은 분들이 과학관에 놀러도 오시고, 인증샷도 찍으시고 하지만 아직은 과학을 우리 일상과 분리된 것으로 생각하시는 것 같아요.

제가 꿈꾸는 건 과학관과 자연사박물관을 찾은 시민들이 직접 실험도 해보고, 실제 고생물학자들과 함께 탐사하는 프로그램도 시도해보는 거예요. 과학은 구경하고 학습하는 게 아니라, 직접 시도해보고 도전해보는 데서 발전하는 거니까요.

제동 꼭 그렇게 되면 좋겠네요.

정모 그런데 한 가지 문제는 우리나라 과학관이나 자연사박물관은 시설은 참 좋은데 너무 어린아이들 중심으로 운영되고 있다는 거예요. 그러다보니 유치원 때부터 초등학교 저학년 때까지 서너 번은 와요. 자연사박물관은 38억 년에 이르는 생명의 역사를 보여주는 곳이잖아요. 중고등학생이나 적어도 초등학교 고학년은 되어야 자연사에 대한 개념을 잡을 수 있는데, 아이들 머릿속에는 이곳이 공룡 사진이나 찍고 오는 곳이 되어버린 거죠. 정작 중고등학생쯤 돼서 선생님이 현장학습 가자고 하면 애들이 피식 웃으며 이렇게 말해요. "거기 네 번이나 갔는데 또 가요?"

제동 유치원이나 초등학교 저학년 때 단체관람을 많이 가죠. 초등학교 고학년만 되더라도 학원에 가기 바빠지니까요.

정모 맞아요. 보통 자연사박물관에서 하는 어린이 교육 프로그램은 열기

질문이 답이 되는 순간

만 하면 마감돼요. 그러니까 운영하는 어른들은 "우리 교육이 좋구나. 최고구나!" 이런 착각을 하고 새로운 도전을 해볼 생각을 안 해요. 제가 "그러지 말고 새로운 거 하자, 중고생이나 성인을 위한 강연을 해보자" 했을 때 난리가 났어요. 서대문자연사박물관은 제가 부임하기 전 8년 동안 성인을 위한 프로그램을 해본 적이 없었거든요. 그런데 성인이라고 왜 자연사에 관심이 없겠어요? 그래서 해보자고 일단 밀어붙이긴 했는데, 처음 6개월 동안 10여 명밖에 안 오는 거예요.

제동 저 같아도 자연사박물관은 어린아이들이 견학 가는 곳이란 선입견이 있긴 해요.

정모 맞아요. 사람들도 으레 '자연사박물관은 애들이 많이 가는 곳인데 나 같은 성인이 가도 돼?' 이렇게 생각을 하는 거죠. 신청자가 좀처럼 늘지 않으니까 직원들도 계속해야 하나 걱정이 많았죠. 그런데 딱 6개월이 지나고 나니까 수강 인원이 꽉꽉 차더라고요. 그다음부터는 매주 목요일마다 성인을 위한 교육 프로그램을 성황리에 운영했어요. 우리 프로그램이 잘되니까 이제 다른 과학관과 도서관, 문화센터 같은 곳에서도 따라하기 시작하더라고요. 덕분에 성인을 위한 과학 프로그램이 많이 생겼죠.

그러다 '어떻게 하면 더 잘할 수 있을까?'를 고민할 때쯤 서대문자연사박물관 임기가 끝나고 마침 서울시립과학관 관장을 뽑는다고 해서 지원했어요. 서울시립과학관은 초대 관장으로 부임하는 거라 설계에서부터 다 관여할 수 있었거든요. 시작할 때 제가 두 가지를 얘기했어요. "어린이 과학관은 짓지 말자. 우리나라에 이미 아이들을 위한 과학관이 135개나 있는데 또 만들어야겠냐? 청소년과 성인을 위한 과학관을 만들자." 이렇게 이야기하니까 높으신 분들이 걱정하시는 거예요. "중고등학생들은 학원 가야지, 과학관에 올 시간이 어딨어?"

제동 그런 걱정 할 시간에 다른 것 좀 하시지. (웃음)

정모 (웃음) 그런데 우리도 청소년기 겪어봤잖아요. 맨날 공부만 했나요? 아니잖아요. 다행히 당시 서울 시장님이 "한번 해보세요" 하고 허락해서 시작하게 됐어요. 두 번째는 뭐였냐면 "눈으로 보는 과학관 그만하자. 이제는 몸으로 체험하는 과학관을 하자. 대학보다도 더 좋은 장비를 갖추고, 학교나 집에서 할 수 없는 실험을 해보게 하자"는 거였어요. 그러니까 높으신 분들이 또 이렇게 물어보는 거예요. "해외 선진사례가 있냐?"

제동 왜 그렇게 해외 선진사례를 물어보는 거예요? 우리가 선진사례가 되면
안 됩니까?

정모 내 말이 그 말이에요. 지금이 19세기도 아니고, 20세기도 아
니고, 이미 우리나라는 선진국 대열에 들어섰잖아요. 그런데 높
은 분들은 벤치마킹하러 어마어마한 데만 다녀와요. 미국 스미
소니언박물관, 영국 런던과학관, 프랑스 라 빌레트과학관 이런
데만 다녀오는데, 우리가 그렇게 대규모로 지어서 아폴로 14호
를 잘라넣을 것도 아닌데 왜 그런 걸 따라하자고 하는지 모르겠
어요.

제동 높은 사람들의 마음은 언제나 잘 모르겠어요. (웃음)

정모 그리고 그런 곳들이 좋은 과학관도 아니에요. 제가 한번은 한 달 휴
가를 내고 영국에 있는 거의 모든 과학관을 다 가보고 연구기관과 연구
소에서 인터뷰도 했는데, 결론은 '배울 게 없다'는 거였어요. 그 박물관
과 과학관들은 이미 50년 전에 만들어졌고 전시물도 너무 많아서 바꾸
고 싶어도 바꿀 수가 없거든요. 스토리도 없고 헷갈려요. 그런데 서대문
자연사박물관은 가보면 그림이 쭉 그려져요. 생명의 역사가 한눈에 보여
요. 잘 만들었잖아요? (웃음)

제동 자기가 한 건 다 잘했대요. (웃음)

정모 서울시립과학관은 여기 국립과천과학관의 10분의 1 규모예요. 그
러니까 옛날 과학관들 따라하지 말고 완전히 새로운 걸 한번 해보자고

제안했죠. 실험실 4개를 만들고 현직 교사들의 도움을 받아서 필요한 실험 장비와 도구들을 마련했어요. 그렇게 장비를 갖춰놓으면 여러 학교에서 와서 같이 쓸 수 있으니까요. 시민들이 낸 세금을 시민들이 쓸 수 있게 하는 거죠. 제가 서울시립과학관에 5년 있었는데, 성공적인 모델이라고 생각해요. 해외 선진사례는 없지만 적어도 국내 선진사례는 남긴 거죠.

제동 나중에 해외에서 비슷한 거 보면 무조건 관장님 따라했다고 제가 우길게요. (웃음)

질문이 답이 되는 순간

그럼에도 불구하고
함께 즐겁게 사는 법

제동 "인류의 미래, 어떻게 보십니까? 설마 우리도 공룡처럼 멸망의 길을 걷게 되진 않겠죠?" 초롱맘이라는 아이디를 가진 독자분의 이 질문을 마지막으로 하겠습니다.

정모 인류의 미래에 대해 낙관이냐, 비관이냐 묻는다면 전 항상 낙관입니다. "우리는 해결할 수 있을 것이다. 해결이 쉽진 않을 것이고, 그 과정에서 합의하기도 정말 어렵겠지만 우리는 결국 해내고 말 것이다." 이렇게 말하고 싶어요. 우리가 그 옛날에 빙하기도 겪어냈는데, 달에도 갔다 왔는데, 이 위기가 어려움도 많고, 큰 희생도 치르겠지만 결국에는 해결점을 찾을 거라고 생각하고요. 그러기 위해서는 많이 좀 모여야죠. 서로 자유롭게 이야기하면서 아이디어도 내고, 자원도 효과적으로 투자하고 하면서 결국엔 해결할 거라고 생각해요.

제동 우리 전체가 모여서 해결해야겠죠. 천문학에서는 '우리'라는 단어가 일상화돼 있다고 그러더라고요. '우리가 한 연구' '우리의 성과' 이렇게요.

정모 맞아요. 재미있는 게 과학논문에는 '나(I)'로 쓰는 게 없어요. 다 '우리(We)'예요. 혼자 하는 사람이 없거든요. 다 여럿이 함께하죠. 그래서 주어를 대명사로 쓸 때는 항상 '우리(We)'라고 써요.

재미있는 게 과학논문에는 '나(I)'로 쓰는 게 없어요.

다 '우리(We)'예요. 혼자 하는 사람이 없거든요.

다 여럿이 함께하죠.

그래서 주어를 대명사로 쓸 때는 항상

'우리(We)'라고 써요.

질문이 답이 되는 순간

제동 '여럿이 함께' '우리'라는 말에서 희망을 봅니다. 마지막으로 하고 싶은 얘기 있으십니까?

정모 과학을 쉽고 재밌게만 가르치려다보면 핵심을 빼놓고 과학자 주변의 일화만 들려주는 우를 범하기가 쉬운 것 같아요. 그렇게하면 금세 친숙해지지만, 또 금세 흥미를 잃어요. 과학은 계속 질문을 끌어내야 하는 데도 말이죠. 과학의 수준을 내릴 게 아니라 대중의 수준을 끌어올리는 작업도 계속되면 좋겠어요.

제동 그러니까 알아듣기 어려운 개념이나 단어는 이해하기 쉽게 바꾸되 꼭 알아야 할 사실 자체는 우리도 수준을 끌어올려서 이해하려는 노력을 해야겠네요.

정모 그렇죠. 좀 알았으면 거기서 더 끌어올려서 다음 질문을 끌어내야 하는 거죠. 다양한 층위에서 과학의 대중화 운동이 일어나야죠. 그러려면 많은 사람이 필요해요.

제동 과학의 대중화는 필요하지만 너무 재미만 강조하는 것은 경계하자는 말씀이신 거죠?

정모 맞아요. 끝으로 덧붙이고 싶은 말은, 과학관에서 이뤄지는 교육은 어렵더라도 과학의 본질에 도전해야 해요. 따라서 과학관은 정답을 얻어가는 곳에서 멈춰서는 안 된다고 생각해요. 새로운 질문을 얻어가는 곳이어야 하죠. 그렇게 만들기 위해 저도 노력하겠습니다. 그러니 여러분도 언제까지나 호기심을 잃지 않으면 좋겠습니다.

제동 맞아요. 저도 의심보다는 호기심이 좋아요. 답을 얻어가는 자리가 아니라 질문을 얻어가는 자리. 오늘의 대화가 조금이나마 도움이 됐으면 좋겠습니다. (웃음)

정모 잘되겠죠. 제동 씨랑 같이 했는데…. (웃음)

제동 굉장히 과학적인 이야기네요. (웃음) 이런 생각도 들었어요. '다음 인터뷰 대담자를 만나러 갈 때는 대중교통을 이용할까?' 환경을 위해 당장 제가 실천할 수 있는 게 뭘지 찾아봐야겠어요. 공룡처럼 멸종되고 싶지는 않으니까요. 집에 가서도 오래 생각날 것 같습니다. 긴 시간 정말 좋은 이야기 나눠주셔서 고맙습니다.

정모 저와의 대화가 도움이 되었다니 기쁩니다. (웃음)

• • •

이번 대화는 생화학, 생물학, 화학, 천문학까지

과학의 여러 분야를 넘나든 것 같지만

가만히 생각해보면 모두 인간에 대한 이야기가 아니었나 싶다.

예를 들면 '인류는 공룡처럼 멸종하지 않고 잘 살 수 있을까?'

'우리 다시 괜찮아지려면 어떻게 해야 할까?' 이런 걱정과 당부들이….

사실 질문에 대한 대답을 들으면서도 해소되지 않는 궁금증이 있었는데,

다시 생각해보니 어쩌면 그걸로 충분한 게 아닐까 싶기도 하다.

산다는 건 답을 찾는다는 핑계로

새로운 질문을 던지는 일일 수도 있으니까.

질문과 호기심은 우리를 더 크게 하고, 행복하게 할 거라고 믿는다.

이 글을 읽은 분들이 반론할 거리나

해결되지 않은 궁금증이 남아 답답하시다면, 그걸로 된 것 같다.

그런데 때가 되면 모든 수소 원자가 산소 원자를 만난다는 말, 사실이겠지?

일곱 번째 만남

×

대중문화평론가
김창남 교수

이토록 복잡하고 개인화된 다매체 사회에서

과연 나다움이란 뭘까?

장난기 어린 눈빛, 나지막한 목소리.

힘들고 답답할 때 찾아가면 언제나 말없이

김이 모락모락 나는 차 한잔 내어주시는 김창남 선생님.

그 따뜻함이야말로 학문으로 분류하자면 '인문학'이 아닐까 싶다.

우리가 즐기고 위로받는 노래와 드라마, 영화를 '대중문화'라고 한다면

우리가 지금 그것들에 열광하는 이유를 성찰하는 것이 인문학일 텐데,

대중문화와 인문학은 우리를 구원할 수 있을까?

질문을 핑계 삼아 쌤을 만날 수 있어서 좋고,

더불어 신영복 선생님을 추억하는 시간도 될 테니까 더 좋다.

가봅시다, 함께 더불어숲으로.

• • •

신영복 선생님과의 인연
그리고 마지막 강의

제동 **벌써 마지막 만남이네요.**

창남 **내가 마지막 순서인가?**

제동 **네. (웃음)**

창남 **그래도 대담인데, 내가 경어체를 써야 하는 것 아닐까…요? (웃음)**

제동 저는 좋네요. 쌤한테 존댓말도 들어보고. (웃음) 그냥 편하게 말씀하시면 돼요.

창남 그러면 인사하는 것부터 다시 해야 해. 모드를 전환해야 하니까.

제동 저희는 인사하고 이런 게 없어서요. 그냥 다 이렇게 시작했거든요.

창남 아, 그래요? (웃음)

제동 그래도 제가 독자들을 위해 쌤을 정식으로 소개할게요. (웃음) 오늘은 사단법인 더불어숲 이사장이자 성공회대에서 대중문화를 가르치시고 인문학습원장도 맡고 계시는 김창남 쌤과 함께, 고(故) 신영복 선생님에 대해 이야기 나눠보고, 미디어와 정보의 홍수 속에서 우리가 어떻게 나다움을 잃지 않고 살아갈 수 있을지 그 이야기도 함께 들어보려 합니다.

창남 나는 주제가 2개구먼. (웃음)

질문이 답이 되는 순간

제동 누구보다 신영복 선생님을 가까이서 보셨을 것 같아서요. (웃음) 신영복 선생님이 마지막 강의를 하신 게 언제죠?

창남 2014년 가을 학기에 하셨죠. 2014년 가을에 발병을 확인하고, 퇴직 후 1년을 더 사신 거죠.

제동 그랬던 것 같아요. 저희가 같이 제주도 여행 갔던 때는 한참 전이죠?

창남 그거는 2010년 1월.

제동 일상이 깨져서 모두가 불안해하는 지금, 신영복 선생님이 계셨으면 이것저것 막 물어볼 수 있었을 텐데….

창남 나도 그런 생각이 들 때가 있어요.

제동 신영복 선생님은 지금 우리 곁에 안 계시지만 다니다가 유심히 보면 선생님 글씨가 곳곳에 있잖아요. 지금 이 북카페에도 있고, 시민단체 사무실이나 조그마한 가게에도 신영복 선생님 글이 걸려 있는 데가 많아요. 그런 거 볼 때마다 저는 그리운 마음이 불쑥불쑥 올라올 때가 있어요. 쌤은 신영복 선생님과 어떻게 처음 인연을 맺게 되신 거예요?

창남 내가 선생님을 처음 알게 된 때가 1990년쯤인데 신영복 선생님의 「청구회 추억」이라는 글을 우연히 읽게 되면서였죠.

제동 벌써 30년도 더 된 세월이네요.

창남 신영복 선생님이 대학에서 강의를 하던 시절에 서울대 문학회 회원들과 함께 서오릉으로 소풍을 가다 우연히 동네 꼬마들 몇 명을 만나게 돼요. 아이들과 이야기를 하다가 친해져서 편지와 엽서를 주고받고, 그렇게 2년 넘게 매월 마지막 주 토요일에 장충체육관 앞에서 만나 책도

읽고, 얘기도 하는 시간을 가졌다고 해요. 그 모임이 '청구회'였던 거죠.
그러다가 1968년에 통일혁명당 사건으로 선생님이 갑자기 붙잡혀가서
더는 아이들을 못 만나게 돼요. 결국 사형선고를 받고 언제 죽을지도 모
르는 상황에서 아침마다 감옥 벽에 기대어 그동안 만났던 사람들을 하나
하나 떠올리는데, 자초지종도 모르고 기다렸을 아이들이 못내 마음에 걸
렸던 거죠.

제동 **감옥에서도 아이들 생각이 나셨구나!**

창남 아이들에게 연락할 방법이 없으니까 감옥에서 나눠주는 '똥
종이'에다 그 아이들과의 추억을 기록하신 거야. 그러다가 무기
징역이 확정돼서 다른 교도소로 이감할 때 그 글 뭉치를 헌병한
테 주면서 이렇게 부탁을 한 거예요. "당신이 이걸 가지고 있다가
버려도 좋고, 혹시라도 마음이 내키면 우리집에 좀 전달해달라."

질문이 답이 되는 순간

그러고나서 20년이 흐른 뒤에 특별가석방으로 출소를 하셨고, 이듬해 이사하려고 짐을 정리하던 중에 그게 나온 거죠.

제동 그 헌병이 전해준 거예요? 직접 집으로 찾아가서?

창남 그렇죠. 그러고보면 그 헌병도 참 고마운 사람이죠. 내 후배가 당시에 「월간 중앙」 기자로 있었는데, 이 친구가 신영복 선생님이 사형수 시절에 쓴 육필원고가 있다는 얘기를 듣고 그걸 받아다가 잡지에 게재를 했어요. 그걸 읽었을 때의 충격이 지금도 생생해요. 30분을 그냥 멍하니 앉아 있었던 기억이 나요. 눈물이 날 것 같았는데, 그만큼 충격적이고 감동적이었어요. 그래서 그후에 『감옥으로부터의 사색』도 찾아 읽고 그랬죠. 마침 그 기자 후배가 신영복 선생님 주례로 결혼을 했어요. 그래서 그 결혼식에 가서 신영복 선생님을 처음 뵙게 된 거예요.

제동 아, 그렇게 인연이 시작됐구나. 그 인연을 시작으로 성공회대에서 같이 강의도 하시고, 지금 사단법인 더불어숲의 이사장도 맡으시고, 『신영복 평전』도 내시게 된 거군요.

창남 그렇지. 사단법인 더불어숲은 원래 신영복 선생님의 『감옥으로부터의 사색』을 읽고 감동한 독자들이 '더불어숲'이라는 독자 모임을 만든 것에서 시작됐어요. 신영복 선생님이 그걸 아시고 그분들과 관계를 맺게 되신 거죠. 회원이 점점 늘어나고 나중에는 각 지역에 분회도 생겨서 우리가 지역에 강연콘서트를 가면 거기에 계시는 더불어숲 회원들이 도와주시고 그랬어요. 그러다가 선생님이 돌아가신 뒤에 이분들이 더불어숲을 사단법인으로 전환하면서 내가 이사장을 맡게 된 거죠.

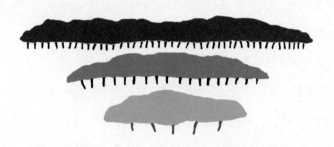

더불어숲 나무가 나무에게 말했습니다. 우리 더불어숲이 되어 지키자. 최 서

제동 인연이라는 게 지나고 보면 정말 묘하다는 생각이 들어요.

창남 그러니까. 사단법인 더불어숲은 기본적으로 신영복 선생님의 삶과 사상을 알리고, 거기에 공감한 많은 분들과 함께 우리가 사는 곳을 조금 더 좋은 사회로 만들어가려는 목적으로 설립한 단체예요. 숲이라는 곳은 키 큰 나무, 작은 나무, 붉은 나무, 푸른 나무가 다 섞여 있잖아요. 각자 자기 영역을 지키면서도 하나의 공간을 이루면서 살아가죠.

제동 또 서로를 존중하고.

창남 맞아요. '더불어숲'이라는 이름도 이 사회를 조금씩 숨 쉴 수 있는 공간으로 만들어가자는 의미가 담겨 있고, 저희가 하고자 하는 일도 바로 그런 일이에요. 그래서 일단 인터넷에 신영복 아카이브, 기록 보관소를 오픈했어요. 신영복 선생님의 글과 작품, 현판 같은 것들도 다 모으고, 선생님에 관한 글과 기사들을 모으

질문이 답이 되는 순간

는 작업도 하고 있어요. 그리고 사람들과 함께 공부도 하고, 붓글씨도 쓰고, 강연을 통해 다른 분들에게 신영복 선생님의 뜻을 알리는 활동들을 진행하고 있습니다.

제동 혹시 신영복 선생님과 관련된 글이나 작품을 가지고 계신 분들은 사단법인 더불어숲으로 연락을 좀 주시면 좋겠네요.

창남 사실 지금은 누구한테 뭐가 있는지 다 파악을 할 수가 없어요.

제동 제가 가지고 있는 것도 있고요, 제 주위 사람들이 결혼할 때도 제가 부탁드리면 선생님은 언제나 선물로 글을 써주셨거든요.

창남 거절하시는 법이 없으셨죠. 전혀 모르는 사람이 이메일로 "선생님 글을 꼭 갖고 싶습니다" 해도 써서 보내주셨고, 강연콘서트 다닐 때도 늘 몇 개씩 준비해오셔서 관객들에게 선물로 주셨거든요.

제동 지금 그 글들이 참 많은 사람들에게 가 있는 거네요.

창남 그렇죠.

제주도에서의 추억
'아버지와 걸으면 이런 기분이겠구나!'

제동 2010년에 제주도 갔을 때 올레길을 걸으면서 신영복 선생님이 제주도

돌들의 역사부터 시작해서 쭉 말씀해주셨던 기억이 나요. 함께 걷다보니까 '아, 아버지와 걸으면 이런 기분이겠구나!' 그런 생각이 문득 들었어요.

창남 그러니까 아주 재밌었다는 얘기는 아닌 거구면? (웃음)

제동 (웃음) 하지만 잊지 못할 특별한 경험이었어요.

창남 제동 씨가 제주도에 온다는 얘기를 듣고 내가 전화를 해서 만났던 가?

제동 맞아요. 당시 신영복 선생님이 시민단체들을 위한 전국 순회강연 중이셨는데, 그때 무대에 잠깐 올라가서 인사를 드렸죠. 최근에 쌤이 쓰신 책 『신영복 평전』 북콘서트도 제가 사회를 봤으니까, 어쩌다보니 제가 북콘서트 전문 사회자가 됐네요. (웃음)

창남 생각해보면 신영복 선생님과 강연콘서트 하며 지역을 돌아다닐 때가 제일 좋았던 것 같아요. 선생님도 건강하셨고, 지역의 시민사회 여러분들과 함께 이야기도 나눌 수 있었죠. 당시에 사회 전체, 특히 시민사회 쪽이 힘이 좀 빠져 있었어요. 그때 신영복 선생님이 시민사회 운동가 분들을 중심으로 강연 요청을 받으시고 더숲트리오도 같이 가자고 제안하셨던 거죠. 그 시작을 서울에서 제동 씨와 같이 했었고.

제동 맞아요. 기억나요.

창남 2009년 말부터 2010년까지, 또 2011년부터 2012년까지 전국을 두 번 돌았죠. 그때 그 강연콘서트가 나름대로 어떤 역할을 했다는 생각이 들어요. 흩어져 있고 힘이 빠져 있던 분들이 모일 수 있는 계기가 됐고, 그러면서 시민단체들의 활력을 만들어내는 데 조금은 역할을 하지 않았을까 싶어요. 아무튼 그때가 참 행복했었다는 생각을 해요.

제동 제게도 그 시절은 많이 힘들었지만 한편으론 신영복 선생님을 비롯한 여러 사람들과 함께여서 행복했던 것 같아요. (웃음)

창남 우리에게 할 일이 있었고, 함께 다니면서 즐겁기도 했고, 그 모습이 제일 그립죠. 특히 선생님 강연이 끝나면 '더숲트리오'가 공연을 했잖아요. (웃음)

제동 '더숲트리오'는 잘 모르시는 분들이 많으실 테니까 소개를 좀 해주세요.

창남 저를 포함해서 성공회대 교수 3명이 함께하는 일종의 아마추어 직장인 포크 밴드라고 할 수 있는데, 나름대로 팬도 있고, 매니저를 자처하는 사람들도 있고.

제동 여기 사회자를 자처하는 사람도 있어요. (웃음)

창남 더숲트리오는 주로 신영복 선생님의 강연이 끝나면 별책부록처럼 공연을 했죠. 더숲트리오의 레퍼토리는 주로 70년대의 포크 음악과 80년대의 민중가요 같은 것들이에요. 저희 세 사람이 다 그 세대거든요. 그 시절의 노래를 함께 부르고 관객들과 이런저런 얘기도 나누고 그런 공연을 합니다. 요즘 직장인 밴드들이 많아졌는데 저는 이게 문화적으로 큰 의미가 있다고 봐요. 늘 구경꾼 입장에 있던 사람들이 자기가 좋아하는 걸 직접 해보는 거잖아요.

제동 잘하든 못하든 그런 활동이 우리의 삶을 풍요롭게 하고, 우리를 문화의 주체로 만드는 거네요.

창남 그렇지. (웃음) 더숲트리오는 지금도 활동하고 있어요. 물론 신영복 선생님이 돌아가신 뒤로는 찾는 사람이 뜸해지기는 했지만, 가끔씩 이런저런 자리에 나가서 여전히 노래와 이야기를 하고 있어요. 그래도 신영복 선생님과 함께하던 그때가 그립죠.

제동 아직도 기억에 생생하게 남아 있는 것이, 제주도에서 신영복 선생님이 씻고 나오셨는데 하얀색 러닝셔츠에, 밑에는 우리 할아버지들이 입으시던 반바지를 입으셨어요. 제가 침대에서 주무시라고 말씀드렸더니 굳이 저더러 침대를 쓰라고 하시고 당신은 바닥에서 주무시겠다고 하시더라고요. 웃으시면서 이렇게 말씀하셨어요. "제동 씨, 나 감옥에서 20년 있었어요." 그 말에 울컥하기도 하고 서로 환하게 웃기도 하고 그랬죠. 그런 모습이 아직도 선명하게 남아 있고…. 저는 선생님을 되게 재밌었던 분으로도 기억해요.

창남 아, 재밌으셨죠.

제동 강연을 몇 번씩 들어도 늘 재밌었어요. 저는 보통 언론에서 비추는 것처럼 '대(大)사상가' '서예가' 이렇게 멀고 거창하게 느껴진다기보다는 학생들과도 담배를 나눠피우시던 친근했던 분으로 기억해요.

창남 격의가 없으셨죠. 보통 책으로만 신영복 선생님을 접한 분들은 뭔가 도사(道士) 같고, 그야말로 고고한 선비 이미지를 연상하는데, 실제로 뵈면 정말 소탈하고, 잘 노는 분이었어요. 누구보다도 재밌고, 웃기고. 그 탁월한 유머 감각이 일상에서도 드러나니까 선생님을 처음 보는 분들은 깜짝 놀라죠.

제동 선생님과 오래 같이 계셨을 텐데, 창남 쌤은 그 탁월한 유머 감각은 못

배우신 모양이죠? (웃음)

창남 아, 정말 배우고 싶었어요. 근데 그건 억지로 배울 수 있는 게 아니라는 걸 느꼈어요. 기본적으로 유머 감각은 언어 감각이기도 하고, 상황을 통찰하는 능력이기도 하고, 순간적으로 어떤 상황을 유머러스하게 바꿔버리는 재치거든요. 그건 어느 정도 타고나는 것 같아요.

내가 가끔 그런 얘기를 해요. 살면서 세 명의 천재를 만났다고. 제일 처음에 만난 분은 김민기 선배였어요. 「아침이슬」을 작사·작곡한 분으로 잘 알려져 있죠. 극단 학전 대표이시고. 내가 그분과 오랫동안 가깝게 지내면서 '아, 이런 사람을 천재라고 하는구나.' 생각했어요. 그리고 두 번째 만난 분이 신영복 선생님이었어요. 옆에서 보면 그분의 머릿속에 있는 데이터베이스가 무한정이란 느낌이 들고요, 그 통찰력이랄까, 상황마다 적절한 단어를 던지는 능력, 그리고 상황을 재밌게 바꾸는 유머 감각이 정말 놀랍다고 생각했는데, 그분의 글을 읽으면 또 그런 생각을 안 할 수가 없죠. 그리고 세 번째로 만난 분은 개그맨 전유성 씨예요. 번뜩이는 아이디어 하며, 어떤 상황도 재밌게 바꾸는 능력을 보면서 '아, 이분도 천재구나.' 이런 생각을 했어요. 세 분의 공통점이 언어와 유머 감각이 뛰어나다는 거예요.

제동 아, 맞아요. 정말 그렇습니다.

창남 내가 보기에는 제동 씨도 좀 타고난 점이 있어요. 그래서 내가 네 번째로 만난 천재 반열에 넣을까 말까, 지금 고민하는 사람이 제동 씨야. (웃음)

제동 아, 그래요? (웃음)

창남 다른 건 잘 모르겠고, 어느 순간에도 마이크만 딱 들면 상황을 휘어 잡고 사람들을 웃기고 울리는 능력은 정말 타고난 거죠.

제동 앞에 '다른 건 잘 모르겠고'라고 하신 건 좀 걸리네요. 거기에 아주 많은 의미가 포함된 것 같은데요. (웃음)

창남 아직은 넣지 않았는데, 넣을까 말까, 내가 눈여겨보고 있는 상황이에요. (웃음)

제동 심사위원이 한 분인 거예요? (웃음)

창남 그렇지. (웃음)

제동 혹시라도 나중에 선정되면 제가 수상 소감은 꼭 준비하도록 하겠습니다. (웃음)

"나는 자가격리 체질이야.
내가 독방생활을 몇 년 했는데…."

제동 사실 요즘 코로나 때문에 사람들에게 어느 정도 감옥이 생겼다고 할 수 있잖아요.

창남 갇혀 있는 셈이죠.

제동 그래서 신영복 선생님의 『감옥으로부터의 사색』이란 책이 더 생각나는 것 같아요.

창남 혁명적 사고를 하던 한 청년이 뜻하지 않게 감옥에 갇힌 이후 가족들에게 보낸 편지글들을 모은 책이죠. 감옥 밖에서는 결코 만나지 못했을 사람들을 만나며 변화하고 스스로를 성찰하는 과정이 잔잔하게 담겨 있어요. 나를 포함해 참 많은 사람들과 사회 곳곳에 큰 영향을 미쳤죠.

제동 맞아요. 그 책에 보면 신영복 선생님이 '여름 징역'이라는 표현을 하셨잖아요. "여름 징역은 자기의 바로 옆사람을 증오하게 한다. … 모로 누워 칼잠을 자야 하는 좁은 잠자리는 옆 사람을 단지 37℃의 열덩이로만 느끼게 한다." 선생님의 이 표현을 제 나름대로 좀 빌리자면 지금 우리가 이 여름 징역 같은 생활을 하는 거죠. 어쩔 수 없이 서로 경계하고 밀어내고 거리를 둬야 하니까. 만약에 신영복 선생님이 지금 살아 계셨다면 이런 상황에 대해서 어떤 얘기를 해주셨을까요? 여럿이 힘을 모은다면 이런 현실도 바꿀 수 있다고 말씀하셨을까요?

창남 아마 이런 말씀부터 하셨을 것 같아요. "나는 자가격리 체질이야. 내가 독방생활을 몇 년 했는데." (웃음)

제동 맞아요. (웃음)

창남 지금 많은 사람이 어려움을 겪고 있는데, 신영복 선생님 말씀 중에 내가 늘 새기는 것이 있어요. "아무리 큰 아픔이나 고통도 꼭 그만큼의 기쁨이 있어야 해소되는 것은 아니다." 우리가 느끼는 큰 고통이나 큰 절망도, 일상에서 경험하는 소소한 기쁨과 작은 우연이 주는 즐거움으로 상쇄할 수 있다는 말씀을 하셨죠. 그러니 작은 기쁨에 인색하지 말아야 한다고.

선생님이 감옥에서 20년이나 고통을 겪으면서 "'내가 왜 자살하지 않았을까?' 생각해보면, 저녁 무렵 옥창으로 새어들어오는 신문지 한 장 크기의 햇볕이 나를 살게 했다"고 하셨잖아요. 이럴 때일수록 우리가 일상의 작은 기쁨에 인색하지 말고 다른 사람과도 함께 나눌 수 있어야 한다는 생각을 하게 돼요.

제동 맞아요. 저도 집에서 찌개를 끓였는데 간이 잘 맞을 때, 그럴 때 아무것도 아닌데 기분 되게 좋거든요.

창남 제동 씨처럼 혼자 밥 먹고 사는 사람들은 그렇죠. 가끔 SNS에 글 올리는 거 봤어요. 그걸 보면서 조금 안도를 하게 돼요. '아, 이 친구가 밥은 굶지 않는구나.' (웃음)

제동 아니, 쌤은 제가 왜 '혼밥' 할 거라고 생각하세요? (웃음)

창남 요즘은 아닌가? (웃음)

제동 뭐… 사실 맞아요. (웃음) 요즘은 집에서 밥을 자주 해먹는데요, 사실 요리랄 것도 없긴 해요. 근데 희한하게 매번 똑같은 김치로 끓이는 김치찌개도 '야, 오늘은 내가 끓였지만 괜찮은데.' 이럴 때가 있어요. 그리고 아침에 신발끈 잘 묶일 때, 딱 당겼는데 탁 조여질 때, 저도 신영복 선생님의 말씀이 생각나요. "반드시 불행의 크기만큼의 행복이 필요한 것은 아니다." 제가 힘들 때도 그 말씀이 도움이 많이 됐어요.

창남 맞아요. 또 이런 말씀도 하실 것 같아요. "도로의 논리와 길의 논리는 다르다." 기본적으로 속도와 효율을 중시하면서 목표 지점까지 가장 빨리 가는 것이 도로의 논리잖아요. 그런데 우리가 길을 가다보면 길가에 피어 있는 코스모스를 보게 되죠. 도로를 쌩 달릴 때 길가에 핀 코스모스는 한 점에 지나지 않지만, 길을 건

다가 만난 코스모스에선 그 속에 온 가을이 담겨 있는 것을 느낄 수 있죠. 그렇게 보면 우리는 수십 년 동안 도로를 달려온 거예요. 더 빠르고, 더 강하고, 더 높은 목표를 추구하면서 우리 사회 전체가 정말 롤러코스터를 탄 것처럼 허겁지겁 달려왔잖아요. 물론 지금 힘든 사람들이 너무나도 많지만, 그럼에도 이 코로나 사태가 우리에게 주는 교훈은 잠시 멈춰서는 게 얼마나 중요한가 하는 점일 것 같아요.

제동 지금 이 상황에 대해 어떤 구체적인 해법을 제시한다기보다 그냥 그런 말씀들을 해주셨을 것 같다는 생각이 저도 들어요.

창남 선생님의 그림 중에 아메리칸 인디언들이 말을 타고 가다가 잠시 서 있는 그림이 있어요.

제동 기억나요. 자신의 영혼이 미처 쫓아오지 못했을까봐 가던 길을 멈추고 잠시 서서 기다리고 있는 작품이잖아요.

창남 저는 그 그림이 의미하는 것이야말로 지금 우리가 새겨야 할 가르침이 아닌가 생각해요. 코로나 사태도 그렇고, 기후위기도 그렇고, 지구 전체가 어쩌면 너 나 할 것 없이 도로를 뚫고 달려온 시간의 연속이지 않았나 싶은 거죠. 그 과정에서 자연도 파괴되고, 사람의 관계도 효율과 손익만 따지면서 각박해지고, 오직 경쟁에서 이기는 것만 목표가 되었잖아요. 코로나 사태로 인해 우리가 어쩔 수 없이 멈춰야 하고, 어쩔 수 없이 떨어져 있어야 하고, 어쩔 수 없이 쉬어야 하는 이 시간이 바로 도로를 달려온 우리의 삶을 성찰하고 숲을 걷는 삶으로 전환하라는 요구가 아닐까

아메리카 인디언은
말을 멈추고 달려온 길을 뒤돌아 봅니다.
영혼이 따라오기를 기다립니다.
공부는 영혼과 함께 가는 것입니다.
신형

싶은 거죠.

제동 사회 전체로 보면 우리가 롤러코스터라도 탄 것처럼 달려오느라 꼬리
칸은 전부 다 떨어뜨렸단 말이죠. 이 사람들이 함께 가고 있는지를 돌아보지
못하는 경우가 많았는데, 잠시 멈춰서서 우리 스스로를 성찰하는 시간만큼
이나 이웃을 돌아보고 사회 전체를 아우르는 시간도 필요한 것 같아요.

창남 지금이 새로운 삶의 시스템을 경험해볼 수 있는 시점인 것 같기도
해요. 예를 들면 기본소득 개념으로 국가가 재난지원금을 지급했잖아요.

제동 경제전문가 이원재 대표가 기본소득제 개념을 설명해주었는데, 그동
안 제가 오해하고 있던 것들에 대해 새로 알게 되었어요. 핵심은 '떼인 몫 받
아드립니다'더라고요. (웃음)

창남 기본소득이 그전까지는 진보적인 소수의 경제학자들 사이에서만 이
야기되던 개념이었는데 최근 들어 전국민이 알게 됐잖아요. 이런 경험을
바탕으로 새로운 사회적 관계와 국가 시스템을 모색하고, 국가가 개인을
보호하는 방법에 대한 새로운 발상을 시작할 수 있지 않을까 생각해요.

'나의 생존'이 유일한 목표인
자본주의 세계

제동 얘기하다보니 결국 이 질문을 드릴 수밖에 없네요. 누구도 배제하거나 소외시키지 않고 모두를 위한 정책으로 사람들의 두려움을 상쇄시켜줘야 할 것 같은데, 왜 그렇게 잘 안 되는 걸까요?

창남 사회과학적으로 얘기하자면 자본주의 시스템이 가진 그 축적의 논리, 신영복 선생님의 표현으로는 이른바 '존재론적 세계관'이 우리 사회를 지배해온 상황이잖아요. 국가면 국가, 기업이면 기업, 단체면 단체, 그리고 개인에 이르기까지 자기 몸집을 불리고 경쟁에서 승리하는 것만이 유일한 목표가 된 거죠. 그래서 지금의 우리는 생존과 승리에 대한 강박관념을 갖고 있어요.

제동 그런 존재론적 세계관을 가지면 '나'라는 존재의 덩치를 끊임없이 키워야 하잖아요. 하지만 아무리 키워도 나보다 큰 사람이 나타나면 분명히 열패감이나 회의감, 불안을 느낄 수밖에 없고, 반대로 나보다 작은 사람에게는 우월감을 느낄 텐데, 이 두 가지가 반복되면 행복해지기는 힘들잖아요.

창남 그래서 신영복 선생님이 제안하신 게 '관계론'이에요. 중요한 건 존재가 아니라 관계라는 거죠. 인간이 개별적으로 존재하는 게 아니잖아요. 나라는 사람은 가족, 친구, 동료 이런 수많은 관계 속에 존재하는 것이지, 나라는 개인이 홀로 있을 수는 없거

그런 존재론적 세계관을 가지면

'나'라는 존재의 덩치를 끊임없이 키워야 하잖아요.

하지만 아무리 키워도 나보다 큰 사람이 나타나면 분명히

열패감이나 회의감, 불안을 느낄 수밖에 없고,

반대로 나보다 작은 사람에게는 우월감을 느낄 텐데,

이 두 가지가 반복되면 행복해지기는 힘들잖아요.

든요. 우리가 지금껏 살아온 도로의 삶을 어떻게 성찰하고, 새롭게 바꿔나갈 것인가 하는 면에서 신영복 선생님의 관계론이 대단히 중요하다고 생각해요.

　신영복 선생님은 우리에게 동양고전에 대한 지식이 해박하고 시서화에 능한 인문주의자로 알려져 있지만 본래 자본주의의 문제점을 분석하고 규명하는 정치경제학자였어요. 신영복 선생님이 1989년 성공회대에서 강의를 시작한 이래 맡았던 과목들이 정치경제학과 한국사상사, 고전강독이었는데, 그 이유는 아마도 인간에 대한 너른 이해 없이 메마른 사회과학만으로 세상을 바꿀 수는 없다는 믿음 때문이 아니었을까 싶어요. 인간을 억압하고 착취하는 구조를 인식한 이가 진정한 변화를 도모하기 위해 필요한 연장이 바로 인문정신에 있다고 보신 거죠.

제동 　아, 그렇게 연결되는군요.

창남 　개인뿐만 아니라 사회나 국가도 마찬가지예요. 국가 역시 수많은 관계 속에서 존재하는 거죠. 그런 면에서 우리가 어떻게 지금의 존재론적 세계관에서 벗어나 관계 속에서 공존하는, 관계 중심의 존재로 성장할 수 있느냐 하는 것이 신영복 선생님 사상의 핵심이에요. 하지만 우리는 이미 수십 년, 수백 년을 그렇게 살아왔으니까 이 경쟁에서 뒤처지면 안 된다는 공포에서 벗어나지 못하고 있죠.

제동 　경쟁에서 탈락하면 죽을 것 같으니까요.

창남 　맞아요. 그래서 내가 이겨야 한다는 강박에서 벗어나지 못하고 있

　　　　　　　　　　　　　　　　　　질문이 답이 되는 순간

어요. 예를 들면 집값을 잡아야 한다는 데는 누구나 동의해요. '집값 너무 비싸다, 내려야 한다. 단, 내 집만 빼고.' 지금 대부분 이렇게 생각하잖아요. 그러면 해결이 안 되죠. 청년세대 문제도 마찬가지라고 봐요. 현재의 청년세대가 가진 가장 중요한 이념이 있다면 '살아남아야 한다'는 생존주의인데, 그 이면에는 내가 생존하지 못할 수도 있다는 두려움이 있는 거예요.

제동 청년세대를 그렇게 만든 게 기성세대잖아요.

창남 그렇죠. 그런데 그들이 말하는 생존의 개념은 그렇게 거창한 게 아니에요. 이 체제가 매번 경쟁을 시키잖아요. 이를테면 2년에 한 번씩 심사해서 정규직 전환을 검토하는 사회 시스템에서 밀려나지 않고 살아남는 게 생존이에요. 참 안타까운 일이죠.

제동 비정규직에서 정규직으로의 전환이 누군가에게는 절박한 생존이죠.

창남 맞아요. 이 문제를 해결할 방법은 어쩌면 그리 어렵지 않을지도 몰라요. '내가 어려운 상황에 처하면 국가가 나를 살려줄 것이다.' '이 사회가, 이 공동체가 나를 살려줄 것이다.' 그냥 이런 믿음이면 돼요.

제동 그렇네요. 지금은 그 믿음 자체가 흔들리고 있으니까요.

창남 구체적으로 어떤 정책이 필요한지는 나도 잘 모르겠어요. 다만 그건 국가와 사회, 그리고 기성세대가 해야 할 몫이라고 생각해요. 기본은 그런 데서 시작해야 하지 않을까 싶어요.

제동 그거 하라고 국가가 있고 전문가가 있으니까요.

창남 얼마 전에 음악 하는 후배를 만났는데 이런 얘기를 하더라고요. "이번 코로나 사태 때 내가 프리랜서라고 정부에서 재난지원금을 주더라고요. 그래도 이 사회가 나를 완전히 버리지는 않겠구나 하는 믿음이 조금은 생겼어요." 바로 그런 거죠. 앞으로 언제 또 발생할지도 모르는 제2의 코로나 사태에 대비해서라도, 그리고 아까 얘기한 생존주의에 매몰된 사고를 좀더 관계론적으로 바꾸기 위해서라도 그런 것들을 적극적으로 도입해야 하지 않을까 싶어요.

제동 정부가 더 노력해야겠지만, 한편으로 생존주의 사고를 비판하기 힘든 것이 몇십 년 동안 축적되어온 자본주의의 본성이 그렇고, '다 같이 해보자' 하고 함께 가면 좋지만, 사실상 모두가 한마음이 되기는 힘드니까요.

창남 왠지 나만 손해 볼 것 같은 느낌이 드는 거지.

제동 환경운동만 해도 저는 제가 혼자 실천할 수 있는 것들을 하고 있는데
우리 누나가 그러더라고요. "니 혼자만 그 짓 한다고 뭐 바뀔 줄 아나!" 그런
데 우리 누나를 비판할 수도 없어요. '다 같이 살자' '함께 잘 살자.' 이런 얘기
들 진짜 좋은데 한편으론 '이게 과연 될까?' 하는 의심이 저도 들거든요.

> "'그게 되겠어?'
> 이런 생각만큼 나쁜 게 없어요.
> 나 때 안 되면 내 후대에 될 수도 있으니까요."

제동 이미 자본주의의 한가운데를 걸어가고 있는 우리가 과연 신영복 선생님이나 창남 쌤이 말씀하신 그런 관계를 만들어갈 수 있을까요?

창남 결코 쉬운 일은 아니겠죠. 하지만 미리 절망할 필요는 없어요. 소위 군사독재 시절을 지날 때 누구도 이 사회가 지금처럼 바뀔 거라는 생각을 쉽게 못 했잖아요.

제동 그렇죠. 긴 일제강점기를 거쳐 독립을 할 때도 그랬겠죠.

창남 마찬가지죠. 갑자기 대단한 사람이 나타나서 뭘 한 것도 아니고, 그야말로 장삼이사(張三李四)들, 그러니까 지극히 평범한 사람들이 나서서 조금씩 변해왔거든요.

제동 그래도 '과연 그렇게 될까?' 이런 생각이 드는 게 솔직한 마음이에요.

창남 바로 그런 식의 사고가 지금 부와 권력을 누리고 있는 사람들이 원하는 바일 수도 있어요. 변화라는 건 원래 한 번에 이루어지는 게 아니고 알게 모르게 조금씩 이루어지는 거예요. 잘 살펴보면 우리가 당연하다고 생각하는 사회규범도 많이 바뀌어온 걸 알 수 있어요. 불과 20~30년 전만 해도 아무 데서나 담배 피우고 아무렇게나 쓰레기 버리고 살았잖아요.

제동 심지어 비행기나 버스 안에서도 담배를 피웠죠. 지금은 상상도 못 할 일이지만 택시 안에도 재떨이가 있었으니까요. (웃음)

창남 맞아요. (웃음) 그러다 어느 순간 규범이 바뀌어 있는 걸 느끼게 되죠. 처음에는 작게나마 금연석이 생기고, 흡연실이 생기고, 그러다가 그러한 규범에 공감하는 사람들이 많아지니까 이제는 제도로까지 자리잡은 거고. 그런 변화가 언제 어떻게 올지 아무도 모르는 거죠. 그러니까 '뭐가 되겠어?' 이런 생각만큼 나쁜 게 없어요. 나 때 안 되면 후대에 될 수 있는 거니까요.

제동 네. 그렇게 되기를 바라고요.

창남 인간이 관계적 존재라는 건 우리가 다 알지만, 자꾸 잊어버려요. 그래서 나부터 생각하게 되고, 어떻게 하면 경쟁에서 이기고, 더 커지고, 더 강해질까를 먼저 생각하게 되는 거죠.

제동 저부터도 그렇고, 자본주의가 만든 이런 사고에서 벗어나기가 쉽지 않을 것 같아요.

창남 맞아요. 그러나 그 속에서 그냥 함께 있으면 모든 걸 잊고 편안하게 숨 쉴 수 있는 관계들, 그야말로 작은 숲을 조금씩 만들어가보는 거예요. 그러다보면 큰 더불어숲이 만들어지겠죠. 사단법인 더불어숲도 그런 작은 숲의 시작인 거고요.

제동 저는 전에 신영복 선생님을 뵐 때마다 들었던 생각이 '어떻게 저렇게 다 꿰뚫고 계실까?' 그러면서도 '어떻게 저렇게 소탈하실까?' 하는 거였어요. 신영복 선생님은 자신과의 관계에 대해서는 어떻게 생각하셨을까요? 사실 다른 사람과의 관계도 중요하지만 자신과의 관계도 굉장히 중요하잖아요.

창남 나와의 관계, 다른 사람과의 관계 모두 중요하죠.

제동 언젠가는 선생님이 고전을 인용하시면서 "다른 사람에게는 봄바람처럼 대하고, 자신에게는 가을 서리처럼 대해야 한다"라고 하시기에, 제가 "선생님, 저 자신한테도 봄바람처럼 대하면 안 됩니까?" 했더니 "왜 안 되겠어요, 그럴 때도 있어야죠. 그게 기본이고." 이런 말씀을 해주시더라고요.

창남 춘풍추상(春風秋霜). 신영복 선생님이 자주 쓰시던 문장이죠. 실제로 선생님은 그런 삶을 사셨다고 생각해요. 적어도 그 원칙을 지키려고 애쓰셨던 것 같고.

제동 정말 다른 사람한테는 봄바람 같으셨어요.

창남 선생님이 사람들에게 그렇게 쉽게 다가갈 수 있었던 비결은 자신을 낮추는 태도였어요. 이를테면 같이 짜장면을 시켜먹으면 가장 먼저 일어나서 뒷정리를 하시는 분이에요. 우리가 담배부터 피우고 와서 뒤늦게 "놔두세요, 우리가 할게요." 그러면 "괜찮아요. 아무나 하면 어때요." 이렇게 말씀하세요. 그런 태도가 몸에 배어 있었어요. 늘 부지런히 일을 찾아서 하셨고, 그런 모습을 보면서 '저분은 정말 자기 글처럼 사시는 분이구나.' 이런 생각을 절로 하게 됐어요.

제동 진짜 제 또래였다면 딱 '엄친아'예요. 못하는 게 없으셨잖아요. 그런데도 밉지 않은 전교회장 같은 분이셨어요. (웃음)

창남 그러게. 나는 선생님과 완전히 반대거든. 일거리가 눈에 잘 안 보여요. 그래서 아내가 늘 잔소리를 하지. 왜 꼭 시켜야만 하냐고…. (웃음)

제동 보통 그렇죠. (웃음) 여하튼 신영복 선생님은 돌아가셨지만, 그분의 사상과 살아오신 이야기에 기대고 싶은 관계를 만들어놓고 가신 거잖아요. 무엇 때문에 우리가 자꾸 신영복 선생님을 불러낸다고 생각하세요?

창남 그분의 사상을 저는 '성찰적 관계론'이라고 정리하는데, 나는 그게 이 사회가 수십, 수백 년에 걸쳐 우리에게 강요하고, 우리가 이미 매몰돼서 자연스럽다고 여기는 자본주의적이고 경쟁주의적인 세계관을 성찰하면서 새로운 시대, 새로운 사회를 모색할 수 있는 단초를 주는 담론이라고 생각해요.

신영복 선생님의 말씀들이나 관계론적 철학에 우리가 구하는 구체적인 해답은 없을 수도 있지만 새로운 생각을 여는 그 시작이 될 지점은 많다고 생각해요. 그런 부분이 바로 우리가 끊임없이 신영복 선생님을 소환하는 이유겠죠.

제동 해답의 실마리라도 얻으려고 자꾸 선생님을 찾는 거네요.

창남 그렇지. 선생님이 오래전에 제게 이런 말씀을 하신 적이 있어요. "사람들은 내가 모든 답을 가진 줄 안다. 답이라는 건 결국 자기 스스로 찾아야 하는 건데, 나보고 자꾸 답을 달라고 한다." 이런 말씀을 푸념하듯이 하신 적이 있는데, 그런 거죠. 답은 누가 주는 게 아니라 결국 우리가 찾아야 하는 거죠. 다만 그 답을 상상할 수 있는 상상력의 근거를 신영복 선생님의 책과 말씀, 그분의 삶 속에서 찾을 수 있지 않을까 생각하는 거죠.

> 흐트러짐 없이 고전을 강의하고,
> 때로는 잠긴 문을 철사로 열고,
> 언제나 사람을 중심에 두던 분

제동 신영복 선생님은 누가 잘못했더라도 직접적으로 비판을 안 하셨어요. 그저 고전을 통해서 현재를 돌아보게 하고 또 앞날을 상상하게 하셨던 것 같

"사람들은 내가 모든 답을 가진 줄 안다.
답이라는 건 결국 자기 스스로 찾아야 하는 건데,
나보고 자꾸 답을 달라고 한다." 이런 말씀을 푸념하듯이
하신 적이 있는데, 그런 거죠. 답은 누가 주는 게 아니라 결국
우리가 찾아야 하는 거죠. 다만 그 답을 상상할 수 있는
상상력의 근거를 신영복 선생님의 책과 말씀,
그분의 삶 속에서 찾을 수 있지 않을까 생각하는 거죠.

질문이 답이 되는 순간

아요.

─────

창남 따뜻하고, 자상하고, 언제나 사람을 중심에 두시던 분이라 누구 잘 못을 대놓고 지적하거나 남들 앞에서 비판하는 일이 없으셨지요.

제동 사실 저는 신영복 선생님의 인문학 강의를 듣기 전까지는 맹자가 그렇게 혁명적인 사상가인지 몰랐거든요. 예를 들면 이런 말들이요. 어느 왕이 "신하가 임금을 죽이는 게 옳습니까?"라고 물으니까 맹자가 이렇게 말했다잖아요. "인(仁)과 의(義)를 저버린 자는 일부(一夫)일 뿐, 임금이 아닙니다." 이런 이야기가 가슴을 뛰게 하기도 하고, 오늘날로 치면 '주권재민(主權在民)'으로 들리기도 하고, "알고보니 맹자가 우리 편이래" 하면서 든든해지는 거죠. 그전까지는 고전이라는 게 고리타분하게만 느껴졌는데 신영복 선생님의 책을 읽고 말씀을 들으면서 고전의 재미를 알게 되고 한문에 관심이 생겼어요. 그때부터 제가 한문을 공부하기 시작했거든요.

창남 갑자기 생각난 건데 나한테 책 한 권 빌려갔잖아. (웃음)

제동 저는 이런 관계를 피하고 싶을 때가 있어요. (웃음)

창남 제동 씨가 공부한다기에 기특해서 빌려줬었지…. (웃음)

제동 아직도 그때 빌린 『천자문』을 보며 공부하고 있어요. (웃음) 신영복 선생님의 수업은 고전만 가지고 얘기하시는데도 상상의 나래를 펼 수 있게 했어요. 거기에 선생님의 힘이 분명히 있었던 것 같아요.

─────

창남 일단 유교 집안에서 자라셨고, 아버지와 할아버지가 모두 유학을 공부하신 분이셨죠. 어려서 할아버지한테 『천자문』도 배우고, 붓글씨도 배우고, 대학에 들어와서는 마르크스주의 경제학, 고전 경제학 등을 공부하면서 사회과학자로서 사셨는데, 감옥에 가신 거죠.

감옥에서는 소지할 수 있는 책이 한정되어 있어요. 아마 3권 정도만 가지고 있을 수 있다고 들었어요. 신영복 선생님은 소설책 같은 건 한나절이면 다 읽어버리니까 중국 고전을 읽기 시작하신 거예요. 그리고 행운이라면 행운인 것이 감옥에서 노촌 이구영 선생 같은 대단한 한학자를 만난 거죠.

제동 아….

창남 감옥에서 자연스럽게 그러나 치열하게 고전을 공부하셨겠죠. 우리가 맹자의 사상도 신영복 선생님의 해석을 통해서 그 혁명성을 이해하게 된 거잖아요. 신영복 선생님이 가진 사회 인식의 바탕 위에 중국 고전의 지혜가 결합하면서 새로운 해석이 나올 수 있었다고 생각해요.

제동 제 눈에는 진짜 멋진 보수주의자로 보였어요. 한때 빨갱이 소리를 들으시긴 했지만요.

창남 몸가짐이 잘 흐트러지지 않는 분이셨어요. 그러면서도 가끔씩 사람을 놀라게 하는 면모가 또 있었는데, 예를 들면 제가 연구실 열쇠를 집에 놓고 오면 신영복 선생님이 잠긴 문을 열어주셨어요.

제동 어떻게요? 선생님이 문을 따주신 거예요?

창남 그렇지. 철사 같은 걸 가져와서 문을 열어주셨어요. 감옥에서 열쇠 기술도 익혔다고 하시면서…. (웃음)

제동 학교에서 수업하실 때는 학생들과 늘 격의 없이 이야기를 나누시고, 강의 후에는 술도 한잔씩 권하셨죠. 저는 그때 소탈한 인간적 면모를 느꼈던

질문이 답이 되는 순간

것 같아요. 오늘 이야기하면서 자꾸 울컥울컥해요.

창남 나도 그래요.

"대학은 그릇을 키우는 시기,
그다음에 평생 채워가는 것이다."

제동 제가 어쩌다 경북 영천에서 여기까지 오게 되었는지, 또 어쩌다 성공회
대를 찾아가서 이런 인연이 생겼는지 생각해보면 진짜 양자역학 같아요. (웃
음) 사실 전혀 연관이 없잖아요.

창남 모든 게 그렇지, 뭐.

제동 입자이면서 파동이기도 하고.

창남 또 모든 게 우연이면서 필연이고 그런 거지. 우리가 우연히 사람을
만났을 때 '우연치 않게' 만났다고 하잖아요.

제동 그러네요.

창남 '우연하다'와 '우연치 않다'가 같은 말인 거죠. 우연인 줄 알았는데
다 필연이었던 거고, 필연인 줄 알았는데 우연에서 시작된 것이고….

제동 맞아요. 쌤한테 그냥 물어보고 싶은 게 있는데, 지금 먹고사는 게 괜찮
은 사람도 경제적 불평등을 걱정하고 재분배의 필요성에 대해 이야기해도
괜찮을까요? 제 마음속에 늘 걸리는 부분이거든요. 약간의 죄책감도 있고요.

창남 그런 사람들일수록 그런 얘기를 더 해야 하지 않을까요? '강
남 좌파'라는 표현이 있던데, 강남 좌파가 많아질수록 더 좋은 사
회가 되지 않겠어요?

제동 '강남 좌파'는 모르겠고 저는 제가 '경북 영천의 선비' 정도라고 생각하
거든요. (웃음)

창남 선비라고 하니까 어울리는 것 같진 않은데…. (웃음)

제동 그렇다고 저 스스로 '마름'이라고 할 순 없잖아요. (웃음) 제가 흔히 말하
는 정통 TK(대구경북)였거든요. 제가 스물 몇 살 때까지만 해도 가장 존경하
는 분이 박정희 대통령이었어요.

창남 뭐, 별로 특별한 경우도 아니었지요, 그 시절에는.

제동 그땐 그랬어요. 그런데 다양한 경험을 하고 여러 관계에 놓이다보니 제

질문이 답이 되는 순간

생각에도 조금씩 변화가 온 거죠. 어쨌든 저와 같은 상황에 있는 사람일수록 더 그런 이야기를 해야 한다는 말씀이시죠?

창남 그렇죠. 그런 사람들이 더 앞장서서 이야기해야 사회가 조금씩이나마 바뀔 테니까.

제동 네. 알겠습니다. 역시 쌤을 만나야 해요. (웃음) 신영복 선생님은 감옥을 학교라고 하셨고, 대학에서 학생들도 가르치셨잖아요. 물론 교학상장(教學相長), 서로서로 배우고 함께 성장한다고 하셨지만, 쌤은 요즘도 학생들을 가르치고 계시는데, 요즘 학교에 다니는 사람들에게 대학의 의미는 어떤 것이어야 할까요?

창남 아, 쉽지 않은 질문이네요. 기본적으로 지금 우리 사회에서는 대학이 취업을 위한 스펙을 쌓는 공간, 그런 서비스를 제공해야 하는 공간으로 인식되지 않나 싶어요. 학생들 역시도 대학에 다니는 기간을 그런 시간으로 인식한다는 생각이 드는데, 나는 대학이 삶의 연습을 마음놓고 해볼 수 있는 시간과 공간이어야 한다고 생각하거든요.

제동 불안해하지 않으면서.

창남 그렇지. 우리는 학생 때 만화책이나 소설을 읽고 있으면 "너 인마, 공부해야지, 왜 쓸데없는 짓 하고 있어?" 이런 얘기를 들어왔잖아요. 나중에 어른이 되어서도 밥벌이 외에 다른 걸 할라치면 또 같은 얘기를 듣게 돼요. "왜 일은 안 하고 쓸데없는 짓을 해?" 바로 그 쓸데없는 짓을 맘껏 해볼 수 있는 때가 대학시절인 거죠.

제동 그 쓸데없는 짓을 통해 새로운 관계가 만들어질 수도 있고, 삶의 방향을 새롭게 정할 수도 있잖아요.

^{창남} 맞아요. 그런데 요즘 보면 많은 대학에서 총학생회도 구성되지 않고, 동아리 활동도 잘 안 돼요. 그런 것들이 당장 토익시험 보고 취업 면접 준비하고 자격증을 따야 하는, 그 도로의 논리에서 보면 쓸데없는 일이 돼버린 건데, 진짜 대학의 의미는 바로 그런 쓸데없는 일을 하는 데 있는 것 같아요. 대학에 있는 동안 비교적 자유롭게, 커리큘럼이나 세속적인 스펙이 요구하지 않는 일들을 하는 과정에서 오히려 자신에 대한 새로운 발견이 이루어질 수 있거든요.

^{제동} 우리가 경쟁사회에 살다보니까 '이러다 낙오되는 것 아닐까?' 하는 두려움 때문에 알면서도 쉽게 시도를 못 하는 것 같아요.

^{창남} 사회 시스템 자체가 다 함께 맞물려 돌아가기 때문에 쉽지 않죠. '어떻게 하면 두려움 없이 이것저것 도전해보고 시행착오를 겪어볼 수 있는 시간과 공간으로서의 대학을 만들어갈 수 있을까?' 학생들을 가르치는 입장에서 나도 이런 고민을 많이 하고 있어요.

^{제동} 그렇게 되어야 한다는 것은 지금 그렇지 않다는 말씀인데, 이것이 젊은 이들에 대한 비판이나 비난이 되면 또 안 되는 거잖아요.

^{창남} 당연하죠. 한국 사회가 그렇게 몰고 간 거니까. 그래서 대학의 기능을 어떻게 회복할 수 있을까 이런 고민을 하게 되는 거죠. 저는 가끔 캠퍼스에서 기타를 메고 다니는 친구들을 보면 반가워요. 기타를 치고 노래 부르는 건 그 친구의 전공이나 스펙과 무

질문이 답이 되는 순간

관한, 소위 말하는 '쓸데없는 일'일 거예요. 그래도 그 친구는 그 것을 하는 거죠.

제동 제가 성공회대 캠퍼스에서 술 먹고 있을 때는 뭐라고 그러셨던 것 같은데요? (웃음)

창남 아니, 그건 수업 빠지고 땡땡이 치고 있으니까 그렇지. 그리고 다 나이 차이 많이 나는 후배들인데, 귀감이 돼야 하잖아. (웃음)

제동 (웃음) 다시 선생님과 학생 사이로 돌아간 거 같아요.

창남 그런가? (웃음)

제동 보통 "잔디밭에 들어가지 마시오." "캠퍼스에서 술 먹지 마시오!" 하잖아요. 그런 얘기 들으면서 저는 이런 생각을 했어요. '캠퍼스의 낭만은?' '도대체 세상이 어떻게 될라고….' (웃음)

창남 맞아요. 그러니까 요즘 대학생들을 탓할 수가 없는 거죠. 사회 전체가 그렇게 움직여왔고, 대학에 그런 기능을 강요해왔으니까. 2006년 서울대 입학식에서 신영복 선생님이 그런 말씀을 하신 적이 있어요. "대학 시절에는 그릇을 채우려고 하기보다는 그릇 자체를 키우기 위해 노력해야 한다. 먼저 그릇을 비우고 그릇의 크기를 키우는 데서부터 시작해야 한다."

제동 신영복 선생님 말씀이 당장 실천하기는 쉽지 않지만 시간이 흐르면 다 맞는 말 같아요.

창남 내가 이만큼 살아보니 정말 그런 것 같아요. 물론 내가 가지고 있던 그릇의 크기를 키우는 건 굉장히 힘들죠. 대학에서 그러한 과정을 만들어가고, 그 이후에 그릇을 채우면서 살아야 한다고 하신 건데, 요즘 내가 느끼는 안타까움은 학생들이 자기가 가진 그릇을 비우고 좀더 크고 새롭고 튼튼한 그릇으로 키우는 과정을 잘 경험하지 못하는 것 같은 데서 와요. 그냥 가지고 있는 그릇을 빨리 채우려고 드는 것이 요즘 대학생의 모습이 아닌가 싶을 때가 있어요.

제동 사실 학생들이 그럴 수 있으려면 사회에 나갔을 때 어느 정도 안정적인 요건들이 갖춰져 있어야 하잖아요. 앞서 쌤이 말씀하신 것처럼 '내가 이 사회에서 버림받지 않겠구나.' 하는 확신이 있어야 불안이 해소되고 그릇을 키우는 그런 경험들을 해나갈 텐데, 또다시 패배주의적인 얘기가 되겠지만 우리가 그런 사회로 나아갈 수 있을까요? 그리고 그게 가능하다면, 문제의식을 느낀 사람은 많은데 왜 안 될까요?

창남 글쎄요. 내가 답을 갖고 있는 것은 아니지만, 제동 씨가 말한 것처럼 이 사회와 국가가 나를 버리지 않을 것이라는 믿음을 사회구성원들에게 심어주는 게 핵심이겠죠. 그게 기본소득의 형태가 됐든 보편적 복지 형태가 됐든 어쨌거나 이 사회가 각자도생의 정글이라는 인식을 안 가져도 될 만큼의 최소한의 신뢰라도 심어주는 거예요.

제동 이 사회가 정글이라는 생각을 '가지지 말라'는 게 아니고, '안 가져도 되게끔' 한다는 게 중요하네요.

창남 그렇죠. 불안한 사람한테 "불안해하지 마." 그래봐야 무슨 소용이 있겠어요.

제동 사회가 변하고 있다는 신호만 있어도 힘이 좀 될 텐데 그게 없으니까

질문이 답이 되는 순간

더 불안한 거죠.

창남 예컨대 기본소득만 해도 다양한 방식으로 '이건 안 될 거야' 하는 인식을 먼저 심어주잖아요. 언론의 문제일 수도 있고, 이 사회의 담론구조를 장악한 권력 집단, 마이크를 들고 있는 사람들의 문제일 수도 있는데, 그런 사람들이 끊임없이 패배주의적인 생각을 심어주는 건 아닌가. 내가 그래서 젊은 친구들에게 제일 하고 싶은 얘기가 그거였어요. "두려워하지 말자." 두려움은 나 혼자라는 생각에서 비롯되는 거잖아요.

제동 맞아요.

창남 내 친구가 나와 똑같은 고민을 하고 있다면 같이 방법을 모색해볼 수 있잖아요. 언젠가 우리 학생한테 들은 사례인데, 나 혼자 살면 월세 50만 원을 내야 하지만 친구와 같이 살면 절반만 내도 해결할 방법이 있는 거죠. 그런데 각자 해결하려다보니까 친구도 경쟁자가 되고 승부의 대상이 되는 상황이죠. 신영복 선생님 말씀처럼 여럿이 함께 가면 길은 뒤에 생겨날 거예요. 그렇게 함께 고민하고 방법을 모색할 수 있다는 믿음을 주는 것 또한 대학의 역할이 아닌가 싶어요.

제동 저처럼 불안감이 많은 사람도 쌤과의 대화를 통해서 다시 한번 생각해보게 되듯이 결국은 서로가 서로에게 대학이 될 수 있겠네요.

창남 "친구가 되지 못하는 스승은 좋은 스승이 아니고, 스승이 되지 못하는 친구는 좋은 친구가 아니다." 신영복 선생님이 돌아가시기 전에 해주신 말씀이에요. 명나라 때 이탁오(李卓吾)라는 사상가가 했던 말을 현대식으로 말씀해주신 것인데, 저한테는 굉장히 깊이 남아 있어요. 거의 마지막에 해주신 말씀이거든요. 요즘 친구들을 만나거나 학생들과 대화할 때 이 얘기를 꼭 해요. 결국 가장 좋은 관계는 서로가 서로에게 친구이자 스승이 되는 관계인 거죠.

그래서 학생들에게는 "내가 선생으로서 너희들에게 가장 좋은 친구가 되고 싶다." 이렇게 말하고, 친구들에게는 "서로 가장 좋은 스승이 될 수 있는 관계가 되면 좋겠다." 이런 얘기를 하죠.

제동 쌤 얘기 듣다보니까 생각나는 문장이 있어요. 신영복 선생님이 감동한 대사라고 책에서 소개하셨던 것 같아요. 정확한지 모르겠는데, 아마 "You made me better." 이런 느낌이었던 것 같아요.

창남 아, 결혼을 앞둔 친구한테 "너 왜 그 사람과 결혼하려고 하니?"라고 물으니까 "그 사람과 함께라면 내가 더 좋은 사람이 될 수 있을 것 같아서"라고 답했다는 거죠.

제동 아, 맞아요. 항상 조금씩 다르게 기억에 남아요. (웃음) 저는 신영복 선생님의 말씀을, 사랑하는 사람과의 가장 좋은 관계는 함께 있을 때 내가 더 나은 사람이 되는 것이라고 받아들였거든요. 연애할 때 늘 염두에 두고 있습니다. (웃음) 다음 질문!

창남 염두에 둘 기회가 많지는 않은 것으로 알고 있는데…. (웃음)

제동 안 믿으시겠지만 짐작하시는 것보다 훨씬 더 많을 거예요. 제가 좋은 사람이 되어주지 못했던 것 같아서 그렇지. (웃음)

창남 그런 걸로 합시다. (웃음)

제동 어쨌든 당면한 문제를 우리가 함께 풀어나갈 수 있고, 그러다보면 이 세대는 또 자기들 나름대로의 세계를 만들어가겠죠.

창남 그렇지. 그러니까 중요한 건 서로가 서로의 이야기를 듣는 거죠.

제동 맞아요. 윗사람들, 부모세대, 선배의 얘기를 들을 필요가 없다고는 할 수 없겠죠.

창남 요즘 비대면 온라인 수업이 계속되니까 대학이 무슨 의미가 있느냐는 무용론도 나오고 있는데, 대학이 단지 수업을 듣고 전문 지식을 얻는 그런 공간만은 아니라는 거예요. 더 중요한 건 그 속에서 우리가 지금 얘기하고 있는 그런 관계를 연습하는 거죠. 그래서 온라인 시대의 대학 무용론에 저는 동의할 수가 없어요.

제동 초등학교, 중학교, 고등학교도 마찬가지죠. 지식 전달은 온라인 수업으로 할 수 있더라도 스승과 제자가 되고, 스승과 친구가 되고, 친구가 스승이 되는 이런 관계는 또 만나는 자리가 필요한 거니까요.

저잣거리의 대중문화, 인문학의 가장 중요한 토대

제동 지금까지 쌤과 나눈 이야기들을 한 단어로 정리하면 '문화'가 아닐까 싶어요. 엘리트들의 담론이 아니고, 대중의 삶, 저잣거리의 삶이 문화라면 대중문화가 가진 힘으로 연결할 수 있을 것 같아요. 하지만 생활이 어려워지면 제일 먼저 타격을 받는 쪽이 문화잖아요. 사람들이 문화비 지출부터 줄이니까요.

창남 그렇지.

제동 역으로 생각해보면 '좀 여유가 있어야 문화도 즐긴다' 하는 의식들이 아직도 있는 거죠. 문화도 이런 상황이니 인문학 같은 게 절대다수의 삶과 거리가 있는 건 오히려 당연해 보이기도 해요. 성공회대에서 클레멘트 인문학 강좌*를 지금도 하고 있죠?

창남 그럼.

제동 언제부터인가 인문학은 왠지 모르게 있어 보이는 게 돼버렸단 말이죠. 약간 사치 같고, 먹고살 만한 사람들이 하는 것이라는 인식이 있는데, 그런 게 아닌 거죠?

창남 물론 아니죠. 도로의 논리로 질주하다가 잠시 멈춰서 내 영혼을 기다리는 시간은 누구에게나 필요하잖아요. 인문학은 바로 그런 시간을 채워주는 거죠. 인문학은 원래 사람에 대한 공부예요. 기본적으로 자기 정체성에 대해 생각해보는 거잖아요.

우리가 살면서 어느 순간 문득 '나는 왜 나일까? 나는 왜 저 집

---

* 미국의 작가 얼 쇼리스가 1995년에 '클레멘트 기념관'에서 노숙인과 마약중독자 등을 대상으로 무료 인문학 교육을 한 것이 시초가 되어 소외계층에게 대학 수준의 인문학 정신을 나누는 프로그램을 클레멘트 강좌, 혹은 클레멘트 코스라고 부른다. 국내에서는 2005년에 성공회대가 처음으로 노숙인을 위한 '성 프란시스 인문학 강좌'를 만들었다.

질문이 답이 되는 순간

도로의 논리로 질주하다가
잠시 멈춰서 내 영혼을 기다리는 시간은
누구에게나 필요하잖아요.
인문학은 바로 그런 시간을 채워주는 거죠.
인문학은 원래 사람에 대한 공부예요.
기본적으로 자기 정체성에 대해 생각해보는 거잖아요.

이 아니라 이 집에서 태어난 걸까?' 이런 의문을 가져요. 특히 어렸을 때 그런 질문을 하죠. "나는 어디서 온 거야?" 그러면 부모님으로부터 "쓸데없는 소리 하지 말고 공부나 해!"라는 소리를 듣게 돼요. 그래서 어느 순간부터 그런 질문을 억누르잖아요. '이런 말은 하면 안 되는구나!'

제동　맞아요. 스스로 '이런 질문은 쓸데없는 거구나' 하고 생각하게 되죠.

창남　그러면서 아까 말한 도로의 논리로 질주하면서 살게 되죠. 어렸을 때 이후로는 한 번도 자신의 정체성을 돌아보는 질문을 스스로 던져보지 않는 거죠. 그럴 시간도 없고요. 그래서 인문학이 필요한 거죠. 인문학이라는 건 결국 그런 질문을 스스로에게 해보는 기회니까.

제동　인간이라면 누구나 품고 있는 질문, 그게 진짜 공부라고 생각해요.

창남　그렇죠. 심지어 '공부는 왜 해야 하나?' 하는 질문까지도 스스로 던져봐야 해요. 인문학이 결국 사람에 대한 공부이고, 사람과 사람 사이의 관계를 엮은 역사에 대한 공부이고, 그 속에서 만들어진 사람의 생각에 대한 공부이니까.

제동　저는 어쨌든 재미를 연구하는 사람이잖아요. 인문학이 왜 이렇게 재밌나 생각해보면 사람을 연구하고, 사람에 관해 얘기하는 거니까 재미없는 게 오히려 이상한 거죠.

창남　맞는 말이야.

제동　예전에 만화가 강풀이 맨날 트위터에 똥 얘기하고 밥 얘기만 했어요. "나 오늘 똥 쌌어." "나 밥 먹어." "여러분들도 똥 잘 싸세요." 이런 얘기만 계속

질문이 답이 되는 순간

했는데, 팔로워가 몇십만인 거예요. 그래서 누가 질문을 했어요. "밥하고 똥 얘기만 하는데 어떻게 이렇게 팔로워가 많을 수 있냐?" 그랬더니 누가 "팔로워가 적은 거지. 5,000만이 밥 먹고, 똥을 싸는데…." 이런 얘기를 한 적이 있는데, 인문학도 결국 내 얘기이니까 재밌을 수밖에 없는 것 같아요.

창남 그래서 이제 여유 있는 분들, 이른바 사회지도층도 인문학 공부가 필요하지만 인문학을 접할 기회가 많지 않은 노숙인도 인문학 공부가 필요하다는 인식에서 '클레멘트 인문학'도 하고 있고, 제가 원장으로 있는 성공회대 인문학습원에서 운영하는 '처음처럼 인문 공부' 같은 프로그램도 해오고 있는 거죠.

제동 그런데 한 가지 궁금한 게 저는 개인적으로 대중문화가 인문학의 가장 중요한 토대가 아닐까 생각하는데, 실제로 대중문화는 오랫동안 인문학의 한 분야로 분류되지 않았던 것 같아요.

창남 제동 씨가 그런 생각을 일찍 했다면 정말 천재지. (웃음)

제동 잘만 하면 제가 쌤이 뽑은 '4대 천재상'을 수상할 것도 같은데요…. (웃음)

창남 보통 대중문화라고 하면 일단은 좀 쓸데없는 것, 먹고사는 데 별 도움이 안 되는 것, 그다음에 싸구려, 저질, 이런 취급을 받아왔잖아요. 그래서 오랫동안 진지한 평론이나 학문적 탐구의 대상이 아니었고 대학에서 가르칠 만한 대상도 아니라고 평가되었는데, 요즘은 그래도 대중문화가 중요하다는 인식이 상대적으로 높아졌죠. 문화적으로 중요할 뿐만 아니라 경제적으로도 높은 부가가치를 창출한다는 인식도 생겨났고, 이제는 오히려 그런 인식이 너무 커져서 문제죠. 어쨌든 대중문화에 대한 인식은 많이 변했지만 일단 먹고사는 문제가 해결된 다음에 찾는 것이라는 인식은 여전히 변함이 없죠.

제동 근데 대중문화가 실은 먹고사는 것과 동시에 진행돼온 것 아닙니까?

창남 기본적으로 대중문화라는 것은 넓게 보면 대중의 삶 자체예요.

제동 그런 의미에서 보면 인문학의 가장 중요한 기반 아닐까요?

창남 당연히 그렇죠. 사실 영화나 텔레비전 안 보고 음악 안 듣는다고 우리가 문화와 담쌓고 지내는 건 아니에요. 누구나 언제나 일상을 살잖아요. 살면서 대화를 하고, 대화 속에서 현실에 대한 자기표현을 하기도 하고, 유행어를 따라하기도 하고.

제동 거기에 멜로디를 붙이면 그게 유행가가 되고 삶의 노래가 되고, 그것을 여러 사람과 공유한다면 바로 대중문화가 되겠죠.

창남 그런 의미에서 대중문화는 우리 일상에 공기처럼 존재하는 거라고 보는 게 맞아요.

가장 먼 여행
"머리에서 가슴으로 가는 그 여행을 마치면
이제 가슴에서 발까지 긴 여행을 또 시작하는 거예요."

제동 시험 안 봐서 그럴까요, 쌤 말씀 듣는데 너무 재미있어요. 제가 학교 다

공부의 옛글자는
사람이 도구를 가지고 있는 모양입니다.
농사지으며 살아가는 일이 공부입니다.
공부란 삶을 통하여 터득하는
세계와 인간에 대한 인식입니다.
그리고 세계와 인간의 변화입니다.
공부는 살아있는 모든 생명의 존재형식입니다
그리고 생명의 존재형식은 부단한 변화입니다.

서 각

닐 때 지금처럼 열심히 공부했다면 어땠을까요? (웃음)

창남 쓸데없는 가정은 안 하는 걸로…. (웃음)

제동 네. (웃음) 그런데 공부(工夫)라는 한자가 원래….

창남 일하는 사람이 연장을 든 모습에서 나왔다고 하잖아요. 삶 자체가 공부인 거죠. 공부는 원래 모든 생명의 존재 조건이고, 본능이라고 얘기할 수 있는데, 지금 우리에게 공부는 어떤 목표를 달성하기 위해서 하는 것이 돼버렸죠.

하지만 공부는 평생 하는 것이고, 평생 공부하는 사람만이 변화하고, 제대로 된 자신의 모습으로 살 수 있지 않을까 그런 생각이 들어요. 이것도 신영복 선생님에게 들은 얘긴데 여든이 훌쩍 넘은 노인이 "잘 생각해보니까 내가 작년에 생각했던 게 틀린 것 같아"라고 말한다면 정말 멋진 분이라는 거죠.

제동 여전히 공부하고 끊임없이 변화하려고 노력하고 있다는 거니까요.

창남 그렇죠. 하지만 많은 경우, 어느 정도 나이를 먹으면 사람은 잘 변하지 않아요. 그걸 너무나 당연하게 생각하고, 심지어 변하지 않는 것을 자랑스럽게 생각하는 사람도 있어요. 이유는 공부하지 않기 때문이죠.

제동 그걸 신념이라고 착각하는 경우도 있고요.

창남 신영복 선생님의 표현을 빌리자면 "공부란 머리에서 가슴까지, 그리고 가슴에서 발까지로의 여행"이에요. 머리에서 가슴까지라고 하는 것은 대상을 타자화하고 머리로만 이해하는 것이 아니라 가슴으로 느끼는 걸 의미해요. 공감하는 거죠. 이해에서 공감으로, 이게 아주 힘든 과정이죠.

제동 요즘은 공감해주기 힘든 사람들을 볼 때가 많아요. 그럴 때 어떻게 해야 할까요?

창남 그러니까 힘든 과정이라고 한 거지.

제동 뜬금없는 고백 같긴 한데, (웃음) 사실 저는 진짜 국가와 민족이라는 말을 좋아하거든요.

창남 난 별로 안 좋아해요. (웃음)

제동 저는 국가, 민족 이런 말 들을 때 다 잘되면 좋겠어요. 제가 좋아한다는 말의 의미는 이런 거예요. '우리나라' '우리 민족' 이게 딱 제 그릇이죠. (웃음) 근데 국가나 민족이 실체가 있나요?

창남 상상의 공동체라고 하죠. 영화 「변호인」을 보면 "국가란 국민입니다"라는 대사가 나오잖아요.

제동 그러니까 제게 국가와 민족은 내 눈앞에 있는 사람들인데, 이 사람들을 무시하고 핍박하면서 국가와 민족을 들먹일 수 있는가 하는 생각이 드는 거

질문이 답이 되는 순간

가장 먼 여행은 머리에서 가슴까지라 합니다.
사상(cool head)이 애정(warm heart)으로 성숙하기까지의 여정입니다.
그러나, 또 하나의 여정이 남아있습니다. 가슴에서 발까지의 여행입니다.
발은 실천이며, 현장이며, 숲입니다. 신영복

죠. 저는 가끔 예수님이나 부처님을 볼 때 대중문화를 생각할 때가 있거든요.

창남 천재네. (웃음)

제동 그러니까 이런 거예요. 예수님 말씀이 재미가 없었다면 그 산에, 그 기후조건에서, 그렇게 많은 사람이 모였을까. 재미도 있고 의미도 있었기 때문에 사람들이 모인 걸 텐데 그렇다면 예수님이야말로 대중문화의 선두주자가 아닌가 싶은 거죠. 게다가 당시로 보면 완전한 B급 문화였잖아요.

창남 그렇지. 핍박의 대상이었고.

제동 그러다 30을 갓 넘은 나이에 죽음을 감수하면서까지 편견에 정면으로 도전했던 예수님의 이름을 어떤 사람들은 자기들의 이익을 위해 마구잡이로 사용하는데, '과연 그래도 되는 것일까?' 이런 생각을 하는 거죠. 또 왕자 자리도 버리고 나온 부처님에게 권세를 달라고 기도하는 것은 '과연 옳은가?' 이런 여러 가지 생각을 하다보면 분노가 끓어오르는 거예요. 이건 머리에서 가슴으로의 여행이 아직 안 된 걸까요? 아니면 나만 옳다는 아집일까요?

창남 분노할 만한 대상에 대해서는 분노하는 게 당연하지요. 나도 다르지 않아요. 여럿이 함께 공감할 수 있는 분노라면 그 힘이 더 크겠지요. 다만 그냥 분노로 끝나면 안 된다는 거예요. 공부는 끝이 없는 거니까.

제동 씨를 포함해서 누구든 머리에서 가슴으로의 여행을 시작해야 하고, 그 여행을 마쳤다면 이제 가슴에서 발까지의 여행을 또 시작하는 거예요. 단순히 이해와 공감에서 그치는 것이 아니라 함께 손잡고 연대해서 걸어가야 하는 거죠. 그러다보면 함께 변화하게 돼요. 그게 가슴에서 발까지의 여행인데, 거기에 완성이란 건 없어요. 평생 하는 거죠. 그런데 현대사회는 머리에서 가슴까지 오기도 어려운 시대인 거죠.

호명이론
내가 주체적이라는 착각

제동 대체 그걸 가로막는 요인은 뭘까요?

창남 내가 보기엔 몇 가지 요인 중 하나가 SNS를 비롯한 이른바 디지털 문명인 것 같아요. 처음에 디지털 기술이 나왔을 때는 드디어 쌍방향 소통이 가능해져서 민주주의를 더 강화할 거라고 많은 사람이 예측했어요. 개인의 목소리가 훨씬 더 힘을 얻을 거라고 생각했죠. 과거에는 그야말로 권력을 가진 자들만 마이크를 독점했잖아요.

그런데 이제 디지털 시대가 되면서 누구나 각자의 마이크를 들게 됐으니 다양한 의견들이 모이고 숙의를 거쳐서, 사회가 바람직한 방향으로 갈 것이라는 예측이었죠. 하지만 현실을 보면 꼭 그렇지만은 않은 것 같아요. 수많은 사람이 떠들기만 하고 듣지를 않아요. 자기 얘기만 끊임없이 하고 있어요. 예컨대 내 SNS에 좀 불쾌한 댓글, 비판하는 댓글이 달리면 상대를 차단하는 거야. 나도 해보니까 그렇게 되더라고, 별수 없이.

그러면 결국 비슷한 사람들끼리 모이게 돼요. 저쪽은 저쪽대로 이쪽은 이쪽대로. 그러면서 그것이 세상 전부라고 생각하는 거죠. 서로 떠들면서 부닥치기만 하지 섞이질 않는 거야. 다양한 의견이 섞이면서 새로운 대안을 찾는 그런 식의 소통이 이뤄지지 않는 거죠.

제동 오히려 더 조그만 세상에 갇히게 되는 거네요.

창남 더 폐쇄적으로 바뀌어서 더 자기세계에 갇히고, 그러면서 끊임없이 떠들어대니까 옛날 같으면 "어휴, 말도 안 돼" 하고 넘어갈 정보들, 이른바 가짜 뉴스들이 사회적으로 중요한 의미를 가지게 되고, 사회현상이 되고, 상대는 또 거기에 대해서 방어를 해야 하니까 막대한 사회적 비용이 소모되는 일들이 계속 벌어지잖아요.

제동 그러면 우리는 어떻게 해야 합니까?

창남 글쎄, 딱 부러지는 방법이 있을지 모르겠어요. 각자가 자신의 정체성과 문화적 주체로서의 능력을 키워야죠.

제동 언제부턴가 "너 누구 말이 맞는 것 같아? 너 누구 지지하니?" 이 질문이 너무 당연시돼버린 것 같아요. 사실은 "네 의견은 어때?"라고 물어봐야 하는 거잖아요. 그런데 '나'라는 개인은 지워버리고 대신 "좌파구나." "우파네." "너는 여기 갔다 저기 갔다 하네." 이렇게 개인을 어떤 무리 속에 넣어서 편집하려고 할 때가 있잖아요.

창남 자꾸 분류하고 범주화시키죠.

제동 저도 제가 모르는 사이에 그럴 때가 있을 거란 말이죠. 이럴 때 방금 말씀하신 주체성을 어떻게 확보할 수 있을까요? 그리고 그건 어떻게 확인할 수 있을까요?

창남 대중문화와 관련된 이론 중에 '호명 이론'이라는 게 있어요. 구조주의 마르크시스트 철학자 루이 알튀세르가 말한 건데, 호명은 부르는 거죠. 호출하는 거예요. 사람들이 각자 자기 정체성, 주체성을 갖고 산다고 생각하지만 실제로는 이 사회를 움직이는 어떤 권력의 작용으로 만들어진 다양한 구조에 의해서 특정한 주체로 호명되고 있다는 거예요.

이를테면, 영화는 보는 이가 주인공과 자신을 동일시하면서 주인공이 느끼는 감정을 똑같이 느끼게 만드는 게 기본 메커니즘이죠. 주인공이 슬프면 나도 눈물을 흘리고 주인공이 화가 나면 나도 같이 분노하잖아요. 나라는 주체성이 사라지고, 그 영화가 만들어준 특정한 주체가 되는

질문이 답이 되는 순간

대중문화와 관련된 이론 중에 '호명 이론'이라는 게 있어요.

호명은 부르는 거죠. 호출하는 거예요. 사람들이 각자 자기

정체성, 주체성을 갖고 산다고 생각하지만 실제로는

이 사회를 움직이는 어떤 권력의 작용으로 만들어진

다양한 구조에 의해서 특정한 주체로 호명되고 있다는 거예요.

거예요. 호출되어버린 거죠. 그게 호명이라는 개념이에요.

제동 텔레비전에서 둘이 연애하는 모습을 보면 내가 다 행복하기도 한데, 실제로는 연애도 안 하는 내가 연애하는 나로 호출되는 거군요.

창남 그렇죠. 예를 들면, 백인 경찰이 흑인 악당을 때려잡는 영화를 보면서 흑인들이 박수를 쳐요. 그 순간 흑인이라는 자신의 정체성 대신 그 영화가 만들어준 백인이라는 정체성으로 호출되어버린 거예요. 문제는 내가 이렇게 수동적으로 호출된 것이 아니라 능동적으로 선택했다고 착각한다는 거예요.

제동 그렇네요. 아메리카 원주민을 토벌하는 서부영화를 보면서, 식민지의 아픔을 겪었던 우리가 백인 기병들에게 박수를 보내고 그들이 정의라고 생각했던 것도 지금 생각하면 분해요. 그때는 전혀 몰랐으니까.

창남 이뿐만 아니라 페미니즘 이론가들의 분석에 따르면 많은 주류 영화가 대부분 남성적 시선으로 만들어져요. 카메라 워킹이 남자의 시선으로 여자 배우를 바라본다는 거죠. 근데 그걸 보면서 여성들이 불편함을 느끼기보다 '나도 저렇게 예뻤으면' 하는 욕망을 갖게 된다면, 그래서 주인공과 비슷한 옷을 입고 화장도 따라하게 된다면, 그게 바로 카메라가 만든

질문이 답이 되는 순간

주체로 호출되어버린 거죠. 물론 영화 한 편이 사람을 그렇게 확 바꾸진 않을 거예요. 사람은 누구나 나름의 주체성을 갖고 선택하지만, 특정한 역사적 맥락에서 나오는 어떤 사고방식이 문화 속에서 되풀이되고, 그걸 반복해서 보다보면 자기도 모르게 자연스럽게 받아들이게 되는 거죠.

제동 역사적으로 권력자들이 대중을 동원하거나 자신들의 뜻을 관철시키려 할 때, 일단 미디어를 통제하고 권력에 정당성을 부여하는 영화나 노래를 만들게 했던 것도 비슷한 맥락이겠군요.

창남 호명 이론이 완벽하게 맞는 것은 아니지만 그런 측면이 분명히 있죠. 최근에 이른바 '정치적 올바름(Political Correctness)'이라는 게 중요해졌잖아요. 작품 속에서 여성을 어떻게 묘사하는가, 장애인을 어떻게 묘사하는가, 성적 소수자를 어떻게 묘사하는가, 이런 게 민감한 문제로 떠오르고 있어요. 대중문화에서 점점 더 중요한 주제가 될 거예요. 하지만 제작자들이 그렇게 묘사한 것에 대해서 "대중의 생각을 대신 표현했을 뿐이다"라고 얘기할 수도 있어요. 한국 사회 속에서 나도 모르게 형성되어온 문화적 관습이 있잖아요. 예를 들어서 특정 지역 사람이나 특정 직업을 가진 사람에 대해서 묘사하는 방식이요. 옛날 드라마를 보면 집에서 살림을 도와주는 분들은 거의 충청도 말씨를 써요. 조폭은 대개 전라도 아니면 부산 말투고요. 이건 오랜 세월 동안 사람들에게 무의식적으로 자리잡은 편견이라고 할 수 있죠.

제동 전형적 표상 같은 게 만들어진 거네요.

창남 그렇지. 그래서 그걸 따르지 않은 걸 보면 오히려 어색하게 느껴요. 수많은 드라마와 영화에서 그것을 꾸준히 되풀이하면 사람들은 그걸 하나의 자연스러운 사회 모습으로 받아들이는 거죠. 인위적인 어떤 현상을 자연적인 현상인 것처럼 생각하는 걸 '자연화'라고 하는데, 대중문화가 가진 중요한 측면이에요.

제동 측면이기도 하고, 힘이기도 하겠네요.

창남 그렇죠. 그런 것 때문에 특히 정치적 올바름이 더 중요해질 수밖에 없어요. 사람들은 기본적으로 익숙한 걸 좋아하잖아요. 그러다보면 영화든 드라마든 늘 익숙한 이야기를 반복하게 돼 있어요.

제동 우리 주변에서는 잘생긴 얼굴을 보는 게 낯설거든요. 오히려 저 같은 사람들이 더 익숙할 수 있는데. (웃음)

창남 근데 영화나 드라마에서는 잘생긴 사람만 보여주죠. (웃음) 특히 주인공은 다 잘생겼고 주인공 옆에 있는 친구는 대개 뚱뚱하거나 못생겼어요.

제동 쌤, 이 얘긴 더 하지 맙시다. (웃음) 어쨌든 미디어에서 보여주는 것들을 접하면서도 우리가 나름대로 주체성을 가지려면 어떻게 해야 할까요?

창남 이렇게 요구할 수 있겠죠. "영화 제대로 만들고, 드라마 제대로 만들어!" 그러나 대중의 눈길을 사로잡아야 하는 제작자 입장에서는 최대한 관객을 모아야 하니까 익숙한 것에 기댈 수밖에 없을 거예요. 중요한 건 그걸 보는 우리가 얼마나 비판적으로 받아들이느냐는 거죠. 핵심은 대중이 각자 자기 삶의 조건과 욕망을 갖고 문화를 비판적으로 보면서 자기 것으로 선택하고 수용할 수 있는 주체가 되어야 한다는 거예요. 그런 근본적인 성찰과 함께 과연 내가 내 삶의 주체가 되는 길이 뭘까에 대한 고민이 필요하고, 그것에 대한 교육도 필요하다고 생각해요.

제동 주체라는 단어가 많이 들어가서 제가 이렇게 불편한 걸 보면 쉽지는 않겠네요. (웃음)

문화적 주체로서의 첫발

창남 우리가 각자 스스로 이런 질문을 한번 던져볼 필요가 있어요. '과연 내가 좋아하는 대상이 오로지 내 취향과 선택의 결과물

일까?' 예전에 논문 쓰느라고 청소년들에게 "넌 왜 소녀시대를 좋아해?" "H.O.T를 왜 그렇게 좋아해?" 이런 질문을 한 적이 있는데 아이들이 당황하더라고요. "그냥요." "예쁘잖아요." "멋있어서요." 아주 단편적인 대답밖에 못 해요.

제동 생각해보면 저도 그래요. 그 이상의 답변을 생각해본 적이 없으니까요.

창남 교사나 학부모들을 대상으로 강연을 할 때 가끔 이런 질문을 받거든요. "우리 애가 걸그룹에 푹 빠졌는데, 어떡하면 좋을까요?" 그럴 때 내가 할 수 있는 대답은 이것뿐이에요. "애한테 연예인 좋아하지 말라고 해봐야 듣지도 않을뿐더러 그건 교육이 아닙니다. 진짜 교육은 왜 좋아하는지 묻는 것입니다." 만약에 아이가 이 질문에 대답을 잘 하지 못하거나, 좋아하는 이유가 명확하지 않으면 "한번 생각해봐" 하고 시간을 주고, 다

질문이 답이 되는 순간

음에 또 묻는 거죠. "왜 좋아하는데?" 그럼 아이 스스로 자기 취향이나 문화적 선택에 대한 이유를 생각해보겠죠. 뭐가 됐든 자기가 좋아하는 이유를 스스로 생각해서 말할 수 있다면 그게 문화적 주체로서 첫발을 내딛는 거죠.

제동 자기 이유를 찾는 거네요.

창남 그렇죠. 자기의 이유, 그게 바로 자유죠. 자유로운 삶이란 자기 이유로 사는 거잖아요. 아이들이 그렇게 자유로운 주체가 되게 하는 것, 누굴 좋아하든 자기 이유로 좋아하는 것이 중요하죠. 모든 대중이 자기 이유로 무언가를 좋아하고, 특정한 대상을 즐길 수 있다면 많은 문제가 바람직한 방향으로 해결될 수 있을 거라고 봐요. 지금 한국 대중문화의 가장 큰 문제는 다양성 부족이에요. 우리가 일상에서 접할 수 있는 문화의 폭이 아주 좁아요. 주류 매체에서 접할 수 있는 음악의 종류가 몇 개 안 되잖아요.

제동 네. 언젠가는 힙합, 언젠가는 트로트. 무언가가 히트를 치면 그와 비슷한 프로그램이 우후죽순 만들어지죠.

창남 그럴 때 "나는 이게 이래서 좋아" 하고 말할 수 있다면 그때 비로소 문화가 다양해질 거예요. 안 그래요? 사람마다 삶의 조건이 다르고 욕망이 다른데, 그 욕망을 충족하는 이유가 다 똑같을 수는 없잖아요.

제동 자기 이유를 가지고, 호출된 자신을 성찰해보면 다른 사람에게 신경을 좀 덜 쓸 것 같기도 해요. 나의 이유가 소중한 만큼 다른 사람의 이유도 존중해주고, 남에게 나의 이유를 강요하지 않을 수도 있고요.

머리좋은 것이 마음좋은 것만 못하고 마음좋은 것이 손좋은 것만 못하고
손좋은 것이 발좋은 것만 못한 법입니다. 觀察보다는 愛情이, 애정보다는 實踐이,
실천보다는 효場이 더욱 중요합니다. 입장의 同一함, 그것은 관계의 최고형태입니다.
신영복 ❚❚

창남 그걸 성찰할 수 있어야 한다는 거죠.

제동 얼마 전에 제가 넷플릭스에서 영화 「장고」를 봤는데요, 제 기억에 장고
는 백인이었거든요. 그런데….

창남 1960년대 이탈리아에서 만든 서부극, 이른바 마카로니 웨스턴의
「장고」는 백인이었죠. 프랑코 네로라는 배우가 출연했어요.

제동 그렇죠? 그런데 지금은 장고가 아프리카계 미국인, 그러니까 흑인이더
라고요. 그걸 본 순간 약간 실망하는 제 모습을 발견했어요. 그런 제 자신이
조금 무섭더라고요. '아, 내 머릿속에 나도 모르는 편견이 있었구나!' 이런 생
각이 들어서요.

창남 색에 대한 스테레오 타입도 대중문화에서 중요한 주제일 수
있어요. 색은 그냥 색인데, 거기에 인위적이고 문화적인 의미가
부여된 거잖아요. 예를 들어 빨간색을 접할 때 우리가 느끼는 어
떤 당혹감, '빨갱이'라는 말에서 오는 거부감 같은 것도 문화적인
거죠. 색깔 자체에 어떤 의미가 있는 게 아니니까요.

질문이 답이 되는 순간

제동 말 그대로 색깔론이네요.

창남 맞아요. 주인공은 늘 백인이어야 했던 것부터 시작해서 문화적으로 색깔에 부여한 의미가 있어요. 이를테면 영화에 누아르라는 장르가 있잖아요. 누아르(Noir)가 검다는 뜻이거든요. 암흑가에서 총 쏘고 그런 영화인데, '암흑가'라는 말도 검다는 뜻이고, 조폭이라고 하면 보통 까만 옷을 입은 사람들을 연상하기도 하죠.

제동 반면 흰색은 천사, 깨끗함, 순수 이런 걸 상징하고요.

창남 그렇죠. 백의의 천사처럼.

제동 '흑의의 천사' 이러면 벌써 이상하게 느껴져요. 검은색은 저승사자, 음모, 불길함, 이런 게 생각나잖아요.

창남 기독교 문화의 영향이기도 하고 기독교 문화에 기반을 둔 백인 위주의 미국 주류 대중문화의 영향이기도 하죠. 흑백은 각각 사탄의 색깔과 천사의 색깔이 되었어요. 그게 인종에 대한 편견으로 연결되고, 일반적으로 외모에 대해 갖는 관념과도 연결되잖아요.

제동 기독교가 잘못된 논리를 만들어냈다는 게 아니라 기독교에서 어떤 개념을 설명하는 방식을 사람들이 잘못 적용해서 문제가 된 거죠.

창남 그렇죠. 잘못된 방식으로 문화를 재생산하고, 거기에 의미를 부여한 거죠.

제동 이런 건 자기성찰도 되지만 대중문화의 역사에 대해서 알아가는 거니까 진짜 공부네요. 재미도 있고요.

창남 그렇죠.

퀸의 「보헤미안 랩소디」는
왜 금지곡이 되었을까?

제동 대중문화의 역사는 편집의 역사이기도 했잖아요.

창남 가위질의 역사였죠. 군사정권 시절에는 시나리오 검열을 먼저 받고, 영화가 만들어지면 또 검열을 받았어요. 그때는 다 필름 영화였으니까 보면서 필름을 가위로 잘랐어요.

제동 말 그대로 진짜 가위질이었네요. 노래 가사도 그런 게 많았잖아요.

창남 우리나라 가요뿐만 아니라 팝송도 검열해서 금지했었죠. 퀸의 「보헤미안 랩소디」라는 곡도 1975년 박정희 시대 때 금지됐다가 1994년에 해금됐어요. 해금을 내가 시켰지.

제동 아, 진짜요? 쌤이 하신 거예요?

창남 나하고 라디오 DJ 하던 박원웅 선생, 방송국 PD였던 이해성 선생, 그리고 서병후 선생, 이렇게 4명이 그 작업을 했어요. 서병후 선생은 가수 타이거 JK의 아버지인데, 당시 팝 칼럼니스트로 활동하셨어요.

제동 아, 친구 아버지인데 성함이 서병후 선생님인 줄은 몰랐어요. 그런데 「보헤미안 랩소디」는 왜 금지된 겁니까?

창남 가사가 폭력적이라는 거죠. 'Mama, just killed a man(엄마, 내가 어떤 사람을 죽였어요).' 뭐 이런 가사가 나오잖아요. 그것 때문이죠.

제동 그게 은유적 표현일 텐데, 아예 금지곡으로 만든 거네요.

창남 내 말이 그 말이야.

제동 왜 저한테 그러세요? 저도 해금된 지 얼마 안 됐잖아요. (웃음)

창남 (웃음) 인터넷에 찾아보면 이 노래가 1989년에 해금됐다는 얘기가 나오던데, 그건 아마 음반이 다시 나온 걸 말하는 거고 방송에서 해금된 건 1994년이에요. 이건 내가 했기 때문에 잘 알지. 우리나라 사람들이 몇 년 전에 「보헤미안 랩소디」라는 영화를 볼 수 있었던 건 내가 해금시킨 덕분이에요. (웃음)

제동 잘 알겠습니다. (웃음) 그런데 사실 요즘 가위질은 기사 제목 같은 데서 제일 많이 하는 것 같아요. 말의 앞뒤 맥락을 잘라버리잖아요.

창남 그게 문제예요. 요즘 언론의 가장 큰 문제는 일단 신문 보는 사람이 줄어드니까 인터넷 조회수를 높이려고 자극적으로 편집하는 거예요. 결국은 클릭수 장사하는 거죠. 이른바 '주목 경제' 시대라고 하죠. '어떻게 하면 시선을 많이 끌까?' 이게 돈과도 직결되니까 팩트와 상관없이 자극적인 제목을 달고 사람들의 눈길을 사로잡으려고 경쟁하는 거죠.

제동 지금 유튜브도 마찬가지인 것 같아요. 결국 돈 얘기를 안 할 수 없는데, 언론도 그렇고 상당 부분 돈에 의해서 움직인다는 생각을 지울 수 없어요. 물론 좋은 유튜버들도 많지만요. 대중문화 평론가로서 보시기엔 어떠세요?

창남 기본적으로 아까 얘기한 문화적 다양성과 결부돼 있다고 봐요. 정치권력이 나라를 좌지우지하던 시절에는 문화가 다양하지 못했죠. 틀을 정해놓고 거기서 벗어나는 건 다 가위질을 했으니까요. 그런데 민주화가 된 이후에는 그런 게 사라졌어요. 틀과 억압이 없어진 거예요. 그러니까 과거 같으면 "나 포기할래" 했던 사람들이 문화판에 뛰어들어서 영화도 찍고, 음악을 만들기 시작했잖아요.

제동 그게 지금의 한류로 꽃을 피운 거네요.

창남 나는 그렇다고 생각해요. 지금의 한류 열풍에 여러 가지 이유가 있겠지만 한 가지를 고른다면 나는 민주화라고 생각해요. 민주화가 되지 않았다면 지금의 한류는 없었을 거예요. 봉준호 감독의 「기생충」 같은 영화는 없었겠죠. 예전 같으면 아예 영화로 만들어야겠다는 생각도 못 했을 거예요. 어쨌든 시대가 달라진 거지.

제동 민주화 덕분에 한류가 꽃을 피웠다는 생각은 한 번도 안 해본 것 같아요. 개인의 자유나 정치적 다양성이 확보되지 않았다면 탄생이 불가능한 작품들이 많았겠네요.

질문이 답이 되는 순간

창남 그렇죠. 다행히 민주화가 돼서 의식 있고 재능 있는 사람들이 대중
문화계로 뛰어들었으니까 한국 문화의 다양성이 확보되기 시작했고, 문
화적 잠재력이 표출된 거죠. 그게 한류까지 연결된 거고. 과거 정부가 블
랙리스트를 만들어서 억압하긴 했지만 「변호인」 같은 영화의 탄생은 못
막았잖아요. 어쨌든 시대가 달라진 거죠.

제동 물론 그 일이 어떤 예술인들에게는 굉장히 힘들었을 수도 있겠지만요.

창남 물론이죠. 많은 사람이 힘들어했지만, 과거처럼 사람들의 입을 아예
틀어막거나 작품에 가위질을 하는 시대는 지난 거죠. 그 대신 돈으로 통
제하는 거예요.

자본의 논리가 새롭게 문화시장을 통제하는 권력으로 대두한
거죠. 정치권력의 목적이 권력을 잡은 자들을 비판하지 못하게
하는 데 있었다면 자본권력의 목적은 돈을 많이 버는 데 있잖
아요.

제동 설령 자기네 집단을 비판하더라도 돈만 많이 벌면 오케이죠.

창남 그렇죠. 그리고 돈 안 되는 건 안 하는 거죠.

제동 그것도 다양성을 죽일 수 있겠네요.

창남 그렇지. 그런 면에서 또 한 번의 다양성 위기가 온 거죠. 요즘 1,000만
관객 영화가 종종 나오잖아요. 우리나라 인구 규모에서 1,000만 영화, 그
러니까 국민의 5분의 1 이상이 같은 영화를 본다는 건 결코 바람직하지
않은 현상이죠. 그렇게 한 편의 영화가 1,000만 관객을 맞이하는 동안 수
십 편의 영화가 극장에서 제대로 상영되지도 못한 채 사장되잖아요.

제동 그런데 이런 현상도 사람들의 취향과 선택의 결과라고 하면 할 말 없는 거 아닌가요?

창남 그게 바로 전형적인 시장 논리, 상업주의 논리죠. 아까도 얘기했지만, 사람들의 그 선택이라는 게, 정말 자기의 이유로 한 선택인가요?

제동 저한테 자꾸 왜 이러세요? 저 지금도 생각이 많단 말이에요. (웃음)

창남 (웃음) 한 사회의 문화적 역량이 성장하려면 결국 대중, 시민 각자의 문화적 역량이 성장해야 해요. 그러기 위해서는 어려서부터 접하는 문화 환경이 다양해야 하고.

제동 1,000만 영화와 함께 다른 많은 영화들도 선택받을 기회가 있어야 한다는 말씀이죠?

창남 다양한 영화들을 봐야 문화적 스펙트럼도 넓어지고, 다양하게 섞을 수 있는 소재의 폭도 넓어지고, 그래야 새로운 창조도 가능해지는 거죠. 내가 들을 수 있는 노래가 이것밖에 없고, 볼 수 있는 영화가 이것밖에 없으면 거기서 어떤 선택이 나오겠어요? 장기적으로 보면 문화적 창조력이 쇠퇴할 수밖에 없는 거죠.

제동 김구 선생님이 그런 말씀 하셨잖아요. "오직 가지고 싶은 것은 높은 문화의 힘이다." 저는 그 대목을 읽고 처음에 '이 부분은 나하고 좀 안 맞네' 생각했거든요. 왜냐면 그게 그렇게 중요한가 싶었어요. 그런데 쌤 설명을 듣고 나니까 국민 개개인에게 민주화된 힘이 있고, 개인의 이유가 있어야 문화의 힘이 있는 것이라고 보셨을 수도 있겠다는 생각이 들었어요.

창남 그렇지.

제동 문화의 힘이 있으면 다른 나라를 제멋대로 공격하지 않을 것이고, 문화의 힘이 있으면 함부로 침략당하지 않을 것이고, 그러다보면 국제사회 일원으로서 역할도 잘해낼 테니까요. 앞으로는 문화가 선도하는 시대니까 진짜 높은 문화의 힘이 있어야겠다 싶네요.

> 어떤 세대, 어떤 계층, 어떤 지역이든
> 자기 문화를 자기 필요에 따라
> 선택할 수 있어야 한다

창남 그 문화의 힘이라는 게 결국은 다양성에서 오는 거니까 그 다양성을 어떻게 만들어내느냐가 중요하죠. 내버려두면 더 많은 돈으로 더 좋은 여건에서 대중적인 콘텐츠를 만드는 쪽이 승리할 수밖에 없어요. 그래서 점점 더 문화적 공공성이 중요해지는 거죠.

과거에는 지상파 방송이 공공매체로서 공공성을 지녀야 한다는 요구를 받았는데 요즘은 지상파가 힘이 없고 수많은 채널 중 하나일 뿐이라서 문화적 공공성이라는 개념도 약해지고 있어요. 이걸 어떻게 살릴까 하는 부분에서 정부의 역할이 중요해지는 거죠. 비주류 문화, 인디 음악 등 숨겨진 다양한 문화적 역량을 개발하고, 그것을 표현할 수 있는 공간을 만들어주는 정책이 필요해요.

제동 시장경제의 원리를 완전히 무시할 순 없지만, 자본의 탐욕은 규제가 되어야 하니까요.

창남 실제로 멀티플렉스 시대가 됐지만 영화관 10개 가운데 1~2개 빼고 다 똑같은 영화를 상영하고 있을 때도 많아요. 사람들이 1,000만 관객이 보는 영화 말고 다른 것도 볼 수 있어야 멀티플렉스의 의미가 살잖아요. 그러려면 공공규제를 통해서 일정 부분은 독립영화, 다양성 영화를 상영하게 해야 한다는 거죠.

제동 이게 결국 민주주의와도 밀접한 연관이 있네요. 각 개인이 자기 이유를 가지면 일방적 전체주의는 발붙일 틈이 없어질 테니까요.

창남 과거에는 '문화 민주주의' 하면 일부만 즐기던 것을 많은 사람이 함께 즐기게 해주자는 것이었어요. 물론 그것도 중요하지

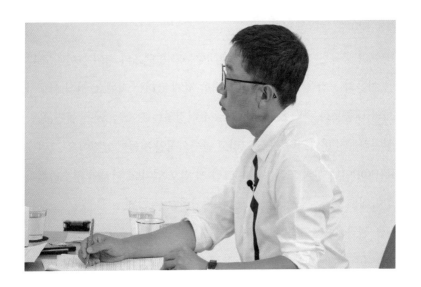

만, 이제는 거기에서 좀더 나아가야 할 때예요.

각자 자기의 욕망을 갖고 선택할 수 있는 문화적 선택지가 다양해지고, 그래서 누구도 소외되지 않아야 한다고 생각해요. 어떤 세대든, 어떤 계층이든, 어떤 지역이든, 어떤 성 정체성을 가졌든 자기 문화를 자기 필요에 따라 선택할 수 있어야 한다는 거죠.

제동 자기 이유, 자기 문화가 있다는 것을 꺼내서 한번 확인하는 것만으로도 뭔가 위로받는 느낌이에요.

창남 다행이네. (웃음) 서양의 근대 미디어가 우리나라에 들어온 지 고작 100년인데 이미 우리나라가 문화 강대국이 됐어요. 전세계적으로 유례가 없는 일로 평가받고 있죠.

제동 맞아요. 대단한 일이죠.

창남 더 중요한 점은 어쨌든 한국 대중문화 콘텐츠의 질이 높아지고 많은 이들의 공감을 끌어낼 만한 저력을 갖게 됐다는 거예요. 사실 서구사회의 대중문화 콘텐츠에는 부모로서 걱정하는 요소들, 예를 들면 폭력성이라든지 마약이나 섹스, 그리고 반사회적인 것들이 있잖아요. 그런데 K-POP이나 한국 드라마에는 그런 게 별로 없어요. 서양의 청소년들이 좋아해도 그 부모들이 안심할 만한 속성이 있는 거죠.

제동 생각해보니 그렇네요.

창남 한국 대중문화의 저력이 이토록 강해진 데는 한국이 IT 강국이라는 점도 유리하게 작용했어요. 싸이나 BTS도 그렇고, 유튜브와 SNS의 힘이 대단히 컸잖아요. 좋은 콘텐츠를 인터넷으로 확산하는 데 큰 역할을 했죠.

그리고 한국 문화가 뭔가를 뒤섞고 새로운 걸 만들어내는 데 탁월한 면이 있어요. 역사적으로 일본 문화, 미국 문화가 차례로 들어와서 우리의 토착문화와 섞였는데, 한때 무국적이라는 비판도 있었지만, 지금은 오히려 그런 면을 문화 강국이 될 수 있었던 배경이자 힘으로 평가하기도 하죠.

제동 여러 가지가 복합적으로 작용해서 지금의 한류가 꽃을 피운 거네요.

창남 맞아요. 또 하나의 요인이라면, 한국 특유의 스파르타식 훈련 문화도 한몫했다고 생각해요. 10대 초반의 아이들을 그렇게 집중적으로 교육하는 시스템은 다른 나라에서는 찾아보기 쉽지 않잖아요. 긍정적이든

질문이 답이 되는 순간

부정적이든 굉장히 한국적인 거죠.

제동 서구에서 따라오기 힘든 부분이죠.

창남 그런 것들이 독특한 한류를 만들어냈을 거라는 분석이 있죠. 드라마 역시 민주화 이후에 수준이 높아졌어요. 요즘 보면 우리나라가 정말 드라마를 잘 만들어요.

제동 재밌어요. 저는 개인적으로 드라마 「비밀의 숲」을 좋아해요.

창남 어, 나도.

제동 이렇게 문화적 다양성이 없어서야! (웃음). 그 드라마의 마지막 대사 기억하세요?

창남 글쎄….

제동 "그래도 우리에게는 헌법이 있다." 아직도 기억나요. 꼭 제가 헌법 독후감 책을 써서라기보다는 (웃음) '저런 소재로도 드라마가 되는구나.' '저런 식의 전개도 가능하구나!' 이런 생각을 했어요.

창남 맞아. 우리 드라마 소재가 다양해지고 전개도 많이 기발해진 것 같아요. 한류의 이유를 단 하나로 환원할 순 없고 다양한 요인들이 섞였겠지만, 그래도 민주화가 열어준 공간에서 나온 것이라는 사실을 우리가 잊어서는 안 된다고 생각해요.

자본의 논리로 움직이는 문화의 흐름,
어떻게 바꿀 수 있을까?

제동 그런데 코로나 사태의 여파로 모든 게 그렇지만 특히 문화 산업, 공연 산업이 큰 위기를 겪고 있잖아요.

창남 이럴 때 대형 기획사나 제작사는 나름대로 또 살아남을 방법이 있어요. 예를 들면 온라인 콘서트 티켓도 팔고, 인지도 있는 출연자를 섭외해서 홍보도 하는데, 이름이 덜 알려진 뮤지션들이나 인디밴드들은 지금 방법이 없어요. 코로나 사태 이전에는 소규모 공연이나 축제 행사 무대에 설 수 있었는데 지금은 그나마도….

제동 그러게요. 연주자들도 그렇고요. 갈수록 부익부 빈익빈, 양극화가 심해질 가능성이 큰데, 그런 부분들을 어떻게 그야말로 문화적 공공영역으로 끌어와서 문제를 해결할 수 있을까요?

창남 얼마 전부터 예술인 고용보험 같은 걸 얘기하기 시작했는데, 그건 단지 그 분야 사람들을 먹여살리는 데에만 목적이 있는 건 아니에요. 어쨌든 이 사회에 음악을 만들고, 영화를 찍는 사람이 있어야 하니까 그들의 문화 공간을 유지해주고, 삶의 기반을 만들어줄 필요가 있는 거죠.

제동 그렇죠. 맞습니다.

창남 그건 바로 모든 시민을 위한 것이고, 대중을 위한 것이고, 한국 전체의 문화적 창조력, 김구 선생님이 말씀하신 그 문화의 힘을 갖는 데 필요한 최소한의 조건인 거죠.

제동 맞아요. 김구 선생님이 말씀하신 문화의 힘이 결국은 우리 헌법 9조에 있는 민족문화의 창달을 뜻하고, 넓은 의미로 보면 헌법 22조 2항 예술인의 권리, 22조 1항 학문과 예술의 자유, 이런 것을 포괄한다고 생각해요. 더 나아가면 헌법 10조 인간의 존엄, 행복 추구권이고요. 방금 쌤이 말씀하신 것처럼 단순히 예술가들의 먹고사는 문제에 국한되는 건 아닌 것 같네요.

창남 우리 문화의 풍요, 강력한 문화의 힘과 연결되는 거죠.

제동 어쩌면 우리 사회에 지금처럼 갈등이 많은 이유는 주변에 크고 작은 축제나 개인이 즐길 수 있는 소소한 문화거리가 없어서 그런 건 아닐까, 문득 이런 생각도 드네요.

창남 잘나가는 사람들이 더 잘나가게 하는 게 문화정책이 되면 안 돼요. 그늘진 곳, 눈에 잘 안 띄는 곳에서 버티는 사람들을 살게 해주고, 그들의 문화적 실천을 보장해주고, 또 그것이 대중과 만날 수 있는 접점을 만들어주고, 그걸 통해서 대중들이 일상적으로 경험할 수 있는 문화 환경의 폭을 넓히는 게 정책의 역할이어야겠죠.

제동 꼭 그렇게 되면 좋겠습니다.

유튜브의 시대
과연 얼마나 갈까?

제동 쌤과 나누는 이 대담을 책으로도 내지만 유튜브에도 올릴 거란 말이죠.

창남 나는 이런 생각도 해봐요. '과연 유튜브의 시대가 얼마나 갈까?' (웃음)

제동 아, 그래요? 저 이제 막 유튜브를 시작해보려고 하는데 그렇게 말씀하시면 어떻게 해요. 아, 저는 늘 남들 할 때 안 하다가 막차 타는 것 같아요. (웃음)

창남 워낙 기술이 빠르게 발전하고 새로운 플랫폼이 계속 생겨나니까 언제까지 사람들이 유튜브에 열광할까 싶은 거죠. 뭐 한동안은 계속 가겠지만 언제든 또다른 플랫폼이 생겨나서 자본이 그쪽으로 쏠리기 시작하면 또 바뀔 거니까. 자본의 힘이라는 게 그런 거잖아요. 새로운 플랫폼을 만들고, 온갖 자원을 투자해서 사람들의 이목을 끌고, 그걸 또 시장화하죠. 이제는 자본의 논리로 움직이는 이런 식의 문화 판도를 어떻게 바꿀까를 고민해야 할 때라고 생각해요.

제동 인터넷 포털에서 실시간 검색순위가 많이 사라지긴 했지만, 전에는 그거 보면서 '이게 과연 우리가 정말 중요한 이슈라고 생각해서 실시간 이슈가된 걸까? 아니면 누군가 이슈로 만들고 싶어하는 것을 우리가 뭣 모르고 쫓아가는 건 아닐까?' 이런 생각을 한 적도 있거든요.

창남 만들고 싶다는 의도가 없었더라도 결과적으로 만들어내고 있는 거죠. 그게 굉장히 위험하다고 생각해요. 인위적으로 특정한 흐름을 만들어내니까. 요즘 방송이 트로트로 도배가 되는 것도 대중이 꼭 그걸 원해서라기보다는 자본의 논리, 시장의 논리에 따라 그런 트렌드가 만들어짐으로써 대중이 따라가는 것도 있거든요. 그래서 어떻게 개인의 주체적 입지를 강화할 수 있을까 하는 것이 제 개인적으로는 가장 큰 고민거리예요.

제동 쌤은 대중문화 전문가로서 어떤 대안을 갖고 계세요? 아니면 개인적으로 실천하시는 게 있을까요?

창남 글쎄, 특별히 뭘 한다기보다 아이들이 어렸을 때부터 텔레비전을 볼 때 볼 것만 본 다음에 전원을 꼭 스스로 _끄게_ 했어요. 우리가 텔레비전을 켜기는 쉬워도 _끄기_는 어렵잖아요.

제동 그렇죠. 요즘 유튜브 같은 것도, 그 뒤에 추천 영상이 마치 좀비처럼 계속 뜨니까 그것들도 다 봐야 마무리가 될 것 같잖아요. (웃음)

창남 텔레비전도 특정 프로그램을 보려고 켰지만 그것만 보는 게 아니잖아요. 광고도 보게 되고 그다음 프로도 또 보게 되죠. 그래서 5분 후에 다시 켜는 한이 있더라도 일단은 끄게 하는 게 중요한 것 같아. 이게 별거 아닌 것 같은데 그러기가 쉽지 않거든.

제동 정말 쉽지 않죠.

창남 물론 요새는 애들이 텔레비전도 잘 안 보고 각자 자기 방에서 스마트폰만 들여다보고 있지만, 청소년들이 자기 욕구에 따라서 문화 활동을 시작하고, 끝내고, 통제할 수 있는 훈련을 어떤 식으로든 할 필요가 있겠다는 생각을 해봤어요.

제동 미디어나 SNS, 또는 게임이라는 말을 타고 달리다가 잠시 뒤돌아보면서 '내 영혼이 잘 따라오고 있나?' 이렇게 돌아보는 시간을 좀 가져야겠네요. (웃음)

창남 내가 학생들에게 자주 하는 얘기지만, 자기객관화 능력이라는 게 참 중요한 것 같아요. 객관적으로 나를 보는 능력. 어떤 영화를 볼 때 그 영화를 보고 있는 나를 보는 또 하나의 시선을 갖는 연습을 하는 거죠. 예를 들면 좋아하는 드라마에 빠져 있더라도 '내가 이걸 왜 보고 있지' 생각해보는 거예요. 이런 연습이 조금 불편할 수 있지만 익숙해지면 또 굉장히 재밌을 수 있어요.

질문이 답이 되는 순간

멍 때리는 연습
모든 의무나 관성에서 벗어나
나를 돌아보는 시간

제동 사실 저는 가끔 그렇게 해보는데 도움이 되더라고요. 자기 자신과 만나는 일은 참 기쁘면서도 때로는 두렵고 불편한 일이기도 한 것 같아요. 제가 제일 좋아하는 시 구절 중 하나가 '나는 나에게 작은 손을 내밀어 / 눈물과 위안으로 잡는 최초의 악수'거든요. 윤동주 시인의 「쉽게 쓰여진 시」에 나오는 이 구절을 읽으면서 많이 울었던 기억이 나요.

창남 울기까지? (웃음)

제동 '과연 나는 나와 악수해본 적이 있나?' 하는 생각이 들어서요. 어쨌든 나를 만나는 연습은 필요한 것 같아요.

창남 그렇지. 그런데 삶의 리듬에 한번 올라타면 내가 나를 보기가 쉽지 않아요. 그래서 순간순간 끊어줄 필요가 있어요. 소위 '멍 때리기'라는 것도 의미가 있다고 봐요. 나를 옭아매는 모든 의무나 관성에서 벗어나 그야말로 멍 때리고 앉아 있는 그 순간이 멈춰서서 자기를 돌아볼 수 있는 시간이죠.

제동 신영복 선생님은 그런 시간을 '속눈썹 사이로 무지개를 만드는 시간'이라고 표현하셨잖아요. 그런 순간들이 삶의 기록이면서 자기 자신을 멈추고 뒤를 돌아보는 시간이기도 하겠고요. 그런 점에서 이번 인터뷰와 책이 제게는 좀 긴 일기를 써내려가고 있는 과정 같기도 해요.

영국에 '구름감상협회(The Cloud Appreciation Society)'라는
모임이 있는데, 말 그대로 뜬구름 잡는 거죠. (웃음)
방식은 이런 거예요.
참가자가 언제 어디서 본 구름의 이름을 짓고,
그 구름을 감상한 소회를 SNS 커뮤니티에 적는 거예요.
그 이야기를 듣고 저도 만들어보고 싶다고 생각해서
'아침구름감상협회'라고 하나 만들었어요.
지금 회원 모집 중입니다. 회비도 없고요.

질문이 답이 되는 순간

창남 그렇죠. 그리고 영화를 본 후에 다른 사람과 대화를 나눠보는 것도 비슷할 거예요. 얘기를 나누다보면 또 한번 자기 이유에 관해 객관적으로 생각해보는 계기가 될 수 있으니까요.

제동 '내가 진짜로 원하는 게 뭘까?' 이런 고민을 하면서 자기 욕망을 알아차리는 시간이 되기도 하겠네요.

창남 '내가 이런 영화를 선택한 데는 이런 이유가 있구나.' 자기 이유를 아는 시간이 될 수도 있고. 물론 그게 다 뜬구름 잡는 얘기일 수도 있겠지만 그런 시간이 꼭 필요하다고 생각해요.

제동 예전부터 제일 쓸데없는 일의 대명사가 '뜬구름 잡는 이야기' 아니에요? (웃음)

창남 그렇지. (웃음)

제동 영국에 '구름감상협회(The Cloud Appreciation Society)'라는 모임이 있는데, 말 그대로 뜬구름 잡는 거죠. (웃음) 방식은 이런 거예요. 참가자가 언제 어디서 본 구름의 이름을 짓고, 그 구름을 감상한 소회를 SNS 커뮤니티에 적는 거예요. 그 이야기를 듣고 저도 만들어보고 싶다고 생각해서 '아침구름감상협회'라고 하나 만들었어요. 지금 회원 모집 중입니다. 회비도 없고요. (웃음)

창남 회비가 없다면 나도 한번 가입을 고려해봐야겠네. (웃음)

제동 그리고 한번 참여해보고 싶은 대회가 있는데, 어느 나라인지 기억은 안 나는데 사람들이 모여서 조그만 나뭇가지나 나뭇잎을 강에 띄우는 거예요. 그리고 막 박수치며 응원해요. 강 하류에 결승선이 있어서 제일 먼저 통과한 나뭇가지와 나뭇잎을 띄운 사람에게 상을 주는 대회예요. 중간에 자기 나뭇가지가 어디에 걸리면 안타까워하고, 손을 댈 수는 없으니까 옆에서 기도하고, 맥주 마시면서 응원도 하고요. 사실 속도와 효율 면에서 보면 진짜 쓸데없는 일이죠. (웃음)

창남 글쎄, 그런 걸 보고 쓸데없는 일이라 할 수 있을까? 그게 축구 경기나 골프 경기 보면서 응원하는 거랑 뭐가 달라?

제동 비슷하죠. (웃음) 쌤도 '수요축구' 하시잖아요. 수요일마다 22명이 모여서 골대 하나 정해놓고 공 차시잖아요.

창남 재밌어. (웃음)

제동 쌤 SNS 보면 맨날 3골을 넣었느니, 4골을 넣었느니 자랑하시는 글 올리시잖아요. 그런데 축구도 보면 참 이상해요. 중간에 공 하나를 두고 22명이 계속 뛰어다니잖아요.

창남 조그마한 가죽공을 이쪽에서 저쪽으로 옮기는 것을 제도화해서 경기를 하는데, 오랫동안 사람들이 거기에 익숙해졌고, 그것에 대한 재미를 자기 재미로 만들어온 거죠.

제동 그것이 대중문화인 거고요.

창남 그렇죠. 특히 요즘은 스포츠가 전세계로 중계 방송 되잖아요. 그래서 시장 규모가 굉장히 커졌고, 그 자체가 엄청난 산업이 된 거죠. 월드컵 경기 한번 개최하면 몇억 명이 시청해요. 사람들은 그 경기에 자기를 투영해서 국가주의적인 쾌락을 느끼기도 하고.

제동 전쟁을 일으킬 수도 있는 어떤 폭력성을 해소하기도 하고요.

창남 맞아요. 제도화된 폭력 해소 메커니즘인데 거기에 상업주의까지 결부되면서 엄청난 산업이 됐고, 그것이 미디어와 결합하면서 대중문화가 된 거죠. 어떤 사람들을 특정한 정체성으로 결속하는 강력한 무기인 거죠. 그래서 스포츠가 국가나 지역을 연고로 하는 것이고.

제동 그런데 그걸 나쁘다고 볼 수는 없는 거죠?

창남 물론이죠. 하지만 관점에 따라서는 그것이 정치나 사회현실에 무관심하게 만들거나 저항적인 에너지들을 해소하는 제도화된 통로라고 평가하기도 하니까.

패러다임의 대전환
우리의 시간 속에 인문학이 필요한 이유

제동 어른이 된 후에는 쓸모가 없더라도 그냥 내가 좋아서 했던 일이 별로 없는 것 같아요. 특히 근래에는요. 그래서 "그 어떤 것도 쓸데없다고 말하지 말자." 이런 얘기를 꼭 한번 해보고 싶었어요.

창남 그게 중요하죠. 내가 강의 첫 시간에 학생들에게 항상 하는 얘기가 있어요. "강의 듣고, 시험 보고, 토익 공부하고, 이렇게 의무적으로 해야 하는 일들 말고 각자 가슴을 뛰게 하는 뭔가가 하나쯤은 있으면 좋겠다.

그야말로 쓸데없는 일일 수 있지만, 누군가는 틈만 나면 기차역 가서 사진 찍는 것을 좋아하고, 누군가는 1960년대 록 음악을 들으면 가슴이 뛰고, 누군가는 영화 얘기만 나오면 한마디라도 해야 직성이 풀릴 텐데, 이런 것을 하나 정도는 갖고 살자. 바로 그런 게 우리의 삶을 풍부하게 만들어주는 것이다." 이런 얘기를 늘 해요.

제동 그게 문화의 힘이겠네요.

창남 그게 바로 문화지. 나의 문화.

제동 아, 나의 문화. 역시 간단하게 정리가 되네요. 나의 문화를 가져본 지가 언제인지 생각해보게 돼요. 그러니까 "나는 요즘 이 영화 좋더라. 이 책 좋더라" 하는 것도 좋은데, "내가 뭘 할 때 좋더라?" 이런 생각도 해봐야 하는 거죠.

창남 그런 게 없는 삶이 얼마나 삭막한가 한번 생각해봐요. 주말마다 할 일이 있고, 취미 삼아 모으는 게 있고, 나만의 즐거움을 누릴 수 있는 어떤 것이 있다면 삶이 한층 더 풍요로워지겠죠.

제동 마치 수요축구처럼요? (웃음)

창남 그렇지. (웃음)

제동 쌤이 축구할 때 관중이 10명 이상 모인 적 별로 없죠? (웃음)

창남 우리는 무관중 경기를 아주 오래전부터 실천해왔어요. 코로나 사태 이전부터. (웃음) 그리고 내가 이 나이에 축구 한다고 하면 사람들이 막 놀라고 걱정도 하는데, 내가 우리 팀의 부동의 스트라이커야.

제동 오, 그래요?

창남 거의 안 움직이거든.

제동 아, 그게 그런 의미였어요? (웃음)

창남 그럼, 그래서 아내도 별로 걱정을 안 해요. 내가 30대 말에 축구를 처음 시작했는데, 어렸을 때부터 운동은 완전 젬병이었거든. 어렸을 때 동네 애들이 모여서 축구를 하면 편 가르기를 하잖아요. 그러면 항상 잘하는 애들 둘이 가위바위보를 해서 리쿠르트 하는….

제동 거기에 뭘 리쿠르트까지 얘기를 하세요. 그냥 뽑아가는 거지 뭐. (웃음)

창남 정확히는 드래프트지.

제동 그게 무슨 드래프트예요. (웃음)

창남 그때 최후까지 남는 사람의 모멸감은 겪어보지 않은 사람은 몰라요.

제동 제가 안 겪어봤다고 생각하세요? (웃음) 아무 편에도 못 껴서 여기 갔다가 저기 갔다가 깍두기라고도 하죠. 초반에 지명되는 애들을 내가 얼마나 부러워했는데….

창남 나 역시 그 모멸감을 겪은 사람인데, 대학에 오니까 교수들이 축구를 하자고 그러는 거야. 신영복 선생님도 하신다고 해서 내 평생 처음으로 축구화를 사서 축구를 하게 된 거예요. 처음에는 한숨만 나왔는데 하다보니까 은근히 재미가 있는 거지. 그러다 내가 첫 번째 골을 넣었어요.

제동 정말요?

창남 그런데 그게 자책골이었어. (웃음) 아무리 동네 축구래도 너무 창피했는데, 신영복 선생님이 그러시는 거야. "괜찮아요. 처음에는 다 그렇게 시작하는 거죠."

제동 **위로를 해주셨네요. (웃음)**

창남 그러면서 점점 재미가 들려서 자꾸 하다보니까 뭔가 배우는 게 있더라고. 그게 1990년대 말에서 2000년대로 넘어오는 시점이었는데, 그동안 문화라는 공간에서 많은 사람이 구경꾼이었잖아요. 기본적으로 대중은 거의 구경하는 사람이었지 참여하는 사람이 아니었어요. 남이 하는 걸 보고 좋아하고, 박수치고, 돈 내고, 그런 존재였잖아요. 그런데 어느 시점부터 사람들이 직접 하기 시작해요. 그걸 처음 보여준 게 노래방이죠.

제동 가수가 노래하는 것을 보기만 하다가 내가 직접 가수가 돼보는 거군요.

창남 그렇지. 그런 데다 정치적으로도 민주화가 되니까 대중의 욕망이 표출되기 시작하는 거야.

제동 말 그대로 각자 주인이 되어가는 거네요.

창남 맞아요. 내가 축구를 해보니까 관중석에서 내려다보는 시각과 운동장에서 관중석을 바라보는 시각이 다른 거예요. 이게 이른바 패러다임의 전환이라는 거구나, 생각했어요. 사람들이 수용자 입장에만 있다가 무언가를 스스로 만들고 표현하는 주체가 되는 변화라는 게 바로 이런 욕망이고, 이런 즐거움이겠구나 하는 걸 축구를 하면서 느꼈어요.

제동 아, 뭔지 알 것 같아요. 제가 사회인 야구를 시작했을 때 똑같은 경험을 했어요. 물론 똑같은 야구장은 아니지만, 선수들이 경기하는 그라운드에 처음 섰을 때, 홈 베이스를 밟을 때 그 기분인 거잖아요.

창남 그렇지. 디지털 기술이 발달하면서 이제 사람들은 단순한 구경꾼이 아니라 직접 뭔가를 만들고, 표현할 수 있게 되었잖아요. 그래서 모든 사람이 문화적 주체가 될 거라는 낙관론이 있었지만, 실제로는 다시 한번 소외되고 있는 거죠. 대부분의 사람들이 다시 구경꾼으로 밀려나고 있어요.

제동 왜 그렇죠?

창남 아까 주목 경제 얘기를 했지만 결국은 소수의 빅마우스에게 이목이 쏠리고, 그들이 돈을 벌고, 더 많은 돈을 벌기 위해서 더 자극적인 담론을 쏟아내고, 그로 인해 사람들은 또 한번 구경꾼으로 전락하고 있는 거죠. 아무리 새로운 담론 공간이 생겨나도 자본의 논리가 개입하고 점령하면 다수의 사람들은 소외될 수밖에 없어요.

거듭 얘기하지만, 중요한 건 자기를 객관화해보면서 어떤 것이 진정한 내 선택이고, 내 욕망의 표현이고, 내 삶의 조건과 정체성에 맞는 것인지 성찰하는 거지요. 예를 들면 나는 종부세를 낼 처지가 아니면서 종부세 올린다고 하면 분노하잖아요. '이게 정말 내 목소리인가, 아니면 미디어의 영향인가?' 이런 성찰이 빠져 있어요.

제동 그렇네요.

창남 그래서 우리의 시간 속에 인문학도 필요하고, 가끔 쓸데없는 짓도 하면서 자기를 확인하는 과정도 필요하고, 수많은 담론 속에서 진짜 내 것을 선택할 수 있는 능력을 키워주는 교육도 필요하죠. 그중 하나가 요즘 많이 이야기되는 미디어 리터러시 개념이에요.

제동 미디어 리터러시?

창남 리터러시(Literacy)가 글을 읽고 쓰는 능력을 말하니까, 미디어 리

터러시는 미디어를 읽고 쓸 수 있는 능력, 수많은 미디어가 쏟아내는 정보 속에서 진짜를 가려내고, 비판적으로 받아들이고, 내 목소리를 실어서 표현할 수 있는 능력을 말해요. 요즘은 디지털 시대라 디지털 미디어 리터러시라는 말도 많이 써요.

제동 미디어가 제공하는 정보들 중에 진짜를 가려내는 눈, 더 들어가면 내가 진짜라고 생각하는 것이 정말 진짜인가 다시 한번 되돌아보는 능력을 키워야 구경꾼으로 전락하지 않을 수 있겠네요.

창남 그렇지. 악의적인 가짜 정보를 만들어내고 퍼뜨리는 사람들을 처벌한다고 가짜 뉴스가 없어지지는 않을 거예요. 그런 사람들은 당연히 처벌해야 하지만, 더 중요한 건 그걸 보는 사람들이 진짜와 가짜를 가려낼 수 있어야 하는 거죠.

질문이 답이 되는 순간

어느 날
신영복 선생님이
글처럼, 꽃처럼 우리에게 오신다면…

제동 오늘 오랜 시간 동안 신영복 선생님에 대한 회고부터 대중문화와 주체성에 대해, 그리고 수요축구까지 진짜 많은 이야기 잘 들었습니다. 쌤은 축구장에 첫발을 디뎠을 때 패러다임의 전환이 일어났다고 하셨는데 왠지 가슴이 뛰네요.

창남 개개인이 그런 패러다임의 전환을 경험하는 것, 그런 계기를 가지는 것이 결국 문화 다양성의 확보가 아닐까 싶어요.

제동 네. 저도 그런 계기를 한번 찾아보겠습니다. 마지막으로 '모든 순간이 나'라는 아이디를 가지신 분의 질문으로 마무리하겠습니다. "신영복 선생님이 이 시대에 안 계셔서 너무 가슴이 아파요. 만약 살아 계신다면 이런 불안의 시기에 어떤 이야기를 들려주실까요?"

창남 선생님이 가장 좋아하셨던 문구 중 하나가 '석과불식(碩果不食)'이에요. "씨과실은 먹지 않는다." 무성하던 이파리가 다 떨어지고 앙상해진 나뭇가지에 하나 남은 씨과실은 비극의 표상 같지만, 그게 떨어져 땅에 묻히면 다시 싹이 되고, 나무가 되고, 숲을 이루잖아요. "씨과실은 궁극적으로 새로운 희망의 언어다." 이런 말씀도 하셨어요. 지금 상황이 어렵고 힘들지만 우리가 그 작은 석과, 씨과실 하나를 끝까지 품고 있는 그런 자세가 필요하지 않을까 싶어요. 그런데 작은 씨과실은 다른 데서 오는 게 아니라 바로 나, 내 주변의 친구들, 작은 만남, 서로가 서로에게 주는 작은 기쁨, 이런 데서 시작한다고 생각해요.

잎이 무성하던 나무도 찬바람이 불면 잎이 다 떨어지고 어느새 앙상한 가지만 남죠. 그러면 풍요로울 때는 보이지 않던 가지와 줄기 같은 뼈대가 보이는데, 우리가 힘들고 어려울수록 거품이 사라지고 최후에 남은 그 뼈대를 정확하게 볼 줄 알아야 해요. 떨어진 나뭇잎을 밑거름으로 삼아 새싹이 돋아나게끔 함으로써 희망이 시작되는 거죠. 다시 숲으로 가는 길이 열리는 거예요.

그래서 저도 늘 작은 씨과실 하나쯤은 남겨두려고 해요. 어려운 상황이라도 일상의 소소한 기쁨에서 오는 희망의 씨앗을 버리지 않는 거죠. 그런 일상의 작은 기쁨은 결국 만남에서 오는 거라고 생각해요.

제동 코로나 사태가 아직 종식되지 않았는데 만나도 괜찮나요? (웃음)

창남 대면이든 비대면이든 그건 별로 중요하지 않아요. 다만 서로 이야기할 수 있는 관계를 만들면 되는 거죠. 일상이 무너진 이럴 때일수록 서로의 온기와 온정이 중요하다는 것을 실감하잖아요. 결국은 사람의 변화는 만남에서 오거든요. "사람과 사람의 작은 만남이 모든 변화의 시작입니다." 이 문장은 제가 만든 거예요. (웃음) 감사하게도 신영복 선생님이 붓글씨로 써주셨어요. "그 작은 만남을 통한 희망의 씨앗을 버리지 말자." 그런 말씀을 하시지 않을까요. 저도 같은 얘기를 꼭 하고 싶습니다.

제동 한마디도 덧붙이지 않겠습니다. 선생님.

창남 고맙습니다.

제동 말씀 중간중간에 자꾸 울컥 눈물이 날 것 같아서 혼났어요. 그런데 재

밌었습니다.

창남 재밌었나요? (웃음)

제동 그럼요. 즐거웠습니다.

창남 독자들도 그럴까요? (웃음)

제동 각자 다양성을 가지고 있으니까요. (웃음)

...

한마디도 덧붙이지 않아도 충분한 그런 만남이었다.

신영복 선생님에 대한 회고, 그리고 창남 쌤과의 만남이

우리를 조금 더 나은 사람으로 만드는

변화의 씨과실이 되었으면 좋겠다. 부디.

질문이 답이 되는 순간

초판 인쇄 2021년 3월 16일
초판 발행 2021년 3월 25일

지은이 | 김제동, 김상욱, 유현준, 심채경, 이원재, 정재승, 이정모, 김창남
펴낸이 | 이선희
기획 | 이선희
편집 | 이선희 원예지 구미화 박소연
독자모니터링 | 이원주 정소리 이승헌 최시은
디자인 | 석운디자인
마케팅 | 정민호 김도윤 최원석
홍보 | 김희숙 김상만 이가을 함유지 김현지 이소정 이미희 박지원
제작 | 강신은 김동욱 임현식
제작처 | 영신사

펴낸곳 | (주)나무의마음
출판등록 | 2016년 8월 25일 제406-2016-000107호
주소 | 10881 경기도 파주시 회동길 210
문의전화 | 031-955-2696(마케팅) 031-955-2643(편집) 031-955-8855(팩스)
전자우편 | sunny@munhak.com

ISBN 979-11-90457-14-9 03400